普通高等教育“十三五”规划教材

大学本科数学类专业基础课程系列丛书

基础代数学选讲

郭聿琦　胡　洵　陈玉柱　编著

科学出版社

北京

内 容 简 介

本书定位在“抽象代数”的基础之上，对相对基础的“多项式代数”和“线性代数”作出高观点和高能力下的审视，给出必要的、自然的、适当的加宽和加深，以夯实学生的知识基础，提高学生的数学素养. 本书共分8讲，内容包括：数域上的多项式，(并涉及由其定义的)多项式函数，线性相关性（线性代数的核心概念），关于线性空间和线性变换的其他基本事项(联系更一般的模和模同态概念)，线性空间的直和分解(模的特殊情形)，初等变换，初等矩阵与矩阵的等价标准形的应用开发，矩阵分块运算的应用开发，自然数集与数学归纳法，非 Klein 意义上的“高观点下的初等数学”. 全书语言简练，逻辑严密，注重培养学生的逻辑推理和抽象思维能力.

本书可作为高等院校数学类专业师生的教材，也可供其他科研工作者参考.

图书在版编目（CIP）数据

基础代数学选讲/郭聿琦，胡洵，陈玉柱编著. —北京：科学出版社，2016. 2
(大学本科数学类专业基础课程系列丛书)
普通高等教育“十三五”规划教材
ISBN 978-7-03-047122-2

Ⅰ. ①基… Ⅱ. ①郭… ②胡… ③陈… Ⅲ. ①代数-高等学校-教材
Ⅳ. ①O15

中国版本图书馆 CIP 数据核字 (2016) 第 012129 号

责任编辑：胡海霞／责任校对：蒋 萍
责任印制：徐晓晨／封面设计：迷底书装

科 学 出 版 社出版
北京东黄城根北街 16 号
邮政编码：100717
http://www.sciencep.com

北京九州迅驰传媒文化有限公司 印刷
科学出版社发行 各地新华书店经销
*
2016 年 2 月第 一 版 开本：787 × 1092 1/16
2018 年 1 月第三次印刷 印张：17
字数：390 000

定价：45.00 元

(如有印装质量问题，我社负责调换)

前　言

高校数学类专业为该专业本科生高年级开设的“代数学选讲”课程, 平行于“分析学选讲”和“几何学选讲”等非传统课程.

据悉, 国内各类高校中的大多数数学类专业已稳定开设此类课程二十余年. 中国科学技术大学龚昇教授生前就曾开设过“微积分学选讲”和“线性代数选讲”等课程; 哈尔滨工业大学吴从炘教授也多次为本科生高年级开设“分析学选讲”课程 (科学出版社 2011 年出版的《一元微积分深化引论》就是他开设此类课程的结晶之一). 海外高校数学类本科的“××-学文献选读”类课程早已是本科高年级的传统课程, 其内容除自编外, 还有引自相关文献的, 学生也承担某些内容的报告, 这类课程强调课堂讨论. 笔者认为, 上述海内外两种课程的共性, 就应该是我们本书的写作“宗旨”.

本书为“代数学选讲”课程所编著, 其素材大部分来源于作者在兰州大学、云南大学和西南大学开设“代数学选讲”十余次的手稿, 其中也有部分内容是在国内近几十所院校为青年教师、研究生和七个数学基地班的学生, 以及五次全国性高校教学研讨班做过的系列演讲内容. 该课程位于若干代数学基础课程 (诸如“高等代数”“抽象代数”) 之后. 它的开设宗旨定位在, 对相对基础的内容做出高观点和高能力下的审视, 给出必要的、自然的、适当的加宽和加深, 以夯实学生的知识基础, 提高学生的数学修养 (特别是逻辑推理能力和抽象思维能力, 这两种能力是代数学尤其善于承担培养的修养侧面), 这对学生步入社会工作, 或者继续深造, 都至关重要.

“基础代数学选讲”主要涉及代数学中最基础的“多项式代数”和“线性代数”(联系到上述宗旨, 这里的审视是在“抽象代数学”观点下的). 目前, 所见到的选讲类教材多局限于习题的分类解答, 仅有微观处理, 并无宏观审视, 有浓厚的考研应试教育色彩, 不吻合于上述宗旨. 这里除了紧扣我们的宗旨, 在内容上也处处展示着我们几十年来在代数学教学上的研究成果, 对内容的加宽和加深也本着必要、自然和适当的原则, 在内容的整合过程中,“高等代数”教材里的已有事实, 在需要时, 也予以罗列, 但一般地, 不再提供证明过程. 凡此种种, 读者皆能从本书各讲、节的标题上见其一斑.

本书适合作高校数学类专业“代数学选讲”的教材 (当然, 使用时可有所取舍)、相关教师的参考书, 以及数学专业本科生考研的参考书.

本书的撰写得到兰州大学教务处、兰州大学萃英学院 (国家“基础学科拔尖人才培养试验计划”的兰州大学执行单位) 和数学与统计学院的大力支持和鼓励, 特别地, 得到兰州大学教务处“兰州大学教材基金”资助和兰州大学萃英学院出版基金的资助, 我们在此表示衷心的感谢. 本书的另两位作者胡洵、陈玉柱 (在读博士生) 参加了笔者在兰州大学为 2010 级、2011 级和 2012 级萃英班开设的“代数学选讲”课程的教学工作, 担任助教, 主持讨论课和习题课, 为本书搜集并整理大量的有关资料. 本书的打印、校对, 除了后两位作者胡洵、陈玉柱, 张迪博士、博士生梁星亮和刘祖华等也有所参与; 另外, 西南大学王正攀教授和访问学者冯爱芳副教授, 通读了本书, 提出不少中肯的修改建议, 作者在此也向他们一并致以诚挚的谢意.

关于选讲类课程的建设和教材的撰写, 当然 "仁者见仁, 智者见智", 不妥之处, 欢迎批评指正.

郭聿琦

2015 年 9 月于兰州大学

目 录

第 1 讲　(数) 域上的多项式, (并涉及由其定义的) 多项式函数

除了个别情形, 我们这里, 原则上只涉及数域上的一元多项式.

1.1　关于不可约多项式的一个基本事实与若干特殊的不可约多项式

1.1.1　基本事实

引理 1.1.1　令 $\mathbb{F}$ 为一数域, $p(x)$, $f(x) \in \mathbb{F}[x]$, $p(x)$ 首 1 (本质上不需要这一假设) 不可约. 则 $p(x)$ 和 $f(x)$ 在 $\mathbb{C}$ 上有公根 c, 即

$$p(c) = 0 = f(c)$$

当且仅当

$$p(x) \mid f(x).$$

即关于任意 $b \in \mathbb{C}$, $p(b) = 0$ 意味着 $f(b) = 0$.

证明　充分性显然. 下证必要性.

由 $p(x)$ 为首 1 不可约多项式, 有

$$(p(x), f(x)) = \begin{cases} 1, \\ p(x), \quad \text{即 } p(x) \mid f(x). \end{cases}$$

若 $(p(x), f(x)) = 1$, 则存在 $u(x), v(x) \in \mathbb{F}[x]$, 使得

$$u(x)p(x) + v(x)f(x) = 1.$$

从而

$$0 = u(c)p(c) + v(c)f(c) = 1,$$

矛盾. 所以 $p(x) \mid f(x)$. □

推论 1.1.1　(1) 当引理 1.1.1 中的 $f(x)$ 也在 $\mathbb{F}$ 上不可约时, $p(x)$ 与 $f(x)$ $\mathbb{F}$-相伴.

(2) 任意数域 $\mathbb{F}$ 上两个不可约多项式不相伴当且仅当它们在 $\mathbb{C}$ 上无公根; 从而, $\mathbb{F}$ 上任两个多项式 (在 $\mathbb{F}$ 上) 的互素性不因域的扩大而改变.

推论 1.1.2　任意数域 $\mathbb{F}$ 上的不可约多项式在 $\mathbb{C}$ 上都无重根.

1.1.2 一类特殊的不可约多项式

定理 1.1.1 令 $\mathbb{F}$ 为一数域, $p(x) \in \mathbb{F}[x]$, $p(x)$ 首 1(本质上不需要这一假设) 不可约. 则存在 $c \in \mathbb{C}$, 使得

$$p(c) = 0 = p(1/c) \tag{1.1}$$

当且仅当关于任意 $b \in \mathbb{C} \setminus \{0\}$, 有

$$p(b) = 0 \Longleftrightarrow p(1/b) = 0.$$

证明 充分性显然. 下证必要性.

令

$$p(x) = x^n + a_{n-1}x^{n-1} + \cdots + a_1 x + a_0.$$

显然, $a_0 \neq 0$.

情形 1 当 $n = 1$, 即 $p(x) = x + a_0$ 时, 由假设知, $p(x) = x \pm 1$.

情形 2 当 $n \geqslant 2$ 时, 由

$$0 = p(1/c) = (1/c)^n + a_{n-1}(1/c)^{n-1} + \cdots + a_1(1/c) + a_0,$$

有

$$0 = c^n p(1/c) = 1 + a_{n-1}c + \cdots + a_1 c^{n-1} + a_0 c^n.$$

记

$$f(x) \stackrel{d}{=} a_0 x^n + a_1 x^{n-1} + \cdots + a_{n-1}x + 1.$$

则 $f(c) = p(c) = 0$. 根据引理 1.1.1, $p(x) \mid f(x)$. 又 $\partial(p(x)) = \partial(f(x))$, 因此,

$$f(x) = d \cdot p(x), \quad d \in \mathbb{F} \setminus \{0\}.$$

若

$$0 = p(b) = b^n + a_{n-1}b^{n-1} + \cdots + a_1 b + a_0,$$

则 $b \neq 0$ (因为 $a_0 \neq 0$), 且

$$0 = (1/b)^n p(b) = 1 + a_{n-1}(1/b) + \cdots + a_1(1/b)^{n-1} + a_0(1/b)^n = f(1/b).$$

从而, $p(1/b) = 0$. □

当 $\partial(p(x)) \geqslant 2$ 时, 由 $\mathbb{Q} \subseteq \mathbb{F} \subseteq \mathbb{C}$, 且 $p(x)$ 不可约知, ± 1 不为 $p(x)$ 的根. 因此, $p(x)$ 的根成对出现, 从而 $p(x)$ 为偶次, 再根据 Vieta 定理, $a_0 = 1$, 即 $p(x) = f(x)$. 总之有如下结论.

推论 1.1.3 数域 $\mathbb{F}$ 上的不可约多项式, 除了一次的 $p(x) = x + 1, x - 1$ 及其 $\mathbb{F}$-相伴多项式, 具式 (1.1) 性质的不可约多项式为偶次, 且其 $n + 1$ 个系数关于其 $n/2$ 次项系数是中心对称的. 反之亦然.

1.1.3 另一类特殊的不可约多项式

定理 1.1.2 令 $\mathbb{F}$ 为一数域, $p(x)\in\mathbb{F}[x]$, $p(x)$ 首 1(本质上不需要这一假设) 不可约. 则存在 $c\in\mathbb{C}$, 使得

$$p(c)=0=p(-c) \tag{1.2}$$

当且仅当关于任意 $b\in\mathbb{C}$, 有

$$p(b)=0\Longleftrightarrow p(-b)=0.$$

证明 充分性显然. 下证必要性.

令

$$p(x)=x^n+a_{n-1}x^{n-1}+\cdots+a_1x_1+a_0=g_1(x)+g_2(x),$$

其中, $g_1(x)$ 为 $p(x)$ 的偶次项之和, $g_2(x)$ 为 $p(x)$ 的奇次项之和. 则

$$p(x)+p(-x)=2g_1(x),\quad p(x)-p(-x)=2g_2(x).$$

从而, $g_1(c)=g_2(c)=0$. 根据引理 1.1.1,

$$p(x)\mid g_1(x),\quad p(x)\mid g_2(x),\quad \partial(g_1(x)),\partial(g_2(x))\leqslant n.$$

(1) 若 $n=1$, 则 $p(x)=x+a_0$. 由题设

$$c+a_0=0=-c+a_0,$$

从而 $c=a_0=0$. 于是 $p(x)=x$, 只有零根.

(2) 若 $n\geqslant 2$, $g_2(x)\neq 0$, 则

$$p(x)=ag_2(x),\quad a\in\mathbb{F}\setminus\{0\}$$

有因式 x, 因此 $p(x)$ 可约, 矛盾. 于是, $g_2(x)=0$, 这指出 $p(x)=g_1(x)$, 即 $p(x)$ 只含偶次项. 从而, 关于任意 $b\in\mathbb{C}$, 有

$$p(b)=0\Longleftrightarrow p(-b)=0.$$ □

由定理的证明过程可得如下结论.

推论 1.1.4 除了一次的 $p(x)=x$ 及其 $\mathbb{F}$-相伴多项式, 具式 (1.2) 性质的不可约多项式 $p(x)$ 只含偶次项. 反之亦然.

1.1.4 矩阵的最小多项式

定理 1.1.3 令 $\boldsymbol{A}$ 为数域 $\mathbb{F}$ 上一 n 阶矩阵. 若 $\boldsymbol{A}$ 的特征多项式为

$$\varDelta_{\boldsymbol{A}}(x)=\prod_{i=1}^{l}p_i^{r_i}(x),$$

其中, $p_i(x)$ 在 $\mathbb{F}$ 上首 1 不可约, $r_i \geqslant 1$, $p_i(x) \neq p_j(x)$, $i, j = 1, 2, \cdots, l$, $i \neq j$. 则 $\boldsymbol{A}$ 的最小多项式为

$$m_{\boldsymbol{A}}(x) = \prod_{i=1}^{l} p_i^{r_i'}(x),$$

其中, $1 \leqslant r_i' \leqslant r_i$, $i = 1, 2, \cdots, l$.

证明 令 $\mathbb{C}$ 为复数域. 首先证明 $m_{\boldsymbol{A}}(x)$ 与 $\Delta_{\boldsymbol{A}}(x)$ 在域 $\mathbb{C}$ 中有相同的根. 显然, $m_{\boldsymbol{A}}(x)$ 的根均为 $\Delta_{\boldsymbol{A}}(x)$ 的根. 若 x_0 为 $\Delta_{\boldsymbol{A}}(x)$ 在域 $\mathbb{C}$ 中的根, 则由 $\boldsymbol{A}$ 也为域 $\mathbb{C}$ 上的矩阵知, x_0 为 $\boldsymbol{A}$ 在 $\mathbb{C}$ 上的一个特征值, 即存在 $\boldsymbol{\alpha} \in \mathbb{C}^n \setminus \{\boldsymbol{\theta}\}$ ($\boldsymbol{\theta}$ 表示零向量), 使得 $\boldsymbol{A\alpha} = x_0\boldsymbol{\alpha}$. 令

$$m_{\boldsymbol{A}}(x) = x^r + \cdots + c_1x + c_0.$$

则

$$\begin{aligned}\boldsymbol{\theta} &= m_{\boldsymbol{A}}(\boldsymbol{A})\boldsymbol{\alpha} = (\boldsymbol{A}^r + \cdots + c_1\boldsymbol{A} + c_0\boldsymbol{E})\boldsymbol{\alpha} \\ &= x_0^r\boldsymbol{\alpha} + \cdots + c_1x_0\boldsymbol{\alpha} + c_0\boldsymbol{\alpha} = m_{\boldsymbol{A}}(x_0)\boldsymbol{\alpha}.\end{aligned}$$

因此, $m_{\boldsymbol{A}}(x_0) = 0$, 即 x_0 为 $m_{\boldsymbol{A}}(x)$ 在 $\mathbb{C}$ 中的一个根.

从而, $\mathbb{F}$ 上 $\Delta_{\boldsymbol{A}}(x)$ 的任意不可约因子 $p_i(x)$ 与 $m_{\boldsymbol{A}}(x)$ 在 $\mathbb{C}$ 上有公根, $i = 1, 2, \cdots, l$. 根据引理 1.1.1, $p_i(x)$ 均为 $m_{\boldsymbol{A}}(x)$ 的因子, $i = 1, 2, \cdots, l$. 再由 $m_{\boldsymbol{A}}(x) \mid \Delta_{\boldsymbol{A}}(x)$ 知,

$$m_{\boldsymbol{A}}(x) = \prod_{i=1}^{l} p_i^{r_i'}(x),$$

其中, $1 \leqslant r_i' \leqslant r_i$, $i = 1, 2, \cdots, l$. □

下面将证明域 $\mathbb{F}$ 上矩阵 $\boldsymbol{A}$ 在 $\mathbb{F}$ 上的最小多项式 $m_{\boldsymbol{A}}(x)$ 不随域的扩大而改变.

定理 1.1.4 令 $\mathbb{F}$ 为一数域, $\boldsymbol{A} \in \mathbb{F}^{n\times n}$, $\mathbb{F}_1$ 为 $\mathbb{F}$ 的扩域. 则

$$m_{\boldsymbol{A}}^{\mathbb{F}}(x) = m_{\boldsymbol{A}}^{\mathbb{F}_1}(x),$$

其中, $m_{\boldsymbol{A}}^{\mathbb{F}_1}(x)$ 表示 $\boldsymbol{A}$ 在 $\mathbb{F}_1$ 上的最小多项式.

为了给出定理 1.1.4 的第一个证明, 我们先回顾 λ-矩阵 (即域 $\mathbb{F}$ 上的多项式矩阵) 及其标准形的有关概念和事实.

令 $\mathbb{F}$ 为一数域. 则 $\mathbb{F}$ 上的 λ-矩阵指的是 $\mathbb{F}$ 上多项式环 $\mathbb{F}[x]$ 上的多项式矩阵. $\mathbb{F}$ 上关于 x 的 $m \times n$ 多项式矩阵的全体所构成的集合记为 $\mathbb{F}[x]^{m\times n}$.

$\mathbb{F}$ 上矩阵的许多概念和结果都可以推广到 $\mathbb{F}$ 上的多项式矩阵中.

定义 1.1.1 称数域 $\mathbb{F}$ 上 $m \times n$ 多项式矩阵的下述变换为多项式矩阵的初等变换:

(1) k 乘以矩阵的第 l 行 (列), 记为 $[l(k)]$ ($\{l(k)\}$), $k \in \mathbb{F}$, $k \neq 0$, $l = 1, 2, \cdots, m$ ($l = 1, 2, \cdots, n$);

(2) 将矩阵的第 s 行 (列) 的 $\varphi(x)$ 倍加到第 t 行 (列) 上, 记为 $[t+s(\varphi(x))]$ ($\{t+s(\varphi(x))\}$), $\varphi(x) \in \mathbb{F}[x]$, $s, t = 1, 2, \cdots, m$ ($s, t = 1, 2, \cdots, n$), $s \neq t$;

(3) 交换矩阵的第 s, t 行 (列), 记为 $[s, t]$ ($\{s, t\}$), $s, t = 1, 2, \cdots, m$ ($s, t = 1, 2, \cdots, n$).

注 1.1 $\mathbb{F}$ 上多项式矩阵的初等变换与 $\mathbb{F}$ 上矩阵的初等变换仅在第二种变换上有所不同.

定义 1.1.2 令 $\boldsymbol{A}(x),\boldsymbol{B}(x)\in\mathbb{F}[x]^{m\times n}$. 称 $\boldsymbol{A}(x)$ 与 $\boldsymbol{B}(x)$ 等价, 如果 $\boldsymbol{A}(x)$ 可经由有限次行和列的初等变换得到 $\boldsymbol{B}(x)$.

$\mathbb{F}$ 上多项式矩阵的等价关系, 具有自反性、对称性和传递性. 因此, $\boldsymbol{A}(x)$ 与 $\boldsymbol{B}(x)$ 等价, 可以说成 $\boldsymbol{A}(x)$, $\boldsymbol{B}(x)$ 两者等价.

定义 1.1.3 令 $\boldsymbol{A}(x)\in\mathbb{F}[x]^{m\times n}$. 若 $\boldsymbol{A}(x)$ 等价于 $\mathbb{F}[x]^{m\times n}$ 上的如下形式的多项式矩阵

$$\begin{pmatrix} d_1(x) & & & & & & \\ & d_2(x) & & & & & \\ & & \ddots & & & & \\ & & & d_r(x) & & & \\ & & & & 0 & & \\ & & & & & \ddots & \\ & & & & & & 0 \end{pmatrix}, \tag{1.3}$$

其中, $r=r_{\boldsymbol{A}(x)}$, $d_k(x)$ 为 $\mathbb{F}$ 上的首 1 多项式, $k=1,2,\cdots,r$, 且 $d_k(x)\mid d_{k+1}(x)$, $k=1,2,\cdots,r-1$, 则称式 (1.3) 为 $\boldsymbol{A}(x)$ 的一个等价标准形.

定义 1.1.4 令 $\boldsymbol{A}(x)\in\mathbb{F}[x]^{m\times n}$, $r_{\boldsymbol{A}(x)}=r$, $r\geqslant 1$. 关于正整数 k, $k=1,2,\cdots,r$, $\boldsymbol{A}(x)$ 中有非零的 k 阶子式 (根据秩的定义), 称 $\boldsymbol{A}(x)$ 中所有 k 阶子式的首 1 的最大公因式 $D_k(x)$ 为 $\boldsymbol{A}(x)$ 的 k 阶行列式因子.

引理 1.1.2 等价的非零多项式矩阵有相同的各阶行列式因子, 从而有相同的秩.

根据引理 1.1.2, 容易验证如下推论.

推论 1.1.5 令 $\boldsymbol{A}(x)\in\mathbb{F}[x]^{m\times n}$, $r_{\boldsymbol{A}(x)}=r$, $r\geqslant 1$. 若 $D_1(x),D_2(x),\cdots,D_r(x)$ 为 $\boldsymbol{A}(x)$ 的各阶行列式因子, 式 (1.3) 是 $\boldsymbol{A}(x)$ 的一个等价标准形, 则

$$\begin{aligned} d_1(x)&=D_1(x),\\ d_k(x)&=\frac{D_k(x)}{D_{k-1}(x)},\quad k=2,3,\cdots,r. \end{aligned}$$

推论 1.1.6 数域 $\mathbb{F}$ 上的多项式矩阵的等价标准形存在且唯一.

定义 1.1.5 令 $\boldsymbol{A}(x)\in\mathbb{F}[x]^{m\times n}$, $r_{\boldsymbol{A}(x)}=r$, $r\geqslant 1$. 称 $\boldsymbol{A}(x)$ 的等价标准形 (1.3) 的 r 个非零元素 $d_1(x),d_2(x),\cdots,d_r(x)$ 为 $\boldsymbol{A}(x)$ 的不变因子.

注 1.2 由引理 1.1.1 知, 多项式的首 1 的最大公因式不因域的扩大而改变. 因此, 多项式矩阵的行列式因子与不变因子也不因域的扩大而改变.

令 $\mathbb{F}$ 为一数域, $\boldsymbol{A}\in\mathbb{F}^{n\times n}$. 我们特别考察 $\mathbb{F}$ 上一特殊的多项式矩阵, 即 $\boldsymbol{A}$ 的特征矩阵 $x\boldsymbol{E}-\boldsymbol{A}$.

定义 1.1.6 令 $\boldsymbol{A}\in\mathbb{F}^{n\times n}$. 则 $x\boldsymbol{E}-\boldsymbol{A}$ 的 (n 个) 不变因子、(n 个) 行列式因子 (因为 $x\boldsymbol{E}-\boldsymbol{A}$ 的秩为 n) 也分别称为 $\boldsymbol{A}$ 的不变因子和行列式因子.

推论 1.1.7 令 $\boldsymbol{A} \in \mathbb{F}^{n\times n}$. 则

$$\Delta_{\boldsymbol{A}}(x) = D_n(x) = d_1(x)d_2(x)\cdots d_n(x),$$

其中, $D_n(x)$ 为 $\boldsymbol{A}$ 的第 n 个行列式因子, $d_1(x), d_2(x), \cdots, d_n(x)$ 为 $\boldsymbol{A}$ 的所有不变因子. 因此,

$$\sum_{i=1}^{n} \partial(d_i(x)) = n.$$

定理 1.1.5 令 $\boldsymbol{A}, \boldsymbol{B} \in \mathbb{F}^{n\times n}$. 则 $\boldsymbol{A}$ 与 $\boldsymbol{B}$ 相似当且仅当它们的特征矩阵 $x\boldsymbol{E} - \boldsymbol{A}$ 与 $x\boldsymbol{E} - \boldsymbol{B}$ 等价.

于是, 我们有如下结论.

推论 1.1.8 令 $\boldsymbol{A}, \boldsymbol{B} \in \mathbb{F}^{n\times n}$. 则 $\boldsymbol{A}$ 与 $\boldsymbol{B}$ 相似当且仅当它们有完全相同的行列式因子, 也当且仅当它们有完全相同的不变因子.

任一矩阵 $\boldsymbol{A} \in \mathbb{F}^{n\times n}$ 的特征多项式 $|x\boldsymbol{E} - \boldsymbol{A}|$ 为 $\mathbb{F}$ 上一首 1 多项式. 反过来, $\mathbb{F}$ 上任一首 1 多项式

$$f(x) = x^n + a_{n-1}x^{n-1} + \cdots + a_1 x + a_0 \tag{1.4}$$

总是 $\mathbb{F}$ 上如下 n 阶方阵的特征多项式 (容易计算):

$$\boldsymbol{C} = \begin{pmatrix} 0 & 0 & \cdots & 0 & -a_0 \\ 1 & 0 & \cdots & 0 & -a_1 \\ 0 & 1 & \cdots & 0 & -a_2 \\ \vdots & \vdots & & \vdots & \vdots \\ 0 & 0 & \cdots & 1 & -a_{n-1} \end{pmatrix}. \tag{1.5}$$

定义 1.1.7 式 (1.5) 中的 $\boldsymbol{C}$ 称为式 (1.4) 的友阵.

推论 1.1.9 $\mathbb{F}$ 上任意首 1 多项式是其友阵的特征多项式.

定理 1.1.6 $\mathbb{F}$ 上首 1 多项式 $f(x)$ 的友阵 $\boldsymbol{C}$ 的最小多项式也为 $f(x)(= \Delta_{\boldsymbol{C}}(x))$.

证明 见注 3.27(3.12 节). □

由友阵 $\boldsymbol{C}$ 的行列式因子的计算可知, 下面推论成立.

推论 1.1.10 $\mathbb{F}$ 上首 1 多项式 $f(x)$ 的友阵 $\boldsymbol{C}$ 的全部不变因子为

$$1, \cdots, 1, d_n(x)(= \Delta_{\boldsymbol{C}}(x) = m_{\boldsymbol{C}}(x) = f(x)).$$

令 $\boldsymbol{A} \in \mathbb{F}^{n\times n}$, $\boldsymbol{A}$ 的不变因子为

$$1, \cdots, 1, d_{k+1}(x), d_{k+2}(x), \cdots, d_n(x),$$

其中, $d_i(x)$ 首 1, $\partial(d_i(x)) \geqslant 1$, $i = k+1, \cdots, n$, $d_i(x) \mid d_{i+1}(x)$, $i = k+1, \cdots, n-1$. 又令 $\boldsymbol{C}_i$ 为 $d_i(x)$ 的 $\partial(d_i(x))$ 阶友阵, $i = k+1, \cdots, n$.

由推论 1.1.8, 有如下定理.

定理 1.1.7 令 $\boldsymbol{A}\in\mathbb{F}^{n\times n}$. 则 $\boldsymbol{A}$ 相似于分块对角阵

$$\boldsymbol{F}=\begin{pmatrix}\boldsymbol{C}_{k+1} & & & \\ & \boldsymbol{C}_{k+2} & & \\ & & \ddots & \\ & & & \boldsymbol{C}_n\end{pmatrix}.$$

定义 1.1.8 令 $\boldsymbol{A}\in\mathbb{F}^{n\times n}$. 用 $\boldsymbol{A}$ 的非常数不变因子构造出来的与 $\boldsymbol{A}$ 相似的矩阵 $\boldsymbol{F}$ 称为 $\boldsymbol{A}$ 的 Frobenius 标准形, $d_i(x)$ 的友阵 $\boldsymbol{C}_i$ 称为相应于不变因子 $d_i(x)$ 的 Frobenius 块, $i=k+1,\cdots,n$.

Frobenius 标准形 $\boldsymbol{F}$ 也称为 $\boldsymbol{A}$ 的有理标准形, 这是因为 $\boldsymbol{F}$ 的元素是由 $\boldsymbol{A}$ 的元素经有理合成 (加、减、乘、除) 而得到的.

由于 $\boldsymbol{F}$ 的最小多项式是所有 $\boldsymbol{C}_i$ 的最小多项式的最小公倍式, $\boldsymbol{C}_i$ 的最小多项式为 $d_i(x)$, $i=k+1,k+2,\cdots,n$, 又

$$d_i(x)\mid d_{i+1}(x),\quad i=k+1,\cdots,n-1,$$

从而

$$m_{\boldsymbol{F}}(x)=[d_{k+1}(x),d_{k+2}(x),\cdots,d_n(x)]=d_n(x).$$

由相似矩阵有相同的最小多项式, 易知如下推论.

推论 1.1.11 令 $\boldsymbol{A}\in\mathbb{F}^{n\times n}$. 则

$$m_{\boldsymbol{A}}(x)=d_n(x),$$

其中, $d_n(x)$ 为 $\boldsymbol{A}$ 的第 n 个不变因子.

由注 1.2 和推论 1.1.11, 定理 1.1.4 得证.

下面给出定理 1.1.4 的第二种证明.

证明 由于 $m_{\boldsymbol{A}}^{\mathbb{F}}(x)\in\mathbb{F}[x]\subseteq\mathbb{F}_1[x]$, 当然有

$$m_{\boldsymbol{A}}^{\mathbb{F}_1}(x)\ \mid\ m_{\boldsymbol{A}}^{\mathbb{F}}(x).$$

令

$$\partial(m_{\boldsymbol{A}}^{\mathbb{F}_1}(x))=l,\quad \partial(m_{\boldsymbol{A}}^{\mathbb{F}}(x))=m.$$

则 $l\leqslant m$. 又 $m_{\boldsymbol{A}}^{\mathbb{F}}(x)$, $m_{\boldsymbol{A}}^{\mathbb{F}_1}(x)$ 均为 $\mathbb{F}_1$ 上首 1 多项式, 因此, 要证明 $m_{\boldsymbol{A}}^{\mathbb{F}_1}(x)=m_{\boldsymbol{A}}^{\mathbb{F}}(x)$, 只需证明 $l=m$. 于是, 由 $l\leqslant m$ 知, 只需证明 $l\geqslant m$.

为此, 先做如下准备.

关于任意 $\boldsymbol{A}\in\mathbb{F}^{n\times n}$, 若

$$f(x)=a_rx^r+a_{r-1}x^{r-1}+\cdots+a_1x+a_0\in\mathbb{F}[x],$$

则

$$f(\boldsymbol{A}) \overset{d}{=} a_r\boldsymbol{A}^r + a_{r-1}\boldsymbol{A}^{r-1} + \cdots + a_1\boldsymbol{A} + a_0\boldsymbol{A}^0 \in \mathbb{F}^{n\times n}.$$

令 $\boldsymbol{D} = (d_{ij}) \in \mathbb{F}^{n\times n}$. 又记 $\boldsymbol{A}^k$ 的 (i,j) 元素为 $a_{ij}^{(k)}(\in \mathbb{F})$, $i,j = 1,2,\cdots,n$, $k = 0,1,\cdots,r$, 则

$$\boldsymbol{D} = f(\boldsymbol{A}) \iff d_{ij} = a_r a_{ij}^{(r)} + a_{r-1}a_{ij}^{(r-1)} + \cdots + a_1 a_{ij}^{(1)} + a_0 a_{ij}^{(0)}, \quad i,j = 1,2,\cdots,n.$$

下面证明 $l \geqslant m$. 令

$$m_{\boldsymbol{A}}^{\mathbb{F}_1}(x) = x^l + c_{l-1}x^{l-1} + \cdots + c_1 x + c_0 \in \mathbb{F}_1[x].$$

则

$$\boldsymbol{O} = m_{\boldsymbol{A}}^{\mathbb{F}_1}(\boldsymbol{A}) = \boldsymbol{A}^l + c_{l-1}\boldsymbol{A}^{l-1} + \cdots + c_1\boldsymbol{A} + c_0\boldsymbol{A}^0.$$

上式等价于

$$a_{ij}^{(l)} + c_{l-1}a_{ij}^{(l-1)} + \cdots + c_1 a_{ij}^{(1)} + c_0 a_{ij}^{(0)} = 0, \quad i,j = 1,2,\cdots,n. \tag{1.6}$$

视 $\mathbb{F}$ 为 $\mathbb{F}$ 上的一个一维线性空间, (1) 为其自然基底, $\mathbb{F}_1$ 为 $\mathbb{F}$ 上一线性空间. 考察 $\mathbb{F}_1$ 的子空间

$$G[\alpha_l, \alpha_{l-1}, \alpha_{l-2}, \cdots, \alpha_1, \alpha_0],$$

其中, $\alpha_l = 1, \alpha_i = c_i, i = 0,1,\cdots,l-1$. 取 $G[\alpha_l, \alpha_{l-1}, \alpha_{l-2}, \cdots, \alpha_1, \alpha_0]$ 的一个基底 $(\beta_1, \beta_2, \cdots, \beta_k)$, $k \in \mathbb{Z}^+$, 其中 $\beta_1 = 1$, 则

$$\begin{aligned}
1 &= 1\beta_1 + 0\beta_2 + \cdots + 0\beta_k,\\
c_{l-1} &= b_{l-1,1}\beta_1 + b_{l-1,2}\beta_2 + \cdots + b_{l-1,k}\beta_k,\\
&\cdots\cdots\\
c_1 &= b_{11}\beta_1 + b_{12}\beta_2 + \cdots + b_{1k}\beta_k,\\
c_0 &= b_{01}\beta_1 + b_{02}\beta_2 + \cdots + b_{0k}\beta_k,
\end{aligned}$$

其中, $b_{ij} \in \mathbb{F}$, $i = 0,1,\cdots,l-1$, $j = 1,2,\cdots,k$.

将上述 $l+1$ 个等式代入式 (1.6), 并整理成关于 $\beta_1, \beta_2, \cdots, \beta_k$ 的表达式, 有

$$\begin{aligned}
&\left(a_{ij}^{(l)} + b_{l-1,1}a_{ij}^{(l-1)} + \cdots + b_{11}a_{ij}^{(1)} + b_{01}a_{ij}^{(0)}\right)\beta_1\\
&+ \left(b_{l-1,2}a_{ij}^{(l-1)} + \cdots + b_{12}a_{ij}^{(1)} + b_{02}a_{ij}^{(0)}\right)\beta_2 + \cdots\\
&+ \left(b_{l-1,k}a_{ij}^{(l-1)} + \cdots + b_{1k}a_{ij}^{(1)} + b_{0k}a_{ij}^{(0)}\right)\beta_k = 0, \quad i,j = 1,2,\cdots,n.
\end{aligned}$$

由 $\beta_1, \beta_2, \cdots, \beta_k$ 线性无关知, β_i 的系数均为零, $i = 1,2,\cdots,k$. 特别地, β_1 的系数为零, 即

$$a_{ij}^{(l)} + b_{l-1,1}a_{ij}^{(l-1)} + \cdots + b_{11}a_{ij}^{(1)} + b_{01}a_{ij}^{(0)} = 0, \quad i,j = 1,2,\cdots,n. \tag{1.7}$$

令

$$f(x) = x^l + b_{l-1,1}x^{l-1} + \cdots + b_{11}x + b_{01} \in \mathbb{F}[x].$$

则式 (1.7) 等价于

$$f(\boldsymbol{A}) = \boldsymbol{A}^l + b_{l-1,1}\boldsymbol{A}^{l-1} + \cdots + b_{11}\boldsymbol{A} + b_{01}\boldsymbol{A}^0 = \boldsymbol{O}.$$

即 $f(x)$ 为 $\mathbb{F}$ 上 $\boldsymbol{A}$ 的零化多项式, 从而, $m_{\boldsymbol{A}}^{\mathbb{F}}(x) \mid f(x)$. 于是, $l \geqslant m$. □

1.2 非负多项式的一个特征

定义 1.2.1 令 $f(x) \in \mathbb{R}[x]$. 称 $f(x)$ 是非负的 (正的、非正的、负的), 如果对于任意 $a \in \mathbb{R}$, $f(a) \geqslant 0$ $(> 0, \leqslant 0, < 0)$, 记为 $f(x) \geqslant 0$ $(> 0, \leqslant 0, < 0)$.

定理 1.2.1 令 $f(x) \in \mathbb{R}[x]$. 则 $f(x) \geqslant 0$ 当且仅当 $f(x)$ 是两个实多项式的平方和.

证明 仅需证明必要性.

若 $f(x) \geqslant 0$, 则

(1) 当 $f(x) = a \in \mathbb{R}$ 时, $a \geqslant 0$, 显然 $f(x)$ 可表示成两个实多项式的平方和, 例如,

$$f(x) = (\sqrt{a})^2 + 0^2 = \left(\frac{\sqrt{a}}{\sqrt{2}}\right)^2 + \left(\frac{\sqrt{a}}{\sqrt{2}}\right)^2.$$

(2) 当

$$f(x) = a_n x^n + a_{n-1}x^{n-1} + \cdots + a_1 x + a_0 \in \mathbb{R}[x] \setminus \mathbb{R}$$

时, 分下列三种情形进行讨论.

情形 1 $f(x)$ 仅有复根, 此时, $n = 2l$ 为一偶数, $l \in \mathbb{Z}^+$. 令

$$f(x) = a_n(x-\alpha_1)(x-\alpha_2)\cdots(x-\alpha_l)(x-\overline{\alpha_1})(x-\overline{\alpha_2})\cdots(x-\overline{\alpha_l}),$$

其中, α_i 具有正的虚部, $i = 1, 2, \cdots, l$. 又令

$$f_1(x) + if_2(x) \overset{d}{=} \prod_{i=1}^{l}(x-\alpha_i), \quad f_1(x), f_2(x) \in \mathbb{R}[x].$$

因此, 有

$$\begin{aligned} f(x)/a_n &= (f_1(x) + if_2(x))(f_1(x) - if_2(x)) \\ &= f_1^2(x) + f_2^2(x) > 0, \end{aligned}$$

又由 $f(x) \geqslant 0$ 知, $a_n > 0$. 于是

$$f(x) = (\sqrt{a_n}f_1(x))^2 + (\sqrt{a_n}f_2(x))^2.$$

情形 2 $f(x)$ 仅有实根. 令

$$f(x) = a_n(x-x_1)^{r_1}(x-x_2)^{r_2}\cdots(x-x_m)^{r_m},$$

$r_i \geqslant 1$, $i=1,2,\cdots,m$, $x_1 < x_2 < \cdots < x_m$, $m \in \mathbb{Z}^+$.

我们断定 r_i 均为偶数. 否则, 假定 r_i 是一奇数, $1 \leqslant i \leqslant m$, 取 a, b 如下:

当 $i=1$ 时, $a < x_1, b \in (x_1, x_2)$;

当 $i=m$ 时, $a \in (x_{m-1}, x_m), b > x_m$;

当 $1 < i < m$ 时, $a \in (x_{i-1}, x_i)$, $b \in (x_i, x_{i+1})$.

此时, $f(a)$ 和 $f(b)$ 一负一正, 与 $f(x) \geqslant 0$ 矛盾.

记

$$r_i = 2r_i', \quad r_i' \in \mathbb{Z}^+, \quad i = 1,2,\cdots,m,$$

$$g(x) = \prod_{i=1}^{m}(x-x_i)^{r_i'}.$$

因此, 有

$$f(x)/a_n = g^2(x) \geqslant 0,$$

又由 $f(x) \geqslant 0$ 知, $a_n > 0$. 于是

$$f(x) = (\sqrt{a_n}g(x))^2 = (\sqrt{a_n}g(x))^2 + 0^2.$$

情形 3 $f(x)$ 既有实根又有复根. 令

$$f(x) = a_n \prod_{i=1}^{m}(x-x_i)^{r_i} \prod_{j=1}^{l}(x-\alpha_j) \prod_{j=1}^{l}(x-\overline{\alpha_j}),$$

$$r_i \geqslant 1, \quad x_i \neq x_k, \quad i,k=1,2,\cdots,m, \quad i \neq k, \quad m \in \mathbb{Z}^+,$$

$$\alpha_j \text{ 具有正的虚部}, \quad j = 1,2,\cdots,l, \quad l \in \mathbb{Z}^+.$$

根据情形 1,

$$f(x) = a_n \left[\prod_{i=1}^{m}(x-x_i)^{r_i}\right](f_1^2(x) + f_2^2(x)), \quad f_1(x), f_2(x) \in \mathbb{R}[x].$$

由 $f(x) \geqslant 0$ 知,

$$a_n \prod_{i=1}^{m}(x-x_i)^{r_i} \geqslant 0,$$

又根据情形 2, 存在 $h(x) \in \mathbb{R}[x]$, 使得

$$f(x) = h^2(x)(f_1^2(x) + f_2^2(x)) = (h(x)f_1(x))^2 + (h(x)f_2(x))^2. \qquad \square$$

推论 1.2.1 任意多个实多项式的平方和常可表示为两个实多项式的平方和.

1.3 关于多项式的 Fermat 大定理的一个初等证明

1.3.1 关于整数的 Fermat 大定理

若非零整数 x_0, y_0, z_0 满足 $x_0^n + y_0^n = z_0^n$, $n \in \mathbb{Z}$, $n \geqslant 2$, 则称该三元整数组 (x_0, y_0, z_0) 是方程 $x^n + y^n = z^n$ 的一个非零整数解.

当 $n = 2$ 时, 显然, 方程 $x^2 + y^2 = z^2$ 有非零整数解当且仅当 $X^2 + Y^2 = 1$ 有非零有理数解 (即存在 $(X_0, Y_0) \in (\mathbb{Q} - \{0\}) \times (\mathbb{Q} - \{0\})$, 使得 $X_0^2 + Y_0^2 = 1$). 后一方程的非零有理解恰是单位圆上非坐标轴有理点的对应坐标. 因此, $x^2 + y^2 = z^2$ 不仅有解, 而且有无穷多个解, 进一步, 这无穷多个解还不仅仅是由某个解的倍数得到的. 中国古代的《周髀算经》(《周髀算经》成书于公元前 100 年左右的西汉) 称方程 $x^2 + y^2 = z^2$ 的正整数解 x_0, y_0, z_0 为 "勾股数", 而在西方则称它为 "Pythagoras 三元组" (Pythagoras 是活跃在公元 500 年的希腊数学家); 这些三元组是由整数长直角三角形的边长构成的.

然而, 当 $n \geqslant 3$ 时, $x^n + y^n = z^n$ 的情形与 $n = 2$ 的情形完全不同. 1637 年左右, Fermat (1601—1665, 法国业余数学家, 解析几何的创始人之一) 用拉丁文在 Diophantus 的著作《算术》的某页上写道: "不可能将一个立方数分解成两个立方数的和, 也不可能将一个数的四次方分解成两个数的四次方的和. 一般地, 一个数的大于二次的方幂都不可能表示成两个数的同样方幂的和; 我找到了一个绝妙的证法, 但是这里的空白太小, 我写不下." 他写的这段话, 在他死后不久为人们所知. 这是 Fermat 留下的 "最后的定理", 也就是众所周知的 Fermat 大定理 (Last 定理). Fermat 的上述论断用现代数学语言可如下描述.

Fermat 大定理 令 $n \in \mathbb{Z}$, $n \geqslant 3$. 则方程

$$x^n + y^n = z^n$$

没有非零整数解.

Fermat 大定理从提出到解决, 大约经历了 350 多年. 期间, Euler (1707—1783, 瑞士数学家和物理学家) 是继 Fermat (证明了 $n = 4$ 的情形) 之后第一个取得突破的人. 1753 年, Euler 声称他证明了 $n = 3$ 的情形. 后来, 人们发现他给出的证明中有错误, 但是后人可以从他后来的工作中找到正确的证明. 1820 年年底, Sophis Germain (1776—1831, 法国数学家) 证明了 Fermat 大定理对一类素数成立. 在寻求 Fermat 大定理的证明过程中, Ernst Edward Kummer (1810—1893, 德国数学家) 开创了一个新的数学分支——" 代数数论", 而且 "抽象代数" 中的 "理想" 概念也是源于 Kummer 的 "整数理想".

1993 年 6 月 23 日, 在英国剑桥大学的牛顿研究所的报告厅里, Andrew Wiles (出生于英国) 宣布了一个爆炸性新闻: 他证明了一个定理, 并说明了 Fermat 大定理是这个定理的一个推论, 从而, 他证明了 Fermat 大定理! 但是稍后, 人们发现他的证明有一个严重的错误, 而且大多数人认为这个错误是无法弥补的. 然而, 经过一年多的努力, Wiles (和他以前的一个

学生) 最终在 1994 年 9 月证明了 Fermat 大定理. 相关论文发表在 1995 年 5 月的*Annals of Mathematics*上.

1.3.2　关于多项式的 Fermat 大定理

相对于整数的 Fermat 大定理, 在多项式中也有平行的 Fermat 大定理.

定理 1.3.1 (关于多项式的 Fermat 大定理)　令 $n \in \mathbb{Z}$, $n \geqslant 3$. 则方程

$$x(t)^n + y(t)^n = z(t)^n$$

在 $\mathbb{C}[t] \setminus \mathbb{C}$ 中没有两两互素的解.

定理 1.3.1 的第一个证明出现在 19 世纪, 当时使用的是代数几何的方法, 证明非常复杂. 下面, 将介绍一个非常简单的初等证明.

曾经有段时间, 很多人觉得已经对多项式了如指掌, 甚至不需要再做什么特别的研究了. 然而, 令人吃惊的是, R. C. Mason 在 1983 年重新发现了多项式中的一个有趣的结果. 该结果由 W. Stothers 在 1981 年首先发现, 但是当时并没有引起人们的关注.

记号 1.3.1　令 $f(t) \in \mathbb{C}[t] \setminus \mathbb{C}$. 若

$$f(t) = c\prod_{i=1}^{r}(t - c_i)^{m_i}, \tag{1.8}$$

其中 $c, c_i \in \mathbb{C}$, $c_i \neq c_j$, $m_i \geqslant 1$, $i, j = 1, 2, \cdots, r$, $i \neq j$, $r \geqslant 1$. $f(t)$ 的所有不相同的根的个数 r 记为 $n_0(f)$, 称为 $f(t)$ 的根数.

显然, 有如下推论.

推论 1.3.1　若 $f(t), g(t) \in \mathbb{C}[t] \setminus \mathbb{C}$, 则

$$n_0(f) \leqslant \partial f(t),$$
$$n_0(fg) \leqslant n_0(f) + n_0(g),$$

其中 fg 表示 $f(t)$ 与 $g(t)$ 的多项式乘积. 前 (后) 一等式成立当且仅当 $f(t)$ 无重根 ($(f(t), g(t)) = 1$).

推论 1.3.2　若 $f(t) \in \mathbb{C}[t] \setminus \mathbb{C}$, 则

$$\partial(f(t)) = \partial(f(t), f'(t)) + n_0(f).$$

证明　令 $f(t)$ 表示为式 (1.8) 中的分解式. 则

$$\frac{f(t)}{(f(t), f'(t))} = c(t - c_1)(t - c_2)\cdots(t - c_r);$$

由次数公式, 有

$$\begin{aligned}\partial(f(t)) &= \partial(f(t), f'(t)) + \partial\left(c\prod_{i=1}^{r}(t - c_i)\right)\\ &= \partial(f(t), f'(t)) + n_0(f).\end{aligned}$$

□

定理 1.3.2 (Mason–Stothers) 令 $f_1(t), f_2(t), f_3(t) \in \mathbb{C}[t] \setminus \mathbb{C}$. 若 $f_1(t)$, $f_2(t)$, $f_3(t)$ 两两互素, 且

$$f_1(t) + f_2(t) = f_3(t),$$

则

$$\max\{\partial(f_1(t)), \partial(f_2(t)), \partial(f_3(t))\} \leqslant n_0(f_1f_2f_3) - 1.$$

证明 显然,

$$(f_3(t), f_3'(t)) \mid \big(f_2(t)f_3'(t) - f_2'(t)f_3(t)\big), \tag{1.9}$$

$$(f_2(t), f_2'(t)) \mid \big(f_2(t)f_3'(t) - f_2'(t)f_3(t)\big), \tag{1.10}$$

$$(f_1(t), f_1'(t)) \mid \big(f_2(t)f_1'(t) - f_2'(t)f_1(t)\big). \tag{1.11}$$

由 $f_1(t) + f_2(t) = f_3(t)$ 知,

$$\begin{aligned} & f_2(t)f_3'(t) - f_2'(t)f_3(t) \\ = & f_2(t)(f_1(t) + f_2(t))' - f_2'(t)(f_1(t) + f_2(t)) \\ = & f_2(t)f_1'(t) - f_2'(t)f_1(t). \end{aligned}$$

因此,

$$\big(f_1(t), f_1'(t)\big) \mid \big(f_2(t)f_3'(t) - f_2'(t)f_3(t)\big). \tag{1.12}$$

又由 $f_1(t), f_2(t), f_3(t)$ 两两互素和式 (1.9), (1.10), (1.12) 知,

$$\prod_{i=1}^{3}(f_i(t), f_i'(t)) \big| \big(f_2(t)f_3'(t) - f_2'(t)f_3(t)\big).$$

再由 $f_1(t), f_2(t), f_3(t)$ 两两互素知,

$$f_2(t)f_3'(t) - f_2'(t)f_3(t) \neq 0.$$

根据推论 1.3.2,

$$\begin{aligned} \sum_{i=1}^{3}\big(\partial(f_i(t)) - n_0(f_i)\big) & \leqslant \partial\big(f_2(t)f_3'(t) - f_2'(t)f_3(t)\big) \\ & \leqslant \partial\big(f_2(t)\big) + \partial\big(f_3(t)\big) - 1. \end{aligned}$$

因此,

$$\begin{aligned} \partial(f_1(t)) & \leqslant \sum_{i=1}^{3} n_0(f_i) - 1 \\ & = n_0(f_1f_2f_3) - 1, \end{aligned} \tag{1.13}$$

其中, 后一等式由推论 1.3.1 的推广形式可得. 由 f_1 和 f_2 的对称性, 显然有

$$\partial(f_2(t)) \leqslant n_0(f_1f_2f_3) - 1. \tag{1.14}$$

又由

$$f_1(t) + f_2(t) = f_3(t),$$

即

$$f_3(t) + (-f_1(t)) = f_2(t),$$

有

$$\partial(f_3(t)) \leqslant n_0(f_1f_2f_3) - 1. \tag{1.15}$$

式 (1.13)—式 (1.15) 即为定理的结论. □

应用 Mason-Stothers 定理, 关于多项式的 Fermat 大定理 (定理 1.3.1) 有如下的一个初等证明.

证明(定理 1.3.1 的证明) 若方程

$$x(t)^n + y(t)^n = z(t)^n, \quad n \in \mathbb{Z}, \quad n \geqslant 3$$

有一非常数的两两互素的多项式解 $(f_1(t), f_2(t), f_3(t))$, 则根据定理 1.3.2,

$$\partial(f_i^n(t)) \leqslant n_0(f_1^n f_2^n f_3^n) - 1, \quad i = 1, 2, 3,$$

因此,

$$n\partial(f_i(t)) \leqslant n_0(f_1f_2f_3) - 1, \quad i = 1, 2, 3,$$

从而,

$$\begin{aligned} n\sum_{i=1}^{3}\partial(f_i(t)) &\leqslant 3n_0(f_1f_2f_3) - 3 \\ &\leqslant 3\partial(f_1(t)f_2(t)f_3(t)) - 3, \end{aligned}$$

即

$$n\partial(f_1(t)f_2(t)f_3(t)) \leqslant 3\partial(f_1(t)f_2(t)f_3(t)) - 3,$$

亦即

$$(n-3)\partial(f_1(t)f_2(t)f_3(t)) \leqslant -3.$$

但 $\partial(f_1(t)f_2(t)f_3(t)) \geqslant 3$, 因此, 上式蕴涵 $n - 3 \leqslant -1$, 从而,

$$n \leqslant 2.$$

一个矛盾, 于是, 证明了关于多项式的 Fermat 大定理. □

1.4 关于一元多项式的若干注记

定理 1.4.1 整系数多项式在有理数域上可约当且仅当它在整数环上可约.

鉴于有理系数多项式都是整系数多项式的有理数倍, 定理 1.4.1 说明有理系数多项式在有理数域上的可约性可归结到整系数多项式在整数环上的可约性.

例 1.4.1 令 $a_1, a_2, \cdots, a_n$ 是 n 个互不相同的整数. 则

$$f(x) = (x-a_1)^2(x-a_2)^2\cdots(x-a_n)^2+1$$

在有理数域 $\mathbb{Q}$ 上不可约.

证明 若 $f(x)$ 在 $\mathbb{Q}$ 上可约, 即 $f(x)$ 在 $\mathbb{Z}$ 上可约 (根据定理 1.4.1), 则存在次数大于等于 1 的首 1 整系数多项式 $g(x), h(x)$ (可以做到这一点), 使得

$$f(x) = g(x)h(x). \tag{1.16}$$

由 $f(a_i) = g(a_i)h(a_i) = 1, i = 1, 2, \cdots, n$ 知,

$$g(a_i) = h(a_i) = \pm 1, \quad i = 1, \cdots, n.$$

若存在 $1 \leqslant i \leqslant n$, 使得 $g(a_i) = -1$, 则由 $g(x)$ 为首 1 多项式知, 存在充分大的 c, 使得 $g(c) > 0$, 从而 $g(x)$ 有实根, 这与 $f(x)$ 无实根矛盾. 因此,

$$g(a_i) = h(a_i) = 1, \quad i = 1, 2, \cdots, n.$$

由 $a_1, a_2, \cdots, a_n$ 是 $g(x)-1, h(x)-1$ 的 n 个互不相同的根知,

$$\partial(g(x)-1) \geqslant n, \quad \partial(h(x)-1) \geqslant n.$$

再由

$$\partial(f(x)) = \partial(g(x)) + \partial(h(x)) = 2n$$

知,

$$\partial(g(x)-1) = n, \quad \partial(h(x)-1) = n.$$

因此,

$$g(x)-1 = h(x)-1 = (x-a_1)(x-a_2)\cdots(x-a_n).$$

代入等式 (1.16), 得

$$\begin{aligned} f(x) &= ((x-a_1)(x-a_2)\cdots(x-a_n)+1)^2 \\ &= (x-a_1)^2(x-a_2)^2\cdots(x-a_n)^2+1, \end{aligned}$$

一个矛盾. □

定理 1.4.2 令

$$f(x) = a_n x^n + a_{n-1}x^{n-1} + \cdots + a_1 x + a_0 \in \mathbb{Z}[x].$$

若有理数 q/p 是 $f(x)$ 的根, 其中 p, q 为互素的整数, 则

(1) $p \mid a_n,\ q \mid a_0$;

(2) $f(x) = (x - q/p)v(x)$, 其中 $v(x)$ 为整系数多项式.

注 1.3 首 1 整系数多项式的有理根必为整数, 且为 a_0 的因数.

在定理 1.4.2 中令 $x = 1$ 或 $x = -1$, 可得如下推论.

推论 1.4.1 若 a 为整系数多项式 $f(x)$ 的有理根, 则 $f(1)/(1-a)$, $f(-1)/(1+a)$ 均为整数.

1.4.1 带余除法

定理 1.4.3 令 $f(x), g(x) \in \mathbb{F}[x]$, 且 $g(x) \neq 0$. 则存在唯一的 $q(x), r(x) \in \mathbb{F}[x]$, 使得

$$\begin{cases} f(x) = q(x)g(x) + r(x), \\ r(x) = 0 \text{ 或 } \partial(r(x)) < \partial(g(x)). \end{cases} \tag{1.17}$$

称 $q(x)(r(x))$ 为 $g(x)$ 除 $f(x)$ 的商 (余) 式.

我们将在例 7.3.2 中给出定理 1.4.3 的数学归纳法证明.

令 $\mathbb{F}$ 与 $\mathbb{F}_1$ 为两个数域. 若 $\mathbb{F} \subseteq \mathbb{F}_1$, 则显然 $\mathbb{F}[x] \subseteq \mathbb{F}_1[x]$. 于是, 关于 $\mathbb{F}$ 上的多项式 $f(x)$ 和非零多项式 $g(x)$, 由定理 1.4.3 及其证明可知, $g(x)$ 关于 $f(x)$ 的带余除法, 不管是在 $\mathbb{F}[x]$ 中还是在 $\mathbb{F}_1[x]$ 中进行, 所得的商式和余式都是一样的. 因此, 可得如下推论.

推论 1.4.2 带余除法的商式与余式不因域的扩大而改变.

1.4.2 余数定理的几种证明方法

定理 1.4.4 (余数定理) 令 $f(x) \in \mathbb{F}[x]$, $a \in \mathbb{F}$. 则存在唯一的多项式 $q(x) \in \mathbb{F}[x]$, 使得

$$f(x) = q(x)(x-a) + f(a).$$

证明 唯一性显然, 下证存在性.

证法 1 代数方法——作为带余除法定理的推论.

令

$$f(x) = q(x)(x-a) + r(x),$$

其中 $r(x) = 0$ 或 $\partial(r(x)) = 0$. 则

$$r(a) = f(a) - q(a)(a-a) = f(a),$$

即

$$f(x) = q(x)(x-a) + f(a).$$

证法 2 分析方法——在复数域上用多项式的 Taylor 展开.

(顺便提一下, 在域 $\mathbb{F}$ 上次数小于 n 的一元多项式关于通常的多项式加法和数乘形成的 n 维线性空间里, Taylor 展开公式和 Lagrange 插值公式给出了两种类型的基底.)

将 n 次多项式 $f(x)$ 在 $x=a$ 处展开, 有

$$f(x)=f(a)+\frac{f'(a)}{1!}(x-a)+\frac{f''(a)}{2!}(x-a)^2+\cdots+\frac{f^{(n)}(a)}{n!}(x-a)^n,$$

从而,

$$\begin{aligned}f(x)&=(x-a)\left[\frac{f'(a)}{1!}+\frac{f''(a)}{2!}(x-a)+\cdots+\frac{f^{(n)}(a)}{n!}(x-a)^{n-1}\right]+f(a)\\&=(x-a)q(x)+f(a),\end{aligned}$$

其中,

$$q(x)=\frac{f'(a)}{1!}+\frac{f''(a)}{2!}(x-a)+\cdots+\frac{f^{(n)}(a)}{n!}(x-a)^{n-1}.$$

证法 3 初等方法——用 Newton 二项式定理.

令 $f(x)=a_nx^n+a_{n-1}x^{n-1}+\cdots+a_1x+a_0$. 则

$$\begin{aligned}&f[(x-a)+a]\\&=a_n[(x-a)+a]^n+a_{n-1}[(x-a)+a]^{n-1}+\cdots+a_1[(x-a)+a]+a_0\\&=a_n[\mathrm{C}_n^0(x-a)^n+\mathrm{C}_n^1(x-a)^{n-1}a+\cdots+\mathrm{C}_n^{n-1}(x-a)a^{n-1}+\mathrm{C}_n^na^n]\\&\quad+a_{n-1}[\mathrm{C}_{n-1}^0(x-a)^{n-1}+\mathrm{C}_{n-1}^1(x-a)^{n-2}a+\cdots+\mathrm{C}_{n-1}^{n-2}(x-a)a^{n-2}+\mathrm{C}_{n-1}^{n-1}a^{n-1}]\\&\quad+\cdots+a_1[(x-a)+a]+a_0\\&=q(x)(x-a)+(a_na^n+a_{n-1}a^{n-1}+\cdots+a_1a+a_0)\\&=q(x)(x-a)+f(a),\end{aligned}$$

其中,

$$\begin{aligned}q(x)&=a_n[\mathrm{C}_n^0(x-a)^{n-1}+\mathrm{C}_n^1(x-a)^{n-2}a+\cdots+\mathrm{C}_n^{n-1}a^{n-1}]\\&\quad+a_{n-1}[\mathrm{C}_{n-1}^0(x-a)^{n-2}+\mathrm{C}_{n-1}^1(x-a)^{n-3}a+\cdots+\mathrm{C}_{n-1}^{n-2}a^{n-2}]+\cdots+a_1.\end{aligned}$$ □

注 1.4 定理 1.4.4 的证法 3 可视为高等数学的某些事实的证明可归结为初等数学的某些基本事实的应用.

1.4.3 零点-因子定理及其应用

定理 1.4.5 (零点-因子定理) 令 $f(x)\in\mathbb{F}[x]$, $a\in\mathbb{F}$. 则 $(x-a)$ 为 $f(x)$ 的因子当且仅当 $f(a)=0$ (即 a 为 $f(x)$ 的零点).

例 1.4.2 令 $\mathbb{F}$ 为一数域, 又

$$a \in \mathbb{F}, \quad f_i(x) \in \mathbb{F}[x], \quad i = 0, 1, 2, \cdots, n-1.$$

若

$$(x^n - a) \left| \sum_{i=0}^{n-1} f_i(x^n) x^i, \right. \tag{1.18}$$

则

$$(x - a) \mid f_i(x), \quad i = 0, 1, 2, \cdots, n-1.$$

证明 **证法 1** 令 $f_i(x) = q_i(x)(x-a) + r_i$, $i = 0, 1, 2, \cdots, n-1$. 则

$$\begin{aligned}\sum_{i=0}^{n-1} f_i(x^n)x^i &= \sum_{i=0}^{n-1} [q_i(x^n)(x^n - a) + r_i] x^i \\ &= \sum_{i=0}^{n-1} q_i(x^n)(x^n - a)x^i + \sum_{i=0}^{n-1} r_i x^i.\end{aligned}$$

由式 (1.18) 和

$$(x^n - a) \left| \sum_{i=0}^{n-1} q_i(x^n)(x^n - a) x^i \right.$$

知,

$$(x^n - a) \left| \sum_{i=0}^{n-1} r_i x^i. \right.$$

从而,

$$r_i = 0, \quad i = 0, 1, 2, \cdots, n-1,$$

即

$$(x - a) \mid f_i(x), \quad i = 0, 1, 2, \cdots, n-1.$$

证法 2 在复数域 $\mathbb{C}$ 上讨论.

情形 1 $a = 0$ 时, x^n 有 n 重根 0. 由式 (1.18) 知,

$$x \mid f_0(x^n) + f_1(x^n)x + \cdots + f_{n-1}(x^n)x^{n-1}.$$

令

$$f_0(x) = a_l x^l + a_{l-1} x^{(l-1)} + \cdots + a_1 x + a_0.$$

则

$$x \mid f_0(x^n) = a_l x^{ln} + a_{l-1} x^{(l-1)n} + \cdots + a_1 x^n + a_0.$$

因此, $x \mid a_0$, 即 $a_0 = 0$. 从而,

$$f_0(x) = a_l x^l + a_{l-1} x^{(l-1)} + \cdots + a_1 x,$$

即

$$x \mid f_0(x).$$

由 $x^n \mid f_0(x^n)$ 和式 (1.18) 知,

$$x^n \mid f_1(x^n)x + \cdots + f_{n-1}(x^n)x^{n-1},$$

从而,

$$x^{n-1} \mid f_1(x^n) + \cdots + f_{n-1}(x^n)x^{n-2}.$$

使用与前面完全一样的方法可证得 $f_1(x)$ 的常数项为零, 即

$$x \mid f_1(x).$$

如此进行下去, 可依次证得

$$x \mid f_2(x),\ x \mid f_3(x), \cdots,\ x \mid f_{n-1}(x).$$

情形 2 $a \neq 0$ 时, $(x^n - a)$ 有两两不同的 n 个根, 令其分别为 $a_1, a_2, \cdots, a_n$. 将这 n 个根分别代入式 (1.18) 的右边, 得一等式组

$$\begin{cases} f_0(a) + f_1(a)a_1 + f_2(a)a_1^2 + \cdots + f_{n-1}(a)a_1^{n-1} = 0, \\ f_0(a) + f_1(a)a_2 + f_2(a)a_2^2 + \cdots + f_{n-1}(a)a_2^{n-1} = 0, \\ \qquad\cdots\cdots \\ f_0(a) + f_1(a)a_n + f_2(a)a_n^2 + \cdots + f_{n-1}(a)a_n^{n-1} = 0, \end{cases}$$

这意味着,

$$\begin{pmatrix} f_0(a) \\ f_1(a) \\ \vdots \\ f_{n-1}(a) \end{pmatrix}$$

为线性方程组

$$\begin{pmatrix} 1 & a_1 & a_1^2 & \cdots & a_1^{n-1} \\ 1 & a_2 & a_2^2 & \cdots & a_2^{n-1} \\ \vdots & \vdots & \vdots & & \vdots \\ 1 & a_n & a_n^2 & \cdots & a_n^{n-1} \end{pmatrix} \begin{pmatrix} x_0 \\ x_1 \\ \vdots \\ x_{n-1} \end{pmatrix} = \begin{pmatrix} 0 \\ 0 \\ \vdots \\ 0 \end{pmatrix}$$

的解. 又 $a_1, a_2, \cdots, a_n$ 两两不同, 因此, 由 Vandermonde 行列式不为零知, 以上方程组只有零解, 从而

$$f_i(a) = 0, \quad i = 0, 1, \cdots, n-1.$$

根据零点 - 因子定理, 这当且仅当

$$(x - a) \mid f_i(x), \quad i = 0, 1, 2, \cdots, n-1. \qquad \square$$

1.4.4 多项式的最大 (小) 公因 (倍) 式

定义 1.4.1 令 $f_i(x), d_1(x)\ (h_1(x)), d(x)\ (h(x)) \in \mathbb{F}[x]$, $i=1,2,\cdots,s$, $s\geqslant 2$, $s\in\mathbb{Z}^+$. 称 $d(x)\ (h(x))$ 为 $\{f_i(x)\mid i=1,2,\cdots,s\}$ 的一个最大 (小) 公因 (倍) 式, 如果

(1) $d(x)\mid f_i(x)\ (f_i(x)\mid h(x))$, $i=1,2,\cdots,s$;

(2) 若 $d_1(x)\mid f_i(x)\ (f_i(x)\mid h_1(x))$, $i=1,\cdots,s$, 则 $d_1(x)\mid d(x)\ (h(x)\mid h_1(x))$.

定理 1.4.6 令 $f_i(x), d(x)\ (h(x))\in\mathbb{F}[x]$, $i=1,2,\cdots,s$, $s\geqslant 2$, $s\in\mathbb{Z}^+$. 则 $d(x)\ (h(x))$ 为 $\{f_i(x)\mid i=1,2,\cdots,s\}$ 的一个最大 (小) 公因 (倍) 式, 当且仅当存在 $g_i(x)\ (h_i(x))\in\mathbb{F}[x]$, $i=1,2,\cdots,s$, 使得

(1) $f_i(x)=d(x)g_i(x)\ (h(x)=f_i(x)h_i(x))$, $i=1,2,\cdots,s$;

(2) $(g_1(x),g_2(x),\cdots,g_s(x))=1\ ((h_1(x),h_2(x),\cdots,h_s(x))=1)$.

定理 1.4.7 令 $f_i(x), d(x)\in\mathbb{F}[x]$, $i=1,2,\cdots,s$, $s\geqslant 2$, $s\in\mathbb{Z}^+$. 则 $d(x)$ 为 $\{f_i(x)\mid i=1,2,\cdots,s\}$ 的一个最大公因式当且仅当

(1) $d(x)\mid f_i(x)$, $i=1,2,\cdots,s$;

(2) 存在 $u_1(x),u_2(x),\cdots,u_s(x)\in\mathbb{F}[x]$, 使得

$$d(x)=\sum_{i=1}^{s}u_i(x)f_i(x).$$

定义 1.4.2 令 $f(x),g(x)\in\mathbb{F}[x]\setminus\mathbb{F}$. 称 $f(x),g(x)$ 的下述分解为 $f(x)$ 与 $g(x)$ 的 (f,g)-标准分解

$$f(x)=c\prod_{i=1}^{s}p_i^{j_i}(x), \tag{1.19}$$

$$g(x)=d\prod_{i=1}^{s}p_i^{k_i}(x), \tag{1.20}$$

其中, $c,d\in\mathbb{F}$, $p_1(x),p_2(x),\cdots,p_s(x)$ 为 $\mathbb{F}$ 上两两不同的首 1 不可约多项式, $j_i\geqslant 0$, $k_i\geqslant 0$, $j_i+k_i>0$, $i=1,2,\cdots,s$.

定理 1.4.8 若 $f(x),g(x)\in\mathbb{F}[x]\setminus\mathbb{F}$ 的 (f,g)- 标准分解分别为式 (1.19) 和式 (1.20), 则记

$$m_i \overset{d}{=} \min\{j_i,k_i\},$$
$$M_i \overset{d}{=} \max\{j_i,k_i\},$$
$$i=1,2,\cdots,s$$

时, 有

$$(f(x),g(x))=\prod_{i=1}^{s}p_i^{m_i}(x)$$

和

$$[f(x),g(x)]=\prod_{i=1}^{s}p_i^{M_i}(x).$$

注 1.5 (1) 对于数域 $\mathbb{F}$ 上不全为零的多项式 $f_1(x), f_2(x), \cdots, f_s(x)$, $s \geqslant 2$, $s \in \mathbb{Z}^+$, 它们的最大 (小) 公因 (倍) 式在 $\mathbb{F}$-相伴的意义下是唯一的.

(2) 由引理 1.1.1 知, 多项式的首 1 的最大 (小) 公因 (倍) 式不因域的扩大而改变.

1.5 对称与初等对称多元多项式

1.5.1 多元多项式

定义 1.5.1 令 $\mathbb{F}$ 为一数域, $x_1, x_2, \cdots, x_n$ 为 n 个文字 (符号). 称

$$ax_1^{k_1}x_2^{k_2}\cdots x_n^{k_n}, \quad a \in \mathbb{F}, \quad k_i \in \mathbb{Z}^+ \bigcup\{0\}, \quad i = 1, 2, \cdots, n$$

为数域 $\mathbb{F}$ 上关于 $x_1, x_2, \cdots, x_n$ 的一个单项式, 并称其中各文字的指数之和, 即 $k_1+k_2+\cdots+k_n$ 为其次数.

令 $i_1, i_2, \cdots, i_n \in \mathbb{Z}^+ \bigcup\{0\}$, $a_{i_1i_2\cdots i_n} \in \mathbb{F}$. 称有限形式和

$$f(x_1, x_2, \cdots, x_n) = \sum_{i_1i_2\cdots i_n} a_{i_1i_2\cdots i_n}x_1^{i_1}x_2^{i_2}\cdots x_n^{i_n}$$

为数域 $\mathbb{F}$ 上关于 $x_1, x_2, \cdots, x_n$ 的多项式, $a_{i_1i_2\cdots i_n}x_1^{i_1}x_2^{i_2}\cdots x_n^{i_n}$ 称为 $f(x_1, x_2, \cdots, x_n)$ 的构成单项式. 若 $f(x_1, x_2, \cdots, x_n)$ 有非零系数的构成单项式, 则称它的系数不为零的构成单项式的次数的最大值为这个 n 元多项式的次数, 记为 ∂f, 称 $x_1, x_2, \cdots, x_n$ 为 n 个无关不定元. 称两个多项式相等, 如果它们所有的构成单项式完全相同.

定义 1.5.2 在 n 元多项式中, 若两个单项式的 x_i 的幂指数均对应相等, $i = 1, 2, \cdots, n$, 则称这两个单项式为同类项. 在 n 元多项式中, 同类项均合并成一项, 从而各个单项式都是不同类的.

若数域 $\mathbb{F}$ 上一 n 元多项式 $f(x_1, x_2, \cdots, x_n)$ 的所有系数 (即所有构成单项式的系数) 均为零, 则称它为零多项式, 记为 $f(x_1, x_2, \cdots, x_n) = 0$, 规定它的次数为 $-\infty$.

任取 n 元多项式

$$f(x_1, x_2, \cdots, x_n) = \sum_{i_1i_2\cdots i_n} a_{i_1i_2\cdots i_n}x_1^{i_1}x_2^{i_2}\cdots x_n^{i_n}$$

中的两个单项式

$$a_{i_1i_2\cdots i_n}x_1^{i_1}x_2^{i_2}\cdots x_n^{i_n} \text{ 和 } a_{j_1j_2\cdots j_n}x_1^{j_1}x_2^{j_2}\cdots x_n^{j_n},$$

则单项式 $a_{i_1i_2\cdots i_n}x_1^{i_1}x_2^{i_2}\cdots x_n^{i_n}$ 排在单项式 $a_{j_1j_2\cdots j_n}x_1^{j_1}x_2^{j_2}\cdots x_n^{j_n}$ 的前面当且仅当

$$(\exists s \in \mathbb{Z}^+, 1 \leqslant s \leqslant n-1) \;\; i_1 = j_1, \cdots, i_{s-1} = j_{s-1}, \; i_s > j_s,$$

记为 $(i_1, i_2, \cdots, i_n) > (j_1, j_2, \cdots, j_n)$. 称此排序方法为字典排序法. 按字典排序法, 由大到小写出来的第一个系数不为零的单项式称为 n 元多项式的首项. 注意, 首项不一定具有最大的次数.

记数域 $\mathbb{F}$ 上所有 n 元多项式构成的集合为 $\mathbb{F}[x_1,x_2,\cdots,x_n]$. 在此集合中定义加法为合并同类项, 即同类项的系数相加合并为一项, 定义乘法为

$$\left(\sum_{i_1i_2\cdots i_n} a_{i_1i_2\cdots i_n}x_1^{i_1}x_2^{i_2}\cdots x_n^{i_n}\right)\left(\sum_{j_1j_2\cdots j_n} b_{j_1j_2\cdots j_n}x_1^{j_1}x_2^{j_2}\cdots x_n^{j_n}\right)$$
$$\stackrel{d}{=}\sum_{s_1s_2\cdots s_n} c_{s_1s_2\cdots s_n}x_1^{s_1}x_2^{s_2}\cdots x_n^{s_n},$$

其中,

$$c_{s_1s_2\cdots s_n}=\sum_{\substack{i_k+j_k=s_k\\ k=1,2,\cdots,n}} a_{i_1i_2\cdots i_n}b_{j_1j_2\cdots j_n}.$$

易证 $\mathbb{F}[x_1,x_2,\cdots,x_n]$ 为有单位元的交换环, 称它为数域 $\mathbb{F}$ 上的 n 元多项式环.

定理 1.5.1　在 $\mathbb{F}[x_1,x_2,\cdots,x_n]$ 中, 两个非零多项式的乘积的首项等于它们首项的乘积, 从而两个非零多项式的乘积仍为非零多项式, 即 $\mathbb{F}[x_1,x_2,\cdots,x_n]$ 是无零因子环.

定理 1.5.2　令 $\mathbb{F}$ 为一数域, R 为一含单位元的交换环, $\varphi:\mathbb{F}\to R$ 为环同态, $t_1,t_2,\cdots,t_n\in R$. 作映射

$$\tau_{t_1,t_2,\cdots,t_n}:\mathbb{F}[x_1,x_2,\cdots,x_n]\to R,$$
$$f(x_1,x_2,\cdots,x_n)=\sum_{i_1\cdots i_n}a_{i_1\cdots i_n}x_1^{i_1}\cdots x_n^{i_n}\mapsto\sum_{i_1\cdots i_n}\varphi(a_{i_1\cdots i_n})t_1^{i_1}\cdots t_n^{i_n},$$

则 $\tau_{t_1,t_2,\cdots,t_n}$ 是 $\mathbb{F}[x_1,x_2,\cdots,x_n]$ 到 R 的同态映射, 称为 $x_1,x_2,\cdots,x_n$ 用 $t_1,t_2,\cdots,t_n$ 代入.

特别地, 若 R 为 $\mathbb{F}$ 的一个扩环 (即 R 有一子环 R_1 与 $\mathbb{F}$ 同构, 且 R 的单位元是 R_1 的单位元), 则 φ 可取 $\mathbb{F}$ 到 R_1 的同构映射, 得到一个 $\mathbb{F}$ 到 R 的 "嵌入" 同态.

由定理 1.5.2 可知, $\mathbb{F}[x_1,x_2,\cdots,x_n]$ 中所有零次多项式添上零多项式构成的子集合 S 是 $\mathbb{F}[x_1,x_2,\cdots,x_n]$ 的一个子环. 显然, $\tau:a\mapsto a$ 是 $\mathbb{F}$ 到 S 的一个同构映射, 因此, $\mathbb{F}[x_1,x_2,\cdots,x_n]$ 可看成是 $\mathbb{F}$ 的一扩环, 从而, $x_1,x_2,\cdots,x_n$ 可以用环 $\mathbb{F}[x_1,x_2,\cdots,x_n]$ 中任意 n 个元素代入, 且此代入保持加法和乘法运算.

定义 1.5.3　令 $f(x_1,x_2,\cdots,x_n)\in\mathbb{F}[x_1,x_2,\cdots,x_n]$. 则关于数域 $\mathbb{F}$ 中任意 n 个元素 $c_1,c_2,\cdots,c_n$, 将 $x_1,x_2,\cdots,x_n$ 用 $c_1,c_2,\cdots,c_n$ 代入, 得到 $f(c_1,c_2,\cdots,c_n)\in\mathbb{F}$. 于是, n 元多项式 $f(x_1,x_2,\cdots,x_n)$ 诱导了集合 $\mathbb{F}^n$ 到 $\mathbb{F}$ 的一个映射:

$$f:\mathbb{F}^n\longrightarrow\mathbb{F},$$
$$(c_1,c_2,\cdots,c_n)\longmapsto f(c_1,c_2,\cdots,c_n),$$

称此映射 f 为数域 $\mathbb{F}$ 上一 n 元多项式函数.

显然, 零多项式诱导的函数是零函数, 而由以下定理可知, 数域 $\mathbb{F}$ 上的 n 元非零多项式诱导的多项式函数一定不为零函数.

定理 1.5.3 令 $h(x_1, x_2, \cdots, x_n)$ 是数域 $\mathbb{F}$ 上一 n 元非零多项式. 则它诱导的 n 元多项式函数 h 不是零函数.

证明 关于不定元的个数 n 做数学归纳法. 当 $n=1$ 时, 结论显然成立. 假设命题关于 $\mathbb{F}[x_1, \cdots, x_{n-1}]$ 中的非零多项式成立, 今考察 $\mathbb{F}[x_1, \cdots, x_n]$ 中的非零多项式 $h(x_1, \cdots, x_n)$ 的情形. 令

$$\begin{aligned}h(x_1, \cdots, x_n) = &u_0(x_1, \cdots, x_{n-1}) + u_1(x_1, \cdots, x_{n-1})x_n + \cdots \\ &+u_s(x_1, \cdots, x_{n-1})x_n^s,\end{aligned}$$

其中, $u_i(x_1, \cdots, x_{n-1}) \in \mathbb{F}[x_1, \cdots, x_{n-1}]$, $i = 0, 1, \cdots, s$, 且 $u_s(x_1, \cdots, x_{n-1}) \neq 0$. 根据归纳假设, $u_s(x_1, \cdots, x_{n-1})$ 诱导的函数 u_s 不为零函数, 因此, 存在 $c_1, \cdots, c_{n-1} \in \mathbb{F}$, 使得

$$u_s(c_1, \cdots, c_{n-1}) \neq 0.$$

从而,

$$\begin{aligned}h(c_1, \cdots, c_{n-1}, x_n) = &u_0(c_1, \cdots, c_{n-1}) + u_1(c_1, \cdots, c_{n-1})x_n + \cdots \\ &+u_s(c_1, \cdots, c_{n-1})x_n^s\end{aligned}$$

为一元非零多项式, 因此, 其诱导的函数不为零函数. 于是, 存在 $c_n \in \mathbb{F}$, 使得

$$h(c_1, \cdots, c_{n-1}, c_n) \neq 0,$$

即 n 元非零多项式 $h(x_1, \cdots, x_{n-1}, x_n)$ 诱导的函数 h 不为零函数. □

由定理 1.5.3 立即可得如下定理.

定理 1.5.4 令 $\mathbb{F}$ 为一数域, $f(x_1, x_2, \cdots, x_n)$ 和 $g(x_1, x_2, \cdots, x_n)$ 为 $\mathbb{F}[x_1, x_2, \cdots, x_n]$ 中两个 n 元多项式. 则它们相等当且仅当它们诱导的多项式函数 f 和 g 相等.

记数域 $\mathbb{F}$ 上所有的 n 元多项式函数组成的集合为 $\mathbb{F}_{n\text{pol}}$, 在此集合上定义加法运算为函数的加法, 定义乘法运算为函数的乘法, 即关于任意 $(c_1, c_2, \cdots, c_n) \in \mathbb{F}^n$,

$$\begin{aligned}(f+g)(c_1, c_2, \cdots, c_n) &\overset{d}{=} f(c_1, c_2, \cdots, c_n) + g(c_1, c_2, \cdots, c_n), \\ (fg)(c_1, c_2, \cdots, c_n) &\overset{d}{=} f(c_1, c_2, \cdots, c_n)g(c_1, c_2, \cdots, c_n).\end{aligned}$$

若

$$\begin{aligned}f(x_1, x_2, \cdots, x_n) + g(x_1, x_2, \cdots, x_n) &= h(x_1, x_2, \cdots, x_n), \\ f(x_1, x_2, \cdots, x_n)g(x_1, x_2, \cdots, x_n) &= p(x_1, x_2, \cdots, x_n),\end{aligned}$$

则

$$\begin{aligned}f(c_1, c_2, \cdots, c_n) + g(c_1, c_2, \cdots, c_n) &= h(c_1, c_2, \cdots, c_n), \\ f(c_1, c_2, \cdots, c_n)g(c_1, c_2, \cdots, c_n) &= p(c_1, c_2, \cdots, c_n).\end{aligned}$$

因此, 上述定义的 $f+g$ 是由多项式 $h(x_1,x_2,\cdots,x_n)$ 诱导的 n 元多项式函数, fg 是由多项式 $p(x_1,x_2,\cdots,x_n)$ 诱导的 n 元多项式函数, 从而上述定义的加法和乘法的确是 $\mathbb{F}_{n\text{pol}}$ 的两种运算. 容易验证, $\mathbb{F}_{n\text{pol}}$ 为含单位元的交换环, 称为数域 $\mathbb{F}$ 上的 n 元多项式函数环.

由定理 1.5.4, 有如下定理.

定理 1.5.5 环 $\mathbb{F}[x_1,x_2,\cdots,x_n]$ 与环 $\mathbb{F}_{n\text{pol}}$ 是同构的.

从而, 可以将数域 $\mathbb{F}$ 上的 n 元多项式 $f(x_1,x_2,\cdots,x_n)$ 与 $\mathbb{F}$ 上的 n 元多项式函数 f 等同看待.

注 1.6 n 元多项式是形式表达式, n 元多项式函数是映射, 只有在证明了数域 $\mathbb{F}$ 上的 n 元多项式环 $\mathbb{F}[x_1,x_2,\cdots,x_n]$ 与 $\mathbb{F}$ 上的 n 元多项式函数环 $\mathbb{F}_{n\text{pol}}$ 同构之后, 才能将 n 元多项式 $f(x_1,x_2,\cdots,x_n)$ 与它诱导的 n 元多项式函数 f 等同看待.

1.5.2 对称和初等对称多项式

定义 1.5.4 令 $\mathbb{F}$ 为一数域, $f(x_1,x_2,\cdots,x_n)\in\mathbb{F}[x_1,x_2,\cdots,x_n]$. 若关于任一 n 级排列 $(i_1i_2\cdots i_n)$ 都有

$$f(x_{i_1},x_{i_2},\cdots,x_{i_n})=f(x_1,x_2,\cdots,x_n),$$

则称 $f(x_1,x_2,\cdots,x_n)$ 为 $\mathbb{F}$ 上一 n 元对称多项式.

显然, 零多项式和零次多项式都是对称多项式.

例 1.5.1 若一个 n 元对称多项式含有项 x_1, 则它必含有项 $x_2,\cdots,x_n$. 因此, $x_1+x_2+\cdots+x_n$ 是一个 n 元对称多项式, 记为 $\sigma_1(x_1,x_2,\cdots,x_n)$, 即

$$\sigma_1(x_1,x_2,\cdots,x_n)=x_1+x_2+\cdots+x_n.$$

若一个 n 元对称多项式含有项 x_1x_2, 则它必含有项 x_ix_j, $1\leqslant i<j\leqslant n$. 因此, 多项式

$$\begin{aligned}\sigma_2(x_1,x_2,\cdots,x_n)&=x_1x_2+x_1x_3+\cdots+x_1x_n\\&\quad+x_2x_3+\cdots+x_2x_n\\&\qquad\cdots\cdots\\&\qquad+x_{n-1}x_n\\&=\sum_{1\leqslant i<j\leqslant n}x_ix_j\end{aligned}$$

是一个 n 元对称多项式.

同理, 关于任意 $k\in\{3,\cdots,n-1\}$, 下述多项式是一个 n 元对称多项式:

$$\sigma_k(x_1,x_2,\cdots,x_n)=\sum_{1\leqslant i_1<i_2<\cdots<i_k\leqslant n}x_{i_1}x_{i_2}\cdots x_{i_k}.$$

显然下述多项式也是一个 n 元对称多项式:

$$\sigma_n(x_1,x_2,\cdots,x_n)=x_1x_2\cdots x_n.$$

上述 n 个 n 元对称多项式 $\sigma_i(x_1,x_2,\cdots,x_n)$, $i=1,2,\cdots,n$, 统称为 n 元初等对称多项式.

记数域 $\mathbb{F}$ 上所有 n 元对称多项式组成的集合为 W. 令 $f(x_1,x_2,\cdots,x_n)$, $g(x_1,x_2,\cdots,x_n)\in W$. 若

$$f(x_1,x_2,\cdots,x_n)+g(x_1,x_2,\cdots,x_n)=h(x_1,x_2,\cdots,x_n),$$
$$f(x_1,x_2,\cdots,x_n)g(x_1,x_2,\cdots,x_n)=p(x_1,x_2,\cdots,x_n),$$

则关于任意 n 级排列 $(i_1i_2\cdots i_n)$, 把不定元 $x_1,x_2,\cdots,x_n$ 分别用 $x_{i_1},x_{i_2},\cdots,x_{i_n}$ 代入, 由上两式可得

$$f(x_{i_1},x_{i_2},\cdots,x_{i_n})+g(x_{i_1},x_{i_2},\cdots,x_{i_n})=h(x_{i_1},x_{i_2},\cdots,x_{i_n}),$$
$$f(x_{i_1},x_{i_2},\cdots,x_{i_n})g(x_{i_1},x_{i_2},\cdots,x_{i_n})=p(x_{i_1},x_{i_2},\cdots,x_{i_n}).$$

又由 $f(x_1,x_2,\cdots,x_n),g(x_1,x_2,\cdots,x_n)$ 均为对称多项式, 即

$$f(x_{i_1},x_{i_2},\cdots,x_{i_n})=f(x_1,x_2,\cdots,x_n),$$
$$g(x_{i_1},x_{i_2},\cdots,x_{i_n})=g(x_1,x_2,\cdots,x_n)$$

知,

$$\begin{aligned}h(x_1,x_2,\cdots,x_n)&=f(x_1,x_2,\cdots,x_n)+g(x_1,x_2,\cdots,x_n)\\&=f(x_{i_1},x_{i_2},\cdots,x_{i_n})+g(x_{i_1},x_{i_2},\cdots,x_{i_n})\\&=h(x_{i_1},x_{i_2},\cdots,x_{i_n}).\end{aligned}$$

因此, $h(x_1,x_2,\cdots,x_n)\in W$. 同理, $p(x_1,x_2,\cdots,x_n)\in W$. 这表明 W 关于加法和乘法封闭. 从而, W 关于减法也是封闭的. 因此有如下命题.

命题 1.5.1 W 是 $\mathbb{F}[x_1,x_2,\cdots,x_n]$ 的子环.

直接验证可得如下命题. □

命题 1.5.2 令 $f_1,f_2,\cdots,f_n\in W$, $g(x_1,x_2,\cdots,x_n)\in\mathbb{F}[x_1,x_2,\cdots,x_n]$. 若

$$g(x_1,x_2,\cdots,x_n)=\sum_{i_1i_2\cdots i_n}b_{i_1i_2\cdots i_n}x_1^{i_1}x_2^{i_2}\cdots x_n^{i_n},$$

则

$$g(f_1,f_2,\cdots,f_n)=\sum_{i_1i_2\cdots i_n}b_{i_1i_2\cdots i_n}f_1^{i_1}f_2^{i_2}\cdots f_n^{i_n}\in W.$$

特别地,

$$g(\sigma_1,\sigma_2,\cdots,\sigma_n)\in W,$$

即初等对称多项式 $\sigma_1,\sigma_2,\cdots,\sigma_n$ 的多项式仍为对称多项式. 反之, 下述定理说明, 数域 $\mathbb{F}$ 上的任意 n 元对称多项式均可以表示成初等对称多项式 $\sigma_1,\sigma_2,\cdots,\sigma_n$ 的多项式.

定理 1.5.6 (对称多项式基本定理) 令 $f(x_1,x_2,\cdots,x_n)\in W$. 则存在唯一的

$$g(x_1,x_2,\cdots,x_n)\in\mathbb{F}[x_1,x_2,\cdots,x_n],$$

使得

$$f(x_1,x_2,\cdots,x_n)=g(\sigma_1,\sigma_2,\cdots,\sigma_n).$$

证明 存在性 鉴于 n 元多项式的各单项式是按字典排序法排列的, 就从 $f(x_1,x_2,\cdots,x_n)$ 的首项开始将其转换为关于 σ_1, σ_2, $\cdots$, σ_n 的多项式. 令 $f(x_1,x_2,\cdots,x_n)$ 的首项是 $ax_1^{l_1}x_2^{l_2}\cdots x_n^{l_n}$. 由 f 的对称性知, 关于任意 n 级排列 $(i_1i_2\cdots i_n)$, f 还含有项 $ax_{i_1}^{l_1}x_{i_2}^{l_2}\cdots x_{i_n}^{l_n}$. 我们断言, 首项的幂指数组 $(l_1,l_2,\cdots,l_n)$ 必满足 $l_1\geqslant l_2\geqslant\cdots\geqslant l_n$. 事实上, 若 $l_i<l_{i+1}$, 则 $ax_1^{l_1}\cdots x_i^{l_{i+1}}x_{i+1}^{l_i}\cdots x_n^{l_n}$ 也为 f 的一项, 且其幂指数组

$$(l_1,\cdots,l_{i-1},l_{i+1},l_i,\cdots,l_n)>(l_1,\cdots,l_{i-1},l_i,l_{i+1},\cdots,l_n)$$

是一个矛盾.

关于 $f(x_1,x_2,\cdots,x_n)$ 的首项 $ax_1^{l_1}x_2^{l_2}\cdots x_n^{l_n}$, 作多项式

$$\varPhi_1(x_1,x_2,\cdots,x_n)=ax_1^{l_1-l_2}x_2^{l_2-l_3}\cdots x_{n-1}^{l_{n-1}-l_n}x_n^{l_n}.$$

由于 σ_1 的首项是 x_1, σ_2 的首项是 x_1x_2, $\cdots$, σ_{n-1} 的首项是 $x_1x_2\cdots x_{n-1}$, σ_n 的首项是 $x_1x_2\cdots x_n$, 因此, n 元多项式

$$\varPhi_1(\sigma_1,\sigma_2,\cdots,\sigma_n)=a\sigma_1^{l_1-l_2}\sigma_2^{l_2-l_3}\cdots\sigma_{n-1}^{l_{n-1}-l_n}\sigma_n^{l_n}$$

的首项为 $ax_1^{l_1}x_2^{l_2}\cdots x_n^{l_n}$, 且根据命题 1.5.2, $\varPhi_1(\sigma_1,\sigma_2,\cdots,\sigma_n)$ 为 n 元对称多项式. 令

$$f_1(x_1,x_2,\cdots,x_n)=f(x_1,x_2,\cdots,x_n)-\varPhi_1(\sigma_1,\sigma_2,\cdots,\sigma_n).$$

则 f_1 的首项 "小于" f 的首项 (即 f 的首项的幂指数组先于 f_1 的首项的幂指数组), 且 f_1 仍是 n 元对称多项式. 对 f_1 重复上述对 f 的做法, 由于首项的幂指数组是非负整数组, 因此必在有限步后终止, 即

$$f_2=f_1-\varPhi_2,\cdots,f_{s-1}=f_{s-2}-\varPhi_{s-1},f_s=f_{s-1}-\varPhi_s=0.$$

从而,

$$f=f_1+\varPhi_1=(f_2+\varPhi_2)+\varPhi_1=\cdots=\varPhi_s+\cdots+\varPhi_2+\varPhi_1.$$

若

$$\varPhi_i(\sigma_1,\sigma_2,\cdots,\sigma_n)=a_i\sigma_1^{t_{i1}}\sigma_2^{t_{i2}}\cdots\sigma_n^{t_{in}},\quad i=1,2,\cdots,s,$$

则

$$f(x_1,x_2,\cdots,x_n)=\sum_{i=1}^{s}a_i\sigma_1^{t_{i1}}\sigma_2^{t_{i2}}\cdots\sigma_n^{t_{in}}.$$

令

$$g(x_1, x_2, \cdots, x_n) = \sum_{i=1}^{s} a_i x_1^{t_{i1}} x_2^{t_{i2}} \cdots x_n^{t_{in}}.$$

从而,

$$g(\sigma_1, \sigma_2, \cdots, \sigma_n) = f(x_1, x_2, \cdots, x_n).$$

唯一性 令 $g_1(x_1, x_2, \cdots, x_n)$, $g_2(x_1, x_2, \cdots, x_n)$ 为 $\mathbb{F}[x_1, x_2, \cdots, x_n]$ 中两个不同的多项式, 且

$$f(x_1, x_2, \cdots, x_n) = g_1(\sigma_1, \sigma_2, \cdots, \sigma_n),$$
$$f(x_1, x_2, \cdots, x_n) = g_2(\sigma_1, \sigma_2, \cdots, \sigma_n).$$

则

$$g_1(\sigma_1, \sigma_2, \cdots, \sigma_n) - g_2(\sigma_1, \sigma_2, \cdots, \sigma_n) = 0.$$

令

$$g(x_1, x_2, \cdots, x_n) = g_1(x_1, x_2, \cdots, x_n) - g_2(x_1, x_2, \cdots, x_n).$$

则

$$g(\sigma_1, \sigma_2, \cdots, \sigma_n) = g_1(\sigma_1, \sigma_2, \cdots, \sigma_n) - g_2(\sigma_1, \sigma_2, \cdots, \sigma_n) = 0. \tag{1.21}$$

由假设知,

$$g(x_1, x_2, \cdots, x_n) \neq 0.$$

根据定理 1.5.3, 存在 $b_1, b_2, \cdots, b_n \in \mathbb{F}$, 使得

$$g(b_1, b_2, \cdots, b_n) \neq 0.$$

令

$$\varPhi(x) = x^n - b_1 x^{n-1} + \cdots + (-1)^k b_k x_{n-k} + \cdots + (-1)^n b_n.$$

若 $c_1, c_2, \cdots, c_n$ 为 $\varPhi(x)$ 的 n 个复根, 则由 Vieta 公式知,

$$b_1 = \sigma_1(c_1, c_2, \cdots, c_n), \cdots, b_k = \sigma_k(c_1, c_2, \cdots, c_n), \cdots, b_n = \sigma_n(c_1, c_2, \cdots, c_n).$$

由式 (1.21) 知,

$$\begin{aligned}
&g(b_1, b_2, \cdots, b_n)\\
=&g(\sigma_1(c_1, c_2, \cdots, c_n), \sigma_2(c_1, c_2, \cdots, c_n), \cdots, \sigma_n(c_1, c_2, \cdots, c_n))\\
=&0,
\end{aligned}$$

一个矛盾. 从而唯一性得证. □

习　题　1

1. 令 $\mathbb{F}[x]$ 为数域 $\mathbb{F}$ 上一一元多项式环, $a \in \mathbb{C}$. 证明

$$\mathbb{F}[a] = \{f(a) \mid f(x) \in \mathbb{F}[x]\}$$

为一数域当且仅当 a 为 $\mathbb{F}$ 上一不可约多项式 $p(x)$ 的零点, 且 $\mathbb{F}[a]$ 为 $\mathbb{F}$ 上的 $\partial p(x)$ 维线性空间.

2. 令 $f(x), g(x) \in \mathbb{F}[x] \setminus \{0\}$. 证明:

(1) $f(x), g(x)$ 互素当且仅当关于任意 $h(x) \in \mathbb{F}[x]$, 存在 $s(x), t(x) \in \mathbb{F}[x]$, 使得

$$s(x)f(x) + t(x)g(x) = h(x).$$

(2) $f(x), g(x)$ 不互素当且仅当存在 $s(x), t(x) \in \mathbb{F}[x]$, $0 < \partial s(x) < \partial g(x), 0 < \partial t(x) < \partial f(x)$, 使得

$$s(x)f(x) + t(x)g(x) = 0.$$

3. 讨论 $\mathbb{R}$ 上分别具有定理 1.1.1 中式 (1.1) 性质和定理 1.1.2 中式 (1.2) 性质的一次、二次不可约多项式在复平面上的几何意义.

4. 证明: $x^d - 1$ 整除 $x^n - 1$ 当且仅当 d 整除 n.

5. 令 $f(x)$, $g(x) \in \mathbb{F}[x]$ 且 $g(x)$ 不为零. 证明: 存在非负整数 N, 使得 $n_1, n_2 > N$ 时, 有

$$(f^{n_1}(x), g(x)) = (f^{n_2}(x), g(x)).$$

6. 令 $f(x) \in \mathbb{F}[x]$, $\partial f(x) = n$, 且

$$f(k) = \frac{k}{k+1}, \quad k = 0, 1, \cdots, n.$$

求 $f(n+1)$.

7. 令 $f(x)$ 为整系数多项式, $f(x)$ 的次数为 $n = 2m$ 或 $n = 2m+1$, a_1, $a_2, \cdots, a_s$ 为互异的整数, s, m 为正整数且 $s > 2m$. 证明: 若

$$f(a_i) = 1 \text{ 或 } -1, \quad i = 1, 2, \cdots, s,$$

则 $f(x)$ 在有理数域 $\mathbb{Q}$ 上不可约.

8. 令 $f(x)$ 为整系数多项式, a_1, a_2, a_3, a_4 为互不相同的整数, 且

$$f(a_1) = f(a_2) = f(a_3) = f(a_4) = 1.$$

证明: 关于任意整数 n, $f(n) - 1$ 不是素数.

9. 证明: 在复数域上的二元多项式环中, $f(x, y) = x^2 - 2xy + y^2 + y$ 不可约.

第 2 讲　线性相关性 (线性代数的核心概念)

2.1　涉及线性相关性的几组基本事实

第一组

定理 2.1.1　下列诸条等价.

(1) 令 $\boldsymbol{\alpha}_1,\boldsymbol{\alpha}_2,\cdots,\boldsymbol{\alpha}_m,\boldsymbol{\alpha}_{m+1},\cdots,\boldsymbol{\alpha}_n\in V_{\mathbb{F},l}$. 则

$$r_{\{\boldsymbol{\alpha}_1,\boldsymbol{\alpha}_2,\cdots,\boldsymbol{\alpha}_m\}}\geqslant r_{\{\boldsymbol{\alpha}_1,\boldsymbol{\alpha}_2,\cdots,\boldsymbol{\alpha}_m\}\bigcup\{\boldsymbol{\alpha}_{m+1},\cdots,\boldsymbol{\alpha}_n\}}-r_{\{\boldsymbol{\alpha}_{m+1},\cdots,\boldsymbol{\alpha}_n\}},$$

其中, $V_{\mathbb{F},l}$ 表示 V 为域 $\mathbb{F}$ 上一 l 维线性空间.

(2) 令 $\boldsymbol{\alpha}_1,\boldsymbol{\alpha}_2,\cdots,\boldsymbol{\alpha}_m,\boldsymbol{\alpha}_{m+1},\cdots,\boldsymbol{\alpha}_n\in V_{\mathbb{F},l}$. 则

$$r_{\{\boldsymbol{\alpha}_i\}_1^m}\geqslant r_{\{\boldsymbol{\alpha}_i\}_1^n}+m-n.$$

(3) 令 $\boldsymbol{B}\in\mathbb{F}^{m\times n},\boldsymbol{A}\in\mathbb{F}^{n\times l}$. 则

$$r_{\boldsymbol{BA}}\geqslant r_{\boldsymbol{B}}+r_{\boldsymbol{A}}-n.$$

(4) 令 f 为线性空间 $V_{\mathbb{F},l}$ 到线性空间 $V'_{\mathbb{F},n}$ 的线性映射, g 为线性空间 $V'_{\mathbb{F},n}$ 到线性空间 $V''_{\mathbb{F},m}$ 的线性映射. 则

$$r_{g\circ f}\geqslant r_f+r_g-n.$$

(5) 令 $V'_{\mathbb{F},m}\leqslant V_{\mathbb{F},n}$, f 为线性空间 $V_{\mathbb{F},n}$ 到 $V''_{\mathbb{F},l}$ 的线性映射. 则

$$\dim f(V')\geqslant r_f+m-n.$$

证明　(1) $\Rightarrow$ (2)　显然成立.

(2) $\Rightarrow$ (1)　令 $\boldsymbol{\alpha}_{i_1},\cdots,\boldsymbol{\alpha}_{i_k}$ 为 $\boldsymbol{\alpha}_{m+1},\cdots,\boldsymbol{\alpha}_n$ 的一个极大线性无关组. 则 $\boldsymbol{\alpha}_{i_1},\cdots,\boldsymbol{\alpha}_{i_k}$ 与 $\boldsymbol{\alpha}_{m+1},\cdots,\boldsymbol{\alpha}_n$ 等价, 从而 $\boldsymbol{\alpha}_1,\cdots,\boldsymbol{\alpha}_m,\boldsymbol{\alpha}_{i_1},\cdots,\boldsymbol{\alpha}_{i_k}$ 与 $\boldsymbol{\alpha}_1,\cdots,\boldsymbol{\alpha}_m,\boldsymbol{\alpha}_{m+1},\cdots,\boldsymbol{\alpha}_n$ 等价. 于是

$$r_{\{\boldsymbol{\alpha}_i\}_1^n}=r_{\{\boldsymbol{\alpha}_i\}_1^m\bigcup\{\boldsymbol{\alpha}_{i_j}\}_1^k}\leqslant r_{\{\boldsymbol{\alpha}_i\}_1^m}+k=r_{\{\boldsymbol{\alpha}_1,\boldsymbol{\alpha}_2,\cdots,\boldsymbol{\alpha}_m\}}+r_{\{\boldsymbol{\alpha}_{m+1},\cdots,\boldsymbol{\alpha}_n\}}.$$

(2) $\Rightarrow$ (3)　先考察 $\boldsymbol{A}$ 为等价标准形的情形. 令

$$\boldsymbol{A}_{n\times l}=\begin{pmatrix}\boldsymbol{E}_r & \boldsymbol{O}\\ \boldsymbol{O} & \boldsymbol{O}\end{pmatrix}\stackrel{d}{=}\boldsymbol{E}^{(r)},\qquad \boldsymbol{B}_{m\times n}=(\boldsymbol{\beta}_1,\boldsymbol{\beta}_2,\cdots,\boldsymbol{\beta}_n),$$

其中, $r=r_{\boldsymbol{A}}$. 则

$$\boldsymbol{BA}=\boldsymbol{BE}^{(r)}=(\boldsymbol{\beta}_1,\cdots,\boldsymbol{\beta}_r,\boldsymbol{\theta},\cdots,\boldsymbol{\theta}).$$

从而,

$$r_{\boldsymbol{BA}}=r_{\boldsymbol{BE}^{(r)}}=r_{\{\boldsymbol{\beta}_i\}_1^r}.$$

于是, 由 (2) 知,

$$r_{\boldsymbol{BA}}=r_{\{\boldsymbol{\beta}_i\}_1^r}\geqslant r_{\{\boldsymbol{\beta}_i\}_1^n}+r-n=r_{\boldsymbol{B}}+r_{\boldsymbol{A}}-n.$$

再考察一般情形. 令

$$\boldsymbol{A}=\boldsymbol{P}\begin{pmatrix}\boldsymbol{E}_r & \boldsymbol{O}\\ \boldsymbol{O} & \boldsymbol{O}\end{pmatrix}\boldsymbol{Q},$$

其中, $\boldsymbol{P},\boldsymbol{Q}$ 分别为 $\mathbb{F}$ 上 n 阶和 l 阶的可逆方阵. 由前面的讨论知,

$$r_{\boldsymbol{BA}}=r_{\boldsymbol{BPE}^{(r)}\boldsymbol{Q}}=r_{\boldsymbol{BPE}^{(r)}}\geqslant r_{\boldsymbol{BP}}+r_{\boldsymbol{A}}-n=r_{\boldsymbol{B}}+r_{\boldsymbol{A}}-n.$$

(3) ⇒ (4) 令 $(\boldsymbol{\alpha}_1,\boldsymbol{\alpha}_2,\cdots,\boldsymbol{\alpha}_l)$, $(\boldsymbol{\beta}_1,\boldsymbol{\beta}_2,\cdots,\boldsymbol{\beta}_n)$ 和 $(\boldsymbol{\gamma}_1,\boldsymbol{\gamma}_2,\cdots,\boldsymbol{\gamma}_m)$ 分别为 $V_{\mathbb{F},l}$, $V'_{\mathbb{F},n}$ 和 $V''_{\mathbb{F},m}$ 的基底. 则

$$\begin{aligned}(g\circ f)(\boldsymbol{\alpha}_1,\boldsymbol{\alpha}_2,\cdots,\boldsymbol{\alpha}_l)&=g(f(\boldsymbol{\alpha}_1),f(\boldsymbol{\alpha}_2),\cdots,f(\boldsymbol{\alpha}_l))\\&=g[(\boldsymbol{\beta}_1,\boldsymbol{\beta}_2,\cdots,\boldsymbol{\beta}_n)\boldsymbol{A}]\\&=[(\boldsymbol{\gamma}_1,\boldsymbol{\gamma}_2,\cdots,\boldsymbol{\gamma}_m)\boldsymbol{B}]\boldsymbol{A}\\&=(\boldsymbol{\gamma}_1,\boldsymbol{\gamma}_2,\cdots,\boldsymbol{\gamma}_m)(\boldsymbol{BA}).\end{aligned}$$

又 $r_f=r_{\boldsymbol{A}}$, $r_g=r_{\boldsymbol{B}}$ 和 $r_{g\circ f}=r_{\boldsymbol{BA}}$, 由 (3) 知,

$$r_{g\circ f}\geqslant r_f+r_g-n.$$

(4) ⇒ (5) 令 g 为线性空间 $V'_{\mathbb{F},m}$ 到线性空间 $V_{\mathbb{F},n}$ 的嵌入映射, 即

$$(\forall\boldsymbol{\alpha}'\in V')\quad g(\boldsymbol{\alpha}')=\boldsymbol{\alpha}'.$$

显然, $r_g=m$, 则

$$\dim[(f\circ g)(V')]=\dim f(g(V'))=\dim f(V'),$$

从而, 由 (4) 知,

$$\dim(f(V'))=r_{f\circ g}\geqslant r_f+r_g-n=r_f+m-n.$$

(5) ⇒ (2) 令 $(\boldsymbol{\alpha}'_1,\cdots,\boldsymbol{\alpha}'_m,\boldsymbol{\alpha}'_{m+1},\cdots,\boldsymbol{\alpha}'_n)$ 为线性空间 $V_{\mathbb{F},n}$ 的一个基底, $V'=G[\alpha'_1,\cdots,\alpha'_m]$. 构作线性映射如下

$$f:V_{\mathbb{F},n}\to V''_{\mathbb{F},l}\ (\supseteq G[\boldsymbol{\alpha}_1,\cdots,\boldsymbol{\alpha}_n]),$$

$$\boldsymbol{\alpha}_i' \mapsto \boldsymbol{\alpha}_i, \quad i=1,\cdots,m,m+1,\cdots,n.$$

显然,

$$\dim f(V') = r_{\{\boldsymbol{\alpha}_1,\cdots,\boldsymbol{\alpha}_m\}},$$

由 (5) 知,

$$r_{\{\boldsymbol{\alpha}_i\}_1^m} \geqslant r_f + m - n = r_{\{\boldsymbol{\alpha}_i\}_1^n} + m - n. \qquad \square$$

定理 2.1.2 定理 2.1.1 中的命题都成立.

证明 鉴于定理 2.1.1, 只需证明其中某一条成立即可. 显然, 由向量组秩的定义第一条是成立的. □

联系定理 2.1.2, 相应于定理 2.1.1 中的 (3), 有如下定理.

定理 2.1.3 令 $\boldsymbol{A}, \boldsymbol{B} \in \mathbb{F}^{n\times n}$. 若 $\boldsymbol{AB} = \boldsymbol{BA}$, 则

$$r_{(\boldsymbol{A}+\boldsymbol{B})} \leqslant r_{\boldsymbol{A}} + r_{\boldsymbol{B}} - r_{\boldsymbol{AB}}.$$

证明 令 V 为 $\mathbb{F}$ 上一 n 维线性空间, $\mathcal{A}, \mathcal{B} \in \mathcal{L}(V)$, 且在 V 的某一基底下的表示矩阵分别为 $\boldsymbol{A}$ 和 $\boldsymbol{B}$. 则

$$\mathcal{AB} = \mathcal{BA}.$$

记 $V_1 = \mathrm{Im}\mathcal{A}$, $V_2 = \mathrm{Im}\mathcal{B}$. 关于任意的 $\boldsymbol{\beta} \in \mathrm{Im}(\mathcal{AB})$, 存在 $\boldsymbol{\alpha} \in V$, 使得

$$\boldsymbol{\beta} = \mathcal{AB}(\boldsymbol{\alpha}) = \mathcal{A}(\mathcal{B}(\boldsymbol{\alpha})) = \mathcal{B}(\mathcal{A}(\boldsymbol{\alpha})).$$

从而

$$\boldsymbol{\beta} \in V_1 \bigcap V_2,$$

即

$$\dim(\mathrm{Im}(\mathcal{AB})) \leqslant \dim(V_1 \bigcap V_2).$$

因此, 由子空间的维数公式

$$\dim(V_1 + V_2) = \dim(V_1) + \dim(V_2) - \dim(V_1 \bigcap V_2),$$

有

$$\dim(V_1 + V_2) \leqslant \dim(V_1) + \dim(V_2) - \dim(\mathrm{Im}(\mathcal{AB})).$$

又

$$\dim(\mathrm{Im}(\mathcal{A} + \mathcal{B})) \leqslant \dim(\mathrm{Im}\mathcal{A} + \mathrm{Im}\mathcal{B}),$$

于是,

$$r_{(\boldsymbol{A}+\boldsymbol{B})} \leqslant r_{\boldsymbol{A}} + r_{\boldsymbol{B}} - r_{\boldsymbol{AB}}. \qquad \square$$

第二组

联系矩阵的初等行、列变换, 我们在定义 $\mathbb{F}$ 上 n 元向量组 $\{\boldsymbol{\alpha}_1,\boldsymbol{\alpha}_2,\cdots,\boldsymbol{\alpha}_m\}$ 的涉及向量的初等变换概念的同时, 也对称地定义向量组的涉及分量的初等变换的概念.

定义 2.1.1　令 $\boldsymbol{\alpha}_1,\boldsymbol{\alpha}_2,\cdots,\boldsymbol{\alpha}_m\in\mathbb{F}^n$. 称下述变换为 $\{\boldsymbol{\alpha}_1,\boldsymbol{\alpha}_2,\cdots,\boldsymbol{\alpha}_m\}$ 的涉及向量的初等变换 (涉及分量的初等变换).

(1) k 乘以向量组的第 l 个向量作为新向量组的第 l 个向量, $k\in\mathbb{F}$, $k\neq 0$, $1\leqslant l\leqslant m$, 新向量组的其他向量与原向量组的相应向量一样 (k 乘以向量组的每个向量的第 l 个分量作为新向量组每个向量的第 l 个分量, $k\in\mathbb{F}$, $k\neq 0$, $1\leqslant l\leqslant n$, 新向量组的每个向量的其他分量与原向量组的每个向量的相应分量一样);

(2) 向量组的第 s 个向量的 k 倍加到第 t 个向量作为新向量组的第 t 个向量, $k\in\mathbb{F}$, $s\neq t$, $1\leqslant s,t\leqslant m$, 新向量组的其他向量与原向量组的相应向量一样 (向量组的每个向量的第 s 个分量的 k 倍加到各自的第 t 个分量作为新向量组的每个向量的第 t 个分量, $k\in\mathbb{F}$, $s\neq t$, $1\leqslant s,t\leqslant n$, 新向量组的每个向量的其他分量与原向量组的每个向量的相应分量一样);

(3) 交换向量组的第 s,t 个向量的位置, $1\leqslant s,t\leqslant m$, 新向量组的其他向量与原向量组的相应向量一样 (交换向量组的每个向量的第 s,t 个分量的位置, $1\leqslant s,t\leqslant n$, 新向量组的每个向量的其他分量与原向量组的每个向量的相应分量一样).

因为上述关于 n 元向量组的涉及向量的三种初等变换都可逆, 下面的引理是显然的.

引理 2.1.1　令 $\boldsymbol{\alpha}_1,\boldsymbol{\alpha}_2,\cdots,\boldsymbol{\alpha}_m\in\mathbb{F}^n$. 若 $\{\boldsymbol{\alpha}_1,\boldsymbol{\alpha}_2,\cdots,\boldsymbol{\alpha}_m\}$ 经过有限次涉及向量的初等变换得到新向量组 $\{\boldsymbol{\beta}_1,\boldsymbol{\beta}_2,\cdots,\boldsymbol{\beta}_m\}$, 则 $r_{\{\boldsymbol{\alpha}_i\}_1^m}=r_{\{\boldsymbol{\beta}_i\}_1^m}$.

关于向量组的涉及分量的三种初等变换, 也有类似的结论.

引理 2.1.2　令 $\boldsymbol{\alpha}_1,\boldsymbol{\alpha}_2,\cdots,\boldsymbol{\alpha}_m\in\mathbb{F}^n$. 若 $\{\boldsymbol{\alpha}_1,\boldsymbol{\alpha}_2,\cdots,\boldsymbol{\alpha}_m\}$ 经过有限次涉及分量的初等变换得到新向量组 $\{\boldsymbol{\beta}_1,\boldsymbol{\beta}_2,\cdots,\boldsymbol{\beta}_m\}$, 则 $r_{\{\boldsymbol{\alpha}_i\}_1^m}=r_{\{\boldsymbol{\beta}_i\}_1^m}$.

证明　可仅考察 $\{\boldsymbol{\alpha}_i\}_1^m$ 不全是零向量的情况. 不妨令 $\boldsymbol{\alpha}_1,\boldsymbol{\alpha}_2,\cdots,\boldsymbol{\alpha}_r$ 构成 $\boldsymbol{\alpha}_1,\boldsymbol{\alpha}_2,\cdots,\boldsymbol{\alpha}_r,\cdots,\boldsymbol{\alpha}_m$ 的一个极大线性无关向量组, 且

$$\boldsymbol{\alpha}_1=\begin{pmatrix}a_{11}\\a_{21}\\\vdots\\a_{n1}\end{pmatrix},\cdots,\boldsymbol{\alpha}_r=\begin{pmatrix}a_{1r}\\a_{2r}\\\vdots\\a_{nr}\end{pmatrix},$$

$$\boldsymbol{\beta}_1=\begin{pmatrix}b_{11}\\b_{21}\\\vdots\\b_{n1}\end{pmatrix},\cdots,\boldsymbol{\beta}_r=\begin{pmatrix}b_{1r}\\b_{2r}\\\vdots\\b_{nr}\end{pmatrix}.$$

以 $\boldsymbol{\alpha}_1,\boldsymbol{\alpha}_2,\cdots,\boldsymbol{\alpha}_r$ 与 $\boldsymbol{\beta}_1,\boldsymbol{\beta}_2,\cdots,\boldsymbol{\beta}_r$ 作为列向量分别作成矩阵 $\boldsymbol{A}_{n\times r}$ 与 $\boldsymbol{B}_{n\times r}$. 构作如下两个线性方程组

$$\boldsymbol{A}_{n\times r}\begin{pmatrix} x_1 \\ x_2 \\ \vdots \\ x_r \end{pmatrix} = \boldsymbol{\theta}_{n\times 1}, \tag{2.1}$$

$$\boldsymbol{B}_{n\times r}\begin{pmatrix} x_1 \\ x_2 \\ \vdots \\ x_r \end{pmatrix} = \boldsymbol{\theta}_{n\times 1}. \tag{2.2}$$

显然, 方程组 (2.1) 只有零解. 而方程组 (2.2) 可以看成是方程组 (2.1) 经由关于方程组的有限次初等变换后得到的同解方程组, 从而方程组 (2.2) 也只有零解, 即 $\{\beta_i\}_{i=1}^r$ 线性无关, 从而 $r_{\{\boldsymbol{\alpha}_i\}_{i=1}^m} \leqslant r_{\{\boldsymbol{\beta}_i\}_{i=1}^m}$. 但向量组涉及分量的初等变换也是可逆的, 类似地, 可得 $r_{\{\boldsymbol{\alpha}_i\}_{i=1}^m} \geqslant r_{\{\boldsymbol{\beta}_i\}_{i=1}^m}$. 于是, $r_{\{\boldsymbol{\alpha}_i\}_{i=1}^m} = r_{\{\boldsymbol{\beta}_i\}_{i=1}^m}$. □

2.2 替换定理及其等价刻画

定义 2.2.1 令 $\mathbb{F}$ 为一数域, $n \in \mathbb{Z}^+$, $S \subseteq \mathbb{F}^n$. 称 $\{\boldsymbol{\alpha}_1,\boldsymbol{\alpha}_2,\cdots,\boldsymbol{\alpha}_s\} \subseteq S$ 为 S 的一个极大线性无关向量组, 如果 $\{\boldsymbol{\alpha}_1,\boldsymbol{\alpha}_2,\cdots,\boldsymbol{\alpha}_s\}$ 线性无关, 且关于任意 $\boldsymbol{\alpha} \in S$, $\boldsymbol{\alpha}$ 可由 $\{\boldsymbol{\alpha}_1,\boldsymbol{\alpha}_2,\cdots,\boldsymbol{\alpha}_s\}$ 线性表出. 称 $\{\boldsymbol{\alpha}_1,\boldsymbol{\alpha}_2,\cdots,\boldsymbol{\alpha}_s\} \subseteq S$ 为 S 的一个 N-最大线性无关向量组, 如果 $\{\boldsymbol{\alpha}_1,\boldsymbol{\alpha}_2,\cdots,\boldsymbol{\alpha}_s\}$ 线性无关, 且关于 S 中任意线性无关向量组 $\{\boldsymbol{\beta}_1,\boldsymbol{\beta}_2,\cdots,\boldsymbol{\beta}_t\}$, 常有 $t \leqslant s$.

定理 2.2.1 令 $\mathbb{F}$ 为一数域. 则下列四条等价:

(1) 令 $\boldsymbol{\alpha}_1,\boldsymbol{\alpha}_2,\cdots,\boldsymbol{\alpha}_s$, $\boldsymbol{\beta}_1,\boldsymbol{\beta}_2,\cdots,\boldsymbol{\beta}_t \in \mathbb{F}^n$. 若 $\{\boldsymbol{\alpha}_1, \boldsymbol{\alpha}_2, \cdots, \boldsymbol{\alpha}_s\}$ 线性无关, 且 $\{\boldsymbol{\alpha}_1, \boldsymbol{\alpha}_2,\cdots, \boldsymbol{\alpha}_s\}$ 可由 $\{\boldsymbol{\beta}_1,\boldsymbol{\beta}_2,\cdots,\boldsymbol{\beta}_t\}$ 线性表出, 则 $s \leqslant t$.

(2) 令 $m,n \in \mathbb{Z}^+$. 若 $m > n$, 则 $\mathbb{F}^n$ 中任意 m 个向量线性相关.

(3) $\mathbb{F}$ 上 m 个未知量 n 个方程的齐次线性方程组

$$\sum_{j=1}^{m} a_{ij}x_j = 0, \quad m,n \in \mathbb{Z}^+, \quad i = 1,2,\cdots,n, \tag{2.3}$$

当 $m > n$ 时, 有非零解.

(4) 关于 $\mathbb{F}^n$ 的任意向量集 S, $\{\boldsymbol{\beta}_1,\boldsymbol{\beta}_2,\cdots,\boldsymbol{\beta}_t\}$ 为 S 的一个极大线性无关向量组当且仅当 $\{\boldsymbol{\beta}_1,\boldsymbol{\beta}_2,\cdots,\boldsymbol{\beta}_t\}$ 为 S 的一个 N-最大线性无关向量组.

证明 (1) $\Rightarrow$ (2) $\mathbb{F}^n$ 的每一向量显然都可由 $(\boldsymbol{\varepsilon}_1,\boldsymbol{\varepsilon}_2,\cdots,\boldsymbol{\varepsilon}_n)$ 线性表出, 其中 $\boldsymbol{\varepsilon}_1,\boldsymbol{\varepsilon}_2,\cdots,\boldsymbol{\varepsilon}_n$ 依次为 n 阶单位阵 $\boldsymbol{E}$ 的 n 个列向量. 又若 $\mathbb{F}^n$ 的 l 个向量 $\boldsymbol{\alpha}_1,\boldsymbol{\alpha}_2,\cdots,\boldsymbol{\alpha}_l$ 线性无关, 则根据 (1), 有 $l \leqslant n$. 因此, $\mathbb{F}^n$ 中任意 m 个向量, 当 $m > n$ 时, 线性相关.

(2) ⇒ (3)　我们考察方程组 (2.3), 即 $\mathbb{F}$ 上的矩阵方程

$$\begin{pmatrix} a_{11} & a_{12} & \cdots & a_{1m} \\ a_{21} & a_{22} & \cdots & a_{2m} \\ \vdots & \vdots & & \vdots \\ a_{n1} & a_{n2} & \cdots & a_{nm} \end{pmatrix} \begin{pmatrix} x_1 \\ x_2 \\ \vdots \\ x_m \end{pmatrix} = \begin{pmatrix} 0 \\ 0 \\ \vdots \\ 0 \end{pmatrix}. \tag{2.4}$$

令

$$\boldsymbol{\alpha}_i = (a_{1i}, a_{2i}, \cdots, a_{ni})^{\mathrm{T}} \in \mathbb{F}^n, \quad i = 1, 2, \cdots, m.$$

由已知 $m > n$, 根据 (2), 向量组 $\{\boldsymbol{\alpha}_1, \cdots, \boldsymbol{\alpha}_m\}$ 线性相关, 即矩阵方程 (2.4) 从而方程组 (2.3) 有非零解.

(3) ⇒ (4)　"充分性" 是显然的, 只证 "必要性" 的部分. 令 $\{\boldsymbol{\beta}_1, \boldsymbol{\beta}_2, \cdots, \boldsymbol{\beta}_t\}$ 为 S 的一个极大线性无关向量组, $\{\boldsymbol{\alpha}_1, \boldsymbol{\alpha}_2, \cdots, \boldsymbol{\alpha}_s\}$ 为 S 的任一向量组. 则 $\{\boldsymbol{\alpha}_1, \boldsymbol{\alpha}_2, \cdots, \boldsymbol{\alpha}_s\}$ 可由 $\{\boldsymbol{\beta}_1, \boldsymbol{\beta}_2, \cdots, \boldsymbol{\beta}_t\}$ 线性表出, 即存在 a_{ij}, $i = 1, 2, \cdots, s$, $j = 1, 2, \cdots, t$, 使得

$$\boldsymbol{\alpha}_i = \sum_{j=1}^{t} a_{ij} \boldsymbol{\beta}_j, \quad i = 1, 2, \cdots, s.$$

令

$$\boldsymbol{\theta} = \sum_{i=1}^{s} k_i \boldsymbol{\alpha}_i.$$

则

$$\boldsymbol{\theta} = \sum_{i=1}^{s} k_i \left(\sum_{j=1}^{t} a_{ij} \boldsymbol{\beta}_j \right) = \sum_{j=1}^{t} \left(\sum_{i=1}^{s} k_i a_{ij} \right) \boldsymbol{\beta}_j.$$

又 $\{\boldsymbol{\beta}_1, \boldsymbol{\beta}_2, \cdots, \boldsymbol{\beta}_t\}$ 线性无关, 从而

$$\sum_{i=1}^{s} k_i a_{ij} = 0, \quad j = 1, 2, \cdots, t.$$

若 $s > t$, 则根据 (3) 上方程组有非零解, 从而 $\{\boldsymbol{\alpha}_1, \boldsymbol{\alpha}_2, \cdots, \boldsymbol{\alpha}_s\}$ 线性相关, 即关于 S 的任一线性无关向量组 $\{\boldsymbol{\alpha}_1, \boldsymbol{\alpha}_2, \cdots, \boldsymbol{\alpha}_s\}$, 都有 $s \leqslant t$. 因此, $\{\boldsymbol{\beta}_1, \boldsymbol{\beta}_2, \cdots, \boldsymbol{\beta}_t\}$ 为 S 的一个 N-最大线性无关向量组.

(4) ⇒ (1)　不妨令 $\{\boldsymbol{\beta}_1, \boldsymbol{\beta}_2, \cdots, \boldsymbol{\beta}_{t'}\}$ 为 $\{\boldsymbol{\beta}_1, \boldsymbol{\beta}_2, \cdots, \boldsymbol{\beta}_t\}$ 的一个极大线性无关向量组. 作

$$S \stackrel{d}{=} \{\boldsymbol{\alpha}_1, \boldsymbol{\alpha}_2, \cdots, \boldsymbol{\alpha}_s, \boldsymbol{\beta}_1, \boldsymbol{\beta}_2, \cdots, \boldsymbol{\beta}_t\},$$

则 $\{\boldsymbol{\beta}_1, \boldsymbol{\beta}_2, \cdots, \boldsymbol{\beta}_{t'}\}$ 也为 S 的一个极大线性无关向量组. 由 (4) 知, $\{\boldsymbol{\beta}_1, \boldsymbol{\beta}_2, \cdots, \boldsymbol{\beta}_{t'}\}$ 也是 S 的一个 N-最大线性无关向量组. 又 $\boldsymbol{\alpha}_1, \boldsymbol{\alpha}_2, \cdots, \boldsymbol{\alpha}_s$ 线性无关, 从而

$$s \leqslant t' \leqslant t.$$

□

下面来证明定理 2.2.1 的各条的正确性. 由于 (1)~(4) 等价, 证明其中任意一条成立即可. 此处我们不难发现第一条就是替换定理的最主要的部分, 是其"替换"内容的理论根据. 下面是替换定理的完整表述及其证明.

定理 2.2.2 (替换定理) 令 $\boldsymbol{\alpha}_1,\boldsymbol{\alpha}_2,\cdots,\boldsymbol{\alpha}_s,\boldsymbol{\beta}_1,\boldsymbol{\beta}_2,\cdots,\boldsymbol{\beta}_t\in\mathbb{F}^n$. 若

(1) $\{\boldsymbol{\alpha}_1,\boldsymbol{\alpha}_2,\cdots,\boldsymbol{\alpha}_s\}$ 是线性无关的,

(2) $\{\boldsymbol{\alpha}_1,\boldsymbol{\alpha}_2,\cdots,\boldsymbol{\alpha}_s\}$ 可由 $\{\boldsymbol{\beta}_1,\boldsymbol{\beta}_2,\cdots,\boldsymbol{\beta}_t\}$ 线性表出,

则 $s\leqslant t$, 且 $\{\boldsymbol{\alpha}_1,\boldsymbol{\alpha}_2,\cdots,\boldsymbol{\alpha}_s\}$ 可替换 $\{\boldsymbol{\beta}_1,\boldsymbol{\beta}_2,\cdots,\boldsymbol{\beta}_t\}$ 中 s 个向量, 不妨令其为前 s 个向量, 使得 $\{\boldsymbol{\beta}_1,\boldsymbol{\beta}_2,\cdots,\boldsymbol{\beta}_t\}$ 与 $\{\boldsymbol{\alpha}_1,\boldsymbol{\alpha}_2,\cdots,\boldsymbol{\alpha}_s,\boldsymbol{\beta}_{s+1},\cdots,\boldsymbol{\beta}_t\}$ 等价.

证明 **证法 1** 为证明定理的前半部分, 关于 t 使用数学归纳法.

当 $t=1$ 时, 第二组向量只有一个 $\boldsymbol{\beta}_1$, 因此, 由 (2) 知, 存在 $k_i\in\mathbb{F}$, 使得 $\boldsymbol{\alpha}_i=k_i\boldsymbol{\beta}_1$, $i=1,2,\cdots,s$. 若 $s\geqslant 2$, 则

$$k_2\boldsymbol{\alpha}_1+(-k_1)\boldsymbol{\alpha}_2=(k_1k_2-k_1k_2)\boldsymbol{\beta}_1=\boldsymbol{\theta}.$$

但由定理的条件知, $k_i\neq 0$, $i=1,2$, 因此, $\boldsymbol{\alpha}_1$, $\boldsymbol{\alpha}_2$ 线性相关, 从而, $\boldsymbol{\alpha}_1$, $\boldsymbol{\alpha}_2$, $\cdots$, $\boldsymbol{\alpha}_s$ 线性相关, 一个矛盾. 于是, $s=1$, 定理成立.

假设定理关于 $t-1$ 成立, $t-1\geqslant 1$, 今考察 t 时的情形. 此时, 由 (2) 知,

$$\boldsymbol{\alpha}_i=\sum_{j=1}^{t}k_{ij}\boldsymbol{\beta}_j,\quad i=1,2,\cdots,s.$$

若 $k_{it}=0, i=1,2,\cdots,s$, 则

$$\boldsymbol{\alpha}_i=\sum_{j=1}^{t-1}k_{ij}\boldsymbol{\beta}_j,\quad i=1,2,\cdots,s.$$

由归纳法假设知, $s\leqslant t-1<t$, 定理成立. 若存在一 i, $1\leqslant i\leqslant s$, 使得 $k_{it}\neq 0$, 不妨假设 $k_{st}\neq 0$. 作

$$\boldsymbol{\alpha}_i'=\boldsymbol{\alpha}_i-\frac{k_{it}}{k_{st}}\boldsymbol{\alpha}_s,\quad i=1,2,\cdots,s-1.$$

因此, $\boldsymbol{\alpha}_1',\boldsymbol{\alpha}_2',\cdots,\boldsymbol{\alpha}_{s-1}'$ 可被 $\boldsymbol{\beta}_1,\boldsymbol{\beta}_2,\cdots,\boldsymbol{\beta}_{t-1}$ 线性表出, 且 $\boldsymbol{\alpha}_1',\boldsymbol{\alpha}_2',\cdots,\boldsymbol{\alpha}_{s-1}'$ 线性无关, 这是因为如果

$$\begin{gathered}l_1'\boldsymbol{\alpha}_1'+l_2'\boldsymbol{\alpha}_2'+\cdots+l_{s-1}'\boldsymbol{\alpha}_{s-1}'=\boldsymbol{\theta},\\ l_i'\in\mathbb{F},\quad i=1,2,\cdots,s-1,\end{gathered}$$

那么

$$l_1'\boldsymbol{\alpha}_1+l_2'\boldsymbol{\alpha}_2+\cdots+l_{s-1}'\boldsymbol{\alpha}_{s-1}+\left(-l_1'\frac{k_{1t}}{k_{st}}-l_2'\frac{k_{2t}}{k_{st}}-\cdots-l_{s-1}'\frac{k_{s-1,t}}{k_{st}}\right)\boldsymbol{\alpha}_s=\boldsymbol{\theta}.$$

由定理的条件 (1) 知,

$$l_1'=l_2'=\cdots=l_{s-1}'=0.$$

依归纳法假设, $s-1 \leqslant t-1$, 从而, $s \leqslant t$, 所以定理关于 t 成立.

现证明定理的后半部分.

根据定理的条件 (2), $\boldsymbol{\alpha}_1$ 可由 $\boldsymbol{\beta}_1, \boldsymbol{\beta}_2, \cdots, \boldsymbol{\beta}_t$ 线性表出, 即存在 $k_1, k_2, \cdots, k_t \in \mathbb{F}$, 使得

$$\boldsymbol{\alpha}_1 = k_1\boldsymbol{\beta}_1 + k_2\boldsymbol{\beta}_2 + \cdots + k_t\boldsymbol{\beta}_t.$$

再由定理的条件 (1) 知, $\boldsymbol{\alpha}_1 \neq 0$, 从而, $k_1, k_2, \cdots, k_t$ 不全为零. 不妨假设 $k_1 \neq 0$, 因此

$$\boldsymbol{\beta}_1 = \left(\frac{1}{k_1}\right)\boldsymbol{\alpha}_1 + \left(-\frac{k_2}{k_1}\right)\boldsymbol{\beta}_2 + \cdots + \left(-\frac{k_t}{k_1}\right)\boldsymbol{\beta}_t.$$

从而, $\boldsymbol{\beta}_1, \boldsymbol{\beta}_2, \cdots, \boldsymbol{\beta}_t$ 与 $\boldsymbol{\alpha}_1, \boldsymbol{\beta}_2, \cdots, \boldsymbol{\beta}_t$ 等价. 若存在 $l, 1 \leqslant l < s$, 使得 $\boldsymbol{\beta}_1, \boldsymbol{\beta}_2, \cdots, \boldsymbol{\beta}_t$ 与 $\boldsymbol{\alpha}_1, \boldsymbol{\alpha}_2, \cdots, \boldsymbol{\alpha}_l, \boldsymbol{\beta}_{l+1}, \cdots, \boldsymbol{\beta}_t$ 等价, 则根据定理的条件 (2), $\boldsymbol{\alpha}_{l+1}$ 可由 $\boldsymbol{\alpha}_1, \boldsymbol{\alpha}_2, \cdots, \boldsymbol{\alpha}_l, \boldsymbol{\beta}_{l+1}, \cdots, \boldsymbol{\beta}_t$ 线性表出, 因此存在 $h_1, h_2, \cdots, h_t \in \mathbb{F}$, 使得

$$\boldsymbol{\alpha}_{l+1} = h_1\boldsymbol{\alpha}_1 + h_2\boldsymbol{\alpha}_2 + \cdots + h_l\boldsymbol{\alpha}_l + h_{l+1}\boldsymbol{\beta}_{l+1} + \cdots + h_t\boldsymbol{\beta}_t.$$

由定理的条件 (1) 知, $h_{l+1}, h_{l+2}, \cdots, h_t$ 不全为零. 不妨假设 $h_{l+1} \neq 0$, 则

$$\boldsymbol{\beta}_{l+1} = \frac{1}{h_{l+1}}(\boldsymbol{\alpha}_{l+1} - h_1\boldsymbol{\alpha}_1 - h_2\boldsymbol{\alpha}_2 - \cdots - h_l\boldsymbol{\alpha}_l - h_{l+2}\boldsymbol{\beta}_{l+2} - \cdots - h_t\boldsymbol{\beta}_t).$$

从而, $\boldsymbol{\alpha}_1, \boldsymbol{\alpha}_2, \cdots, \boldsymbol{\alpha}_l, \boldsymbol{\beta}_{l+1}, \cdots, \boldsymbol{\beta}_t$ 与 $\boldsymbol{\alpha}_1, \boldsymbol{\alpha}_2, \cdots, \boldsymbol{\alpha}_{l+1}, \boldsymbol{\beta}_{l+2}, \cdots, \boldsymbol{\beta}_t$ 等价. 这就在正整数集上关于 s 完成了 $\{\boldsymbol{\beta}_1, \boldsymbol{\beta}_2, \cdots, \boldsymbol{\beta}_t\}$ 与向量组 $\{\boldsymbol{\alpha}_1, \boldsymbol{\alpha}_2, \cdots, \boldsymbol{\alpha}_s, \boldsymbol{\beta}_{s+1}, \cdots, \boldsymbol{\beta}_t\}$ 等价的第一数学归纳法证明.

证法 2 (替换定理第一部分——矩阵法) 由 $\boldsymbol{\alpha}_1, \boldsymbol{\alpha}_2, \cdots, \boldsymbol{\alpha}_s$ 线性无关 (条件 (1)), 且存在 $t' \times s$ 矩阵 $\boldsymbol{A} = (a_{ij})$, 使得

$$(\boldsymbol{\alpha}_1, \boldsymbol{\alpha}_2, \cdots, \boldsymbol{\alpha}_s) = (\boldsymbol{\beta}_1, \boldsymbol{\beta}_2, \cdots, \boldsymbol{\beta}_{t'})\boldsymbol{A}_{t' \times s},$$

其中, $\boldsymbol{\beta}_1, \boldsymbol{\beta}_2, \cdots, \boldsymbol{\beta}_{t'}$ 为 $\boldsymbol{\beta}_1, \boldsymbol{\beta}_2, \cdots, \boldsymbol{\beta}_t$ 的一个极大线性无关向量组 (这一假设不失一般性) (条件 (2)) 知, $s = r_{\{\boldsymbol{\alpha}_i\}_1^s} = r_{\boldsymbol{A}} \leqslant t' \leqslant t$, 第二个等号利用了 $\{\boldsymbol{\beta}_i\}_1^{t'}$ 的线性无关性. □

定理 2.2.3 (用非常初等的方法就可证明) 定理 2.2.1 的 (3) 成立 (从而, 定理 2.2.1 的各条成立, 特别地, 替换定理的第一个结论成立).

证明 考察齐次线性方程组 (2.3), 即考察以下矩阵方程

$$\boldsymbol{A}_{n \times m}\boldsymbol{X} = \boldsymbol{\theta}. \tag{2.5}$$

关于矩阵 $\boldsymbol{A}$ 施行有限次行的 3 种初等变换 (相当于关于式 (2.5) 施行方程间的 3 种初等变换, 它们保持前后方程组的同解性) 和列的交换, 有

$$\boldsymbol{A} \to \cdots \to \begin{pmatrix} \boldsymbol{E}_r & \boldsymbol{A}_1 \\ \boldsymbol{O} & \boldsymbol{O} \end{pmatrix},$$

其中, $r \leqslant n < m$. 从而, 矩阵方程

$$\begin{pmatrix} \boldsymbol{E}_r & \boldsymbol{A}_1 \\ \boldsymbol{O} & \boldsymbol{O} \end{pmatrix} \boldsymbol{X}^* = \begin{pmatrix} \boldsymbol{\theta} \\ \boldsymbol{\theta} \end{pmatrix} \tag{2.6}$$

与式 (2.5) 同解, 其中, $\boldsymbol{X}^* = (x_{i_1}, x_{i_2}, \cdots, x_{i_m})^{\mathrm{T}}$. 注意, 列交换时, 要记住未知量也作出相应的交换. 因此, 方程 (2.6) 的解 $(a_{i_1}, a_{i_2}, \cdots, a_{i_m})^{\mathrm{T}}$ 就是式 (2.5) 的解 $(a_1, a_2, \cdots, a_m)^{\mathrm{T}}$(式 (2.6) 与式 (2.5), 从而, 式 (2.6) 与式 (2.3) 的同解就是建立在这个意义上的).

而式 (2.6) 又同解于

$$\begin{pmatrix} \boldsymbol{X}_1^* \\ \boldsymbol{X}_2^* \end{pmatrix} = \begin{pmatrix} -\boldsymbol{A}_1 \\ \boldsymbol{E}_{m-r} \end{pmatrix} \boldsymbol{X}_2^*,$$

其中,

$$\boldsymbol{X}_1^* = \begin{pmatrix} x_{i_1} \\ \vdots \\ x_{i_r} \end{pmatrix}, \quad \boldsymbol{X}_2^* = \begin{pmatrix} x_{i_{r+1}} \\ \vdots \\ x_{i_m} \end{pmatrix},$$

$r \leqslant n < m$ 意味着自由未知量存在. 因此, 式 (2.6) 有非零解, 从而式 (2.3) 有非零解. □

作为一个代数学定理, 在 $\mathbb{F}$ 上一般线性空间中陈述类似于定理 2.2.1 的事实的时候, 总应在有限生成的范围之内, 即定理 2.2.1 应表现为如下结论.

定理 2.2.4 令 V 为数域 $\mathbb{F}$ 上一线性空间. 则下列诸条等价:

(1) 令 $\boldsymbol{\alpha}_1, \boldsymbol{\alpha}_2, \cdots, \boldsymbol{\alpha}_s, \boldsymbol{\beta}_1, \boldsymbol{\beta}_2, \cdots, \boldsymbol{\beta}_t \in V$. 若 $\{\boldsymbol{\alpha}_1, \boldsymbol{\alpha}_2, \cdots, \boldsymbol{\alpha}_s\}$ 是线性无关的, 且 $\{\boldsymbol{\alpha}_1, \boldsymbol{\alpha}_2, \cdots, \boldsymbol{\alpha}_s\}$ 可由 $\{\boldsymbol{\beta}_1, \boldsymbol{\beta}_2, \cdots, \boldsymbol{\beta}_t\}$ 线性表出, 则 $s \leqslant t$.

(2) 令 $V_1 = G[\boldsymbol{\alpha}_1, \boldsymbol{\alpha}_2, \cdots, \boldsymbol{\alpha}_s] \leqslant V$, $\boldsymbol{\alpha}_i \in V, i = 1, \cdots, s$. 则 $m > r_{\{\boldsymbol{\alpha}_i\}_1^s}$ 时, V_1 的任意 m 个向量线性相关.

(3) $\mathbb{F}$ 上 m 个未知量 n 个方程的齐次线性方程组

$$\sum_{j=1}^{m} a_{ij} x_j = 0, \quad i = 1, 2, \cdots, n, \quad m, n \in \mathbb{Z}^+,$$

当 $m > n$ 时, 有非零解.

(4) 令 S 为 V 的非空子集, $\boldsymbol{\alpha}_1, \boldsymbol{\alpha}_2, \cdots, \boldsymbol{\alpha}_s \in S$. 则线性无关向量组 $\{\boldsymbol{\alpha}_1, \boldsymbol{\alpha}_2, \cdots, \boldsymbol{\alpha}_s\}$ 为 S 的一个极大线性无关向量组当且仅当 $\{\boldsymbol{\alpha}_1, \boldsymbol{\alpha}_2, \cdots, \boldsymbol{\alpha}_s\}$ 为 S 的一个 N-最大线性无关向量组.

我们当然也有如下结论.

定理 2.2.5 定理 2.2.4 中的各条都成立.

例 2.2.1 令 $\boldsymbol{A} \in \mathbb{F}^{m \times n}, \boldsymbol{B} \in \mathbb{F}^m$, 且

$$r_{\boldsymbol{A}^{\mathrm{T}}\boldsymbol{A}} = r_{\boldsymbol{A}}. \tag{2.7}$$

则矩阵方程

$$\boldsymbol{A}^{\mathrm{T}}\boldsymbol{A}\boldsymbol{X} = \boldsymbol{A}^{\mathrm{T}}\boldsymbol{B}$$

有解, 即

$$r_{\boldsymbol{A}^{\mathrm{T}}\boldsymbol{A}} = r_{(\boldsymbol{A}^{\mathrm{T}}\boldsymbol{A},\boldsymbol{A}^{\mathrm{T}}\boldsymbol{B})}.$$

证明　证明矩阵方程 $\boldsymbol{A}^{\mathrm{T}}\boldsymbol{A}\boldsymbol{X} = \boldsymbol{A}^{\mathrm{T}}\boldsymbol{B}$ 有解, 即证明 $r_{\boldsymbol{A}^{\mathrm{T}}\boldsymbol{A}} = r_{(\boldsymbol{A}^{\mathrm{T}}\boldsymbol{A},\ \boldsymbol{A}^{\mathrm{T}}\boldsymbol{B})}$. 记 $\boldsymbol{A}^{\mathrm{T}}\boldsymbol{A}$ 与 $\boldsymbol{A}^{\mathrm{T}}$ 的列向量组分别为 $\{\boldsymbol{\beta}_j\}_1^n$ 与 $\{\boldsymbol{\alpha}_i\}_1^m$. 显然, $\boldsymbol{A}^{\mathrm{T}}\boldsymbol{A}$ 的列向量均为 $\boldsymbol{A}^{\mathrm{T}}$ 的列向量的线性组合, 因此, $\{\boldsymbol{\beta}_j\}_1^n$ 可由 $\{\boldsymbol{\alpha}_i\}_1^m$ 线性表出. 由题设令 $r_{\boldsymbol{A}^{\mathrm{T}}\boldsymbol{A}} = r_{\boldsymbol{A}} = r$. 则 $r_{\boldsymbol{A}^{\mathrm{T}}} = r$, 从而可令 $\{\boldsymbol{\beta}_{j_k}\}_1^r$ 和 $\{\boldsymbol{\alpha}_{i_k}\}_1^r$ 分别为 $\{\boldsymbol{\beta}_j\}_1^n$ 和 $\{\boldsymbol{\alpha}_i\}_1^m$ 的极大线性无关组. 因此, $\{\boldsymbol{\beta}_{j_k}\}_1^r$ 可由 $\{\boldsymbol{\alpha}_{i_k}\}_1^r$ 线性表出. 根据定理 2.2.2, $\{\boldsymbol{\beta}_{j_k}\}_1^r$ 可替换 $\{\boldsymbol{\alpha}_{i_k}\}_1^r$ 中的 r 个向量. 从而, $\{\boldsymbol{\alpha}_i\}_1^m$ 与 $\{\boldsymbol{\beta}_{j_k}\}_1^r$ 等价. 因此, $\boldsymbol{A}^{\mathrm{T}}\boldsymbol{B}$ 的列向量也都可被 $\{\boldsymbol{\beta}_{j_k}\}_1^r$ 线性表出. 综上可得

$$r = r_{\boldsymbol{A}^{\mathrm{T}}\boldsymbol{A}} = r_{(\boldsymbol{A}^{\mathrm{T}}\boldsymbol{A},\ \boldsymbol{A}^{\mathrm{T}}\boldsymbol{B})}.$$ □

注 2.1　当 $\mathbb{F} = \mathbb{R}$ 时, 条件 (2.7) 显然常成立, $\mathbb{F}$ 为其他数域时则未必, 读者可举例说明.

2.3　涉及线性变换 (线性映射) 的线性相关性

定理 2.3.1　令 $\mathcal{A} \in \mathcal{L}(V_{\mathbb{F},n})$, $1 \leqslant r_{\mathcal{A}} \leqslant n-1$ (即 $\mathcal{A}$ 不为零变换, 也不为自同构). 若 $(\boldsymbol{\alpha}_1, \boldsymbol{\alpha}_2, \cdots, \boldsymbol{\alpha}_r)$ 为 $\mathrm{Ker}\mathcal{A}$ 的一个基底, 且 $\boldsymbol{\alpha}_{r+1}, \boldsymbol{\alpha}_{r+2}, \cdots, \boldsymbol{\alpha}_l \in V$, $l > r$, 则 $\boldsymbol{\alpha}_1, \boldsymbol{\alpha}_2, \cdots, \boldsymbol{\alpha}_r, \boldsymbol{\alpha}_{r+1}, \cdots, \boldsymbol{\alpha}_l$ 线性相关当且仅当 $\mathcal{A}\boldsymbol{\alpha}_{r+1}, \mathcal{A}\boldsymbol{\alpha}_{r+2}, \cdots, \mathcal{A}\boldsymbol{\alpha}_l$ 线性相关.

证明　充分性　若 $\mathcal{A}\boldsymbol{\alpha}_{r+1}, \mathcal{A}\boldsymbol{\alpha}_{r+2}, \cdots, \mathcal{A}\boldsymbol{\alpha}_l$ 线性相关, 则存在不全为零的k_{r+1}, $k_{r+2}, \cdots, k_l \in \mathbb{F}$, 使得

$$\sum_{j=1}^{l-r} k_{r+j}\mathcal{A}\boldsymbol{\alpha}_{r+j} = \boldsymbol{\theta}.$$

从而,

$$\sum_{j=1}^{l-r} k_{r+j}\boldsymbol{\alpha}_{r+j} \in \mathrm{Ker}f.$$

于是, 又存在 $k_1, k_2, \cdots, k_r \in \mathbb{F}$, 使得

$$\sum_{j=1}^{l-r} k_{r+j}\boldsymbol{\alpha}_{r+j} = \sum_{i=1}^{r} k_i\boldsymbol{\alpha}_i,$$

即

$$\sum_{i=1}^{r} k_i\boldsymbol{\alpha}_i - \sum_{j=1}^{l-r} k_{r+j}\boldsymbol{\alpha}_{r+j} = \boldsymbol{\theta},$$

从而, $\boldsymbol{\alpha}_1, \boldsymbol{\alpha}_2, \cdots, \boldsymbol{\alpha}_l$ 线性相关.

必要性　若 $\boldsymbol{\alpha}_1, \boldsymbol{\alpha}_2, \cdots, \boldsymbol{\alpha}_r, \boldsymbol{\alpha}_{r+1}, \cdots, \boldsymbol{\alpha}_l$ 线性相关, 则存在不全为零的 $k_1, k_2, \cdots, k_l \in \mathbb{F}$, 使得

$$\boldsymbol{\theta} = \sum_{i=1}^{r} k_i\boldsymbol{\alpha}_i + \sum_{j=1}^{l-r} k_{r+j}\boldsymbol{\alpha}_{r+j},$$

且上式右端后一项中必有不为零的系数, 由

$$\boldsymbol{\theta}=\mathcal{A}\boldsymbol{\theta}=\mathcal{A}\left(\sum_{i=1}^{r}k_i\boldsymbol{\alpha}_i+\sum_{j=1}^{l-r}k_{r+j}\boldsymbol{\alpha}_{r+j}\right)=\sum_{j=1}^{l-r}k_{r+j}\mathcal{A}\boldsymbol{\alpha}_{r+j},$$

即知 $\mathcal{A}\boldsymbol{\alpha}_{r+1},\mathcal{A}\boldsymbol{\alpha}_{r+2},\cdots,\mathcal{A}\boldsymbol{\alpha}_l$ 线性相关. □

定理 2.3.2 (Sylvester 定理) 令 $\mathcal{A}\in\mathcal{L}(V_{\mathbb{F},n})$. 则

$$\dim\mathrm{Ker}\mathcal{A}+\dim\mathrm{Im}\mathcal{A}=\dim V=n.$$

证明 由 $\mathrm{Ker}\mathcal{A}\leqslant V$ 知, 存在子空间 V_1, 使得

$$V=V_1\oplus\mathrm{Ker}\mathcal{A}.$$

关于任意 $\boldsymbol{\alpha}\in V$, 有

$$\boldsymbol{\alpha}=\boldsymbol{\alpha}_1+\boldsymbol{\alpha}_2,\quad \boldsymbol{\alpha}_1\in V_1,\quad \boldsymbol{\alpha}_2\in\mathrm{Ker}\mathcal{A}.$$

因此, $\mathcal{A}\boldsymbol{\alpha}=\mathcal{A}\boldsymbol{\alpha}_1$, 从而, $\mathrm{Im}\mathcal{A}=\mathrm{Im}\mathcal{A}|_{V_1}$, 这指出, V_1 到 $\mathrm{Im}\mathcal{A}$ 的线性映射 $\mathcal{A}|_{V_1}$ 是满的. 又若 $\boldsymbol{\alpha}_1\in V_1$, $\mathcal{A}\boldsymbol{\alpha}_1=\boldsymbol{\theta}$, 则

$$\boldsymbol{\alpha}_1\in V_1\bigcap\mathrm{Ker}\mathcal{A}=\{\boldsymbol{\theta}\},$$

即 $\boldsymbol{\alpha}_1=\boldsymbol{\theta}$, 这又指出 V_1 到 $\mathrm{Im}\mathcal{A}$ 的线性映射 $\mathcal{A}|_{V_1}$ 是单的. 总之, 线性映射 $\mathcal{A}|_{V_1}:V_1\longrightarrow\mathrm{Im}\mathcal{A}$ 是双射. 于是, $\mathcal{A}|_{V_1}$ 为 V_1 到 $\mathrm{Im}\mathcal{A}$ 的同构映射, 因此 V_1 与 $\mathrm{Im}\mathcal{A}$ 同构, 从而,

$$\dim\mathrm{Im}\mathcal{A}=\dim V_1.$$

所以

$$\dim\mathrm{Im}\mathcal{A}+\dim\mathrm{Ker}\mathcal{A}=\dim V_1+\dim\mathrm{Ker}\mathcal{A}=\dim V=n.$$ □

注 2.2 从定理 2.3.2 的证明中可知, 事实 "线性变换的核空间的补空间同构于线性变换的象空间" 等价于 Sylvester 定理.

定理 2.3.3 定理 2.3.1 与定理 2.3.2 等价.

证明 先由定理 2.3.1 推出定理 2.3.2.

由 $(\boldsymbol{\alpha}_1,\boldsymbol{\alpha}_2,\cdots,\boldsymbol{\alpha}_r)$ 为 $\mathrm{Ker}\mathcal{A}$ 的一个基底知, 可将其扩充为 V 的一个基底

$$(\boldsymbol{\alpha}_1,\boldsymbol{\alpha}_2,\cdots,\boldsymbol{\alpha}_r,\boldsymbol{\alpha}_{r+1},\cdots,\boldsymbol{\alpha}_n).$$

根据定理 2.3.1, $\mathcal{A}\boldsymbol{\alpha}_{r+1},\cdots,\mathcal{A}\boldsymbol{\alpha}_n$ 线性无关. 关于任意 $\boldsymbol{\alpha}\in V$, 有

$$\mathcal{A}\boldsymbol{\alpha}=\mathcal{A}\left(\sum_{i=1}^{n}k_i\boldsymbol{\alpha}_i\right)=\sum_{i=r+1}^{n}k_i\mathcal{A}\boldsymbol{\alpha}_i,$$

即

$$G[\mathcal{A}\boldsymbol{\alpha}_{r+1},\cdots,\mathcal{A}\boldsymbol{\alpha}_n]=\mathrm{Im}\mathcal{A}.$$

从而 $\dim \mathrm{Im}\mathcal{A} = n - r$. 于是,

$$\dim \mathrm{Im}\mathcal{A} + \dim \mathrm{Ker}\mathcal{A} = n - r + r = n.$$

再由定理 2.3.2 推出定理 2.3.1 (将定理 2.3.1 的结论中的 "相关" 都改为 "无关").

必要性　若 $\boldsymbol{\alpha}_1, \boldsymbol{\alpha}_2, \cdots, \boldsymbol{\alpha}_r, \boldsymbol{\alpha}_{r+1}, \cdots, \boldsymbol{\alpha}_l$ 线性无关, 则可将其扩充为 V 的一个基底

$$(\boldsymbol{\alpha}_1, \boldsymbol{\alpha}_2, \cdots, \boldsymbol{\alpha}_r, \boldsymbol{\alpha}_{r+1}, \cdots, \boldsymbol{\alpha}_l, \boldsymbol{\alpha}_{l+1}, \cdots, \boldsymbol{\alpha}_n).$$

从而,

$$\mathrm{Im}\mathcal{A} = G[\mathcal{A}\boldsymbol{\alpha}_{r+1}, \mathcal{A}\boldsymbol{\alpha}_{r+2}, \cdots, \mathcal{A}\boldsymbol{\alpha}_l, \mathcal{A}\boldsymbol{\alpha}_{l+1}, \cdots, \mathcal{A}\boldsymbol{\alpha}_n].$$

根据 Sylvester 定理, $\dim \mathrm{Im}\mathcal{A} = n - r$, 因此 $\mathcal{A}\boldsymbol{\alpha}_{r+1}, \mathcal{A}\boldsymbol{\alpha}_{r+2}, \cdots, \mathcal{A}\boldsymbol{\alpha}_l, \mathcal{A}\boldsymbol{\alpha}_{l+1}, \cdots, \mathcal{A}\boldsymbol{\alpha}_n$ 线性无关, 于是 $\mathcal{A}\boldsymbol{\alpha}_{r+1}, \mathcal{A}\boldsymbol{\alpha}_{r+2}, \cdots, \mathcal{A}\boldsymbol{\alpha}_l$ 也线性无关.

充分性　若 $\mathcal{A}\boldsymbol{\alpha}_{r+1}, \mathcal{A}\boldsymbol{\alpha}_{r+2}, \cdots, \mathcal{A}\boldsymbol{\alpha}_l$ 线性无关, 将其扩充为 $\mathrm{Im}\mathcal{A}$ 的一个基底

$$(\mathcal{A}\boldsymbol{\alpha}_{r+1}, \mathcal{A}\boldsymbol{\alpha}_{r+2}, \cdots, \mathcal{A}\boldsymbol{\alpha}_l, \mathcal{A}\boldsymbol{\alpha}_{l+1}, \cdots, \mathcal{A}\boldsymbol{\alpha}_n),$$

则 $(\boldsymbol{\alpha}_1, \boldsymbol{\alpha}_2, \cdots, \boldsymbol{\alpha}_l, \boldsymbol{\alpha}_{l+1}, \cdots, \boldsymbol{\alpha}_n)$ 为 V 的一个基底. 事实上, 关于任意 $\boldsymbol{\alpha} \in V$,

$$\mathcal{A}\boldsymbol{\alpha} = \sum_{i=r+1}^{n} k_i \mathcal{A}\boldsymbol{\alpha}_i,$$

因此,

$$\left(\boldsymbol{\alpha} - \sum_{i=r+1}^{n} k_i \boldsymbol{\alpha}_i\right) \in \mathrm{Ker}\mathcal{A},$$

从而存在 $k_1, k_2, \cdots, k_r \in \mathbb{F}$, 使得

$$\boldsymbol{\alpha} = \sum_{i=1}^{r} k_i \boldsymbol{\alpha}_i + \sum_{i=r+1}^{n} k_i \boldsymbol{\alpha}_i.$$

因此,

$$V = G[\boldsymbol{\alpha}_1, \boldsymbol{\alpha}_2, \cdots, \boldsymbol{\alpha}_r, \cdots, \boldsymbol{\alpha}_l, \cdots, \boldsymbol{\alpha}_n].$$

又由 $\dim V = n$ 知, $\boldsymbol{\alpha}_1, \boldsymbol{\alpha}_2, \cdots, \boldsymbol{\alpha}_r, \cdots, \boldsymbol{\alpha}_l, \cdots, \boldsymbol{\alpha}_n$ 线性无关, 于是, $\boldsymbol{\alpha}_1, \boldsymbol{\alpha}_2, \cdots, \boldsymbol{\alpha}_r, \cdots, \boldsymbol{\alpha}_l$ 线性无关. □

注 2.3　定理 2.3.1 和定理 2.3.2 到线性映射的推广分别如下, 且仍然相互等价.

定理 2.3.4　令 V 与 V' 分别为数域 $\mathbb{F}$ 上的 n 维和 m 维线性空间, f 为 V 到 V' 的一个线性映射. 令 $r = \dim \mathrm{Ker} f$, $(\boldsymbol{\alpha}_1, \boldsymbol{\alpha}_2, \cdots, \boldsymbol{\alpha}_r)$ 为 $\mathrm{Ker} f$ 的一个基底, $1 \leqslant r \leqslant n-1$ (即 f 不为零映射, 也不为单射), $\boldsymbol{\alpha}_{r+1}, \boldsymbol{\alpha}_{r+2}, \cdots, \boldsymbol{\alpha}_l \in V$. 则 $\boldsymbol{\alpha}_1, \boldsymbol{\alpha}_2, \cdots, \boldsymbol{\alpha}_r, \boldsymbol{\alpha}_{r+1}, \cdots, \boldsymbol{\alpha}_l$ 线性相关当且仅当 $f(\boldsymbol{\alpha}_{r+1}), f(\boldsymbol{\alpha}_{r+2}), \cdots, f(\boldsymbol{\alpha}_l)$ 线性相关.

定理 2.3.5 令 V 与 V' 分别为数域 $\mathbb{F}$ 上的 n 维和 m 维线性空间, f 为 V 到 V' 的一个线性映射. 则

$$\dim \mathrm{Ker} f + \dim \mathrm{Im} f = \dim V = n.$$

下面的定理在某种意义上可看成是定理 2.3.2 的反过来的一个事实.

定理 2.3.6 令 $V_1, V_2 \leqslant V_{\mathbb{F},n}$. 若

$$\dim V_1 + \dim V_2 = n,$$

则存在 $\mathcal{A} \in \mathcal{L}(V_{\mathbb{F},n})$, 使得

$$V_1 = \mathrm{Ker}\mathcal{A}, \quad V_2 = \mathrm{Im}\mathcal{A}.$$

证明 不妨令 $1 \leqslant \dim V_1, \dim V_2 \leqslant n-1$. 事实上, 若 $V_1 = \{\boldsymbol{\theta}\}, V_2 = V$, 则取 $\mathcal{A}$ 为任意可逆线性变换即可. 若 $V_1 = V, V_2 = \{\boldsymbol{\theta}\}$, 则取 $\mathcal{A} = \mathcal{O}$ 即可.

令 $\dim V_1 = n_1, \dim V_2 = n_2, n_1 + n_2 = n$. 取 $(\boldsymbol{\alpha}_1, \boldsymbol{\alpha}_2, \cdots, \boldsymbol{\alpha}_{n_1})$ 为 V_1 的一个基底, $(\boldsymbol{\beta}_1, \boldsymbol{\beta}_2, \cdots, \boldsymbol{\beta}_{n_2})$ 为 V_2 的一个基底. 将 $(\boldsymbol{\alpha}_1, \boldsymbol{\alpha}_2, \cdots, \boldsymbol{\alpha}_{n_1})$ 扩充为 V 的一个基底 $(\boldsymbol{\alpha}_1, \boldsymbol{\alpha}_2, \cdots, \boldsymbol{\alpha}_{n_1}, \boldsymbol{\gamma}_1, \cdots, \boldsymbol{\gamma}_{n_2})$. 构作线性变换 $\mathcal{A}$:

$$\begin{cases} \mathcal{A}\boldsymbol{\alpha}_i = \boldsymbol{\theta}, & i = 1, \cdots, n_1, \\ \mathcal{A}\boldsymbol{\gamma}_j = \boldsymbol{\beta}_j, & j = 1, \cdots, n_2. \end{cases}$$

(1) 令

$$\boldsymbol{\alpha} = \sum_{i=1}^{n_1} k_i \boldsymbol{\alpha}_i + \sum_{j=1}^{n_2} l_j \boldsymbol{\gamma}_j.$$

若

$$\boldsymbol{\theta} = \mathcal{A}\boldsymbol{\alpha} = \mathcal{A}\left(\sum_{i=1}^{n_1} k_i \boldsymbol{\alpha}_i\right) + \mathcal{A}\left(\sum_{j=1}^{n_2} l_j \boldsymbol{\gamma}_j\right),$$

则

$$\boldsymbol{\theta} = l_1 \boldsymbol{\beta}_1 + \cdots + l_{n_2} \boldsymbol{\beta}_{n_2}.$$

由 $\boldsymbol{\beta}_1, \cdots, \boldsymbol{\beta}_{n_2}$ 线性无关知, $l_1, \cdots, l_{n_2}$ 全为零. 因此 $\boldsymbol{\alpha} \in V_1$, 即 $\mathrm{Ker}\mathcal{A} \subseteq V_1$. 反过来的包含关系是显然的. 于是, $\mathrm{Ker}\mathcal{A} = V_1$.

(2) 关于任意 $\boldsymbol{\alpha} \in \mathrm{Im}\mathcal{A}$, 存在

$$\boldsymbol{\beta} = k_1 \boldsymbol{\alpha}_1 + \cdots + k_{n_1} \boldsymbol{\alpha}_{n_1} + l_1 \boldsymbol{\gamma}_1 + \cdots + l_{n_2} \boldsymbol{\gamma}_{n_2},$$

使得

$$\boldsymbol{\alpha} = \mathcal{A}\boldsymbol{\beta} = l_1 \boldsymbol{\beta}_1 + \cdots + l_{n_2} \boldsymbol{\beta}_{n_2} \in V_2.$$

从而 $\mathrm{Im}\mathcal{A} \subseteq V_2$. 反过来的包含关系是显然的. 于是 $\mathrm{Im}\mathcal{A} = V_2$. □

例 2.3.1　令 $\mathcal{A}\in\mathcal{L}(V_{\mathbb{F},n})$, 记 $r_{\mathcal{A}}$ 为 $\dim\mathrm{Im}\mathcal{A}$. 则存在 $\mathcal{B}\in\mathcal{L}(V_{\mathbb{F},n})$, 使得

$$\mathcal{A}\mathcal{B}=\mathcal{O},\quad r_{\mathcal{A}}+r_{\mathcal{B}}=n.$$

证明　不妨令 $1\leqslant r_{\mathcal{A}}\leqslant n-1$. 事实上, 若 $r_{\mathcal{A}}=0$, 则取 $\mathcal{B}$ 为任意可逆线性变换即可. 若 $r_{\mathcal{A}}=n$, 则取 $\mathcal{B}=\mathcal{O}$ 即可. 令 $r=r_{\mathcal{A}}$, 由定理 2.3.2 知, $\dim\mathrm{Ker}\mathcal{A}=n-r$.

证法 1　取 $(\boldsymbol{\alpha}_1,\boldsymbol{\alpha}_2,\cdots,\boldsymbol{\alpha}_{n-r})$ 为 $\mathrm{Ker}\mathcal{A}$ 的一个基底, $(\boldsymbol{\beta}_1,\cdots,\boldsymbol{\beta}_{n-r},\boldsymbol{\beta}_{n-r+1},\cdots,\boldsymbol{\beta}_n)$ 为 V 的一个基底. 构作线性变换 $\mathcal{B}$:

$$\begin{cases}\mathcal{B}\boldsymbol{\beta}_i=\boldsymbol{\alpha}_i, & i=1,\cdots,n-r,\\ \mathcal{B}\boldsymbol{\beta}_j=\boldsymbol{\theta}, & j=n-r+1,\cdots,n.\end{cases}$$

(1) 关于任意 $\boldsymbol{\alpha}\in V$, 若

$$\boldsymbol{\alpha}=k_1\boldsymbol{\beta}_1+\cdots+k_{n-r}\boldsymbol{\beta}_{n-r}+k_{n-r+1}\boldsymbol{\beta}_{n-r+1}+\cdots+k_n\boldsymbol{\beta}_n,$$

则

$$\mathcal{B}\boldsymbol{\alpha}=k_1\boldsymbol{\alpha}_1+\cdots+k_{n-r}\boldsymbol{\alpha}_{n-r}\in\mathrm{Ker}\mathcal{A}.$$

因此,

$$(\mathcal{A}\mathcal{B})\boldsymbol{\alpha}=\mathcal{A}(\mathcal{B}\boldsymbol{\alpha})=\boldsymbol{\theta},$$

从而, $\mathcal{A}\mathcal{B}=\mathcal{O}$.

(2) 关于任意 $\boldsymbol{\alpha}\in\mathrm{Im}\mathcal{B}$, 存在

$$\boldsymbol{\beta}=k_1\boldsymbol{\beta}_1+\cdots+k_{n-r}\boldsymbol{\beta}_{n-r}+k_{n-r+1}\boldsymbol{\beta}_{n-r+1}+\cdots+k_n\boldsymbol{\beta}_n\in V,$$

使得

$$\boldsymbol{\alpha}=\mathcal{B}\boldsymbol{\beta}=k_1\boldsymbol{\alpha}_1+\cdots+k_{n-r}\boldsymbol{\alpha}_{n-r}\in\mathrm{Ker}\mathcal{A}.$$

另外, 关于任意 $\boldsymbol{\alpha}\in\mathrm{Ker}\mathcal{A}$,

$$\boldsymbol{\alpha}=l_1\boldsymbol{\alpha}_1+\cdots+l_{n-r}\boldsymbol{\alpha}_{n-r}.$$

取

$$\boldsymbol{\beta}=l_1\boldsymbol{\beta}_1+\cdots+l_{n-r}\boldsymbol{\beta}_{n-r}+l_{n-r+1}\boldsymbol{\beta}_{n-r+1}+\cdots+l_n\boldsymbol{\beta}_n\in V,$$

则

$$\boldsymbol{\alpha}=\mathcal{B}\boldsymbol{\beta}\in\mathrm{Im}\mathcal{B}.$$

因此, $\mathrm{Im}\mathcal{B}=\mathrm{Ker}\mathcal{A}$. 从而, $r_{\mathcal{A}}+r_{\mathcal{B}}=n$.

证法 2　取 $(\boldsymbol{\alpha}_1,\boldsymbol{\alpha}_2,\cdots,\boldsymbol{\alpha}_{n-r})$ 为 $\mathrm{Ker}\mathcal{A}$ 的一个基底, 将其扩充为 V 的一个基底 $(\boldsymbol{\beta}_1,\boldsymbol{\beta}_2,\cdots,\boldsymbol{\beta}_r,\boldsymbol{\alpha}_1,\boldsymbol{\alpha}_2,\cdots,\boldsymbol{\alpha}_{n-r})$. 构作线性变换 $\mathcal{B}$:

$$\begin{cases}\mathcal{B}\boldsymbol{\beta}_i=\boldsymbol{\theta}, & i=1,\cdots,r,\\ \mathcal{B}\boldsymbol{\alpha}_j=\boldsymbol{\alpha}_j, & j=1,\cdots,n-r.\end{cases}$$

接下来, 类似于证法 1, 可证得所要的结果. □

例 2.3.2 令 $\mathcal{A}\in\mathcal{L}(V_{\mathbb{F},n}), r=r_{\mathcal{A}}$. 则存在 V 的两个基底 $(\boldsymbol{\alpha}_i)_1^n, (\boldsymbol{\beta}_j)_1^n$, 使得关于任意 $\boldsymbol{\alpha}\in V$, 当 $\boldsymbol{\alpha}$ 在 $(\boldsymbol{\alpha}_i)_1^n$ 下的坐标为 $(x_1,\cdots,x_n)^{\mathrm{T}}$ 时, $\mathcal{A}\boldsymbol{\alpha}$ 在 $(\boldsymbol{\beta}_j)_1^n$ 下的坐标为 $(x_1,\cdots,x_r,0,\cdots,0)^{\mathrm{T}}$.

证明 若 $r=0$, 则 $\mathcal{A}=\mathcal{O}$, 结论显然成立, 所以只需讨论 $r\geqslant 1$ 的情况.

根据 Sylvester 定理, 由 $r=r_{\mathcal{A}}=\dim\mathrm{Im}\mathcal{A}$ 知,

$$\dim\mathrm{Ker}\mathcal{A}=n-r.$$

不妨假设 $(\boldsymbol{\alpha}_{r+1},\cdots,\boldsymbol{\alpha}_n)$ 是 $\mathrm{Ker}\mathcal{A}$ 的一个基底. 显然存在 $\boldsymbol{\alpha}_1,\boldsymbol{\alpha}_2,\cdots,\boldsymbol{\alpha}_r\in V$, 使得

$$\mathcal{A}\boldsymbol{\alpha}_1,\mathcal{A}\boldsymbol{\alpha}_2,\cdots,\mathcal{A}\boldsymbol{\alpha}_r$$

线性无关. 从而根据定理 2.3.1,

$$\boldsymbol{\alpha}_1,\boldsymbol{\alpha}_2,\cdots,\boldsymbol{\alpha}_r,\boldsymbol{\alpha}_{r+1},\cdots,\boldsymbol{\alpha}_n$$

线性无关.

若 $\boldsymbol{\alpha}$ 在 $(\boldsymbol{\alpha}_i)_1^n$ 下的坐标为 $(x_1,\cdots,x_n)^{\mathrm{T}}$, 即

$$\boldsymbol{\alpha}=\sum_{i=1}^{r}x_i\boldsymbol{\alpha}_i+\sum_{j=r+1}^{n}x_j\boldsymbol{\alpha}_j,$$

则

$$\mathcal{A}\boldsymbol{\alpha}=\sum_{i=1}^{r}x_i\mathcal{A}\boldsymbol{\alpha}_i.$$

令

$$\boldsymbol{\beta}_1=\mathcal{A}\boldsymbol{\alpha}_1,\cdots,\boldsymbol{\beta}_r=\mathcal{A}\boldsymbol{\alpha}_r.$$

则 $\{\boldsymbol{\beta}_1,\cdots,\boldsymbol{\beta}_r\}$ 线性无关, 将其扩充为 V 的一个基底

$$(\boldsymbol{\beta}_j)_1^n=(\boldsymbol{\beta}_1,\cdots,\boldsymbol{\beta}_r,\boldsymbol{\beta}_{r+1},\cdots,\boldsymbol{\beta}_n),$$

则

$$\mathcal{A}\boldsymbol{\alpha}=\sum_{i=1}^{r}x_i\boldsymbol{\beta}_i,$$

即 $\mathcal{A}\boldsymbol{\alpha}$ 在 $(\boldsymbol{\beta}_j)_1^n$ 下的坐标为 $(x_1,\cdots,x_r,0,\cdots,0)^{\mathrm{T}}$. □

例 2.3.3 令 $\mathcal{A}\in\mathcal{L}(V_{\mathbb{F},n})$. 若 $\mathrm{Ker}\mathcal{A}=\mathrm{Im}\mathcal{A}$, 则 n 为偶数, 且存在基底 $(\boldsymbol{\alpha}_1,\boldsymbol{\alpha}_2,\cdots,\boldsymbol{\alpha}_n)$, 使得 $\mathcal{A}$ 在此基底下的表示矩阵为

$$\begin{pmatrix}\boldsymbol{O} & \boldsymbol{E}_{n/2}\\ \boldsymbol{O} & \boldsymbol{O}\end{pmatrix}.$$

证明 根据定理 2.3.2 和

$$\mathrm{Ker}\mathcal{A}=\mathrm{Im}\mathcal{A}$$

的假设, n 为偶数. 令 $(\boldsymbol{\alpha}_1,\boldsymbol{\alpha}_2,\cdots,\boldsymbol{\alpha}_{\frac{n}{2}})$ 为 $\mathrm{Ker}\mathcal{A}=\mathrm{Im}\mathcal{A}$ 的一个基底, 且

$$\boldsymbol{\alpha}_i=\mathcal{A}\boldsymbol{\alpha}_{\frac{n}{2}+i},\quad i=1,\cdots,\frac{n}{2}.$$

又根据定理 2.3.1,

$$(\boldsymbol{\alpha}_1,\boldsymbol{\alpha}_2,\cdots,\boldsymbol{\alpha}_{\frac{n}{2}},\boldsymbol{\alpha}_{\frac{n}{2}+1},\cdots,\boldsymbol{\alpha}_n)$$

为 V 的一个基底. 易知 $\mathcal{A}$ 在此基底下有表示矩阵为

$$\begin{pmatrix}\boldsymbol{O} & \boldsymbol{E}_{n/2}\\ \boldsymbol{O} & \boldsymbol{O}\end{pmatrix}.$$

□

下面是涉及线性变换的线性相关性的另一个例子.

例 2.3.4　令 V 为有理数域 $\mathbb{Q}$ 上一三维线性空间, $\mathcal{A}\in\mathcal{L}(V)$, $\boldsymbol{\alpha},\boldsymbol{\beta},\boldsymbol{\gamma}\in V,\boldsymbol{\alpha}\neq\boldsymbol{\theta}$, 且

$$\mathcal{A}\boldsymbol{\alpha}=\boldsymbol{\beta},\quad \mathcal{A}\boldsymbol{\beta}=\boldsymbol{\gamma},\quad \mathcal{A}\boldsymbol{\gamma}=\boldsymbol{\alpha}+\boldsymbol{\beta}. \tag{2.8}$$

证明 $\boldsymbol{\alpha},\boldsymbol{\beta},\boldsymbol{\gamma}$ 线性无关.

证明　由 $\boldsymbol{\alpha}\neq\boldsymbol{\theta}$ 知, $\boldsymbol{\alpha}$ 线性无关. 若 $\boldsymbol{\alpha},\boldsymbol{\beta}$ 线性相关, 则 $\boldsymbol{\beta}$ 可由 $\boldsymbol{\alpha}$ 线性表出, 即存在 $k\in\mathbb{Q}$, 使得

$$\boldsymbol{\beta}=k\boldsymbol{\alpha}. \tag{2.9}$$

从而,

$$\begin{aligned}
&A\boldsymbol{\beta}=A(k\boldsymbol{\alpha})\\
&\xRightarrow{\text{式(2.8)}}\boldsymbol{\gamma}=k\boldsymbol{\beta}\xlongequal{\text{式(2.9)}}k^2\boldsymbol{\alpha}\\
&\Longrightarrow A\boldsymbol{\gamma}=A(k^2\boldsymbol{\alpha})\\
&\xRightarrow{\text{式(2.8)}}\boldsymbol{\alpha}+\boldsymbol{\beta}=k^2\boldsymbol{\beta}\\
&\xRightarrow{\text{式(2.9)}}\boldsymbol{\alpha}+k\boldsymbol{\alpha}=k^3\boldsymbol{\alpha}\\
&\Longrightarrow(k^3-k-1)\boldsymbol{\alpha}=\boldsymbol{\theta}\\
&\Longrightarrow k^3-k-1=0.
\end{aligned}$$

又多项式 $f(x)=x^3-x-1$ 无有理根, 与 $k\in\mathbb{Q}$ 矛盾, 从而 $\boldsymbol{\alpha},\boldsymbol{\beta}$ 线性无关.

若 $\boldsymbol{\alpha},\boldsymbol{\beta},\boldsymbol{\gamma}$ 线性相关, 则 $\boldsymbol{\gamma}$ 可由 $\boldsymbol{\alpha},\boldsymbol{\beta}$ 线性表出, 即

$$\boldsymbol{\gamma}=k_1\boldsymbol{\alpha}+k_2\boldsymbol{\beta},\quad k_1,k_2\in\mathbb{Q}. \tag{2.10}$$

从而,

$$\begin{aligned}
&A\boldsymbol{\gamma}=A(k_1\boldsymbol{\alpha}+k_2\boldsymbol{\beta})\\
&\xRightarrow{\text{式(2.8)}}\boldsymbol{\alpha}+\boldsymbol{\beta}=k_1\boldsymbol{\beta}+k_2\boldsymbol{\gamma}\\
&\xRightarrow{\text{式(2.10)}}\boldsymbol{\alpha}+\boldsymbol{\beta}=k_1\boldsymbol{\beta}+k_2(k_1\boldsymbol{\alpha}+k_2\boldsymbol{\beta})\\
&\Longrightarrow(k_1k_2-1)\boldsymbol{\alpha}+(-1+k_1+k_2^2)\boldsymbol{\beta}=\boldsymbol{\theta}.
\end{aligned}$$

由 $\boldsymbol{\alpha},\boldsymbol{\beta}$ 线性无关知,

$$k_1k_2-1=0,\quad -1+k_1+k_2^2=0.$$

从而,

$$k_1=\frac{1}{k_2},\quad k_2^3-k_2+1=0.$$

又多项式 $g(x)=x^3-x+1$ 无有理根, 与 $k_2\in\mathbb{Q}$ 矛盾, 因此 $\boldsymbol{\alpha},\boldsymbol{\beta},\boldsymbol{\gamma}$ 线性无关. □

下面用半群 $\mathcal{L}(V)=(\mathcal{L}(V),\cdot)$ 中的语言刻画线性变换的象 (核) 之间的包含关系, 其中, $\cdot$ 为变换的通常合成.

定理 2.3.7 令 V 为数域 $\mathbb{F}$ 上一 n 维线性空间, $\mathcal{A},\mathcal{B}\in\mathcal{L}(V)$. 则

(1) $\mathrm{Im}\mathcal{B}\subseteq\mathrm{Im}\mathcal{A}$ 当且仅当

$$(\exists\,\mathcal{C}\in\mathcal{L}(V))\quad \mathcal{AC}=\mathcal{B};$$

(2) $\mathrm{Ker}\mathcal{A}\subseteq\mathrm{Ker}\mathcal{B}$ 当且仅当

$$(\exists\,\mathcal{C}\in\mathcal{L}(V))\quad \mathcal{CA}=\mathcal{B}.$$

证明 (1) **充分性** 若 $\boldsymbol{\beta}\in\mathrm{Im}\mathcal{B}$, 即

$$(\exists\boldsymbol{\alpha}\in V)\quad \boldsymbol{\beta}=\mathcal{B}\boldsymbol{\alpha},$$

则

$$\boldsymbol{\beta}=\mathcal{B}\boldsymbol{\alpha}=(\mathcal{AC})\boldsymbol{\alpha}=\mathcal{A}(\mathcal{C}\boldsymbol{\alpha})\in\mathrm{Im}\mathcal{A}.$$

从而, $\mathrm{Im}\mathcal{B}\subseteq\mathrm{Im}\mathcal{A}$.

必要性 在 $\mathrm{Ker}\mathcal{B}\neq\{\boldsymbol{\theta}\}$ 的情形, 取 $\mathrm{Ker}\mathcal{B}$ 的一个基底 $(\boldsymbol{\alpha}_1,\boldsymbol{\alpha}_2,\cdots,\boldsymbol{\alpha}_r)$, 并扩充为 V 的一个基底 $(\boldsymbol{\alpha}_1,\cdots,\boldsymbol{\alpha}_r,\boldsymbol{\alpha}_{r+1},\cdots,\boldsymbol{\alpha}_n)$. 由 $\mathrm{Im}\mathcal{B}\subseteq\mathrm{Im}\mathcal{A}$ 知,

$$(\exists\,\boldsymbol{\beta}_i\in V)\quad \mathcal{A}\boldsymbol{\beta}_i=\mathcal{B}\boldsymbol{\alpha}_i,\quad i=r+1,r+2,\cdots,n.$$

构作 $\mathcal{C}\in\mathcal{L}(V)$ 如下

$$\mathcal{C}\boldsymbol{\alpha}_i=\begin{cases}\boldsymbol{\theta}, & i=1,2,\cdots,r,\\ \boldsymbol{\beta}_i, & i=r+1,r+2,\cdots,n.\end{cases}$$

于是, 图 2.1 交换

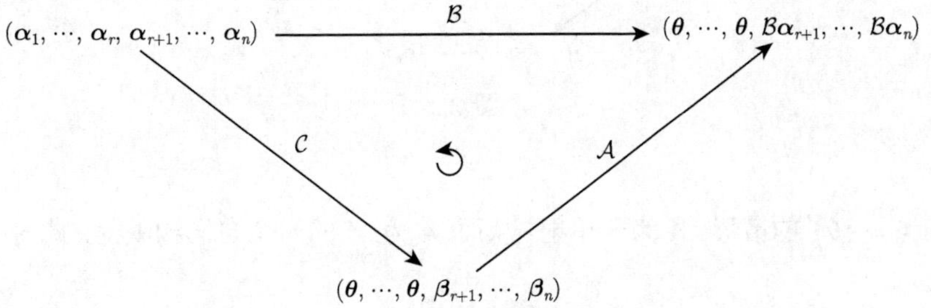

图 2.1

即 $\mathcal{AC}=\mathcal{B}$.

在 $\text{Ker}\mathcal{B}=\{\boldsymbol{\theta}\}$ 的情形, $\text{Im}\mathcal{B}=V$, 从而 $\text{Im}\mathcal{A}=V$. 因此 $\mathcal{A}$ 为自同构. 此时, 取

$$\mathcal{C}=\mathcal{A}^{-1}\mathcal{B},$$

就有 $\mathcal{AC}=\mathcal{B}$.

(2) **充分性** 若 $\boldsymbol{\alpha}\in\text{Ker}\mathcal{A}$, 即 $\mathcal{A}\boldsymbol{\alpha}=\boldsymbol{\theta}$, 则

$$\mathcal{B}\boldsymbol{\alpha}=(\mathcal{CA})\boldsymbol{\alpha}=\mathcal{C}(\mathcal{A}\boldsymbol{\alpha})=\mathcal{C}(\boldsymbol{\theta})=\boldsymbol{\theta},$$

即 $\boldsymbol{\alpha}\in\text{Ker}\mathcal{B}$. 从而 $\text{Ker}\mathcal{A}\subseteq\text{Ker}\mathcal{B}$.

必要性 在 $\text{Ker}\mathcal{A}\neq\{\boldsymbol{\theta}\}$ 的情形, 取 $\text{Ker}\mathcal{A}$ 的一个基底 $(\varepsilon_1,\varepsilon_2,\cdots,\ \varepsilon_r)$, 其中, $r=\dim\text{Ker}\mathcal{A}\geqslant 1$, 将 $(\varepsilon_1,\varepsilon_2,\cdots,\varepsilon_r)$ 扩充成 V 的一个基底 $(\varepsilon_1,\varepsilon_2,\cdots,\ \varepsilon_n)$. 于是,

$$\mathcal{A}\varepsilon_1=\mathcal{A}\varepsilon_2=\cdots=\mathcal{A}\varepsilon_r=\boldsymbol{\theta},$$
$$\mathcal{B}\varepsilon_1=\mathcal{B}\varepsilon_2=\cdots=\mathcal{B}\varepsilon_r=\boldsymbol{\theta},$$

根据定理 2.3.1,

$$\mathcal{A}\varepsilon_{r+1},\mathcal{A}\varepsilon_{r+2},\cdots,\mathcal{A}\varepsilon_n$$

线性无关. 今将 $\mathcal{A}\varepsilon_{r+1},\mathcal{A}\varepsilon_{r+2},\cdots,\mathcal{A}\varepsilon_n$ 扩充成 V 的基底 $(\boldsymbol{\eta}_1,\boldsymbol{\eta}_2,\cdots,\boldsymbol{\eta}_r,\mathcal{A}\varepsilon_{r+1},\mathcal{A}\varepsilon_{r+2},\cdots,\mathcal{A}\varepsilon_n)$. 构作 $\mathcal{C}\in\mathcal{L}(V)$ 如下

$$\begin{cases}\mathcal{C}\boldsymbol{\eta}_i=\boldsymbol{\theta}, & i=1,2,\cdots,r,\\ \mathcal{C}(\mathcal{A}\varepsilon_i)=\mathcal{B}\varepsilon_i, & i=r+1,r+2,\cdots,n.\end{cases}$$

于是, 图 2.2 交换

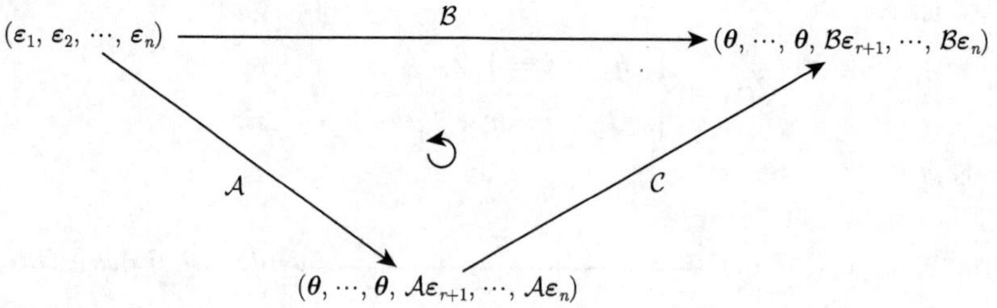

图 2.2

即 $\mathcal{CA}=\mathcal{B}$.

在 $\text{Ker}\mathcal{A}=\{\boldsymbol{\theta}\}$ 的情形, $\mathcal{A}$ 为一单射, 从而 $\mathcal{A}$ 为 V 的一个自同构映射. 此时, 取

$$\mathcal{C}=\mathcal{B}\mathcal{A}^{-1},$$

就有 $\mathcal{CA}=\mathcal{B}$. □

2.4 涉及内积的 (即 Euclid 空间里的) 线性相关性

定理 2.4.1 n 维 Euclid 空间 V 的 m 个两两成直角的非零向量 $\{\boldsymbol{\alpha}_i\}_1^m$ 是线性无关的, 其中, $n \geqslant 1, m \geqslant 2$. 因此, $m \leqslant n$.

证明 若 $k_1, k_2, \cdots, k_m \in \mathbb{R}$, 使得

$$k_1\boldsymbol{\alpha}_1 + k_2\boldsymbol{\alpha}_2 + \cdots + k_m\boldsymbol{\alpha}_m = \boldsymbol{\theta},$$

则关于任意 $\boldsymbol{\alpha}_i, i = 1, 2, \cdots, m$, 有

$$0 = (k_1\boldsymbol{\alpha}_1 + k_2\boldsymbol{\alpha}_2 + \cdots + k_m\boldsymbol{\alpha}_m, \boldsymbol{\alpha}_i) = k_i(\boldsymbol{\alpha}_i, \boldsymbol{\alpha}_i).$$

由 $\boldsymbol{\alpha}_i \neq \boldsymbol{\theta}$ 知, $(\boldsymbol{\alpha}_i, \boldsymbol{\alpha}_i) \neq 0$, 从而

$$k_i = 0, \quad i = 1, 2, \cdots, m.$$

因此, 向量组 $\{\boldsymbol{\alpha}_i\}_1^m$ 线性无关. □

定理 2.4.2 n 维 Euclid 空间 V 的 m 个两两成钝角的向量 $\{\boldsymbol{\alpha}_i\}_1^m$ 中的任意 $m-1$ 个向量是线性无关的, 其中, $n \geqslant 1, m \geqslant 2$. 因此, $m \leqslant n+1$.

证明 假设 $\{\boldsymbol{\alpha}_i\}_1^m$ 中存在 $m-1$ 个向量线性相关. 此时, 由 $\boldsymbol{\alpha}_i$ 显然不为 $\boldsymbol{\theta}$, $i = 1, \cdots, m$ 知, $m - 1 \geqslant 2$. 不妨令 $\boldsymbol{\alpha}_1, \boldsymbol{\alpha}_2, \cdots, \boldsymbol{\alpha}_{m-1}$ 线性相关, 且 $\boldsymbol{\alpha}_{m-1}$ 可被 $\boldsymbol{\alpha}_1, \cdots, \boldsymbol{\alpha}_{m-2}$ 线性表出, 即存在 $k_i \in \mathbb{R}$, $i = 1, 2, \cdots, m-2$, 使得

$$\boldsymbol{\alpha}_{m-1} = \sum_{i=1}^{m-2} k_i\boldsymbol{\alpha}_i.$$

若 $k_i \leqslant 0$, $i = 1, 2, \cdots, m-2$, 则

$$0 > (\boldsymbol{\alpha}_m, \boldsymbol{\alpha}_{m-1}) = \left(\boldsymbol{\alpha}_m, \sum_{i=1}^{m-2} k_i\boldsymbol{\alpha}_i\right) = \sum_{i=1}^{m-2} k_i(\boldsymbol{\alpha}_m, \boldsymbol{\alpha}_i) \geqslant 0,$$

一个矛盾. 若 $k_i \geqslant 0$, $i = 1, 2, \cdots, m-2$, 则

$$0 < (\boldsymbol{\alpha}_{m-1}, \boldsymbol{\alpha}_{m-1}) = \left(\boldsymbol{\alpha}_{m-1}, \sum_{i=1}^{m-2} k_i\boldsymbol{\alpha}_i\right) = \sum_{i=1}^{m-2} k_i(\boldsymbol{\alpha}_{m-1}, \boldsymbol{\alpha}_i) \leqslant 0,$$

又一个矛盾. 从而, 不妨令

$$\begin{cases} k_1, \cdots, k_r < 0, \\ k_{r+1}, \cdots, k_s > 0, \\ k_{s+1}, \cdots, k_{m-2} = 0, \end{cases}$$

其中, $1 \leqslant r < s \leqslant m-2$. 取

$$\boldsymbol{\alpha} = \boldsymbol{\alpha}_{m-1} + \sum_{i=1}^{r} |k_i|\boldsymbol{\alpha}_i = \sum_{j=r+1}^{s} k_j\boldsymbol{\alpha}_j,$$

则

$$0 \leqslant (\boldsymbol{\alpha}, \boldsymbol{\alpha}) = \left(\boldsymbol{\alpha}_{m-1} + \sum_{i=1}^{r} |k_i| \boldsymbol{\alpha}_i,\ \sum_{j=r+1}^{s} k_j \boldsymbol{\alpha}_j \right)$$
$$= \left(\boldsymbol{\alpha}_{m-1},\ \sum_{j=r+1}^{s} k_j \boldsymbol{\alpha}_j \right) + \left(\sum_{i=1}^{r} |k_i| \boldsymbol{\alpha}_i,\ \sum_{j=r+1}^{s} k_j \boldsymbol{\alpha}_j \right)$$
$$= \sum_{j=r+1}^{s} k_j (\boldsymbol{\alpha}_{m-1}, \boldsymbol{\alpha}_j) + \sum_{i=1}^{r} \sum_{j=r+1}^{s} |k_i| k_j (\boldsymbol{\alpha}_i, \boldsymbol{\alpha}_j) < 0.$$

事实上, 由 $i = 1, 2, \cdots, r$, $j = r+1, \cdots, s \leqslant m-2$, 有

$$(\boldsymbol{\alpha}_{m-1}, \boldsymbol{\alpha}_j) < 0, \quad (\boldsymbol{\alpha}_i,\ \boldsymbol{\alpha}_j) < 0, \quad k_j > 0, \quad |k_i| > 0.$$

一个矛盾. 于是, $\{\boldsymbol{\alpha}_i\}_1^m$ 中任 $m-1$ 个向量都不可能是线性相关的. □

注 2.4　n 维 Euclid 空间存在正交基底的事实说明定理 2.4.1 中的 m 可取到 n; 下面的例子也指出定理 2.4.2 中的 m 可取到 $n+1$. 这在一维、二维、三维 Euclid 空间中是很直观的.

例 2.4.1　通常的实线性空间 $\mathbb{R}^n$, 关于双线性函数

$$\left(\begin{pmatrix} x_1 \\ x_2 \\ \vdots \\ x_n \end{pmatrix}, \begin{pmatrix} y_1 \\ y_2 \\ \vdots \\ y_n \end{pmatrix} \right) = \sum_{i=1}^{n} x_i y_i$$

构成一 n 维 Euclid 空间. 令

$$\boldsymbol{\alpha}_1 = \begin{pmatrix} 1 \\ 0 \\ 0 \\ 0 \\ \vdots \\ 0 \\ 0 \end{pmatrix}, \boldsymbol{\alpha}_2 = \begin{pmatrix} -1 \\ 2 \\ 0 \\ 0 \\ \vdots \\ 0 \\ 0 \end{pmatrix}, \cdots, \boldsymbol{\alpha}_i = \begin{pmatrix} -1 \\ \vdots \\ -1 \\ i \\ 0 \\ \vdots \\ 0 \end{pmatrix}, \cdots, \boldsymbol{\alpha}_n = \begin{pmatrix} -1 \\ -1 \\ -1 \\ -1 \\ \vdots \\ -1 \\ n \end{pmatrix}, \boldsymbol{\alpha}_{n+1} = \begin{pmatrix} -1 \\ -1 \\ -1 \\ -1 \\ \vdots \\ -1 \\ -1 \end{pmatrix}.$$

则

$$(\boldsymbol{\alpha}_i, \boldsymbol{\alpha}_j) = -1, \quad i, j = 1, 2, \cdots, n+1, \quad i \neq j.$$

从而这 $n+1$ 个向量两两成钝角.

注 2.5　定理 2.4.1 和定理 2.4.2 涉及的是一组向量两两夹角都为直角或都为钝角的情形, 自然地, 我们会问两两夹角都为锐角的情形如何?

定理 2.4.3 令 V 为一 n 维 Euclid 空间, $\boldsymbol{\alpha}, \boldsymbol{\alpha}_1, \boldsymbol{\alpha}_2, \cdots, \boldsymbol{\alpha}_m \in V$, $m \geqslant 1$. 若

$$(\boldsymbol{\alpha}_i, \boldsymbol{\alpha}_j) \leqslant 0, \quad i, j = 1, 2, \cdots, m, \ i \neq j,$$
$$(\boldsymbol{\alpha}_i, \boldsymbol{\alpha}) > 0, \quad i = 1, 2, \cdots, m,$$

则 $\boldsymbol{\alpha}_1, \boldsymbol{\alpha}_2, \cdots, \boldsymbol{\alpha}_m$ 线性无关.

证明 假设 $\boldsymbol{\alpha}_1, \boldsymbol{\alpha}_2, \cdots, \boldsymbol{\alpha}_m$ 线性相关, 即存在不全为零的实数 $k_1, k_2, \cdots, k_m$ 使得

$$\sum_{i=1}^{m} k_i \boldsymbol{\alpha}_i = \boldsymbol{\theta}.$$

注意到

$$\sum_{i=1}^{m} (-k_i) \boldsymbol{\alpha}_i = \boldsymbol{\theta}.$$

不妨假设 $k_1, k_2, \cdots, k_m$ 至少有一个为正, 又不妨令 $k_1, \cdots, k_r > 0, k_{r+1}, \cdots, k_m \leqslant 0, 1 \leqslant r \leqslant m$. 记

$$\boldsymbol{\beta} = k_1 \boldsymbol{\alpha}_1 + \cdots + k_r \boldsymbol{\alpha}_r = -k_{r+1} \boldsymbol{\alpha}_{r+1} - \cdots - k_m \boldsymbol{\alpha}_m,$$

此时,

$$\begin{aligned} 0 \leqslant (\boldsymbol{\beta}, \boldsymbol{\beta}) &= (k_1 \boldsymbol{\alpha}_1 + \cdots + k_r \boldsymbol{\alpha}_r, -k_{r+1} \boldsymbol{\alpha}_{r+1} - \cdots - k_m \boldsymbol{\alpha}_m) \\ &= \sum_{i=1}^{r} \sum_{j=r+1}^{m} k_i (-k_j) (\boldsymbol{\alpha}_i, \boldsymbol{\alpha}_j) \leqslant 0. \end{aligned}$$

因此, $(\boldsymbol{\beta}, \boldsymbol{\beta}) = 0$, 从而由内积的正定性, 有

$$\boldsymbol{\beta} = k_1 \boldsymbol{\alpha}_1 + \cdots + k_r \boldsymbol{\alpha}_r = -k_{r+1} \boldsymbol{\alpha}_{r+1} - \cdots - k_m \boldsymbol{\alpha}_m = \boldsymbol{\theta}.$$

又

$$0 = (\boldsymbol{\alpha}, \boldsymbol{\theta}) = (\boldsymbol{\alpha}, k_1 \boldsymbol{\alpha}_1 + \cdots + k_r \boldsymbol{\alpha}_r) = \sum_{i=1}^{r} k_i (\boldsymbol{\alpha}, \boldsymbol{\alpha}_i) > 0,$$

一个矛盾. 于是 $\boldsymbol{\alpha}_1, \boldsymbol{\alpha}_2, \cdots, \boldsymbol{\alpha}_m$ 线性无关. □

注 2.6 读者可以接着考虑向量组 $\boldsymbol{\alpha}, \boldsymbol{\alpha}_1, \boldsymbol{\alpha}_2, \cdots, \boldsymbol{\alpha}_m$ 的线性相关性.

例 2.4.2 令 V 为一 Euclid 空间, $\boldsymbol{\alpha}_0, \boldsymbol{\alpha}_1, \cdots, \boldsymbol{\alpha}_n \in V$, 又记

$$\boldsymbol{\mu}_i = \boldsymbol{\alpha}_i - \boldsymbol{\alpha}_0, \quad i = 1, 2, \cdots, n.$$

若 $\boldsymbol{\alpha}_i, i = 0, 1, 2, \cdots, n$, 两两距离均为 $\delta > 0$, 证明,

(1) $(\boldsymbol{\mu}_i, \boldsymbol{\mu}_j) = \dfrac{\delta^2}{2}, \ i \neq j, \ i, j = 1, 2, \cdots, n$;

(2) $\boldsymbol{\mu}_1, \boldsymbol{\mu}_2, \cdots, \boldsymbol{\mu}_n$ 线性无关.

证明　(1) 由

$$\boldsymbol{\alpha}_i-\boldsymbol{\alpha}_j=(\boldsymbol{\alpha}_i-\boldsymbol{\alpha}_0)-(\boldsymbol{\alpha}_j-\boldsymbol{\alpha}_0)=\boldsymbol{\mu}_i-\boldsymbol{\mu}_j$$

知,

$$\begin{aligned}\delta^2&=(\boldsymbol{\mu}_i-\boldsymbol{\mu}_j,\boldsymbol{\mu}_i-\boldsymbol{\mu}_j)\\&=(\boldsymbol{\mu}_i,\boldsymbol{\mu}_i)-2(\boldsymbol{\mu}_i,\boldsymbol{\mu}_j)+(\boldsymbol{\mu}_j,\boldsymbol{\mu}_j)\\&=2\delta^2-2(\boldsymbol{\mu}_i,\boldsymbol{\mu}_j).\end{aligned}$$

从而,

$$(\boldsymbol{\mu}_i,\boldsymbol{\mu}_j)=\frac{\delta^2}{2}.$$

(2) 若

$$k_1\boldsymbol{\mu}_1+\cdots+k_n\boldsymbol{\mu}_n=\boldsymbol{\theta},$$

则

$$k_1(\boldsymbol{\mu}_1,\boldsymbol{\mu}_1)+k_2(\boldsymbol{\mu}_2,\boldsymbol{\mu}_1)+\cdots+k_n(\boldsymbol{\mu}_n,\boldsymbol{\mu}_1)=0.$$

由 (1) 知,

$$k_1\delta^2+k_2\frac{\delta^2}{2}+\cdots+k_n\frac{\delta^2}{2}=0,$$

从而,

$$k_1+\frac{k_2}{2}+\cdots+\frac{k_n}{2}=0.$$

类似地, 可得

$$\begin{cases}k_1+\dfrac{k_2}{2}+\cdots+\dfrac{k_n}{2}=0,\\ \dfrac{k_1}{2}+k_2+\cdots+\dfrac{k_n}{2}=0,\\ \qquad\cdots\cdots\\ \dfrac{k_1}{2}+\dfrac{k_2}{2}+\cdots+k_n=0.\end{cases}$$

显然

$$\begin{vmatrix}1&\dfrac{1}{2}&\cdots&\dfrac{1}{2}\\ \dfrac{1}{2}&1&\cdots&\dfrac{1}{2}\\ \vdots&\vdots&&\vdots\\ \dfrac{1}{2}&\dfrac{1}{2}&\cdots&1\end{vmatrix}\neq 0,$$

因而,

$$k_1=\cdots=k_n=0,$$

即 $\boldsymbol{\mu}_1,\boldsymbol{\mu}_2,\cdots,\boldsymbol{\mu}_n$ 线性无关. □

2.5 关于矩阵秩概念的开发 (I)

矩阵秩概念的开发步骤为：首先给出以下概念.

定义 2.5.1 称数域 $\mathbb{F}$ 上矩阵

$$\boldsymbol{A}=\begin{pmatrix} a_{11} & a_{12} & \cdots & a_{1n} \\ a_{21} & a_{22} & \cdots & a_{2n} \\ \vdots & \vdots & & \vdots \\ a_{m1} & a_{m2} & \cdots & a_{mn} \end{pmatrix}$$

的列向量组 $\{\boldsymbol{\alpha}_1,\boldsymbol{\alpha}_2,\cdots,\boldsymbol{\alpha}_n\}$ 的秩为 $\boldsymbol{A}$ 的列秩, 称它的行向量组 $\{\boldsymbol{\alpha}^{(1)},\boldsymbol{\alpha}^{(2)},\cdots,\boldsymbol{\alpha}^{(m)}\}$ 的秩为 $\boldsymbol{A}$ 的行秩. 当 $\boldsymbol{A}\neq\boldsymbol{O}_{m\times n}$ 时, 又称 $\boldsymbol{A}$ 的不为零的 r 阶子式的最大阶数为 $\boldsymbol{A}$ 的行列式秩, 其中, r 阶子式指的是位于 $\boldsymbol{A}$ 的某 r 行某 r 列交叉处的 r^2 个元素按原顺序形成的 r 阶子阵的行列式, $r=1,2,\cdots,\min\{m,n\}$; 当 $\boldsymbol{A}=\boldsymbol{O}_{m\times n}$ 时, 定义 $\boldsymbol{A}$ 的行列式秩为 0. 因此, $\boldsymbol{A}$ 的行秩、列秩和行列式秩都是非负整数, 分别记它们为

$$r_r(\boldsymbol{A}),\quad r_c(\boldsymbol{A})\quad 和\quad r_d(\boldsymbol{A}).$$

接着建立如下结论.

定理 2.5.1 关于任意数域上的任意矩阵 $\boldsymbol{A}$,

$$r_r(\boldsymbol{A})=r_c(\boldsymbol{A})=r_d(\boldsymbol{A})\ (\overset{d}{=} r_{\boldsymbol{A}}).$$

最后给出如下定义.

定义 2.5.2 称定理 2.5.1 中的 $r_{\boldsymbol{A}}$ 为 $\boldsymbol{A}$ 的秩.

但是在具体处理的过程中, 却有许多不同的方法, 这体现在定理 2.5.1 的证明上, 就我们收集到的 (包括我们自己建立的两种) 归结起来有两类共六种.

第一类, 通过证明 $r_r(\boldsymbol{A})=r_d(\boldsymbol{A})$ 和 $r_c(\boldsymbol{A})=r_d(\boldsymbol{A})$ (两者类似, 只需证明一个; 或者证明了一个, 通过考虑 $\boldsymbol{A}^{\mathrm{T}}$ 的情形获得另一个).

定理 2.5.1 的证明 (I).

证明 在这里只证明任一矩阵的行秩等于其行列式秩.

令非零矩阵

$$\boldsymbol{A}=\begin{pmatrix} a_{11} & a_{12} & \cdots & a_{1n} \\ a_{21} & a_{22} & \cdots & a_{2n} \\ \vdots & \vdots & & \vdots \\ a_{m1} & a_{m2} & \cdots & a_{mn} \end{pmatrix}$$

行列式秩 $r_d(\boldsymbol{A})=r\geqslant 1$ ($\boldsymbol{A}=\boldsymbol{O}$ 时, 显然 $r_r(\boldsymbol{A})=r_d(\boldsymbol{A})$). 从而, 可以找到一个不为 0 的 r 阶子式, 而 $r+1$ 阶子式 (如果存在) 都为 0. 因此, 又令 (不失一般性)

$$D_r=\begin{vmatrix} a_{11} & a_{12} & \cdots & a_{1r} \\ a_{21} & a_{22} & \cdots & a_{2r} \\ \vdots & \vdots & & \vdots \\ a_{r1} & a_{r2} & \cdots & a_{rr} \end{vmatrix}\neq 0. \tag{2.11}$$

我们断言, 矩阵 $\boldsymbol{A}$ 的行向量 $\boldsymbol{\alpha}^{(1)},\boldsymbol{\alpha}^{(2)},\cdots,\boldsymbol{\alpha}^{(r)}$ 线性无关, 而 $\boldsymbol{A}$ 的任何行向量 $\boldsymbol{\alpha}^{(i)}$ 都可表成 $\boldsymbol{\alpha}^{(1)},\boldsymbol{\alpha}^{(2)},\cdots,\boldsymbol{\alpha}^{(r)}$ 的线性组合, $i=1,2,\cdots,m$.

事实上, 行向量 $\boldsymbol{\alpha}^{(1)},\boldsymbol{\alpha}^{(2)},\cdots,\ \boldsymbol{\alpha}^{(r)}$ 当然是线性无关的, 否则存在 $\mathbb{F}$ 中不全为零的 $k_1,k_2,\cdots,k_r$, 使得

$$k_1\boldsymbol{\alpha}^{(1)}+k_2\boldsymbol{\alpha}^{(2)}+\cdots+k_r\boldsymbol{\alpha}^{(r)}=\boldsymbol{\theta},$$

这样一来, D_r 中的行向量线性相关, 从而 $D_r=0$, 这与式 (2.11) 矛盾.

今任取一 $i,\ r+1\leqslant i\leqslant m$, 要证 $\boldsymbol{\alpha}^{(i)}$ 可以被 $\boldsymbol{\alpha}^{(1)},\boldsymbol{\alpha}^{(2)},\cdots,\boldsymbol{\alpha}^{(r)}$ 线性表出. 考虑行列式

$$D_{r+1}^{(l)}=\begin{vmatrix} a_{11} & a_{12} & \cdots & a_{1r} & a_{1l} \\ a_{21} & a_{22} & \cdots & a_{2r} & a_{2l} \\ \vdots & \vdots & & \vdots & \vdots \\ a_{r1} & a_{r2} & \cdots & a_{rr} & a_{rl} \\ a_{i1} & a_{i2} & \cdots & a_{ir} & a_{il} \end{vmatrix},$$

这里 $l=r+1,\cdots,n$.

由于 r 为 $\boldsymbol{A}$ 的不为零的子式的最大阶数, $D_{r+1}^{(l)}=0$. 而 $D_{r+1}^{(l)}$ 是由 D_r 加上一行一列构成的, 又 $D_r\neq 0$, 所以下面的线性方程组

$$\begin{cases} a_{11}x_1+a_{21}x_2+\cdots+a_{r1}x_r=a_{i1}, \\ a_{12}x_1+a_{22}x_2+\cdots+a_{r2}x_r=a_{i2}, \\ \qquad\cdots\cdots \\ a_{1r}x_1+a_{2r}x_2+\cdots+a_{rr}x_r=a_{ir} \end{cases} \tag{2.12}$$

有 (唯一) 解 (Cramer 法则), 即存在 $x_1^0,x_2^0,\cdots,x_r^0$ 满足上面的方程组. 在 $D_{r+1}^{(l)}$ 中的最后一行减去第一行的 x_1^0 倍, 减去第二行的 x_2^0 倍, $\cdots$, 减去第 r 行的 x_r^0 倍, 得

$$D_{r+1}^{(l)}=\begin{vmatrix} a_{11} & a_{12} & \cdots & a_{1r} & a_{1l} \\ a_{21} & a_{22} & \cdots & a_{2r} & a_{2l} \\ \vdots & \vdots & & \vdots & \vdots \\ a_{r1} & a_{r2} & \cdots & a_{rr} & a_{rl} \\ 0 & 0 & \cdots & 0 & b \end{vmatrix},$$

其中,

$$b = a_{il} - (a_{1l}x_1^0 + a_{2l}x_2^0 + \cdots + a_{rl}x_r^0).$$

从而,

$$D_{r+1}^{(l)} = [a_{il} - (a_{1l}x_1^0 + a_{2l}x_2^0 + \cdots + a_{rl}x_r^0)]D_r = 0.$$

又由式 (2.11) 知, $D_r \neq 0$, 因此

$$a_{il} - (a_{1l}x_1^0 + a_{2l}x_2^0 + \cdots + a_{rl}x_r^0) = 0,$$

即

$$a_{il} = a_{1l}x_1^0 + a_{2l}x_2^0 + \cdots + a_{rl}x_r^0, \quad l = r+1, \cdots, n.$$

再由式 (2.12) (x_i 换成 x_i^0, $i = 1, 2, \cdots, r$) 知,

$$\boldsymbol{\alpha}^{(i)} = x_1^0\boldsymbol{\alpha}^{(1)} + x_2^0\boldsymbol{\alpha}^{(2)} + \cdots + x_r^{(0)}\boldsymbol{\alpha}^{(r)}, \quad i = r+1, \cdots, m.$$

总之, $\boldsymbol{\alpha}^{(0)}, \boldsymbol{\alpha}^{(1)}, \cdots, \boldsymbol{\alpha}^{(r)}$ 构成行向量组的一个极大线性无关组. 从而

$$r_d(\boldsymbol{A}) = r = r_r(\boldsymbol{A}).$$ □

第二类, 通过先证明 $r_r(\boldsymbol{A}) = r_c(\boldsymbol{A})$, 再证明这个非负整数恰为 $r_d(\boldsymbol{A})$, 后者的证明, 仅在方法 (III) 中提供, 其他证明中不再赘述.

定理 2.5.1 的第二种证明 (线性方程组方法), 需要下面的引理.

引理 2.5.1 令齐次线性方程组

$$\sum_{j=1}^{n} a_{ij}x_j = 0, \quad i = 1, 2, \cdots, m \tag{2.13}$$

的系数矩阵

$$\boldsymbol{A} = \begin{pmatrix} a_{11} & a_{12} & \cdots & a_{1n} \\ a_{21} & a_{22} & \cdots & a_{2n} \\ \vdots & \vdots & & \vdots \\ a_{m1} & a_{m2} & \cdots & a_{mn} \end{pmatrix}$$

的 $r_r(\boldsymbol{A}) = r$ ($\leqslant m$). 若 $r < n$ ($r \geqslant n$, 实为 $r = n$), 则它有非零解 (只有零解).

证明 不妨令 $\boldsymbol{\alpha}^{(1)}, \boldsymbol{\alpha}^{(2)}, \cdots, \boldsymbol{\alpha}^{(r)}$ 为 $\boldsymbol{A}$ 的行向量组的一个极大线性无关组. 从而, 式 (2.13) 的后 $m-r$ 个方程都是前 r 个方程的线性组合, 即齐次线性方程组

$$\sum_{j=1}^{n} a_{ij}x_j = 0, \quad i = 1, 2, \cdots, r$$

与式 (2.13) 同解. 于是, 欲证引理 2.5.1, 只需证明更 "一般" 的事实: "齐次线性方程组方程的个数小于其未知数的个数时, 它有非零解", 证明从略. □

定理 2.5.1 的证明 (II).

证明 令 $r_r(\boldsymbol{A})=r$, $r_c(\boldsymbol{A})=c$, 又以 $\boldsymbol{\alpha}_1,\boldsymbol{\alpha}_2,\cdots,\boldsymbol{\alpha}_m$ 表示 $\boldsymbol{A}$ 的行向量组, 不失一般性, 令 $\boldsymbol{\alpha}_1,\boldsymbol{\alpha}_2,\cdots,\boldsymbol{\alpha}_r$ 是它的一个极大线性无关向量组, $1\leqslant r\leqslant m$. 由 $\boldsymbol{\alpha}_1,\boldsymbol{\alpha}_2,\cdots,\boldsymbol{\alpha}_r$ 线性无关知, 方程组

$$x_1\boldsymbol{\alpha}_1+\cdots+x_r\boldsymbol{\alpha}_r=\boldsymbol{\theta},$$

即齐次线性方程组

$$\begin{cases} a_{11}x_1+a_{21}x_2+\cdots+a_{r1}x_r=0,\\ a_{12}x_1+a_{22}x_2+\cdots+a_{r2}x_r=0,\\ \qquad\cdots\cdots\\ a_{1n}x_1+a_{2n}x_2+\cdots+a_{rn}x_r=0, \end{cases}$$

只有零解. 根据引理 2.5.1, 此方程组的系数矩阵

$$\boldsymbol{A}=\begin{pmatrix} a_{11} & a_{21} & \cdots & a_{r1}\\ a_{12} & a_{22} & \cdots & a_{r2}\\ \vdots & \vdots & & \vdots\\ a_{1n} & a_{2n} & \cdots & a_{rn} \end{pmatrix}$$

的行秩 $\geqslant r$. 因此它的行向量中可以找到 r 个线性无关向量, 不妨令它们为

$$(a_{11},a_{21},\cdots,a_{r1}),(a_{12},a_{22},\cdots,a_{r2}),\cdots,(a_{1r},a_{2r},\cdots,a_{rr}),$$

则

$$(a_{11},\cdots,a_{r1},\cdots,a_{m1}),(a_{12},\cdots,a_{r2},\cdots,a_{m2}),\cdots,(a_{1r},\cdots,a_{rr},\cdots,a_{mr})$$

线性无关, 即 $c\geqslant r$.

用同样的方法可证 $r\geqslant c$. 从而, $r_c(\boldsymbol{A})=r_r(\boldsymbol{A})$. □

关于矩阵秩概念的开发, 截止目前所见到的国内外文献, 在处理上, 各使用了不同的知识点, 都很漂亮, 但关于这些处理方法, 读者在理智上接受后, 还不能很快获得一种直观感, 我们通常把这种情况称为 "在 '情感' 上不能同步获得". 在教学实践中, 我们发现, 在所见到的文献中缺少了一个东西, 即引理 2.1.2, 我们利用它给出了矩阵秩概念开发上的一个简洁的处理, 它还干净到读者不但在理智上容易接受, 而且能很快获取直观感.

定理 2.5.1 的证明 (III).

证明 任意矩阵 $\boldsymbol{A}\in\mathbb{F}^{m\times n}$ 有如下的等价标准形:

$$\boldsymbol{E}^{(r)}=\begin{pmatrix} \boldsymbol{E}_r & \boldsymbol{O}\\ \boldsymbol{O} & \boldsymbol{O} \end{pmatrix}=(\boldsymbol{\eta}_1,\boldsymbol{\eta}_2,\cdots,\boldsymbol{\eta}_n)=\begin{pmatrix} \boldsymbol{\eta}^{(1)}\\ \boldsymbol{\eta}^{(2)}\\ \vdots\\ \boldsymbol{\eta}^{(m)} \end{pmatrix},$$

即 $\boldsymbol{A}$ 经过有限次行和列的 (涉及向量的) 初等变换能够变成 $\boldsymbol{E}^{(r)}$ 的形式. 显然, $\boldsymbol{E}^{(r)}$ 的行秩 $r_{\{\boldsymbol{\eta}^{(i)}\}_1^m}$ 和列秩 $r_{\{\boldsymbol{\eta}_i\}_1^n}$ 都是 r. 注意到关于矩阵施行行和列的初等变换相当于关于该矩阵的行向量组施行相应的涉及向量和涉及分量的初等变换, 也相当于关于该矩阵的列向量组施行相应的涉及分量和涉及向量的初等变换. 令

$$\boldsymbol{A} = (\boldsymbol{\alpha}_1, \boldsymbol{\alpha}_2, \cdots, \boldsymbol{\alpha}_n) = \begin{pmatrix} \boldsymbol{\alpha}^{(1)} \\ \boldsymbol{\alpha}^{(2)} \\ \vdots \\ \boldsymbol{\alpha}^{(m)} \end{pmatrix},$$

则关于列向量组 $\{\boldsymbol{\alpha}_1, \boldsymbol{\alpha}_2, \cdots, \boldsymbol{\alpha}_n\}$ 施行有限次向量组的涉及向量的初等变换和涉及分量的初等变换后可得向量组 $\{\boldsymbol{\eta}_1, \boldsymbol{\eta}_2, \cdots, \boldsymbol{\eta}_n\}$. 同样地, 关于行向量组 $\{\boldsymbol{\alpha}^{(1)}, \boldsymbol{\alpha}^{(2)}, \cdots, \boldsymbol{\alpha}^{(m)}\}$ 施行有限次向量组的涉及向量的初等变换和涉及分量的初等变换后可得向量组 $\{\boldsymbol{\eta}^{(1)}, \boldsymbol{\eta}^{(2)}, \cdots, \boldsymbol{\eta}^{(m)}\}$. 由引理 2.1.1 和引理 2.1.2 知, $\boldsymbol{A}$ 的列秩和行秩都是 r.

下面证明 $\boldsymbol{A}$ 的行列式秩也是 r. $\boldsymbol{A} = \boldsymbol{O}$ 时, 这是显然的, 下面只考察 $\boldsymbol{A} \neq \boldsymbol{O}$ 的情形. 取 $\boldsymbol{A}$ 的 r 个线性无关的行, 由这 r 个行按照原来的顺序作成一个子阵, 记为 $\boldsymbol{A}_{r\times n}$, 显然, $\boldsymbol{A}_{r\times n}$ 的行秩也是 r. 而任何矩阵的行秩等于列秩, 从而, 矩阵 $\boldsymbol{A}_{r\times n}$ 的列秩也为 r. 任取 $\boldsymbol{A}_{r\times n}$ 的 r 个线性无关的列, 行与列的交叉处的 r^2 个元素按照原来的顺序作成一个 r 阶方阵 $\boldsymbol{A}_{r\times r}$. 显然, $\boldsymbol{A}_{r\times r}$ 的列向量线性无关, 从而, $|\boldsymbol{A}_{r\times r}| \neq 0$. $|\boldsymbol{A}_{r\times r}|$ 就是 $\boldsymbol{A}$ 的一个非零 r 阶子式. 若 $\boldsymbol{A}$ 有 $r+1$ 阶子式, 它必是 $\boldsymbol{A}$ 的某 $r+1$ 行和某 $r+1$ 列交叉处的元素按照原来顺序作成的子阵 $\boldsymbol{A}_{r+1,r+1}$ 的行列式. 而 $\boldsymbol{A}$ 的任何 $r+1$ 行和 $r+1$ 列都是线性相关的. $\boldsymbol{A}_{r+1,r+1}$ 的每个列向量都是对应的 $\boldsymbol{A}$ 的列向量的缩短向量. 由于线性相关的向量组的分量缩短向量组依旧线性相关, 因此, $\boldsymbol{A}_{r+1,r+1}$ 的列向量线性相关, 从而, $|\boldsymbol{A}_{r+1,r+1}| = 0$, 即 $\boldsymbol{A}$ 的 $r+1$ 阶子式都为零. 于是, $\boldsymbol{A}$ 的行列式秩也为 r. □

定理 2.5.1 的证明 (IV). 见 3.5 节.

定理 2.5.1 的证明 (V). 见 3.6 节.

定理 2.5.1 的证明 (VI). 见 6.4 节.

2.6 从向量组的线性相关性到子空间组的线性相关性

(详见第 4 讲)

习 题 2

1. 令 $\boldsymbol{A}, \boldsymbol{B} \in \mathbb{F}^{m\times n}$, $\boldsymbol{C} \in \mathbb{F}^{n\times p}$. 证明:

(1) $r_{\boldsymbol{A}+\boldsymbol{B}} \leqslant r_{\boldsymbol{A}} + r_{\boldsymbol{B}}, r_{\boldsymbol{AC}} \leqslant r_{\boldsymbol{A}}(r_{\boldsymbol{C}})$;

(2) 当 $\boldsymbol{A}$ ($\boldsymbol{C}$) 可逆时, $r_{\boldsymbol{AC}} = r_{\boldsymbol{C}}$ ($r_{\boldsymbol{A}}$).

2. 令向量组 $\boldsymbol{\alpha}_1, \boldsymbol{\alpha}_2, \cdots, \boldsymbol{\alpha}_n$ 线性无关. 讨论

$$\boldsymbol{\alpha}_1+\boldsymbol{\alpha}_2, \boldsymbol{\alpha}_2+\boldsymbol{\alpha}_3, \cdots, \boldsymbol{\alpha}_{n-1}+\boldsymbol{\alpha}_n, \boldsymbol{\alpha}_n+\boldsymbol{\alpha}_1$$

的线性相关性.

3. 令 $\mathbb{R}$ 是实数域, $V=C'([0,1])$ 是闭区间 $[0,1]$ 上的实连续可微函数的集合, V 在函数的通常加法和数乘下构成一线性空间.

(1) 证明: 函数 $f(x)=\cos x$, $g(x)=2x$, $h(x)=\mathrm{e}^x$ 在 V 中线性无关;

(2) 关于任意给定的非负整数 n, 证明, 在 V 中存在 $n+1$ 个线性无关的向量;

(3) 是否存在非负整数 m, 使得 V 和 $\mathbb{R}^m$ 同构, 若存在请证明, 否则请给出理由.

4. 令 $\boldsymbol{A}_1, \boldsymbol{A}_2, \cdots, \boldsymbol{A}_p$ 均为 n 阶方阵, 且 $\boldsymbol{A}_1\boldsymbol{A}_2\cdots\boldsymbol{A}_p=\boldsymbol{O}$. 证明

$$\sum_{i=1}^{p} r_{\boldsymbol{A}_i} \leqslant (p-1)n.$$

5. 令 $\boldsymbol{B}_{m\times n}\boldsymbol{A}_{n\times m}=\boldsymbol{E}_m$, 其中 $m\leqslant n$, 此时称 $\boldsymbol{B}$ 为 $\boldsymbol{A}$ 的左逆. 证明:

(1) $\boldsymbol{A}$ 的列向量组线性无关的充要条件是 $\boldsymbol{A}$ 的左逆存在;

(2) $\boldsymbol{A}$ 的行向量组线性无关的充要条件是 $\boldsymbol{A}$ 的左逆唯一.

第 3 讲　关于线性空间和线性变换的其他基本事项 (联系更一般的模和模同态概念)

3.1　模 (线性空间) 公理间的独立性及其他

3.1.1　模公理间的独立性

定义 3.1.1　令 R 为一幺环 (即含有恒等元的环), M 为一非空集合. 称 $M=(M;+,\cdot;R)$ 为一 **(左)** R**-模**, 如果 $(M,+)$ 是一 Abel 群, “·” 提供了 R 在 M 上的一个环作用, 即下列八条成立:

(i) $\boldsymbol{\alpha}+\boldsymbol{\beta}\equiv\boldsymbol{\beta}+\boldsymbol{\alpha}$;

(ii) $(\boldsymbol{\alpha}+\boldsymbol{\beta})+\boldsymbol{\gamma}\equiv\boldsymbol{\alpha}+(\boldsymbol{\beta}+\boldsymbol{\gamma})$;

(iii)$_l$ $(\exists\,\boldsymbol{\theta}\in M)\ \boldsymbol{\theta}+\boldsymbol{\alpha}\equiv\boldsymbol{\alpha}$;

(iv)$_l$ $(\forall\boldsymbol{\alpha}\in M)\ (\exists\,\boldsymbol{\alpha}'\in M)\ \boldsymbol{\alpha}'+\boldsymbol{\alpha}=\boldsymbol{\theta}$;

(v) $k(\boldsymbol{\alpha}+\boldsymbol{\beta})\equiv k\boldsymbol{\alpha}+k\boldsymbol{\beta}$;

(vi) $(k+l)\boldsymbol{\alpha}\equiv k\boldsymbol{\alpha}+l\boldsymbol{\alpha}$;

(vii) $(kl)\boldsymbol{\alpha}\equiv k(l\boldsymbol{\alpha})$;

(viii) $1\boldsymbol{\alpha}\equiv\boldsymbol{\alpha}$, 其中 1 为 R 的恒等元.

注 3.1　定义 3.1.1 中的公理 (iii)$_l$ 和 (iv)$_l$ 还可陈述为:

(iii)$_l'$ $(\exists\,\boldsymbol{\theta}\in M)(\forall\boldsymbol{\alpha}\in M)\ (\exists\,\boldsymbol{\alpha}'\in M)\ \boldsymbol{\alpha}'+\boldsymbol{\alpha}=\boldsymbol{\theta}$;

(iv)$_l'$ $\boldsymbol{\theta}+\boldsymbol{\alpha}\equiv\boldsymbol{\alpha}$.

容易验证

$$\{\text{(i)},\text{(ii)},\text{(iii)}_l,\text{(iv)}_l,\text{(v)}\sim\text{(viii)}\}\Longleftrightarrow\{\text{(i)},\text{(ii)},\text{(iii)}_l',\text{(iv)}_l',\text{(v)}\sim\text{(viii)}\}.$$

线性空间为 “环上的模” 的特殊情形, 即 “域上的模”.

下面将讨论这八条公理间的独立性. 事实上, 这八条公理不是相互独立的.

定理 3.1.1　关于任意幺环 R, R 上的左模 M 的八条公理中, 第一条公理是后七条公理的推论; 另外七条公理则不然 (一般地, 后七条的任一条都不是另外七条的推论).

证明　(1) 关于公理 (i).

关于任意 $\boldsymbol{\alpha},\boldsymbol{\beta}\in M$, 有

$$\begin{aligned}(1+1)\cdot(\boldsymbol{\alpha}+\boldsymbol{\beta})&=(1+1)\cdot\boldsymbol{\alpha}+(1+1)\cdot\boldsymbol{\beta}\\&=(1\cdot\boldsymbol{\alpha}+1\cdot\boldsymbol{\alpha})+(1\cdot\boldsymbol{\beta}+1\cdot\boldsymbol{\beta})\\&=(\boldsymbol{\alpha}+\boldsymbol{\alpha})+(\boldsymbol{\beta}+\boldsymbol{\beta})\\&=\boldsymbol{\alpha}+[\boldsymbol{\alpha}+(\boldsymbol{\beta}+\boldsymbol{\beta})]\\&=\boldsymbol{\alpha}+[(\boldsymbol{\alpha}+\boldsymbol{\beta})+\boldsymbol{\beta}]\\&=\boldsymbol{\alpha}+(\boldsymbol{\alpha}+\boldsymbol{\beta})+\boldsymbol{\beta}.\end{aligned}$$

另外,

$$\begin{aligned}(1+1)\cdot(\boldsymbol{\alpha}+\boldsymbol{\beta})&=1\cdot(\boldsymbol{\alpha}+\boldsymbol{\beta})+1\cdot(\boldsymbol{\alpha}+\boldsymbol{\beta})\\&=(\boldsymbol{\alpha}+\boldsymbol{\beta})+(\boldsymbol{\alpha}+\boldsymbol{\beta})\\&=\boldsymbol{\alpha}+[\boldsymbol{\beta}+(\boldsymbol{\alpha}+\boldsymbol{\beta})]\\&=\boldsymbol{\alpha}+[(\boldsymbol{\beta}+\boldsymbol{\alpha})+\boldsymbol{\beta}]\\&=\boldsymbol{\alpha}+(\boldsymbol{\beta}+\boldsymbol{\alpha})+\boldsymbol{\beta}.\end{aligned}$$

从而,

$$\boldsymbol{\alpha}+(\boldsymbol{\alpha}+\boldsymbol{\beta})+\boldsymbol{\beta}=\boldsymbol{\alpha}+(\boldsymbol{\beta}+\boldsymbol{\alpha})+\boldsymbol{\beta}. \tag{3.1}$$

由 (ii), $(\text{iii})_l$ 和 $(\text{iv})_l$ 知, M 关于加法构成一个群, 因此, M 为一双消半群, 于是, 由式 (3.1) 知,

$$\boldsymbol{\alpha}+\boldsymbol{\beta}=\boldsymbol{\beta}+\boldsymbol{\alpha},$$

即第一条公理是后七条公理的推论.

(2) 关于公理 (ii).

令 $M=\{\boldsymbol{\theta},\boldsymbol{\alpha},\boldsymbol{\beta}\}$, $R=\mathbb{F}$, 其中, $\mathbb{F}$ 为一域. 给出 M 的加法表如下

$+$	$\boldsymbol{\theta}$	$\boldsymbol{\alpha}$	$\boldsymbol{\beta}$
$\boldsymbol{\theta}$	$\boldsymbol{\theta}$	$\boldsymbol{\alpha}$	$\boldsymbol{\beta}$
$\boldsymbol{\alpha}$	$\boldsymbol{\alpha}$	$\boldsymbol{\alpha}$	$\boldsymbol{\theta}$
$\boldsymbol{\beta}$	$\boldsymbol{\beta}$	$\boldsymbol{\theta}$	$\boldsymbol{\beta}$

,

且定义 M 上关于 R 的环作用为

$$k\cdot\boldsymbol{\xi}\equiv\boldsymbol{\xi}.$$

可以验证在 M 中, 零元为 $\boldsymbol{\theta}$, 且有

$$(\boldsymbol{\alpha}+\boldsymbol{\alpha})+\boldsymbol{\beta}=\boldsymbol{\theta}\neq\boldsymbol{\alpha}=\boldsymbol{\alpha}+(\boldsymbol{\alpha}+\boldsymbol{\beta}),$$

即公理 (ii) 在 M 中不成立, 但容易验证其余七条公理在 M 中均成立. 从而, (ii) 的独立性得证.

(3) 关于公理 $(\mathrm{iii})_l$.

$\{(\mathrm{i}),(\mathrm{ii}),(\mathrm{iii})_l,(\mathrm{iv})_l,(\mathrm{v})\sim(\mathrm{viii})\}$ 中 $(\mathrm{iii})_l$ 的独立性, 指的是 $\{(\mathrm{i}),(\mathrm{ii}),(\mathrm{iii})_l',(\mathrm{iv})_l',(\mathrm{v})\sim(\mathrm{viii})\}$ 中 $(\mathrm{iv})_l'$ 的独立性.

令 $M=\{\boldsymbol{\theta},\boldsymbol{\alpha},\boldsymbol{\beta}\}$, $R=\mathbb{F}$, 其中, $\mathbb{F}$ 为一域. 给出 M 的加法表如下

$+$	$\boldsymbol{\theta}$	$\boldsymbol{\alpha}$	$\boldsymbol{\beta}$
$\boldsymbol{\theta}$	$\boldsymbol{\theta}$	$\boldsymbol{\theta}$	$\boldsymbol{\theta}$
$\boldsymbol{\alpha}$	$\boldsymbol{\theta}$	$\boldsymbol{\alpha}$	$\boldsymbol{\alpha}$
$\boldsymbol{\beta}$	$\boldsymbol{\theta}$	$\boldsymbol{\alpha}$	$\boldsymbol{\beta}$

,

且定义 M 上关于 R 的环作用为

$$k\cdot\boldsymbol{\xi}\equiv\boldsymbol{\xi}.$$

可以验证, M 中存在唯一的元素 $\boldsymbol{\theta}$, 满足

$$(\forall\boldsymbol{\xi}\in M)\ (\exists\ \boldsymbol{\xi}'\in M)\ \boldsymbol{\xi}'+\boldsymbol{\xi}=\boldsymbol{\theta},$$

即公理 $(\mathrm{iii})_l'$ 在 M 中成立. 但

$$\boldsymbol{\theta}+\boldsymbol{\alpha}=\boldsymbol{\theta}\neq\boldsymbol{\alpha},$$

即公理 $(\mathrm{iv})_l'$ 在 M 中不成立, 又容易验证其余六条公理在 M 中均成立. 从而, $(\mathrm{iv})_l'$ 的独立性, 即 $(\mathrm{iii})_l$ 的独立性得证.

(4) 关于公理 $(\mathrm{iv})_l$.

令 $M=\{\boldsymbol{\theta},\boldsymbol{\alpha}\}$, $R=\mathbb{F}$, 其中 $\mathbb{F}$ 为一域. 给出 M 的加法表如下

$+$	$\boldsymbol{\theta}$	$\boldsymbol{\alpha}$
$\boldsymbol{\theta}$	$\boldsymbol{\theta}$	$\boldsymbol{\alpha}$
$\boldsymbol{\alpha}$	$\boldsymbol{\alpha}$	$\boldsymbol{\alpha}$

,

且定义 M 上关于 R 的环作用为

$$k\cdot\boldsymbol{\xi}\equiv\boldsymbol{\xi}.$$

可以验证, 公理 $(\mathrm{iv})_l$ 在 M 中不成立. 事实上, $\boldsymbol{\alpha}$ 没有满足 $(\mathrm{iv})_l$ 的 $\boldsymbol{\alpha}'$. 但容易验证其余七条公理在 M 中均成立. 从而, $(\mathrm{iv})_l$ 的独立性得证.

(5) 关于公理 (v).

令 $M=\{(a,b)\mid a,b\in\mathbb{C}\}$. 定义 M 上的加法如下

$$(a,b)+(c,d)\equiv(a+c,b+d),$$

且定义 M 上关于 $\mathbb{C}$ 的环作用为

$$k \cdot (a,b) = \begin{cases} (ka, kb), & a = 0 \text{ 或 } b = 0, \\ (\overline{k}a, \overline{k}b), & ab \neq 0, \end{cases}$$

其中, $\overline{k}$ 是 k 的共轭复数.

由

$$i \cdot [(1,0) + (0,1)] = i \cdot (1,1) = (-i,-i),$$
$$i \cdot (1,0) + i \cdot (0,1) = (i,0) + (0,i) = (i,i)$$

知, 公理 (v) 在 M 中不成立. 但容易验证其余七条公理在 M 中均成立. 从而, (v) 的独立性得证.

(6) 关于公理 (vi).

令 $M = \{\boldsymbol{\theta}, \boldsymbol{\alpha}\}$, $R = \mathbb{F}$, 其中, $\mathbb{F}$ 为一域. 给出 M 的加法表如下

$+$	$\boldsymbol{\theta}$	$\boldsymbol{\alpha}$
$\boldsymbol{\theta}$	$\boldsymbol{\theta}$	$\boldsymbol{\alpha}$
$\boldsymbol{\alpha}$	$\boldsymbol{\alpha}$	$\boldsymbol{\theta}$

,

且定义 M 上关于 R 的环作用为

$$k \cdot \boldsymbol{\xi} \equiv \boldsymbol{\xi}.$$

由

$$(1+1) \cdot \boldsymbol{\alpha} = \boldsymbol{\alpha} \neq \boldsymbol{\theta} = \boldsymbol{\alpha} + \boldsymbol{\alpha} = 1 \cdot \boldsymbol{\alpha} + 1 \cdot \boldsymbol{\alpha}$$

知, 公理 (vi) 在 M 中不成立. 但容易验证其余七条公理在 M 中均成立. 从而, (vi) 的独立性得证.

(7) 关于公理 (vii).

令 $\mathbb{F}$ 为一数域, $M = (\mathbb{F}, +)$, $R = \mathbb{Q}(\sqrt{2}) = \{a + b\sqrt{2} \mid a, b \in \mathbb{Q}\}$. M 中加法为通常加法, 定义 M 上关于 R 的环作用为

$$(a + b\sqrt{2}) \cdot \boldsymbol{\xi} \equiv (a+b)\boldsymbol{\xi},$$

其中右边表示通常的乘法.

由

$$(\sqrt{2}\sqrt{2}) \cdot 1 = 2 \cdot 1 = 2,$$
$$\sqrt{2} \cdot (\sqrt{2} \cdot 1) = \sqrt{2} \cdot 1 = 1$$

知, 公理 (vii) 在 M 中不成立. 但容易验证其余七条公理在 M 中均成立. 从而, (vii) 的独立性得证.

(8) 关于公理 (viii).

(i) 令 $\mathbb{F}$ 为一数域, $M=\{(a,b)\mid a,b\in\mathbb{F}\}$. 定义 M 上的加法如下

$$(a,b)+(c,d)\equiv(a+c,b+d),$$

且定义 M 上关于 $\mathbb{F}$ 的环作用为

$$k\cdot(a,b)\equiv(ka,0).$$

由

$$1\cdot(0,1)=(0,0)\neq(0,1)$$

知, 公理 (viii) 在 M 中不成立. 但容易验证其余七条公理在 M 中均成立. 从而, (viii) 的独立性得证.

(ii) 令 $(M;+,\cdot\,;\mathbb{F})$ 为域 $\mathbb{F}$ 上一线性空间, 其中, $|M|\geqslant 2$. 现构作一模结构 $(M;+,\triangle;\mathbb{F})$ 如下

$$k\triangle\boldsymbol{\xi}\equiv\boldsymbol{\theta}.$$

显然此数学结构满足 (i)~(vii), 但是不满足 (viii). 从而, (viii) 的独立性得证. □

注 3.2 上面给出的某一公理关于其余七条公理的独立性的例子都涉及模的基础环 R 的选取. 特别地, 对公理 (v) 来说, 若选取另外的基础环, 则它可成为其余七条公理的推论. 下面先给出一个引理, 由此来说明公理 (v) 的独立性与基础环 R 的选取相关.

引理 3.1.1 假设如定义 3.1.1. 关于任意 $\boldsymbol{\alpha}\in M$, 下列等式成立

$$0\cdot\boldsymbol{\alpha}=\boldsymbol{\theta},\tag{3.2}$$

$$(-1)\cdot\boldsymbol{\alpha}=-\boldsymbol{\alpha}.\tag{3.3}$$

证明 (1) 由公理 (vi) 和 (viii) 知,

$$0\cdot\boldsymbol{\alpha}+\boldsymbol{\alpha}=0\cdot\boldsymbol{\alpha}+1\cdot\boldsymbol{\alpha}=(0+1)\cdot\boldsymbol{\alpha}=\boldsymbol{\alpha}=\boldsymbol{\theta}+\boldsymbol{\alpha}.$$

由 Abel 群 $(M,+)$ 中消去律成立知,

$$0\cdot\boldsymbol{\alpha}=\boldsymbol{\theta}.$$

(2) 由

$$\begin{aligned}\boldsymbol{\alpha}+(-1)\cdot\boldsymbol{\alpha}&\xlongequal{\text{(viii)}}1\cdot\boldsymbol{\alpha}+(-1)\boldsymbol{\alpha}\\&\xlongequal{\text{(vi)}}[1+(-1)]\boldsymbol{\alpha}\\&=\!=\!=\!=0\cdot\boldsymbol{\alpha}\xlongequal{(3.2)}\boldsymbol{\theta}\end{aligned}$$

和 Abel 群 $(M,+)$ 中元素的唯一性知, $(-1)\boldsymbol{\alpha}=-\boldsymbol{\alpha}$. □

命题 3.1.1 若 $\mathbb{F}$ 为有理数域, 则公理 (v) 为其余七条公理的推论.

证明 (1) 当 k 为正整数时, 公理 (v) 成立.

当 $k=1$ 时, 由公理 (viii) 知,

$$1\cdot(\boldsymbol{\alpha}+\boldsymbol{\beta})=\boldsymbol{\alpha}+\boldsymbol{\beta}=1\cdot\boldsymbol{\alpha}+1\cdot\boldsymbol{\beta}.$$

假设 $k-1\geqslant 1$ 时, 公理 (v) 成立, 则

$$\begin{aligned}k\cdot(\boldsymbol{\alpha}+\boldsymbol{\beta})&=\!=\!=[(k-1)+1]\cdot(\boldsymbol{\alpha}+\boldsymbol{\beta})\\&\xlongequal{\text{(vi)}}(k-1)\cdot(\boldsymbol{\alpha}+\boldsymbol{\beta})+1\cdot(\boldsymbol{\alpha}+\boldsymbol{\beta})\\&\xlongequal{\text{假设}}[(k-1)\cdot\boldsymbol{\alpha}+(k-1)\cdot\boldsymbol{\beta}]+(1\cdot\boldsymbol{\alpha}+1\cdot\boldsymbol{\beta})\\&\xlongequal{\text{(i)(ii)}}[(k-1)\cdot\boldsymbol{\alpha}+1\cdot\boldsymbol{\alpha}]+[(k-1)\cdot\boldsymbol{\beta}+1\cdot\boldsymbol{\beta}]\\&\xlongequal{\text{(vi)}}[(k-1)+1]\cdot\boldsymbol{\alpha}+[(k-1)+1]\cdot\boldsymbol{\beta}\\&=\!=\!=k\cdot\boldsymbol{\alpha}+k\cdot\boldsymbol{\beta}.\end{aligned}$$

(2) k 为负整数时, 公理 (v) 成立. 令 $k=-m$, m 为正整数. 则

$$\begin{aligned}k\cdot(\boldsymbol{\alpha}+\boldsymbol{\beta})&=\!=\!=(-m)\cdot(\boldsymbol{\alpha}+\boldsymbol{\beta})=[(-1)\times m]\cdot(\boldsymbol{\alpha}+\boldsymbol{\beta})\\&\xlongequal{\text{(vii)}}(-1)\cdot[m\cdot(\boldsymbol{\alpha}+\boldsymbol{\beta})]\\&\xlongequal{(1)}(-1)\cdot(m\cdot\boldsymbol{\alpha}+m\cdot\boldsymbol{\beta})\\&\xlongequal{\text{引理3.1.1}}-(m\cdot\boldsymbol{\alpha}+m\cdot\boldsymbol{\beta})\\&\xlongequal{\text{负元性质}}-(m\cdot\boldsymbol{\beta})+[-(m\cdot\boldsymbol{\alpha})]\\&\xlongequal{\text{引理3.1.1}}(-1)\cdot(m\cdot\boldsymbol{\beta})+(-1)\cdot(m\cdot\boldsymbol{\alpha})\\&\xlongequal{\text{(vii)}}(-m)\cdot\boldsymbol{\beta}+(-m)\cdot\boldsymbol{\alpha}\\&\xlongequal{\text{(i)}}(-m)\cdot\boldsymbol{\alpha}+(-m)\cdot\boldsymbol{\beta}\\&=\!=\!=k\cdot\boldsymbol{\alpha}+k\cdot\boldsymbol{\beta}.\end{aligned}$$

(3) $k=\dfrac{1}{m}$, m 为正整数时, 公理 (v) 成立.

由

$$\begin{aligned}m\cdot\left(\frac{1}{m}\cdot\boldsymbol{\alpha}+\frac{1}{m}\cdot\boldsymbol{\beta}\right)&\xlongequal{(1)}m\cdot\left(\frac{1}{m}\cdot\boldsymbol{\alpha}\right)+m\cdot\left(\frac{1}{m}\cdot\boldsymbol{\beta}\right)\\&\xlongequal{\text{(vii)}}1\cdot\boldsymbol{\alpha}+1\cdot\boldsymbol{\beta}\\&\xlongequal{\text{(viii)}}\boldsymbol{\alpha}+\boldsymbol{\beta},\end{aligned}$$

在上式两端同乘以 $\dfrac{1}{m}$, 得

$$\frac{1}{m}\cdot(\boldsymbol{\alpha}+\boldsymbol{\beta})=\!=\!=\frac{1}{m}\cdot\left[m\cdot\left(\frac{1}{m}\cdot\boldsymbol{\alpha}+\frac{1}{m}\cdot\boldsymbol{\beta}\right)\right]$$

$$\xlongequal{\text{(vii)}} 1\cdot\left(\frac{1}{m}\cdot\boldsymbol{\alpha}+\frac{1}{m}\cdot\boldsymbol{\beta}\right)$$
$$\xlongequal{\text{(viii)}} \frac{1}{m}\cdot\boldsymbol{\alpha}+\frac{1}{m}\cdot\boldsymbol{\beta}.$$

(4) 当 $k=\dfrac{n}{m}$, m 为正整数, n 为整数时, 公理 (v) 成立. 根据引理 3.1.1, 不妨令 $m\neq 0$.

$$\begin{aligned}k\cdot(\boldsymbol{\alpha}+\boldsymbol{\beta})=\frac{n}{m}\cdot(\boldsymbol{\alpha}+\boldsymbol{\beta})&\xlongequal{\text{(vii)}}\frac{1}{m}\cdot[n\cdot(\boldsymbol{\alpha}+\boldsymbol{\beta})]\\&\xlongequal{(1),(2)}\frac{1}{m}\cdot(n\cdot\boldsymbol{\alpha}+n\cdot\boldsymbol{\beta})\\&\xlongequal{(3)}\frac{1}{m}\cdot(n\cdot\boldsymbol{\alpha})+\frac{1}{m}\cdot(n\cdot\boldsymbol{\beta})\\&\xlongequal{\text{(vii)}}\frac{n}{m}\cdot\boldsymbol{\alpha}+\frac{n}{m}\cdot\boldsymbol{\beta}=k\cdot\boldsymbol{\alpha}+k\cdot\boldsymbol{\beta}.\end{aligned}$$

注 引理 3.1.1 证明中未用到公理 (v), 因此可以在命题 3.1.1 中直接运用.

以上说明公理 (v) 的独立性与数域 $\mathbb{F}$ 有关. 在有理数域上公理 (v) 不独立. 我们知道, 有理数域只有平凡自同构, 而复数域有非平凡的自同构 $k\to\overline{k}$. 上面利用复数域的非平凡自同构证明了公理 (v) 的独立性.

注 3.3 陈重穆对公理 (v) 的独立性提出一个猜想: 当且仅当数域 $\mathbb{F}$ 有非平凡自同构时, 公理 (v) 是独立于另外七条公理的.

在这个猜想中, 条件的充分性是容易证明的. 事实上, 可仿照复数域上的方法构作例子如下.

令 $k\mapsto\overline{k}$ 是数域 $\mathbb{F}$ 的一个非平凡自同构, $M=\{(a,b)\mid a,b\in\mathbb{F}\}$. 定义 M 上的加法如下

$$(a,b)+(c,d)\equiv(a+c,b+d),$$

且定义 M 上关于 $\mathbb{F}$ 的环作用如下

$$k\cdot(a,b)=\begin{cases}(ka,kb), & a=0\text{ 或 }b=0,\\(\overline{k}a,\overline{k}b), & ab\neq 0.\end{cases}$$

由于 $k\mapsto\overline{k}$ 是数域 $\mathbb{F}$ 的非平凡自同构, 存在 $j\in\mathbb{F}$, 使得 $j\neq\overline{j}$. 从而, 由

$$j\cdot[(1,0)+(0,1)]=j\cdot(1,1)=(\overline{j},\overline{j}),$$
$$j\cdot(1,0)+j\cdot(0,1)=(j,0)+(0,j)=(j,j)$$

知, 公理 (v) 在 M 中不成立. 但容易验证其余七条公理在 M 中均成立. 这样条件的充分性得到证明.

在上述猜想中, 条件的必要性尚未得到解决.

注 3.4 请读者考虑除去不独立的公理 (i) 和已说明的公理 (v), 其余各公理是否存在与公理 (v) 类似的与模的基础环选取相关的独立性.

3.1.2 模的 Abel 群

定理 3.1.2 令 M 为幺环 R 上一左模. 若

$(\mathrm{iii})_b$ $(\exists\, \boldsymbol{\theta} \in M)$ $\theta + \boldsymbol{\alpha} \equiv \boldsymbol{\alpha} \equiv \boldsymbol{\alpha} + \boldsymbol{\theta}$;

$(\mathrm{iv})_b$ $(\forall\, \boldsymbol{\alpha} \in M)$ $(\exists\, \boldsymbol{\alpha}' \in M)$ $\boldsymbol{\alpha}' + \boldsymbol{\alpha} = \boldsymbol{\theta} = \boldsymbol{\alpha} + \boldsymbol{\alpha}'$;

$(\triangle)_l$ $\boldsymbol{\alpha} + \boldsymbol{\beta} = \boldsymbol{\alpha} + \boldsymbol{\gamma} \Rightarrow \boldsymbol{\beta} = \boldsymbol{\gamma}$ (“+” 的左消去律);

$(\triangle)_r$ $\boldsymbol{\alpha} + \boldsymbol{\gamma} = \boldsymbol{\beta} + \boldsymbol{\gamma} \Rightarrow \boldsymbol{\alpha} = \boldsymbol{\beta}$ (“+” 的右消去律),

则

$$\begin{aligned}&\{(\mathrm{i}) \sim (\mathrm{iv}), (\mathrm{v}) \sim (\mathrm{viii})\}\\ \Longleftrightarrow &\{(\mathrm{ii}), (\mathrm{iii})_b, (\mathrm{iv})_b, (\mathrm{v}) \sim (\mathrm{viii})\}\\ \Longleftrightarrow &\{(\mathrm{ii}), (\triangle)_l, (\triangle)_r, (\mathrm{v}) \sim (\mathrm{viii})\},\end{aligned}$$

或

$$\begin{aligned}&\{(M, +) \text{ 为 Abel 群}, (\mathrm{v}) \sim (\mathrm{viii})\}\\ \Longleftrightarrow &\{(M, +) \text{ 为群}, (\mathrm{v}) \sim (\mathrm{viii})\}\\ \Longleftrightarrow &\{(M, +) \text{ 为双消半群}, (\mathrm{v}) \sim (\mathrm{viii})\}.\end{aligned}$$

证明 仅需证明

$$\{(M, +) \text{ 为双消半群}, (\mathrm{v}) \sim (\mathrm{viii})\} \Rightarrow \{(M, +) \text{ 为 Abel 群}, (\mathrm{v}) \sim (\mathrm{viii})\}.$$

(1) 根据 (v), (vi), (viii), 关于任意 $\boldsymbol{\alpha}, \boldsymbol{\beta} \in M$, 有

$$\begin{aligned}(1+1)(\boldsymbol{\alpha} + \boldsymbol{\beta}) &= (\boldsymbol{\alpha} + \boldsymbol{\beta}) + (\boldsymbol{\alpha} + \boldsymbol{\beta}) = \boldsymbol{\alpha} + \boldsymbol{\beta} + \boldsymbol{\alpha} + \boldsymbol{\beta},\\ (1+1)(\boldsymbol{\alpha} + \boldsymbol{\beta}) &= (1+1)\boldsymbol{\alpha} + (1+1)\boldsymbol{\beta} = \boldsymbol{\alpha} + \boldsymbol{\alpha} + \boldsymbol{\beta} + \boldsymbol{\beta},\end{aligned}$$

由 $(\triangle)_l, (\triangle)_r$ 知,

$$\boldsymbol{\alpha} + \boldsymbol{\beta} = \boldsymbol{\beta} + \boldsymbol{\alpha},$$

即 (i) 成立.

(2) 根据 (vi), (viii), 关于任意 $\boldsymbol{\alpha}, \boldsymbol{\beta} \in M$, 有

$$0\boldsymbol{\alpha} + \boldsymbol{\alpha} = 0\boldsymbol{\alpha} + 1\boldsymbol{\alpha} = (0+1)\boldsymbol{\alpha} = 1\boldsymbol{\alpha} = \boldsymbol{\alpha}.$$

再由 (i), (ii) 知,

$$\begin{aligned}0\boldsymbol{\alpha} + (\boldsymbol{\alpha} + \boldsymbol{\beta}) &= (0\boldsymbol{\alpha} + \boldsymbol{\alpha}) + \boldsymbol{\beta} = \boldsymbol{\alpha} + \boldsymbol{\beta},\\ 0\boldsymbol{\beta} + (\boldsymbol{\alpha} + \boldsymbol{\beta}) &= (0\boldsymbol{\beta} + \boldsymbol{\beta}) + \boldsymbol{\alpha} = \boldsymbol{\beta} + \boldsymbol{\alpha} \overset{(1)}{=} \boldsymbol{\alpha} + \boldsymbol{\beta}.\end{aligned}$$

根据 $(\triangle)_r$,

$$0\boldsymbol{\alpha} = 0\boldsymbol{\beta}.$$

记 $0\boldsymbol{\alpha} = \boldsymbol{\theta}$, 则其为交换双消半群的左零元, 即 $(\mathrm{iii})_l$ 成立.

(3) 若记 $\boldsymbol{\alpha}' = (-1)\boldsymbol{\alpha}$, 则由 (vi) 知,

$$\boldsymbol{\alpha}' + \boldsymbol{\alpha} = (-1)\boldsymbol{\alpha} + \boldsymbol{\alpha} = (-1+1)\boldsymbol{\alpha} = 0\boldsymbol{\alpha} = \boldsymbol{\theta},$$

即 $(\mathrm{iv})_l$ 成立. □

推论 3.1.1 允许线性空间结构的群 (双消半群) 是 Abel 群.

3.1.3 线性空间上的线性变换

线性空间上的线性变换是线性空间 (作为域上的模) 上的模–自同态.

定理 3.1.3 线性变换的双射性与可逆性一致. (这来自 "集合上变换的双射性与可逆性一致", 更一般地, "集合间映射的双射性与可逆性一致".)

定理 3.1.4 有限维线性空间上线性变换的单射性与满射性一致, 而且这是线性空间维数有限的一个特征.

(平行地, 有限集合上变换的单射性和满射性一致, 而且这是集合有限的一个特征.)

证明 令 V 为数域 $\mathbb{F}$ 上一 n 维线性空间, $\mathcal{A} \in \mathcal{L}(V)$, $(\boldsymbol{\varepsilon}_1, \boldsymbol{\varepsilon}_2, \cdots, \boldsymbol{\varepsilon}_n)$ 为 V 的一个基底. 则

$$\begin{aligned}
&\mathcal{A} \text{ 为单射} \\
\Longleftrightarrow\ &\mathrm{Ker}\mathcal{A} = \boldsymbol{\theta} \\
\Longleftrightarrow\ &\dim \mathrm{Ker}\mathcal{A} = 0 \\
\Longleftrightarrow\ &\dim \mathrm{Im}\mathcal{A} = n \\
\Longleftrightarrow\ &\mathrm{Im}\mathcal{A} = V \\
\Longleftrightarrow\ &\mathcal{A} \text{ 为满射}.
\end{aligned}$$

至于定理的后一内容, 我们只需再指出, 关于任一线性空间 V, 它是无限维的当且仅当其上线性变换的单射性和满射性不是同一个概念. 其充分性由上证易知; 其必要性, 则是因为, 当 $\dim V$ 无限时, 令

$$\boldsymbol{\varepsilon}_1, \boldsymbol{\varepsilon}_2, \cdots, \boldsymbol{\varepsilon}_n, \cdots$$

为 V 的基底 $(\boldsymbol{\alpha}_i)_{i\in I}$ 的部分可列无限个向量. 又令

$$\mathcal{A}: \begin{cases} \boldsymbol{\varepsilon}_1 \mapsto \boldsymbol{\varepsilon}_1, \\ \boldsymbol{\varepsilon}_i \mapsto \boldsymbol{\varepsilon}_{i-1}, \quad i = 2, 3, \cdots, n, \cdots, \\ \boldsymbol{\alpha} \mapsto \boldsymbol{\alpha} \end{cases}$$

和

$$\mathcal{B}:\begin{cases}\boldsymbol{\varepsilon}_i\mapsto\boldsymbol{\varepsilon}_{i+1}, & i=1,2,\cdots,n,\cdots,\\ \boldsymbol{\alpha}\mapsto\boldsymbol{\alpha},\end{cases}$$

其中, $\boldsymbol{\alpha}$ 为一基向量, 但 $\boldsymbol{\alpha}\neq\boldsymbol{\varepsilon}_i$, $i=1,2,\cdots,n,\cdots$. 则 $\mathcal{A}$ 和 $\mathcal{B}$ 分别诱导出 V 上一满不单和一单不满的线性变换. □

引理 3.1.2 令 $\boldsymbol{A},\boldsymbol{B}\in\mathbb{F}^{n\times n}$. 则 $\boldsymbol{AB}-\boldsymbol{BA}=\boldsymbol{E}$ 常不成立.

证明 令 $\boldsymbol{A}=(a_{ij})_{n\times n}$, $\boldsymbol{B}=(b_{ij})_{n\times n}$. 则

$$\mathrm{tr}(\boldsymbol{AB})=\sum_{i=1}^{n}\sum_{k=1}^{n}a_{ik}b_{ki}=\sum_{k=1}^{n}\sum_{i=1}^{n}b_{ki}a_{ik}=\mathrm{tr}(\boldsymbol{BA}).$$

又

$$\mathrm{tr}(\boldsymbol{AB}-\boldsymbol{BA})=\mathrm{tr}(\boldsymbol{AB})-\mathrm{tr}(\boldsymbol{BA})=0\neq n=\mathrm{tr}\boldsymbol{E},$$

从而

$$\boldsymbol{AB}-\boldsymbol{BA}=\boldsymbol{E}$$

常不成立. □

定理 3.1.5 令 V 为数域 $\mathbb{F}$ 上一可列维线性空间. 则 V 的维数有限当且仅当关于任意 $\mathcal{A},\mathcal{B}\in\mathcal{L}(V)$, 常有

$$\mathcal{AB}-\mathcal{BA}\neq\mathcal{E}.$$

证明 **必要性** 令 $\mathcal{A},\mathcal{B}\in\mathcal{L}(V_{\mathbb{F},n})$, $(\varepsilon_1,\varepsilon_2,\cdots,\varepsilon_n)$ 是 V 的一个基底, 且

$$\mathcal{A}(\varepsilon_1,\varepsilon_2,\cdots,\varepsilon_n)=(\varepsilon_1,\varepsilon_2,\cdots,\varepsilon_n)\boldsymbol{A},$$

$$\mathcal{B}(\varepsilon_1,\varepsilon_2,\cdots,\varepsilon_n)=(\varepsilon_1,\varepsilon_2,\cdots,\varepsilon_n)\boldsymbol{B},$$

其中, $\boldsymbol{A},\boldsymbol{B}\in\mathbb{F}^{n\times n}$.

若 $\mathcal{AB}-\mathcal{BA}=\mathcal{E}$, 则 $\boldsymbol{AB}-\boldsymbol{BA}=\boldsymbol{E}$. 由引理 3.1.2 知, 一个矛盾.

充分性 若 $V_{\mathbb{F}}$ 不是有限维的, 则 V 为可列无限维线性空间. 因此, V 与 $\mathbb{F}[x]$ 线性空间同构, 从而, $\mathcal{L}(V)$ 与 $\mathcal{L}(\mathbb{F}[x])$ 环同构. 因此, 下面的讨论只需在 $\mathbb{F}[x]$ 上进行. 令

$$\mathcal{D}(f(x))=f'(x),\quad \mathcal{M}(f(x))=xf(x).$$

则

$$(\mathcal{DM}-\mathcal{MD})(f(x))=\mathcal{D}(xf(x))-x(f'(x))=f(x),$$

于是, $\mathcal{DM}-\mathcal{MD}=\mathcal{E}$, 一个矛盾. □

注 3.5 (1) 定理 3.1.5 中的 “可列” 的假设可以去掉.

(2) 我们可以定义 $V_{\mathbb{F},n}$ ($\mathbb{F}$ 为一数域) 上的线性变换 $\mathcal{A}$ 的迹为其任意表示矩阵的迹, 它不依赖于基底的选择, 这是因为 $\mathcal{A}$ 的不同表示矩阵是相似的, 相似矩阵有相同的特征多项式, $\boldsymbol{A}$ 复相似于一上三角矩阵 (特别地, Jordan 形矩阵), 以及 $\boldsymbol{A}$ 的特征多项式的 $n-1$ 次项的系数恰为 $-\mathrm{tr}\boldsymbol{A}$.

(3) 关于一般左 R-模上的自同态, 情况如何?

3.2 线性空间关于线性变换的不变子空间

定义 3.2.1 令 $\mathcal{A}\in\mathcal{L}(V)$, $V_1\leqslant V$. 称 V_1 为 V 的关于线性变换 $\mathcal{A}$ 的不变子空间, 也称为线性空间 V 的 $\mathcal{A}$-子空间, 如果 $\mathrm{Im}\mathcal{A}|_{V_1}\subseteq V_1$, 其中 $\mathrm{Im}\mathcal{A}|_{V_1}$ 表示 V_1 在 $\mathcal{A}$ 下的象, 即

$$\mathrm{Im}\mathcal{A}|_{V_1}=\{\mathcal{A}a_1\mid a_1\in V_1\}.$$

命题 3.2.1 令 $\mathcal{A},\mathcal{B}\in\mathcal{L}(V)$. 若 $\mathcal{A}$ 与 $\mathcal{B}$ 可交换, 则 $\mathrm{Ker}\mathcal{B},\mathrm{Im}\mathcal{B}$ 都是 V 的 $\mathcal{A}$-子空间.

证明 显然 $\beta\in\mathrm{Ker}\mathcal{B}$ 当且仅当 $\mathcal{B}\boldsymbol{\beta}=\boldsymbol{\theta}$, 从而

$$\mathcal{B}(\mathcal{A}\boldsymbol{\beta})=(\mathcal{B}\mathcal{A})\boldsymbol{\beta}=(\mathcal{A}\mathcal{B})\boldsymbol{\beta}=\mathcal{A}(\mathcal{B}\boldsymbol{\beta})=\boldsymbol{\theta}.$$

因此 $\mathcal{A}\beta\in\mathrm{Ker}\mathcal{B}$, 从而 $\mathrm{Ker}\mathcal{B}$ 是 V 的 $\mathcal{A}$-子空间. 又 $\boldsymbol{\gamma}\in\mathrm{Im}\mathcal{B}$ 当且仅当存在 $\boldsymbol{\alpha}\in V$ 使得 $\mathcal{B}\boldsymbol{\alpha}=\boldsymbol{\gamma}$, 从而

$$\mathcal{A}\boldsymbol{\gamma}=\mathcal{A}(\mathcal{B}\boldsymbol{\alpha})=\mathcal{B}(\mathcal{A}\boldsymbol{\alpha}).$$

因此 $\mathcal{A}\gamma\in\mathrm{Im}\mathcal{B}$, 即 $\mathrm{Im}\mathcal{B}$ 是 V 的 $\mathcal{A}$-子空间. □

推论 3.2.1 假设如命题 3.2.1. 则 $\mathrm{Ker}\mathcal{A}$, $\mathrm{Im}\mathcal{A}$, $\mathcal{B}$ $(\mathcal{A})$ 的特征子空间和根子空间都是 $\mathcal{A}$-子空间.

注 3.6 假设如命题 3.2.1. 则 V_1 为 $\mathcal{A}$-子空间不蕴涵 V_1 一定是 $\mathcal{B}$-子空间.

例如, 关于任意 $\mathcal{B}$, 均有 $(k\mathcal{E})\mathcal{B}=\mathcal{B}(k\mathcal{E})$. 但常有非平凡 $\mathcal{B}$-子空间, 而只有平凡 $k\mathcal{E}$-子空间.

推论 3.2.2 令 $\mathcal{A}\in\mathcal{L}(V)$, $f(x)\in\mathbb{F}[x]$. 则 $\mathrm{Ker}\mathcal{A},\mathrm{Im}\mathcal{A}$, $\mathcal{A}$ 的特征子空间和根子空间都是 $f(\mathcal{A})$-子空间.

命题 3.2.2 令 $\mathcal{A}\in\mathcal{L}(V)$. 则 V 的 $\mathcal{A}$-子空间的和与交仍是 V 的 $\mathcal{A}$-子空间.

命题 3.2.3 令 $\mathcal{A}\in\mathcal{L}(V)$, $\boldsymbol{\xi}\in V$, 且 $\boldsymbol{\xi}\neq\boldsymbol{\theta}$. 则 $G[\boldsymbol{\xi}]$ 是 V 的 $\mathcal{A}$-子空间当且仅当 $\boldsymbol{\xi}$ 是 $\mathcal{A}$ 的一个特征向量.

命题 3.2.4 令 $\mathcal{A}\in\mathcal{L}(V_{\mathbb{F},n})$, 且

$$V_0=\sum_{i=1}^{\infty}\mathrm{Ker}\mathcal{A}^i,\quad V_1=\bigcap_{i=1}^{\infty}\mathrm{Im}\mathcal{A}^i.$$

则 V_0,V_1 都是 V 的 $\mathcal{A}$-子空间.

证明 由

$$\mathrm{Ker}\mathcal{A}\subseteq\mathrm{Ker}\mathcal{A}^2\subseteq\mathrm{Ker}\mathcal{A}^3\subseteq\cdots$$

和 V 为数域 $\mathbb{F}$ 上一有限维线性空间知, 存在正整数 m, 使得

$$\mathrm{Ker}\mathcal{A}^m=\mathrm{Ker}\mathcal{A}^{m+1}=\cdots.$$

从而 $V_0=\mathrm{Ker}\mathcal{A}^m$. 再由 $\mathcal{A}\mathcal{A}^m=\mathcal{A}^m\mathcal{A}$ 知, $\mathrm{Ker}\mathcal{A}^m=V_0$ 是 V 的 $\mathcal{A}$-子空间. 又由

$$\mathrm{Im}\mathcal{A} \supseteq \mathrm{Im}\mathcal{A}^2 \supseteq \mathrm{Im}\mathcal{A}^3 \supseteq \cdots,$$

且 V 为数域 $\mathbb{F}$ 上一有限维线性空间知, 存在正整数 k, 使得

$$\mathrm{Im}\mathcal{A}^k = \mathrm{Im}\mathcal{A}^{k+1} = \cdots.$$

从而 $V_1 = \mathrm{Im}\mathcal{A}^k$. 显然 $\mathcal{A}\mathcal{A}^k = \mathcal{A}^k\mathcal{A}$, 于是 $\mathrm{Im}\mathcal{A}^k = V_1$ 是 V 的 $\mathcal{A}$-子空间. □

命题 3.2.5 令 $S = \{\mathcal{A}_i \mid i \in I\} \subseteq \mathcal{L}(V_{\mathbb{C},n})$, $W \leqslant V$. 称 W 为 V 的 S-子空间, 如果关于任意 $i \in I$, W 为 V 的 $\mathcal{A}_i$-子空间. 若 $\mathcal{B} \in \mathcal{L}(V_{\mathbb{C},n})$, 关于任意 $i \in I$, $\mathcal{A}_i\mathcal{B} = \mathcal{B}\mathcal{A}_i$, 且 V 没有非平凡的 S-子空间, 则 $\mathcal{B} = \lambda\mathcal{E}$, 其中 $\lambda \in \mathbb{C}$.

证明 令 λ 为 $\mathcal{B}$ 的特征根, V_λ 为 $\mathcal{B}$ 的相应于 λ 的特征子空间. 由推论 3.2.1 知, V_λ 为 V 的 S-子空间. 再由 $V_\lambda \neq \{\boldsymbol{\theta}\}$ 和 V 没有非平凡的 S-子空间知, $V_\lambda = V$. 于是, $\mathcal{B} = \lambda\mathcal{E}$. □

定理 3.2.1 令 $\mathcal{A} \in \mathcal{L}(V_{\mathbb{F},n})$. 则 $\mathcal{A}$ 在 V 的某一基底下的矩阵为分块对角矩阵

$$\boldsymbol{A} = \begin{pmatrix} \boldsymbol{A}_1 & & & \boldsymbol{O} \\ & \boldsymbol{A}_2 & & \\ & & \ddots & \\ \boldsymbol{O} & & & \boldsymbol{A}_s \end{pmatrix},$$

当且仅当 V 能分解成 s 个非零 $\mathcal{A}$-子空间的直和

$$V = W_1 \oplus W_2 \oplus \cdots \oplus W_s,$$

并且 $\boldsymbol{A}_i$ 是 $\mathcal{A}|_{W_i}$ 在 W_i 的一个基底下的矩阵.

证明 **必要性** 令 $\mathcal{A}$ 在 V 的一个基底

$$(\boldsymbol{\alpha}_{11}, \boldsymbol{\alpha}_{12}, \cdots, \boldsymbol{\alpha}_{1r_1}, \boldsymbol{\alpha}_{21}, \cdots, \boldsymbol{\alpha}_{2r_2}, \cdots, \boldsymbol{\alpha}_{s1}, \cdots, \boldsymbol{\alpha}_{sr_s})$$

下的矩阵为下列分块对角矩阵 $\boldsymbol{A}$:

$$\boldsymbol{A} = \begin{pmatrix} \boldsymbol{A}_1 & & & \boldsymbol{O} \\ & \boldsymbol{A}_2 & & \\ & & \ddots & \\ \boldsymbol{O} & & & \boldsymbol{A}_s \end{pmatrix},$$

其中, $\boldsymbol{A}_i$ 是 r_i 阶矩阵, $r_i \geqslant 1$, $i = 1, \cdots, s$. 令

$$W_i = G[\boldsymbol{\alpha}_{i1}, \boldsymbol{\alpha}_{i2}, \cdots, \boldsymbol{\alpha}_{ir_i}], \quad i = 1, \cdots, s.$$

则

$$V = W_1 \oplus W_2 \oplus \cdots \oplus W_s,$$

且

$$\mathcal{A}(\boldsymbol{\alpha}_{i1},\boldsymbol{\alpha}_{i2},\cdots,\boldsymbol{\alpha}_{ir_i})=(\boldsymbol{\alpha}_{i1},\boldsymbol{\alpha}_{i2},\cdots,\boldsymbol{\alpha}_{ir_i})\boldsymbol{A}_i,\quad i=1,\cdots,s.$$

因此, $W_1,\cdots,W_s$ 都是非零的 $\mathcal{A}$-子空间, 且 $\boldsymbol{A}_i$ 为 $\mathcal{A}|_{W_i}$ 在 W_i 的基底 $(\boldsymbol{\alpha}_{i1},\boldsymbol{\alpha}_{i2},\cdots,\boldsymbol{\alpha}_{ir_i})$ 下的矩阵, $i=1,\cdots,s$.

充分性 若 V 能分解成 s 个非零的 $\mathcal{A}$-子空间的直和

$$V=W_1\oplus W_2\oplus\cdots\oplus W_s,$$

则在每个 W_i 中取一基底 $(\boldsymbol{\alpha}_{i1},\boldsymbol{\alpha}_{i2},\cdots,\boldsymbol{\alpha}_{ir_i}), i=1,\cdots,s$, 它们依次连接起来构成 V 的一个基底. 由于

$$\mathcal{A}(\boldsymbol{\alpha}_{i1},\boldsymbol{\alpha}_{i2},\cdots,\boldsymbol{\alpha}_{ir_i})=(\boldsymbol{\alpha}_{i1},\boldsymbol{\alpha}_{i2},\cdots,\boldsymbol{\alpha}_{ir_i})\boldsymbol{A}_i,\quad i=1,\cdots,s,$$

因此, $\mathcal{A}$ 在 V 的上述基底下的矩阵 $\boldsymbol{A}$ 为

$$\begin{pmatrix}\boldsymbol{A}_1 & & \boldsymbol{O}\\ & \boldsymbol{A}_2 & \\ & & \ddots & \\ \boldsymbol{O} & & & \boldsymbol{A}_s\end{pmatrix}.$$ □

命题 3.2.6 令 $\mathcal{A}\in\mathcal{L}(V_{\mathbb{F},n})$, $\mathcal{A}$ 可逆, $(\boldsymbol{\alpha}_1,\boldsymbol{\alpha}_2,\cdots,\boldsymbol{\alpha}_n)$ 为 V 的一个基底. 若 $W=G[\boldsymbol{\alpha}_1,\boldsymbol{\alpha}_2,\cdots,\boldsymbol{\alpha}_r]$ 在 $\mathcal{A}$ 下不变, 则 W 在 $\mathcal{A}^{-1}$ 下也不变, $1\leqslant r\leqslant n$.

证明 **证法 1** $r=n$ 时, 定理是显然的. 今仅考虑 $1\leqslant r<n$ 的情形. 因为 $W=G[\boldsymbol{\alpha}_1,\boldsymbol{\alpha}_2,\cdots,\boldsymbol{\alpha}_r]$ 在 $\mathcal{A}$ 下不变, 所以 $\mathcal{A}$ 在基底 $(\boldsymbol{\alpha}_1,\boldsymbol{\alpha}_2,\cdots,\boldsymbol{\alpha}_n)$ 下的矩阵为

$$\boldsymbol{A}=\begin{pmatrix}\boldsymbol{A}_1 & \boldsymbol{B}\\ \boldsymbol{O} & \boldsymbol{A}_2\end{pmatrix},\quad \boldsymbol{A}_1\in\mathbb{F}^{r\times r},$$

从而 $\mathcal{A}^{-1}$ 在该基底下的矩阵为

$$\boldsymbol{A}^{-1}=\begin{pmatrix}\boldsymbol{A}_1^{-1} & -\boldsymbol{A}_1^{-1}\boldsymbol{B}\boldsymbol{A}_2^{-1}\\ \boldsymbol{O} & \boldsymbol{A}_2^{-1}\end{pmatrix}.$$

因此,

$$\mathrm{Im}\mathcal{A}^{-1}|_W\subseteq W.$$

即 W 在 $\mathcal{A}^{-1}$ 下不变.

证法 2 因为存在 $f(x)\in\mathbb{F}[x]$ 使得 $\mathcal{A}^{-1}=f(\mathcal{A})$, 所以由 W 在 $\mathcal{A}$ 下不变知, W 在 $f(\mathcal{A})$ 下也不变.

证法 3 由 $(\boldsymbol{\alpha}_1,\boldsymbol{\alpha}_2,\cdots,\boldsymbol{\alpha}_r)$ 为 W 的一个基底, W 在 $\mathcal{A}$ 下不变, 且可逆线性变换把线性无关组依旧变为线性无关组知, $(\mathcal{A}\boldsymbol{\alpha}_1,\mathcal{A}\boldsymbol{\alpha}_2,\cdots,\mathcal{A}\boldsymbol{\alpha}_r)$ 也为 W 的一个基底. 因此 $\mathrm{Im}\mathcal{A}^{-1}|_W\subseteq W$, 实则等号成立, $\mathcal{A}$ 在 W 上限制出 W 的一个自同构. □

例 3.2.1 令 $\mathcal{A},\mathcal{B}\in\mathcal{L}(V_{\mathbb{C},n})$. 若 $\mathcal{AB}-\mathcal{BA}=\mathcal{A}$, 则 $\mathcal{A}$ 的特征值都是 0, 且 $\mathcal{A},\mathcal{B}$ 有公共特征向量.

证明 令 λ_0 是 $\mathcal{A}$ 的特征值, W 是相应的特征子空间, 即

$$W=\{\boldsymbol{\eta}\in V\mid \mathcal{A}(\boldsymbol{\eta})=\lambda_0\boldsymbol{\eta}\}.$$

根据推论 3.2.1, W 是一 $\mathcal{A}$-子空间.

关于任意非零向量 $\boldsymbol{\eta}\in W$, 令 m 为使得 $\boldsymbol{\eta},\mathcal{B}(\boldsymbol{\eta}),\mathcal{B}^2(\boldsymbol{\eta}),\cdots,\mathcal{B}^m(\boldsymbol{\eta})$ 线性相关的最小的非负整数. 于是, 当 $0\leqslant i\leqslant m-1$ 时, $\boldsymbol{\eta},\mathcal{B}(\boldsymbol{\eta}),\mathcal{B}^2(\boldsymbol{\eta}),\cdots,\mathcal{B}^i(\boldsymbol{\eta})$ 线性无关. 此时令

$$W_i=G[\boldsymbol{\eta},\mathcal{B}(\boldsymbol{\eta}),\mathcal{B}^2(\boldsymbol{\eta}),\cdots,\mathcal{B}^{i-1}(\boldsymbol{\eta})],$$

$W_0=\{\boldsymbol{\theta}\}$. 显然, $\dim W_i=i,1\leqslant i\leqslant m$, 并且

$$W_m=W_{m+1}=W_{m+2}=\cdots.$$

$\mathcal{B}(W_i)\subseteq W_{i+1}$. 特别地, W_m 为 $\mathcal{B}$-子空间.

下面证明 W_i 也是一 $\mathcal{A}$-子空间. 事实上, 由 $\mathcal{A}(\boldsymbol{\eta})=\lambda_0\boldsymbol{\eta}$ 和 $\mathcal{AB}-\mathcal{BA}=\mathcal{A}$ 知,

$$\mathcal{AB}(\boldsymbol{\eta})=\mathcal{BA}(\boldsymbol{\eta})+\mathcal{A}(\boldsymbol{\eta})=\lambda_0\mathcal{B}(\boldsymbol{\eta})+\lambda_0\boldsymbol{\eta}.$$

而且

$$\begin{aligned}\mathcal{AB}^2(\boldsymbol{\eta})&=\mathcal{BAB}(\boldsymbol{\eta})+\mathcal{AB}(\boldsymbol{\eta})\\&=\mathcal{B}(\lambda_0\mathcal{B}(\boldsymbol{\eta})+\lambda_0\boldsymbol{\eta})+(\lambda_0\mathcal{B}(\boldsymbol{\eta})+\lambda_0\boldsymbol{\eta})\\&=\lambda_0\mathcal{B}^2(\boldsymbol{\eta})+2\lambda_0\mathcal{B}(\boldsymbol{\eta})+\lambda_0\boldsymbol{\eta}.\end{aligned}$$

基于

$$\mathcal{AB}^k(\boldsymbol{\eta})=\mathcal{BAB}^{k-1}(\boldsymbol{\eta})+\mathcal{AB}^{k-1}(\boldsymbol{\eta})=\mathcal{B}(\mathcal{AB}^{k-1}(\boldsymbol{\eta}))+\mathcal{AB}^{k-1}(\boldsymbol{\eta}),$$

用数学归纳法不难证明, $\mathcal{AB}^k(\boldsymbol{\eta})$ 可以表示成 $\boldsymbol{\eta},\mathcal{B}(\boldsymbol{\eta}),\mathcal{B}^2(\boldsymbol{\eta}),\cdots,\mathcal{B}^k(\boldsymbol{\eta})$ 的线性组合, 且表示式中 $\mathcal{B}^k(\boldsymbol{\eta})$ 的系数为 λ_0.

因此, W_m 也是 $\mathcal{A}$-子空间. 从而, $\mathcal{A}|_{W_m}$ 在基底 $(\boldsymbol{\eta},\mathcal{B}(\boldsymbol{\eta}),\mathcal{B}^2(\boldsymbol{\eta}),\cdots,\mathcal{B}^{m-1}(\boldsymbol{\eta}))$ 下的表示矩阵是上三角矩阵, 且对角线元素都是 λ_0. 显然, 根据注 3.5 的 (2), $\mathcal{A}|_{W_m}$ 的迹为 $m\lambda_0$. 由于 $\mathcal{AB}-\mathcal{BA}=\mathcal{A}$, 而 $\mathcal{AB}-\mathcal{BA}$ 的迹一定为零, 这样 $m\lambda_0=0$, 从而 $\lambda_0=0$.

关于任意 $\boldsymbol{\xi}\in W$, 因为

$$\mathcal{A}(\boldsymbol{\xi})=\boldsymbol{\theta},\quad \mathcal{AB}(\boldsymbol{\xi})=\mathcal{BA}(\boldsymbol{\xi})+\mathcal{A}(\boldsymbol{\xi})=\boldsymbol{\theta}+\boldsymbol{\theta}=\boldsymbol{\theta},$$

所以 $\mathcal{B}(\boldsymbol{\xi})\in W$. 因此, W 是一 $\mathcal{B}$-子空间. 从而, 在 W 中存在 $\mathcal{B}$ 的特征向量, 即是 $\mathcal{A},\mathcal{B}$ 的公共的特征向量. □

3.3 n 维线性空间中 n- 无关无限子集的若干特征及其存在性

定理 3.3.1 令 V 为域 $\mathbb{F}$ 上一 n 维线性空间, $n \in \mathbb{Z}^+$. 则下列诸条等价:

(1) 若 $V_i \leqslant V, i=1,2,\cdots,s, s \in \mathbb{Z}^+$. 则

$$\bigcup_{i=1}^{s} V_i \subsetneq V;$$

(2) 若 $\alpha_{i1},\alpha_{i2},\cdots,\alpha_{ir}$ 线性无关, $1 \leqslant r \leqslant n-1$, $i=1,2,\cdots,s, s \in \mathbb{Z}^+$, 则存在一向量 $\alpha \in V$, 使得 $\alpha_{i1},\alpha_{i2},\cdots,\alpha_{ir},\alpha$ 依然线性无关, $i=1,2,\cdots,s$.

(3) V 包含一个无限子集 S, S 中任意 n 个向量都是线性无关的, 称 S 为 V 的一个 n-无关无限子集;

(4) 若 $\mathcal{A}_i \in \mathcal{L}(V)$, 且 $\mathcal{A}_i \neq \mathcal{A}_j$, 其中, $i,j=1,2,\cdots,s, s \geqslant 2, s \in \mathbb{Z}^+, i \neq j$, 则存在 $\boldsymbol{\alpha} \in V$ 使得

$$\mathcal{A}_i\boldsymbol{\alpha} \neq \mathcal{A}_j\boldsymbol{\alpha}, \quad i,j=1,2,\cdots,s, \quad i \neq j;$$

(5) 若 $\mathcal{A}_i \in \mathcal{L}(V)$, 且 $r_{\mathcal{A}_i}=n, \mathcal{A}_i \neq \mathcal{A}_j$, 其中, $i,j=1,2,\cdots,s, s \geqslant 2, s \in \mathbb{Z}^+, i \neq j$, 则存在 $\boldsymbol{\alpha} \in V$,

$$\mathcal{A}_i\boldsymbol{\alpha} \neq \mathcal{A}_j\boldsymbol{\alpha}, \quad i,j=1,2,\cdots,s, \quad i \neq j;$$

$(6)_r$ 若 $\mathcal{A}_i \in \mathcal{L}(V)$, 且 $r_{\mathcal{A}_i}=r, 1 \leqslant r \leqslant n-1, \mathcal{A}_i \neq \mathcal{A}_j$, 其中, $i,j=1,2,\cdots,s$, $s \geqslant 2, s \in \mathbb{Z}^+, i \neq j$, 则存在 $\boldsymbol{\alpha} \in V$, 使得

$$\mathcal{A}_i\boldsymbol{\alpha} \neq \mathcal{A}_j\boldsymbol{\alpha}, \quad i,j=1,2,\cdots,s, \quad i \neq j,$$

$r=1,2,\cdots,n-1$.

证明 今提供下述 7 个证明: $(1) \Rightarrow (2) \Rightarrow (3) \Rightarrow (4) \Rightarrow (5)((6)_r) \Rightarrow 1$.

$(1) \Rightarrow (2)$ 令 $V_i = G[\boldsymbol{\alpha}_{i1},\boldsymbol{\alpha}_{i2},\cdots,\boldsymbol{\alpha}_{ir}]$. 显然 $\dim V_i = r < n, i=1,2,\cdots,s$. 根据 (1),

$$V \setminus \bigcup_{i=1}^{s} V_i \neq \varnothing,$$

从而关于任意 $\boldsymbol{\alpha} \in V \setminus \bigcup_{i=1}^{s} V_i$, 都有 $\boldsymbol{\alpha} \notin V_i, i=1,2,\cdots,s$. 于是 $\boldsymbol{\alpha}_{i1},\boldsymbol{\alpha}_{i2},\cdots,\boldsymbol{\alpha}_{ir},\boldsymbol{\alpha}$ 仍线性无关, $i=1,2,\cdots,s$.

$(2) \Rightarrow (3)$ 见例 7.4.1.

$(3) \Rightarrow (4)$ 令

$$V_{ij} = \{\boldsymbol{\alpha} \in V \mid \mathcal{A}_i\boldsymbol{\alpha} = \mathcal{A}_j\boldsymbol{\alpha}\}, \quad i<j, \quad i,j=1,2,\cdots,s.$$

显然 $V_{ij} \lneqq V$ (否则, $\mathcal{A}_i = \mathcal{A}_j$). 由 (3) 知, 存在 V 的无限子集 S, 使得 S 中任意 n 个向量都线性无关, 则 $|S \bigcap V_{ij}| \leqslant n-1$ (否则由 (3) 知, $V_{ij}=V$). 由 V_{ij} 恰有

$$\frac{s^2-s}{2} \stackrel{d}{=} k$$

个知

$$\left|S\bigcap\left(\bigcup^{k}V_{ij}\right)\right|\leqslant k(n-1).$$

再由 S 的无限性知, 必存在 $\boldsymbol{\beta}\in S$, 使得

$$\boldsymbol{\beta}\in S\Big\backslash\left(\bigcup^{k}V_{ij}\right),$$

即存在 $\boldsymbol{\beta}\in S$ 使得

$$\mathcal{A}_i\boldsymbol{\beta}\neq\mathcal{A}_j\boldsymbol{\beta},\quad i,j=1,2,\cdots,s,i\neq j.$$

(4) $\Rightarrow$ (5) 显然.

(4) $\Rightarrow$ (6) 显然.

(5) $\Rightarrow$ (1) 不妨令 $\dim V_i=n-1,i=1,2,\cdots,s$, 且 $V_i\neq V_j,i\neq j,i,j=1,2,\cdots,s$. 取 V_i 的一个基底 $(\boldsymbol{\alpha}_{i1},\boldsymbol{\alpha}_{i2},\cdots,\boldsymbol{\alpha}_{i(n-1)})$, 将其扩充为 V 的一个基底 $(\boldsymbol{\alpha}_{i1},\cdots,\boldsymbol{\alpha}_{i(n-1)},\boldsymbol{\alpha}_{in})$.

作线性变换 $\mathcal{A}_i$ 如下

$$\mathcal{A}_i:\begin{cases}\boldsymbol{\alpha}_{ij}\mapsto\boldsymbol{\alpha}_{ij}, & j=1,2,\cdots,n-1,\\ \boldsymbol{\alpha}_{in}\mapsto\boldsymbol{\alpha}_{i(n-1)}+\boldsymbol{\alpha}_{in}.\end{cases}$$

显然 $\boldsymbol{\alpha}_{i1},\boldsymbol{\alpha}_{i2},\cdots,\boldsymbol{\alpha}_{i(n-1)},\boldsymbol{\alpha}_{i(n-1)}+\boldsymbol{\alpha}_{in}$ 也是线性无关的, 因此 $r_{\mathcal{A}_i}=n$. 因为 $\mathcal{A}_i$ 的不动点子空间为 $F(\mathcal{A}_i)=V_i$, 所以

$$\mathcal{A}_i\neq\mathcal{A}_j,\quad i\neq j,\quad i,j=1,2,\cdots,s.$$

据此可知,

$$\mathcal{A}_1,\mathcal{A}_2,\cdots,\mathcal{A}_s,\mathcal{E}$$

是 V 上 $s+1$ 个两两不同的满秩线性变换. 根据 (5), 存在 $\boldsymbol{\alpha}\in V$ 使得

$$\mathcal{A}_i\boldsymbol{\alpha}\neq\mathcal{E}\boldsymbol{\alpha}=\boldsymbol{\alpha},\quad i=1,2,\cdots,s,$$

从而 $\boldsymbol{\alpha}$ 不在 $\mathcal{A}_i$ 的不动点子空间中, 即 $\boldsymbol{\alpha}\notin V_i,i=1,2,\cdots,s$. 于是

$$\bigcup_{i=1}^{s}V_i\subsetneq V.$$

$(6)_r\Rightarrow(1)$ 不妨令 $\dim V_i=n-1,i=1,2,\cdots,s$, 且 $V_i\not\subseteq\bigcup_{j=1,j\neq i}^{s}V_j$. 取 V_i 的一个基底 $(\boldsymbol{\alpha}_{i1},\boldsymbol{\alpha}_{i2},\cdots,\boldsymbol{\alpha}_{i(n-1)})$, 其中, $\boldsymbol{\alpha}_{i1}\in V_i$, 但 $\boldsymbol{\alpha}_{i1}\notin\bigcup_{j=1,j\neq i}^{s}V_j$. 再将其扩充为 V 的一个基底 $(\boldsymbol{\alpha}_{i1},\boldsymbol{\alpha}_{i2},\cdots,\boldsymbol{\alpha}_{i(n-1)},\boldsymbol{\alpha}_{in})$.

构作两个线性变换如下

$$\mathcal{A}_{1i}:\begin{cases}\boldsymbol{\alpha}_{ik}\mapsto\boldsymbol{\theta}, & k=1,2,\cdots,n-r,\\ \boldsymbol{\alpha}_{ik}\mapsto\boldsymbol{\alpha}_{ik}, & k=n-r+1,\cdots,n.\end{cases}$$

$$\mathcal{A}_{2i}:\begin{cases}\boldsymbol{\alpha}_{ik}\mapsto\boldsymbol{\theta}, & k=1,2,\cdots,n-r,\\ \boldsymbol{\alpha}_{ik}\mapsto\boldsymbol{\alpha}_{ik}, & k=n-r+1,\cdots,n-1,\\ \boldsymbol{\alpha}_{in}\mapsto\boldsymbol{\alpha}_{i(n-1)}+\boldsymbol{\alpha}_{in}.\end{cases}$$

显然 $\mathcal{A}_{1i}\neq\mathcal{A}_{2i}, i=1,2,\cdots,s$. 又由 $\boldsymbol{\alpha}_{i1}\in\mathrm{Ker}\mathcal{A}_{li}$, 且 $\boldsymbol{\alpha}_{i1}\notin\mathrm{Ker}\mathcal{A}_{lj}$, $i\neq j, l=1,2$ 知, $\mathcal{A}_{mi}\neq\mathcal{A}_{lj}$, $(m,i)\neq(l,j)$. 根据 (6), 存在 $\boldsymbol{\alpha}\in V$ 使得

$$\mathcal{A}_{mi}\boldsymbol{\alpha}\neq\mathcal{A}_{lj}\boldsymbol{\alpha},\quad (m,i)\neq(l,j).$$

特别地, $\mathcal{A}_{1i}\boldsymbol{\alpha}\neq\mathcal{A}_{2i}\boldsymbol{\alpha}$, 即 $\boldsymbol{\alpha}\notin V_i, i=1,2,\cdots,s$. 于是,

$$\bigcup_{i=1}^{s}V_i\subsetneq V.$$

□

定理 3.3.2 令 V 为数域 $\mathbb{F}$ 上一 n 维线性空间. 下面的命题也与定理 3.3.1 中的六条命题等价:

(7) 若 $\mathcal{A}_1,\mathcal{A}_2,\cdots,\mathcal{A}_s$ 为 V 上 s 个两两不同的非零线性变换, 即 $1\leqslant r_{\mathcal{A}_i}\leqslant n$, 则存在 V 的一个基底 $(\boldsymbol{\alpha}_1,\boldsymbol{\alpha}_2,\cdots,\boldsymbol{\alpha}_n)$, 使得

$$\mathcal{A}_i(\boldsymbol{\alpha}_j)\neq\boldsymbol{\theta},\quad i=1,\cdots,s,\quad j=1,\cdots,n.$$

证明 鉴于 (1) 与 (3) 的等价性, 现提供下述两个证明: (3) ⇒ (7) ⇒ (1).

(3) ⇒ (7) 由 $1\leqslant r_{\mathcal{A}_i}\leqslant n, i=1,\cdots,s$, 可令

$$\mathrm{Ker}\mathcal{A}_i\overset{d}{=}V_i\lneq V,\quad i=1,\cdots,s.$$

根据定理 3.3.1 的 (3),

$$\left|V_i\bigcap S\right|\leqslant n-1,\quad i=1,2,\cdots,s.$$

从而,

$$\left|\left(\bigcup_{i=1}^{s}V_i\right)\bigcap S\right|\leqslant s(n-1).$$

于是,

$$S_1\overset{d}{=}S\Big\backslash\left(\bigcup_{i=1}^{s}V_i\right)$$

也是一 n- 无关无限子集, 则 S_1 中任意 n 个向量 $\{\boldsymbol{\alpha}_1,\boldsymbol{\alpha}_2,\cdots,\boldsymbol{\alpha}_n\}$ 形成 V 的一个基底, 且

$$\mathcal{A}_i(\boldsymbol{\alpha}_j)\neq\boldsymbol{\theta},\quad i=1,\cdots,s,\quad j=1,\cdots,n.$$

(7) ⇒ (1) 构作 s 个线性变换 $\mathcal{A}_i$, 使得

$$\mathrm{Ker}\mathcal{A}_i\overset{d}{=}V_i,\quad i=1,2,\cdots,s.$$

由

$$V_i \leqslant V, \quad i=1,2,\cdots,s$$

知, $\mathcal{A}_i \neq \mathcal{O}, i=1,2,\cdots,s$. 又由 (7) 知, 存在 V 的一个基底 $(\boldsymbol{\alpha}_1,\boldsymbol{\alpha}_2,\cdots,\boldsymbol{\alpha}_n)$, 使得

$$\mathcal{A}_i(\boldsymbol{\alpha}_j) \neq \theta, \quad i=1,\cdots,s, \quad j=1,\cdots,n,$$

即

$$\boldsymbol{\alpha}_1 \notin \mathrm{Ker}\mathcal{A}_i = V_i, \quad i=1,2,\cdots,s.$$

从而,

$$\bigcup_{i=1}^{s} V_i \subsetneq V. \qquad \square$$

注 3.7 关于 (7) 中的线性变换 $\mathcal{A}_i, i=1,2,\cdots,s$, 再加一 "秩都相同" 的条件, 是否有同样的等价成立?

定理 3.3.3 上列诸条 (1)—(7) 在 $\dim V \geqslant 2$ 时成立, 当且仅当线性空间的基础域 $\mathbb{F}$ 是无限的 (因此, 关于数域 $\mathbb{F}$ 上的 n 维线性空间, 上列各条都成立).

证明 鉴于各条的等价性, 不妨证明定理 3.3.1 的 (3) 成立, 当且仅当线性空间的基础域 $\mathbb{F}$ 是无限的.

充分性 由基础域 $\mathbb{F}$ 无限知, 存在 $k_1,k_2,\cdots,k_n,\cdots\in\mathbb{F}, k_i\neq k_j, i,j=1,2,\cdots,n,\cdots,i\neq j$. 取 V 的一个基底 $(\boldsymbol{\alpha}_1,\boldsymbol{\alpha}_2,\cdots,\boldsymbol{\alpha}_n)$. 构作向量集

$$\boldsymbol{S}=\{\boldsymbol{\beta}_i \mid i=1,2,\cdots,n,\cdots\},$$

其中,

$$\begin{aligned}
\boldsymbol{\beta}_1 &= k_1^0\boldsymbol{\alpha}_1 + k_1\boldsymbol{\alpha}_2 + \cdots + k_1^{n-1}\boldsymbol{\alpha}_n,\\
\boldsymbol{\beta}_2 &= k_2^0\boldsymbol{\alpha}_1 + k_2\boldsymbol{\alpha}_2 + \cdots + k_2^{n-1}\boldsymbol{\alpha}_n,\\
&\cdots\cdots\\
\boldsymbol{\beta}_n &= k_n^0\boldsymbol{\alpha}_1 + k_n\boldsymbol{\alpha}_2 + \cdots + k_n^{n-1}\boldsymbol{\alpha}_n,\\
&\cdots\cdots
\end{aligned} \tag{3.4}$$

由 $k_i\neq k_j, i,j=1,2,\cdots,n,\cdots,i\neq j$, 易知 S 中的向量两两不同. 因此, S 是一无限集.

今考察 S 中任意 n 个向量, 例如, $\boldsymbol{\beta}_1,\boldsymbol{\beta}_2,\cdots,\boldsymbol{\beta}_n$, 由式 (3.4) 知,

$$\begin{pmatrix}\boldsymbol{\beta}_1\\ \boldsymbol{\beta}_2\\ \vdots\\ \boldsymbol{\beta}_n\end{pmatrix}=\begin{pmatrix}1 & k_1 & \cdots & k_1^{n-1}\\ 1 & k_2 & \cdots & k_2^{n-1}\\ \vdots & \vdots & & \vdots\\ 1 & k_n & \cdots & k_n^{n-1}\end{pmatrix}\begin{pmatrix}\boldsymbol{\alpha}_1\\ \boldsymbol{\alpha}_2\\ \vdots\\ \boldsymbol{\alpha}_n\end{pmatrix}.$$

注意到 $(\boldsymbol{\alpha}_1,\boldsymbol{\alpha}_2,\cdots,\boldsymbol{\alpha}_n)$ 为一基底, 其系数 Vandermonde 矩阵非奇异 (因为 $k_i\neq k_j, i,j=1,2,\cdots,n, i\neq j$) 等价于 $\{\boldsymbol{\beta}_1,\boldsymbol{\beta}_2,\cdots,\boldsymbol{\beta}_n\}$ 是线性无关的.

必要性　若 $|\mathbb{F}| = m < \infty$, 则 V 的向量

$$\boldsymbol{\alpha} = k_1\boldsymbol{\alpha}_1 + k_2\boldsymbol{\alpha}_2 + \cdots + k_n\boldsymbol{\alpha}_n, \quad k_1, k_2, \cdots, k_n \in \mathbb{F}$$

恰有 m^n 个, 因此 V 不可能存在无限子集, 与定理 3.3.1 的 (3) 矛盾. □

注 3.8　当 $\dim V = 1$ 时, 固然在基础域 $\mathbb{F}$ 无限时, (1)—(7) 都成立, 但在基础域 $\mathbb{F}$ 有限时, (1)—(7) 也并非全错, 例如, (1), (2) 也还是对的.

3.4　n 变数可逆线性齐次代换的两种几何解释及其联系

令 $\boldsymbol{A} \in \mathbb{F}^{n\times n}$,

$$\boldsymbol{X} = \begin{pmatrix} x_1 \\ \vdots \\ x_n \end{pmatrix}, \quad \boldsymbol{Y} = \begin{pmatrix} y_1 \\ \vdots \\ y_n \end{pmatrix}.$$

下面给出 n 变数线性齐次代换

$$\boldsymbol{Y} = \boldsymbol{A}\boldsymbol{X} \tag{3.5}$$

的几何解释.

3.4.1　解释为域 $\mathbb{F}$ 上 n 维线性空间上的线性变换

令 V 为 $\mathbb{F}$ 上一 n 维线性空间, $(\boldsymbol{\alpha}_i)_1^n$ 为 V 的一个基底, 引入 V 上如下的线性变换 $\mathcal{A}$, 使得 $\mathcal{A}$ 在 $(\boldsymbol{\alpha}_i)_1^n$ 下的表示矩阵为 $\boldsymbol{A}$, 即

$$(\mathcal{A}\boldsymbol{\alpha}_1, \mathcal{A}\boldsymbol{\alpha}_2, \cdots, \mathcal{A}\boldsymbol{\alpha}_n) = (\boldsymbol{\alpha}_1, \boldsymbol{\alpha}_2, \cdots, \boldsymbol{\alpha}_n)\boldsymbol{A}.$$

若 $\boldsymbol{\alpha} \in V$ 在基底 $(\boldsymbol{\alpha}_i)_1^n$ 下的坐标为 $\boldsymbol{X} = \begin{pmatrix} x_1 \\ \vdots \\ x_n \end{pmatrix}$, 则易知 $\boldsymbol{\beta} = \mathcal{A}\boldsymbol{\alpha} \in V$ 在 $(\boldsymbol{\alpha}_i)_1^n$ 下的坐标为

$$\boldsymbol{Y} = \boldsymbol{A}\boldsymbol{X}. \tag{3.6}$$

这是线性变换的几何等式 $\boldsymbol{\beta} = \mathcal{A}\boldsymbol{\alpha}$ 在基底 $(\boldsymbol{\alpha}_i)_1^n$ 下的代数表示.

例 3.4.1　令 $\mathbb{F}^n$ 为 $\mathbb{F}$ 上的 n 元向量关于通常的加法和数乘形成的 $\mathbb{F}$ 上的 n 维线性空间, $\mathcal{A} \in \mathcal{L}(\mathbb{F}^n)$. 若关于任意 $\boldsymbol{C} \in \mathbb{F}^{n\times n}$, 任意 $\boldsymbol{X} \in \mathbb{F}^n$, 有

$$\mathcal{A}(\boldsymbol{C} \cdot \boldsymbol{X}) = \boldsymbol{C} \cdot \mathcal{A}(\boldsymbol{X}),$$

则 $\mathcal{A} = \lambda\mathcal{E}$, 其中, $\lambda \in \mathbb{F}$, $\mathcal{E}$ 为 $\mathbb{F}^n$ 上的恒等变换.

证明 令 $(\varepsilon_1, \cdots, \varepsilon_n)$ 是 $\mathbb{F}^n$ 的自然基底. 则关于任意 $\boldsymbol{X} \in \mathbb{F}^n$, $\boldsymbol{X}$ 在 $(\varepsilon_1, \cdots, \varepsilon_n)$ 下的坐标还是 $\boldsymbol{X}$. 由式 (3.6) 知,

$$\mathcal{A}(\boldsymbol{X}) = \boldsymbol{Y} = \boldsymbol{A}\boldsymbol{X}.$$

从而, 关于任意 $\boldsymbol{X} \in \mathbb{F}^n$,

$$\mathcal{A}(\boldsymbol{C} \cdot \boldsymbol{X}) = \boldsymbol{A}(\boldsymbol{C} \cdot \boldsymbol{X}) = (\boldsymbol{A}\boldsymbol{C})\boldsymbol{X},$$
$$\boldsymbol{C} \cdot \mathcal{A}(\boldsymbol{X}) = \boldsymbol{C} \cdot (\boldsymbol{A} \cdot \boldsymbol{X}) = (\boldsymbol{C}\boldsymbol{A})\boldsymbol{X}.$$

由此, $\boldsymbol{AC} = \boldsymbol{CA}$. 再由矩阵 $\boldsymbol{C}$ 的任意性知, 矩阵 $\boldsymbol{A}$ 为纯量阵, 即存在 $\lambda \in \mathbb{F}$ 使得 $\boldsymbol{A} = \lambda \boldsymbol{E}$. 这意味着, $\mathcal{A} = \lambda \mathcal{E}$. □

3.4.2 $\boldsymbol{A}$ 可逆时, 式 (3.5) 又可解释为域 $\mathbb{F}$ 上 n 维线性空间上的坐标变换

令 V 为 $\mathbb{F}$ 上一 n 维线性空间, $(\boldsymbol{\alpha}_i)_1^n$ 和 $(\boldsymbol{\beta}_i)_1^n$ 为 V 的两个基底, 且满足

$$(\boldsymbol{\beta}_1, \boldsymbol{\beta}_2, \cdots, \boldsymbol{\beta}_n) = (\boldsymbol{\alpha}_1, \boldsymbol{\alpha}_2, \cdots, \boldsymbol{\alpha}_n)\boldsymbol{A}^{-1}.$$

若 $\boldsymbol{\alpha} \in V$ 在基底 $(\boldsymbol{\alpha}_i)_1^n$ 下的坐标为 $\boldsymbol{X} = \begin{pmatrix} x_1 \\ \vdots \\ x_n \end{pmatrix}$, 则 $\boldsymbol{\alpha}$ 在基底 $(\boldsymbol{\beta}_i)_1^n$ 下的坐标为

$$\boldsymbol{Y} = \boldsymbol{A}\boldsymbol{X}.$$

这是 $\boldsymbol{\alpha}$ 在基底 $(\boldsymbol{\alpha}_i)_1^n$ 和 $(\boldsymbol{\beta}_i)_1^n$ 下的坐标变换.

3.4.3 $\boldsymbol{A}$ 可逆时, 式 (3.5) 的上两种解释的联系

令 V 为 $\mathbb{F}$ 上一 n 维线性空间, $(\boldsymbol{\alpha}_i)_1^n$ 为 V 的一个基底. 引入 V 上的可逆线性变换 $\mathcal{A}$, 使得 $\mathcal{A}$ 在 $(\boldsymbol{\alpha}_i)_1^n$ 下的表示矩阵为 $\boldsymbol{A}$, 即

$$(\mathcal{A}\boldsymbol{\alpha}_1, \mathcal{A}\boldsymbol{\alpha}_2, \cdots, \mathcal{A}\boldsymbol{\alpha}_n) = (\boldsymbol{\alpha}_1, \boldsymbol{\alpha}_2, \cdots, \boldsymbol{\alpha}_n)\boldsymbol{A}. \tag{3.7}$$

显然, $(\mathcal{A}\boldsymbol{\alpha}_i)_1^n$ 也为 V 的一个基底. 因此, 式 (3.7) 即

$$(\boldsymbol{\alpha}_1, \boldsymbol{\alpha}_2, \cdots, \boldsymbol{\alpha}_n) = (\mathcal{A}\boldsymbol{\alpha}_1, \mathcal{A}\boldsymbol{\alpha}_2, \cdots, \mathcal{A}\boldsymbol{\alpha}_n)\boldsymbol{A}^{-1}. \tag{3.8}$$

若 $\boldsymbol{\alpha} \in V$ 在基底 $(\boldsymbol{\alpha}_i)_1^n$ 下的坐标为 $\boldsymbol{X} = \begin{pmatrix} x_1 \\ \vdots \\ x_n \end{pmatrix}$, 则显然 $\boldsymbol{\beta}(= \mathcal{A}\boldsymbol{\alpha}) \in V$ 在 $(\mathcal{A}\boldsymbol{\alpha}_i)_1^n$ 下的坐标也为 $\boldsymbol{X}$. 根据式 (3.8), 式 (3.5) 即是 $\boldsymbol{\beta}(= \mathcal{A}\boldsymbol{\alpha})$ 在基底 $(\mathcal{A}\boldsymbol{\alpha}_i)_1^n$ 和 $(\boldsymbol{\alpha}_i)_1^n$ 下的坐标变换 ($\boldsymbol{\beta}$ 在 V 中的任意性由 $\mathcal{A}$ 可逆立知); 又根据式 (3.7), 式 (3.5) 即是 V 中线性变换的几何等式 $\boldsymbol{\beta} = \mathcal{A}\boldsymbol{\alpha}$ 在基底 $(\boldsymbol{\alpha}_i)_1^n$ 下的代数表示.

3.5 线性映射 (函数) 与其表示矩阵 (向量) (“矩阵秩概念的开发 (II)”, 用线性函数给出 3.3 节的一个补充)

3.5.1 线性映射与其表示矩阵

现在我们再来回顾一下线性映射的定义.

定义 3.5.1 令 V, V' 分别为域 $\mathbb{F}$ 上 n 维和 m 维线性空间. 称映射

$$f: V \to V'$$

是线性的, 如果

$$f(\boldsymbol{\alpha}+\boldsymbol{\beta}) \equiv f(\boldsymbol{\alpha})+f(\boldsymbol{\beta}),$$
$$f(k\boldsymbol{\alpha}) \equiv k f(\boldsymbol{\alpha}).$$

定义 3.5.2 令 f 为 $V_{\mathbb{F},n}$ 到 $V_{\mathbb{F},m}$ 的一个线性映射, $(\boldsymbol{\alpha}_i)_1^n$ 和 $(\boldsymbol{\beta}_i)_1^m$ 分别为 V 和 V' 的基底. 称满足下面形式矩阵乘法等式

$$f(\boldsymbol{\alpha}_1, \boldsymbol{\alpha}_2, \cdots, \boldsymbol{\alpha}_n)=(\boldsymbol{\beta}_1, \boldsymbol{\beta}_2, \cdots, \boldsymbol{\beta}_m)\boldsymbol{A}$$

的 $\boldsymbol{A} \in \mathbb{F}^{m\times n}$ 为 f 在基底对 $((\boldsymbol{\alpha}_i)_1^n, (\boldsymbol{\beta}_j)_1^m)$ 下的表示矩阵, 其中,

$$f(\boldsymbol{\alpha}_1, \boldsymbol{\alpha}_2, \cdots, \boldsymbol{\alpha}_n) \stackrel{d}{=} (f(\boldsymbol{\alpha}_1), f(\boldsymbol{\alpha}_2), \cdots, f(\boldsymbol{\alpha}_n)).$$

定理 3.5.1 令 $(\boldsymbol{\alpha}_i)_1^n$, $(\boldsymbol{\beta}_i)_1^n$ 为 $V_{\mathbb{F},n}$ 的两个基底, $(\boldsymbol{\alpha}_i')_1^m$, $(\boldsymbol{\beta}_i')_1^m$ 为 $V_{\mathbb{F},m}'$ 的两个基底, f 为 V 到 V' 的一个线性映射. 若 f 在基底对 $((\boldsymbol{\alpha}_i)_1^n,\ (\boldsymbol{\alpha}_i')_1^m)$ 和 $((\boldsymbol{\beta}_i)_1^n,\ (\boldsymbol{\beta}_i')_1^m)$ 下的表示矩阵分别为 $\boldsymbol{A}$ 和 $\boldsymbol{B}$, 即

$$f(\boldsymbol{\alpha}_1, \boldsymbol{\alpha}_2, \cdots, \boldsymbol{\alpha}_n)=(f(\boldsymbol{\alpha}_1), f(\boldsymbol{\alpha}_2), \cdots, f(\boldsymbol{\alpha}_n))=(\boldsymbol{\alpha}_1', \boldsymbol{\alpha}_2', \cdots, \boldsymbol{\alpha}_m')\boldsymbol{A}_{m\times n},$$

$$f(\boldsymbol{\beta}_1, \boldsymbol{\beta}_2, \cdots, \boldsymbol{\beta}_n)=(f(\boldsymbol{\beta}_1), f(\boldsymbol{\beta}_2), \cdots, f(\boldsymbol{\beta}_n))=(\boldsymbol{\beta}_1', \boldsymbol{\beta}_2', \cdots, \boldsymbol{\beta}_m')\boldsymbol{B}_{m\times n},$$

则 $\boldsymbol{A}$ 与 $\boldsymbol{B}$ 等价.

证明 令

$$(\boldsymbol{\alpha}_1, \boldsymbol{\alpha}_2, \cdots, \boldsymbol{\alpha}_n)=(\boldsymbol{\beta}_1, \boldsymbol{\beta}_2, \cdots, \boldsymbol{\beta}_n)\boldsymbol{P},$$
$$(\boldsymbol{\alpha}_1', \boldsymbol{\alpha}_2', \cdots, \boldsymbol{\alpha}_m')=(\boldsymbol{\beta}_1', \boldsymbol{\beta}_2', \cdots, \boldsymbol{\beta}_m')\boldsymbol{Q},$$

其中, $\boldsymbol{P}$ 和 $\boldsymbol{Q}$ 分别为 $\mathbb{F}$ 上的 n 阶和 m 阶可逆矩阵. 则

$$f(\boldsymbol{\alpha}_1, \boldsymbol{\alpha}_2, \cdots, \boldsymbol{\alpha}_n)=f(\boldsymbol{\beta}_1, \boldsymbol{\beta}_2, \cdots, \boldsymbol{\beta}_n)\boldsymbol{P}=(\boldsymbol{\beta}_1', \boldsymbol{\beta}_2', \cdots, \boldsymbol{\beta}_m')\boldsymbol{B}\boldsymbol{P}.$$

又

$$f(\boldsymbol{\alpha}_1,\boldsymbol{\alpha}_2,\cdots,\boldsymbol{\alpha}_n)=(\boldsymbol{\alpha}_1',\boldsymbol{\alpha}_2',\cdots,\boldsymbol{\alpha}_m')\boldsymbol{A}=(\boldsymbol{\beta}_1',\boldsymbol{\beta}_2',\cdots,\boldsymbol{\beta}_m')\boldsymbol{Q}\boldsymbol{A},$$

从而,

$$(\boldsymbol{\beta}_1',\boldsymbol{\beta}_2',\cdots,\boldsymbol{\beta}_m')\boldsymbol{B}\boldsymbol{P}=(\boldsymbol{\beta}_1',\boldsymbol{\beta}_2',\cdots,\boldsymbol{\beta}_m')\boldsymbol{Q}\boldsymbol{A}.$$

由

$$(\boldsymbol{\beta}_1',\boldsymbol{\beta}_2',\cdots,\boldsymbol{\beta}_m')$$

是 V' 的基底知, $\boldsymbol{BP}=\boldsymbol{QA}$, 于是 $\boldsymbol{B}=\boldsymbol{QAP}^{-1}$, 即 $\boldsymbol{A}$ 与 $\boldsymbol{B}$ 等价. □

注 3.9 在线性变换 $\mathcal{A}$ 的情形, 考虑 $\mathcal{A}$ 在一对基底 $((\boldsymbol{\alpha}_i)_1^n,(\boldsymbol{\beta}_j)_1^n)$ 下的表示矩阵 $\boldsymbol{A}$ 时, 为了讨论方便, 通常取 $(\boldsymbol{\alpha}_i)_1^n=(\boldsymbol{\beta}_j)_1^n$. 此时, 称 $\boldsymbol{A}$ 为 $\mathcal{A}$ 在基底 $(\boldsymbol{\alpha}_1,\boldsymbol{\alpha}_2,\cdots,\boldsymbol{\alpha}_n)$ 下的表示矩阵. 易知, $\mathcal{A}$ 在不同基底下的表示矩阵是相似的.

定义 3.5.3 令 V 为域 $\mathbb{F}$ 上一 n 维线性空间. 则当视 $\mathbb{F}$ 为 $\mathbb{F}$ 关于通常的合成构成 $\mathbb{F}$ 上的一维线性空间时, 称线性映射

$$f:V\to\mathbb{F}$$

为 V 上的线性函数.

注 3.10 $V_{\mathbb{F},n}$ 上的线性函数也可直接定义如下.

称映射

$$f:V\to\mathbb{F}$$

是线性的, 如果

$$f(\boldsymbol{\alpha}+\boldsymbol{\beta})\equiv f(\boldsymbol{\alpha})+f(\boldsymbol{\beta}),$$
$$f(k\boldsymbol{\alpha})\equiv kf(\boldsymbol{\alpha}).$$

今考察域 $\mathbb{F}$ 上一 n 维线性空间 V 上的线性函数 f 的表达式和表示向量. 令 $(\boldsymbol{\alpha}_1,\boldsymbol{\alpha}_2,\cdots,\boldsymbol{\alpha}_n)$ 为 V 的任一基底. 由 V 上的函数 f 是线性空间 V 到 $\mathbb{F}$ 的一个线性映射知, f 完全被它在 $(\boldsymbol{\alpha}_1,\boldsymbol{\alpha}_2,\cdots,\boldsymbol{\alpha}_n)$ 上的作用所决定, 即只要知道 $f(\boldsymbol{\alpha}_1),f(\boldsymbol{\alpha}_2),\cdots,f(\boldsymbol{\alpha}_n)$, 就可以求出 V 中任意向量

$$\boldsymbol{\alpha}=\sum_{i=1}^n x_i\boldsymbol{\alpha}_i$$

在 f 下的象

$$f(\boldsymbol{\alpha})=\sum_{i=1}^n f(\boldsymbol{\alpha}_i)x_i. \tag{3.9}$$

定义 3.5.4 称式 (3.9) 为 V 上线性函数 f 在基底 $(\boldsymbol{\alpha}_1,\boldsymbol{\alpha}_2,\cdots,\boldsymbol{\alpha}_n)$ 下的表达式, 它是 $\boldsymbol{\alpha}$ 在此基底下的坐标 $(x_1,x_2,\cdots,x_n)$ 的一个一次齐次函数. 也称

$$(f(\boldsymbol{\alpha}_1),f(\boldsymbol{\alpha}_2),\cdots,f(\boldsymbol{\alpha}_n))$$

为 f 在基底 $(\boldsymbol{\alpha}_1,\boldsymbol{\alpha}_2,\cdots,\boldsymbol{\alpha}_n)$ 下的表示向量.

注 3.11 $V_{\mathbb{F},n}$ 上的线性函数 f 在基底 $(\boldsymbol{\alpha}_i)_1^n$ 下的表示向量实为 f 在基底对 $((\boldsymbol{\alpha}_i)_1^n,(1))$ 下的表示矩阵, 其中 (1) 是 $\mathbb{F}$ 的自然基底.

定理 3.5.2 令 f 为 $V_{\mathbb{F},n}$ 上的一个线性函数, $(\boldsymbol{\alpha}_i)_1^n$, $(\boldsymbol{\beta}_i)_1^n$ 为 $V_{\mathbb{F},n}$ 的两个基底, 且有基底过渡

$$(\boldsymbol{\beta}_1,\boldsymbol{\beta}_2,\cdots,\boldsymbol{\beta}_n)=(\boldsymbol{\alpha}_1,\boldsymbol{\alpha}_2,\cdots,\boldsymbol{\alpha}_n)\boldsymbol{A}.$$

则 f 在以上两个基底下的表示向量有下面的关系

$$(f(\boldsymbol{\beta}_1),f(\boldsymbol{\beta}_2),\cdots,f(\boldsymbol{\beta}_n))=(f(\boldsymbol{\alpha}_1),f(\boldsymbol{\alpha}_2),\cdots,f(\boldsymbol{\alpha}_n))\boldsymbol{A}.$$

注 3.12 关于定理 3.5.1、注 3.9 和定理 3.5.2, 分别有反过来的如下事实.

(1) 令 $\boldsymbol{A},\boldsymbol{B}\in\mathbb{F}^{m\times n}$. 若 $\boldsymbol{A}$ 与 $\boldsymbol{B}$ 等价. 则 $\boldsymbol{A}$ 与 $\boldsymbol{B}$ 可视为 $V_{\mathbb{F},n}$ 到 $V_{\mathbb{F},m}$ 的同一线性映射在不同基底对下的表示矩阵;

(2) 令 $\boldsymbol{A},\boldsymbol{B}\in\mathbb{F}^{n\times n}$. 若 $\boldsymbol{A}$ 与 $\boldsymbol{B}$ 相似. 则 $\boldsymbol{A}$ 与 $\boldsymbol{B}$ 可视为 $V_{\mathbb{F},n}$ 上同一线性变换在不同基底下的表示矩阵;

(3) 令

$$\boldsymbol{\alpha}=(a_1,a_2,\cdots,a_n)\in\mathbb{F}^n,$$
$$\boldsymbol{\beta}=(b_1,b_2,\cdots,b_n)\in\mathbb{F}^n.$$

若存在可逆矩阵 $\boldsymbol{A}\in\mathbb{F}^{n\times n}$, 使得

$$(b_1,b_2,\cdots,b_n)=(a_1,a_2,\cdots,a_n)\boldsymbol{A},$$

则称向量 $\boldsymbol{\alpha}$ 与 $\boldsymbol{\beta}$ 等价. 并且若 $\boldsymbol{\alpha}$ 与 $\boldsymbol{\beta}$ 等价, 则 $\boldsymbol{\alpha}$ 与 $\boldsymbol{\beta}$ 可视为 $V_{\mathbb{F},n}$ 上同一线性函数在不同基底下的表示向量.

例 3.5.1 令 $\mathbb{F}$ 为一域. 则

$$f:\mathbb{F}^{n\times n}_{\mathbb{F},n^2}\to\mathbb{F},$$
$$\boldsymbol{A}=(a_{ij})\mapsto\sum_{i=1}^n a_{ii}=f(\boldsymbol{A}),$$

显然提供了 $\mathbb{F}^{n\times n}_{\mathbb{F},n^2}$ 上的一个线性函数, 称它为 $\mathbb{F}^{n\times n}_{\mathbb{F},n^2}$ 上的迹函数. 为了讨论它在某个基底下的表示向量, 只考察 $n=2$ 的情形, 则 f 在自然基底

$$\left(\begin{pmatrix}1&0\\0&0\end{pmatrix},\begin{pmatrix}0&1\\0&0\end{pmatrix},\begin{pmatrix}0&0\\1&0\end{pmatrix},\begin{pmatrix}0&0\\0&1\end{pmatrix}\right)$$

下的表示向量为

$$(1,0,0,1).$$

它实为 f 在自然基底对

$$\left(\left(\begin{pmatrix}1&0\\0&0\end{pmatrix},\begin{pmatrix}0&1\\0&0\end{pmatrix},\begin{pmatrix}0&0\\1&0\end{pmatrix},\begin{pmatrix}0&0\\0&1\end{pmatrix}\right),(1)\right)$$

下的表示矩阵.

例 3.5.2　令 $\mathbb{F}$ 为一域, $(a_1, a_2, \cdots, a_n) \in \mathbb{F}^n$. 则

$$\begin{aligned} f_{\{a_i\}_1^n} : \mathbb{F}_{\mathbb{F},n}^n &\to \mathbb{F}, \\ \boldsymbol{\alpha} = (x_1, x_2, \cdots, x_n)^{\mathrm{T}} &\mapsto \sum_{i=1}^n a_i x_i \\ &= (a_1, a_2, \cdots, a_n)(x_1, x_2, \cdots, x_n)^{\mathrm{T}}, \end{aligned}$$

显然提供了 $\mathbb{F}_{\mathbb{F},n}^n$ 上一线性函数, 其在自然基底下的表示向量为

$$(a_1, a_2, \cdots, a_n).$$

它实为 f 在自然基底对 $((\boldsymbol{\varepsilon}_i)_1^n, (1))$ 下的表示矩阵.

令 $(\boldsymbol{\alpha}_1, \boldsymbol{\alpha}_2, \cdots, \boldsymbol{\alpha}_n)$ 为 V 的一个基底. 任取 $a_1, a_2, \cdots, a_n \in \mathbb{F}$, 关于 V 中任意向量

$$\boldsymbol{\alpha} = \sum_{i=1}^n x_i \boldsymbol{\alpha}_i,$$

$$f_{\{a_i\}_1^n}(\boldsymbol{\alpha}) = \sum_{i=1}^n a_i x_i$$

提供 V 上一线性函数, 且

$$f_{\{a_i\}_1^n}(\boldsymbol{\alpha}_i) = a_i, \quad i = 1, 2, \cdots, n, \tag{3.10}$$

即 $(a_1, a_2, \cdots, a_n)$ 为 $f_{\{\boldsymbol{a}_i\}_1^n}$ 在基底 $(\boldsymbol{\alpha}_i)_1^n$ 下的表示向量. 由于 V 上的线性函数完全被它在 V 的一个基底上的作用所决定, 满足式 (3.10) 的线性函数是唯一的.

定理 3.5.3　域 $\mathbb{F}$ 上一 n 维线性空间 V 到 $\mathbb{F}$ 的映射 f 是 V 上的线性函数当且仅当 f 在 V 的任一基底下的表达式是 $\boldsymbol{\alpha}$ 在此基底下的坐标 $(x_1, x_2, \cdots, x_n)$ 的一个一次齐次函数.

注 3.13　将定理 3.5.3 中条件 “任一基底” 改为 “某一基底”, 结论是否成立?

定义 3.5.5　令 V 为域 $\mathbb{F}$ 上一 n 维线性空间. 将 V 上所有线性函数组成的集合记为 $\mathcal{L}(V, \mathbb{F})$, 它在类似于 $\mathcal{L}(V)$ 中的加法和数乘的两个合成下形成 $\mathbb{F}$ 上一线性空间, 称它为 V 上的线性函数空间.

于是, 我们有如下结论.

定理 3.5.4　令 V 为域 $\mathbb{F}$ 上一 n 维线性空间, $(\boldsymbol{\alpha}_1, \boldsymbol{\alpha}_2, \cdots, \boldsymbol{\alpha}_n)$ 为 V 的一个基底. 任取 $f \in \mathcal{L}(V, \mathbb{F})$, 由于 f 完全被它在 $(\boldsymbol{\alpha}_1, \boldsymbol{\alpha}_2, \cdots, \boldsymbol{\alpha}_n)$ 上的作用所决定, 下述对应法则

$$\begin{aligned} \sigma_{(\alpha_i)_1^n} : \mathcal{L}(V, \mathbb{F}) &\to \mathbb{F}^n, \\ f &\mapsto (f(\boldsymbol{\alpha}_1), f(\boldsymbol{\alpha}_2), \cdots, f(\boldsymbol{\alpha}_n)) \end{aligned} \tag{3.11}$$

为一映射, 显然 $\sigma_{(\alpha_i)_1^n}$ 是双射, 且保持加法和纯量乘法运算, 因此 $\sigma_{(\alpha_i)_1^n}$ 是 $\mathcal{L}(V, \mathbb{F})$ 到 $\mathbb{F}^n$ 的一个同构映射. 从而 $\sigma_{(\alpha_i)_1^n}^{-1}$ 是 $\mathbb{F}^n$ 到 $\mathcal{L}(V, \mathbb{F})$ 的一个同构映射.

推论 3.5.1 线性空间 $\mathcal{L}(V_{\mathbb{F},n},\mathbb{F})$ 同构于 $\mathbb{F}^n$. 因此, $\dim\mathcal{L}(V_{\mathbb{F},n},\mathbb{F})=n$.

例 3.5.3 令 $f_1,f_2\in\mathcal{L}(V_{\mathbb{F},n},\mathbb{F})$. 若 f_1, f_2 线性无关, 则关于任意 $\boldsymbol{\alpha}\in V$, 存在分解式

$$\boldsymbol{\alpha}=\boldsymbol{\alpha}_1+\boldsymbol{\alpha}_2,$$

使得

$$f_1(\boldsymbol{\alpha})=f_1(\boldsymbol{\alpha}_2),\quad f_2(\boldsymbol{\alpha})=f_2(\boldsymbol{\alpha}_1).$$

证明 由 f_1, f_2 线性无关知, f_1, $f_2\neq 0$, 从而

$$\dim\mathrm{Im}f_1=\dim\mathrm{Im}f_2=1,$$

因此,

$$\dim\mathrm{Ker}f_1=\dim\mathrm{Ker}f_2=n-1.$$

令 $(\boldsymbol{\alpha}_i)_1^n$ 为 $V_{\mathbb{F},n}$ 的一个基底, 且

$$f_i(\boldsymbol{\alpha}_1,\boldsymbol{\alpha}_2,\cdots,\boldsymbol{\alpha}_n)=(a_{i1},a_{i2},\cdots,a_{in}),\quad i=1,2.$$

则关于任意 $\boldsymbol{\alpha}=x_1\boldsymbol{\alpha}_1+x_2\boldsymbol{\alpha}_2+\cdots+x_n\boldsymbol{\alpha}_n\in V_{\mathbb{F},n}$, 有

$$f_i(\boldsymbol{\alpha})=a_{i1}x_1+a_{i2}x_2+\cdots+a_{in}x_n,\quad i=1,2.$$

由 f_1 与 f_2 线性无关知,

$$\begin{cases}a_{11}x_1+a_{12}x_2+\cdots+a_{1n}x_n=0,\\ a_{21}x_1+a_{22}x_2+\cdots+a_{2n}x_n=0\end{cases}$$

的系数矩阵的秩为 2. 从而其解空间的维数为 $n-2$, 即

$$\dim\left(\mathrm{Ker}f_1\bigcap\mathrm{Ker}f_2\right)=n-2.$$

又

$$\dim\mathrm{Ker}f_1+\dim\mathrm{Ker}f_2=\dim(\mathrm{Ker}f_1+\mathrm{Ker}f_2)+\dim\left(\mathrm{Ker}f_1\bigcap\mathrm{Ker}f_2\right),$$

因此,

$$\dim(\mathrm{Ker}f_1+\mathrm{Ker}f_2)=n,$$

即

$$\mathrm{Ker}f_1+\mathrm{Ker}f_2=V.$$

从而, 关于任意 $\boldsymbol{\alpha}\in V$ 都可表示为

$$\boldsymbol{\alpha}=\boldsymbol{\alpha}_1+\boldsymbol{\alpha}_2,$$

其中, $\boldsymbol{\alpha}_1\in\mathrm{Ker}f_1$, $\boldsymbol{\alpha}_2\in\mathrm{Ker}f_2$. 因此,

$$f_1(\boldsymbol{\alpha}_1)=0,\quad f_2(\boldsymbol{\alpha}_2)=0,$$

于是,

$$f_1(\boldsymbol{\alpha})=f_1(\boldsymbol{\alpha}_2),\quad f_2(\boldsymbol{\alpha})=f_2(\boldsymbol{\alpha}_1).$$

□

3.5.2 矩阵秩概念的开发 (II)

现在利用线性映射给出定理 2.5.1 的第四种证明 (用矩阵等价和等价标准形).

由定理 3.5.1 和注 3.12 知, 数域 $\mathbb{F}$ 上的 $m\times n$ 矩阵 $\boldsymbol{A}$ 与 $\boldsymbol{B}$ 等价当且仅当 $\boldsymbol{A}$ 与 $\boldsymbol{B}$ 是 $V_{\mathbb{F},n}$ 到 $V_{\mathbb{F},m}$ 的同一线性映射在不同基底对下的表示矩阵. 因此, 下面的引理是显然的.

引理 3.5.1 令 f 为 $V_{\mathbb{F},n}$ 到 $V_{\mathbb{F},m}$ 的一个线性映射, $(\boldsymbol{\alpha}_1,\boldsymbol{\alpha}_2,\cdots,\boldsymbol{\alpha}_n)$ 和 $(\boldsymbol{\beta}_1,\boldsymbol{\beta}_2,\cdots,\boldsymbol{\beta}_m)$ 分别为 $V_{\mathbb{F},n}$ 和 $V_{\mathbb{F},m}$ 的基底. 又 $\boldsymbol{A}$ 为 f 在基底对 $((\boldsymbol{\alpha}_i)_1^n,(\boldsymbol{\beta}_j)_1^m)$ 下的表示矩阵, 即

$$f(\boldsymbol{\alpha}_1,\boldsymbol{\alpha}_2,\cdots,\boldsymbol{\alpha}_n)=(\boldsymbol{\beta}_1,\boldsymbol{\beta}_2,\cdots,\boldsymbol{\beta}_m)\boldsymbol{A},$$

则

$$\dim\operatorname{Im}(f)\stackrel{d}{=}r_f=r_c(\boldsymbol{A}).$$ □

因此, 有如下推论.

推论 3.5.2 若 $\boldsymbol{A}\sim\boldsymbol{B}$, 则 $r_c(\boldsymbol{A})=r_c(\boldsymbol{B})$.

定理 2.5.1 的证明 (IV).

证明 令 $r_c(\boldsymbol{A})=c$. 则存在 m 阶和 n 阶可逆矩阵 $\boldsymbol{P}$ 和 $\boldsymbol{Q}$, 使得

$$\boldsymbol{PAQ}=\begin{pmatrix}\boldsymbol{E}_c & \boldsymbol{O}\\ \boldsymbol{O} & \boldsymbol{O}\end{pmatrix}_{m\times n}\stackrel{d}{=}\boldsymbol{E}_{m\times n}^{(c)},$$

即

$$\boldsymbol{A}\sim\begin{pmatrix}\boldsymbol{E}_c & \boldsymbol{O}\\ \boldsymbol{O} & \boldsymbol{O}\end{pmatrix}_{m\times n}.$$

又

$$\boldsymbol{Q}^{\mathrm{T}}\boldsymbol{A}^{\mathrm{T}}\boldsymbol{P}^{\mathrm{T}}=\boldsymbol{E}_{n\times m}^{(c)},$$

从而 A^{T} 与 $E_{n\times m}^{(c)}$ 等价, 根据推论 3.5.2,

$$r_c(\boldsymbol{A}^{\mathrm{T}})=c,$$

即

$$r_r(\boldsymbol{A})=c.$$

于是,

$$r_c(\boldsymbol{A})=c=r_r(\boldsymbol{A}).$$ □

3.5.3 用线性函数给出 3.3 节的一个补充

定理 3.5.5 令 V 为域 $\mathbb{F}$ 上一 n 维线性空间. 则下两条等价:

(1) 若 $V_i\lneq V, i=1,2,\cdots,s$, 则 $\bigcup_{i=1}^s V_i\subsetneq V$;

(8) 若 $f_i\in\mathcal{L}(V,\mathbb{F})\setminus\{\boldsymbol{\theta}\}$, $f_i\neq f_j$, $i,j=1,2,\cdots,s$, $i\neq j$, 则存在向量 $\boldsymbol{\alpha}\in V$, 使得

$$f_i(\boldsymbol{\alpha})\neq f_j(\boldsymbol{\alpha}),\quad i,j=1,2,\cdots,s,\quad i\neq j.$$

证明 (1) ⇒ (8) 构作

$$V_{ij} = \{\boldsymbol{\alpha} \in V \mid (f_i - f_j)\boldsymbol{\alpha} = \boldsymbol{\theta}\}, \quad i < j, \quad i, j = 1, 2, \cdots, s.$$

由 $f_i \neq f_j$, $i, j = 1, 2, \cdots, s$, $i \neq j$ 知, $V_{ij} \lneq V$, $i, j = 1, 2, \cdots, s$, $i < j$. 再由 (1) 知, 存在 $\beta \in V \setminus \left(\bigcup\limits_{1 \leqslant i < j \leqslant s} V_{ij} \right)$, 即有

$$f_i(\boldsymbol{\beta}) \neq f_j(\boldsymbol{\beta}), \quad i, j = 1, 2, \cdots, s, \quad i \neq j.$$

(8) ⇒ (1) 下面, 关于 $\mathbb{F}$ 分两种情况进行讨论.

(i) 当 $|\mathbb{F}| \geqslant 3$ 时, $\mathbb{F} = \{0, 1, a, \cdots\}$, $a \neq 0, 1$. 不妨令 $\dim V_i = n - 1$, $V_i \neq V_j$, $i, j = 1, 2, \cdots, s$, $i \neq j$. 今取 V_i 的一个基底 $(\boldsymbol{\alpha}_{i1}, \boldsymbol{\alpha}_{i2}, \cdots, \boldsymbol{\alpha}_{i(n-1)})$, 再将其扩充为 V 的一个基底 $(\boldsymbol{\alpha}_{i1}, \boldsymbol{\alpha}_{i2}, \cdots, \boldsymbol{\alpha}_{i(n-1)}, \boldsymbol{\alpha}_{in})$.

构作如下线性函数:

$$f_{i1}: \begin{cases} \boldsymbol{\alpha}_{ik} \mapsto 0, & k = 1, \cdots, n-1, \\ \boldsymbol{\alpha}_{in} \mapsto 1, \end{cases}$$

$$f_{i2}: \begin{cases} \boldsymbol{\alpha}_{ik} \mapsto 0, & k = 1, \cdots, n-1, \\ \boldsymbol{\alpha}_{in} \mapsto a. \end{cases}$$

显然,

$$f_{ik} \neq f_{jl},$$
$$(i, k) \neq (j, l), \quad i, j = 1, 2, \cdots, s, \quad k, l = 1, 2.$$

由 (8) 知, 存在 $\boldsymbol{\alpha} \in V$, 使得

$$f_{ik}(\boldsymbol{\alpha}) \neq f_{jl}(\boldsymbol{\alpha}),$$
$$(i, k) \neq (j, l), \quad i, j = 1, 2, \cdots, s, \quad k, l = 1, 2.$$

特别地,

$$f_{i1}(\boldsymbol{\alpha}) \neq f_{i2}(\boldsymbol{\alpha}), \quad i = 1, 2, \cdots, s,$$

即 $\boldsymbol{\alpha} \notin V_i$, $i = 1, 2, \cdots, s$. 从而,

$$\bigcup_{i=1}^{s} V_i \subsetneq V.$$

(ii) 当 $|\mathbb{F}| = 2$ 时, $\mathbb{F} = \{0, 1\}$. 令 $(\boldsymbol{\varepsilon}_1, \boldsymbol{\varepsilon}_2, \cdots, \boldsymbol{\varepsilon}_n)$ 为 V 的一个基底. 若 $f \in \mathcal{L}(V, \mathbb{F})$,

$$f(\boldsymbol{\varepsilon}_j) = \boldsymbol{i}_j \in \{0, 1\}, \quad j \in \{1, 2, \cdots, n\},$$

即 $(\boldsymbol{i}_1, \boldsymbol{i}_2, \cdots, \boldsymbol{i}_n)$ 为 f 在基底 $(\boldsymbol{\varepsilon}_i)_1^n$ 下的表示向量. 今等同 f 与其表示向量, 有

$$f = (\boldsymbol{i}_1, \boldsymbol{i}_2, \cdots, \boldsymbol{i}_n), \quad \boldsymbol{i}_j \in \{0, 1\}, \quad j \in \{1, 2, \cdots, n\}. \tag{3.12}$$

取 V 上的三个线性函数

$$f_1=(1,1,0,\cdots,0),\quad f_2=(1,0,0,\cdots,0),\quad f_3=(0,1,0,\cdots,0).$$

易知, V 的所有非零向量分为四类:

$$\{\boldsymbol{\alpha}_1=\boldsymbol{\varepsilon}_1+\boldsymbol{\varepsilon}_2+i_3\boldsymbol{\varepsilon}_3+\cdots+i_n\boldsymbol{\varepsilon}_n \mid i_m\in\mathbb{F},m\geqslant 3\},$$
$$\{\boldsymbol{\alpha}_2=\boldsymbol{\varepsilon}_1+0\boldsymbol{\varepsilon}_2+j_3\boldsymbol{\varepsilon}_3+\cdots+j_n\boldsymbol{\varepsilon}_n \mid j_m\in\mathbb{F},m\geqslant 3\},$$
$$\{\boldsymbol{\alpha}_3=0\boldsymbol{\varepsilon}_1+\boldsymbol{\varepsilon}_2+k_3\boldsymbol{\varepsilon}_3+\cdots+k_n\boldsymbol{\varepsilon}_n \mid k_m\in\mathbb{F},m\geqslant 3\},$$
$$\{\boldsymbol{\alpha}_4=0\boldsymbol{\varepsilon}_1+0\boldsymbol{\varepsilon}_2+l_3\boldsymbol{\varepsilon}_3+\cdots+l_n\boldsymbol{\varepsilon}_n \mid l_m\in\mathbb{F},m\geqslant 3\}.$$

也易知,

$$f_2(\boldsymbol{\alpha}_1)=f_3(\boldsymbol{\alpha}_1)=1,$$
$$f_1(\boldsymbol{\alpha}_2)=f_2(\boldsymbol{\alpha}_2)=1,$$
$$f_1(\boldsymbol{\alpha}_3)=f_3(\boldsymbol{\alpha}_3)=1,$$
$$f_1(\boldsymbol{\alpha}_4)=f_2(\boldsymbol{\alpha}_4)=f_3(\boldsymbol{\alpha}_4)=0.$$

因此, 关于任意 $\boldsymbol{\alpha}\in V$, 存在 $f,g\in\{\boldsymbol{f}_1,\boldsymbol{f}_2,\boldsymbol{f}_3\}$, $f\neq g$ 使得 $f(\boldsymbol{\alpha})=g(\boldsymbol{\alpha})$. 这就说明 (8) 不成立. 又根据定理 3.3.3, 在 $|\mathbb{F}|=2$ 时, 除了 $\dim V=1$ 的情形 (1) 都不成立, 这在某种意义上显示了 (8) 与 (1) 的等价性. □

注 3.14 我们可以看出定理 3.5.5 实际上是定理 3.3.1 中的 $(6)_r$ 在 $r=1$ 时的特例, 即所给线性变换的象空间为同一一维子空间的情形. 大家不妨考察一下 $(6)_r$ 中 $2\leqslant r\leqslant n-1$ 的类似情形.

3.6 对偶空间与"矩阵秩概念的开发 (III)"

3.6.1 对偶空间与对偶基底

联系定理 3.5.4, 令 $(\boldsymbol{\alpha}_1,\boldsymbol{\alpha}_2,\cdots,\boldsymbol{\alpha}_n)$ 为 V 的一个基底, $(\boldsymbol{\varepsilon}_1,\boldsymbol{\varepsilon}_2,\cdots,\boldsymbol{\varepsilon}_n)$ 为 $\mathbb{F}^n$ 的自然基底. 则 $\left(\sigma^{-1}_{(\boldsymbol{\alpha}_i)_1^n}(\boldsymbol{\varepsilon}_1),\sigma^{-1}_{(\boldsymbol{\alpha}_i)_1^n}(\boldsymbol{\varepsilon}_2),\cdots,\sigma^{-1}_{(\boldsymbol{\alpha}_i)_1^n}(\boldsymbol{\varepsilon}_n)\right)$ 是 $\mathcal{L}(V,\mathbb{F})$ 的一个基底, 记 $f_i=\sigma^{-1}_{(\boldsymbol{\alpha}_i)_1^n}(\boldsymbol{\varepsilon}_i)$, 即 $\sigma_{(\boldsymbol{\alpha}_i)_1^n}(f_i)=\boldsymbol{\varepsilon}_i$, $i=1,2,\cdots,n$. 由式 (3.11) 知,

$$f_i(\boldsymbol{\alpha}_j)=\begin{cases}1, & j=i,\\ 0, & j\neq i,\end{cases}$$

即

$$f_i(\boldsymbol{\alpha}_j)=\delta_{ij},\quad i,j=1,2,\cdots,n. \tag{3.13}$$

其中, $\sigma^{-1}_{(\alpha_i)_1^n}$ 为定理 3.5.4 中的 $\sigma^{-1}_{(\alpha_i)_1^n}$.

定义 3.6.1 令 V 为域 $\mathbb{F}$ 上一 n 维线性空间. 称 $\mathbb{F}$ 上 n 维线性空间 $\mathcal{L}(V,\mathbb{F})$ 为 V 的对偶空间, 记为

$$V^* \stackrel{d}{=} \mathcal{L}(V,\mathbb{F}).$$

又取 V 的一个基底 $(\boldsymbol{\alpha}_1,\boldsymbol{\alpha}_2,\cdots,\boldsymbol{\alpha}_n)$, 称 V^* 的基底

$$(f_1=\sigma^{-1}_{(\boldsymbol{\alpha}_i)_1^n}(\boldsymbol{\varepsilon}_1), f_2=\sigma^{-1}_{(\boldsymbol{\alpha}_i)_1^n}(\boldsymbol{\varepsilon}_2),\cdots,f_n=\sigma^{-1}_{(\boldsymbol{\alpha}_i)_1^n}(\boldsymbol{\varepsilon}_n))$$

为 $(\boldsymbol{\alpha}_1,\boldsymbol{\alpha}_2,\cdots,\boldsymbol{\alpha}_n)$ 的一个对偶基底.

引理 3.6.1 令 $(\boldsymbol{\alpha}_1,\boldsymbol{\alpha}_2,\cdots,\boldsymbol{\alpha}_n)$ 为 $V_{\mathbb{F},n}$ 的一个基底, $(f_1,f_2,\cdots,f_n)$ 为 $(\boldsymbol{\alpha}_1,\boldsymbol{\alpha}_2,\cdots,\boldsymbol{\alpha}_n)$ 在 V^* 中的对偶基底. 则关于任意 $\boldsymbol{\alpha}\in V$ $(f\in V^*)$ 有

$$\boldsymbol{\alpha}=\sum_{i=1}^n f_i(\boldsymbol{\alpha})\boldsymbol{\alpha}_i$$
$$\left(f=\sum_{i=1}^n f(\boldsymbol{\alpha}_i)f_i\right).$$

证明 关于 V 中任意向量 $\boldsymbol{\alpha}=\sum_{j=1}^n x_j\boldsymbol{\alpha}_j$, 有

$$f_i(\boldsymbol{\alpha})=\sum_{j=1}^n x_j f_i(\boldsymbol{\alpha}_j)=x_i,\quad i=1,2,\cdots,n,$$

即 f_i 在基底 $(\boldsymbol{\alpha}_1,\boldsymbol{\alpha}_2,\cdots,\boldsymbol{\alpha}_n)$ 下的表达式 $f_i(\boldsymbol{\alpha})$ 就是 $\boldsymbol{\alpha}$ 在基底 $(\boldsymbol{\alpha}_1,\boldsymbol{\alpha}_2,\cdots,\boldsymbol{\alpha}_n)$ 下坐标的第 i 个分量 x_i. 因此

$$\boldsymbol{\alpha}=\sum_{i=1}^n f_i(\boldsymbol{\alpha})\boldsymbol{\alpha}_i. \tag{3.14}$$

关于 V^* 中任意向量 $f=\sum_{i=1}^n y_i f_i$, 有

$$f(\boldsymbol{\alpha}_j)=\sum_{i=1}^n y_i f_i(\boldsymbol{\alpha}_j)=y_j,\quad j=1,2,\cdots,n.$$

因此,

$$f=\sum_{i=1}^n f(\boldsymbol{\alpha}_i)f_i. \tag{3.15}$$

□

定理 3.6.1 令 $(\boldsymbol{\alpha}_1,\boldsymbol{\alpha}_2,\cdots,\boldsymbol{\alpha}_n)$, $(\boldsymbol{\beta}_1,\boldsymbol{\beta}_2,\cdots,\boldsymbol{\beta}_n)$ 为 $V_{\mathbb{F},n}$ 的两个基底, $(f_1,f_2,\cdots,f_n)$, $(g_1,g_2,\cdots,g_n)$ 分别为 $(\boldsymbol{\alpha}_1,\boldsymbol{\alpha}_2,\cdots,\boldsymbol{\alpha}_n)$, $(\boldsymbol{\beta}_1,\boldsymbol{\beta}_2,\cdots,\boldsymbol{\beta}_n)$ 的对偶基底. 若

$$(\boldsymbol{\beta}_1,\boldsymbol{\beta}_2,\cdots,\boldsymbol{\beta}_n)=(\boldsymbol{\alpha}_1,\boldsymbol{\alpha}_2,\cdots,\boldsymbol{\alpha}_n)\boldsymbol{A},$$

则

$$(g_1,g_2,\cdots,g_n)=(f_1,f_2,\cdots,f_n)(\boldsymbol{A}^{-1})^{\mathrm{T}}.$$

证明　由

$$(\boldsymbol{\beta}_1, \boldsymbol{\beta}_2, \cdots, \boldsymbol{\beta}_n) = (\boldsymbol{\alpha}_1, \boldsymbol{\alpha}_2, \cdots, \boldsymbol{\alpha}_n)\boldsymbol{A}$$

知,

$$(\boldsymbol{\alpha}_1, \boldsymbol{\alpha}_2, \cdots, \boldsymbol{\alpha}_n) = (\boldsymbol{\beta}_1, \boldsymbol{\beta}_2, \cdots, \boldsymbol{\beta}_n)\boldsymbol{A}^{-1}.$$

从而, $\boldsymbol{\alpha}_j$ 在基底 $(\boldsymbol{\beta}_1, \boldsymbol{\beta}_2, \cdots, \boldsymbol{\beta}_n)$ 下的坐标的第 i 个分量是 $\boldsymbol{A}^{-1}$ 的 (i,j) 元素, 记为 $\boldsymbol{A}^{-1}(i,j)$. 又由式 (3.14) 知, $\boldsymbol{\alpha}_j$ 在基底 $(\boldsymbol{\beta}_1, \boldsymbol{\beta}_2, \cdots, \boldsymbol{\beta}_n)$ 下的坐标的第 i 个分量是 $g_i(\boldsymbol{\alpha}_j)$. 因此,

$$\boldsymbol{A}^{-1}(i,j) = g_i(\boldsymbol{\alpha}_j).$$

再由 (3.15) 知, $g_i(\boldsymbol{\alpha}_j)$ 等于 g_i 在基底 $(f_1, f_2, \cdots, f_n)$ 下的坐标的第 j 个分量. 令

$$(g_1, g_2, \cdots, g_n) = (f_1, f_2, \cdots, f_n)\boldsymbol{B}.$$

显然 g_i 在基底 $(f_1, f_2, \cdots, f_n)$ 下坐标的第 j 个分量是 $\boldsymbol{B}(j,i)$, 从而 $g_i(\boldsymbol{\alpha}_j) = \boldsymbol{B}(j,i)$. 于是,

$$\boldsymbol{A}^{-1}(i,j) = \boldsymbol{B}(j,i) = \boldsymbol{B}^{\mathrm{T}}(i,j), \quad i,j = 1,2,\cdots,n,$$

即 $\boldsymbol{B} = (\boldsymbol{A}^{-1})^{\mathrm{T}}$. □

3.6.2　对偶线性映射与矩阵秩概念的开发 (III)

定理 3.6.2　令 U, V 分别为域 $\mathbb{F}$ 上的 n 维和 m 维线性空间, h 为 U 到 V 的一个线性映射. 则

(1) 关于任意 $g \in V^*$, 有 $gh \in U^*$;

(2) 定义 V^* 到 U^* 的一个映射 h^* 为 $g \mapsto gh$, 则 h^* 为 V^* 到 U^* 的一个线性映射, 称 h^* 为 h 的对偶线性映射;

(3) 令 $(\boldsymbol{\alpha}_i)_1^n$, $(\boldsymbol{\beta}_j)_1^m$ 分别为 U 和 V 的基底, $(\boldsymbol{f}_i)_1^n$, $(\boldsymbol{g}_j)_1^m$ 分别为上二基底的对偶基底. 若线性映射

$$h: U \to V$$

在基底对 $((\boldsymbol{\alpha}_i)_1^n, (\boldsymbol{\beta}_j)_1^m)$ 下的表示矩阵为 $\boldsymbol{A}(\in \mathbb{F}^{m\times n})$, 则 $\boldsymbol{A}^{\mathrm{T}}$ 就是 h 的对偶线性映射 h^* 在基底对 $((\boldsymbol{g}_j)_1^m, (\boldsymbol{f}_i)_1^n)$ 下的表示矩阵.

证明　(1) 如下交换图所示,

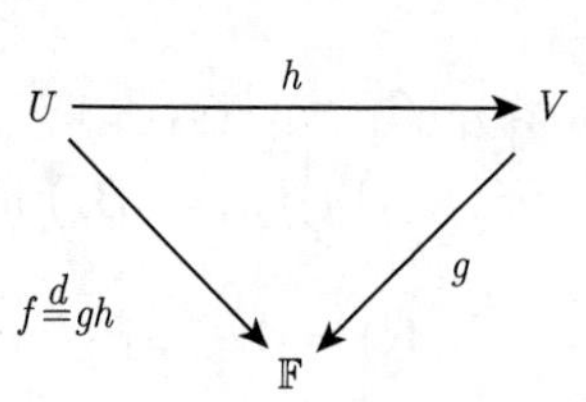

由于 h 是 U 到 V 的线性映射, g 是 V 上的线性函数, 因此 $f \stackrel{d}{=} gh$ 是 V 上的线性函数, 即 $f = gh \in U^*$.

(2) 作映射

$$h^*: V^* \to U^*,$$
$$g \mapsto gh,$$

任取 $g_1, g_2, g \in V^*$, $k \in \mathbb{F}$, 有

$$h^*(g_1+g_2) = (g_1+g_2)h = g_1h + g_2h = h^*(g_1) + h^*(g_2),$$
$$h^*(kg) = (kg)h = kh^*(g).$$

因此, h^* 是 V^* 到 U^* 的一个线性映射.

(3) 已知

$$h(\boldsymbol{\alpha}_1, \boldsymbol{\alpha}_2, \cdots, \boldsymbol{\alpha}_n) = (\boldsymbol{\beta}_1, \boldsymbol{\beta}_2, \cdots, \boldsymbol{\beta}_m)\boldsymbol{A}.$$

记 $\boldsymbol{A} = (a_{ij})$. 由式 (3.15) 知,

$$\begin{aligned} g_i h &= \sum_{j=1}^{n} [(\boldsymbol{g}_i h)(\boldsymbol{\alpha}_j)]\boldsymbol{f}_j = \sum_{i=1}^{n} \{\boldsymbol{g}_i[h(\boldsymbol{\alpha}_j)]\}\boldsymbol{f}_j \\ &= \sum_{j=1}^{n} \left[\boldsymbol{g}_i\left(\sum_{k=1}^{m} a_{kj}\boldsymbol{\beta}_k\right)\right]\boldsymbol{f}_j = \sum_{j=1}^{n}\left[\sum_{k=1}^{m} a_{kj}\boldsymbol{g}_i(\boldsymbol{\beta}_k)\right]\boldsymbol{f}_j \\ &= \sum_{j=1}^{n} a_{ij}\boldsymbol{f}_j, \quad i = 1, 2, \cdots, m. \end{aligned}$$

于是,

$$\begin{aligned} h^*(g_1, g_2, \cdots, g_m) &= (g_1h, g_2h, \cdots, g_mh) \\ &= \left(\sum_{j=1}^{n} a_{1j}f_j, \sum_{j=1}^{n} a_{2j}f_j, \cdots, \sum_{j=1}^{n} a_{mj}f_j\right) \\ &= (f_1, f_2, \cdots, f_n)\begin{pmatrix} a_{11} & a_{21} & \cdots & a_{m1} \\ a_{12} & a_{22} & \cdots & a_{m2} \\ \vdots & \vdots & & \vdots \\ a_{1n} & a_{2n} & \cdots & a_{mn} \end{pmatrix} \\ &= (f_1, f_2, \cdots, f_n)\boldsymbol{A}^{\mathrm{T}}. \end{aligned}$$

即 h^* 在基底对 (V^* 的基底 $(g_1, g_2, \cdots, g_m)$, U^* 的基底 $(f_1, f_2, \cdots, f_n)$) 下的表示矩阵为 $\boldsymbol{A}^{\mathrm{T}}$.

□

推论 3.6.1 (1) $r_h \stackrel{d}{=} \dim \mathrm{Im} h = r_c(\boldsymbol{A})$;

(2) $r_{h^*} \stackrel{d}{=} \dim \mathrm{Im} h^* = r_c(\boldsymbol{A}^{\mathrm{T}})$;

因此, 有

(3) $r_h = r_{h^*} \Leftrightarrow r_c(\boldsymbol{A}) = r_c(\boldsymbol{A}^{\mathrm{T}})$.

定理 2.5.1 的证明 (V) (一个几何的证明)

证明 关于任意 $\boldsymbol{A} \in \mathbb{F}^{m \times n}$, 为了证明

$$r_c(\boldsymbol{A}) = r_r(\boldsymbol{A}),$$

根据推论 3.6.1, 只需证明

$$r_h = r_{h^*},$$

其中 h 和 h^* 的意义见上面的定理.

令 $r_h(\overset{d}{=} \dim \operatorname{Im} h) = r$. 则由定理 2.3.2 知,

$$\dim \operatorname{Ker} h = n - r.$$

又令 $(\boldsymbol{\alpha}_{r+1}, \boldsymbol{\alpha}_{r+2}, \cdots, \boldsymbol{\alpha}_n)$ 为 $\operatorname{Ker} h$ 的一个基底, 将其扩充为 U 的基底

$$(\boldsymbol{\alpha}_1, \cdots, \boldsymbol{\alpha}_r, \boldsymbol{\alpha}_{r+1}, \cdots, \boldsymbol{\alpha}_n).$$

根据定理 2.3.2 和定理 2.3.4,

$$(h(\boldsymbol{\alpha}_1) = \boldsymbol{\beta}_1, h(\boldsymbol{\alpha}_2) = \boldsymbol{\beta}_2, \cdots, h(\boldsymbol{\alpha}_r) = \boldsymbol{\beta}_r)$$

为 $\operatorname{Im} h$ 的基底, 将其扩充为 V 的一个基底 $(\boldsymbol{\beta}_1, \cdots, \boldsymbol{\beta}_r, \boldsymbol{\beta}_{r+1}, \cdots, \boldsymbol{\beta}_m)$. 因此,

$$h(\boldsymbol{\alpha}_1, \cdots, \boldsymbol{\alpha}_r, \boldsymbol{\alpha}_{r+1}, \cdots, \boldsymbol{\alpha}_n) = (\boldsymbol{\beta}_1, \cdots, \boldsymbol{\beta}_r, \boldsymbol{\beta}_{r+1}, \cdots, \boldsymbol{\beta}_m) \begin{pmatrix} \boldsymbol{E}_r & \boldsymbol{O} \\ \boldsymbol{O} & \boldsymbol{O} \end{pmatrix}_{m \times n}.$$

再根据定理 3.6.2,

$$h^*(\boldsymbol{g}_1, \cdots, \boldsymbol{g}_r, \boldsymbol{g}_{r+1}, \cdots, \boldsymbol{g}_m) = (\boldsymbol{f}_1, \cdots, \boldsymbol{f}_r, \boldsymbol{f}_{r+1}, \cdots, \boldsymbol{f}_n) \begin{pmatrix} \boldsymbol{E}_r & \boldsymbol{O} \\ \boldsymbol{O} & \boldsymbol{O} \end{pmatrix}_{n \times m}^{\mathrm{T}},$$

其中, $(\boldsymbol{g}_j)_1^m$ 和 $(\boldsymbol{f}_i)_1^n$ 分别为 $(\boldsymbol{\beta}_j)_1^m$ 和 $(\boldsymbol{\alpha}_i)_1^n$ 的对偶基底. 以上两个表示矩阵的列秩显然相同, 从而, $r_h = r_{h^*}$. □

推论 3.6.2 令 V 为域 $\mathbb{F}$ 上一 n 维线性空间, $\mathcal{A} \in \mathcal{L}(V)$. 则

(1) 关于任意 $f \in V^*$, 有 $f\mathcal{A} \in V^*$;

(2)

$$\mathcal{A}^* : f \to f\mathcal{A}$$

为 V^* 上的一个线性变换, $\mathcal{A}^*$ 为 $\mathcal{A}$ 在 V^* 上的对偶变换.

(3) 令 $(\boldsymbol{\alpha}_1, \boldsymbol{\alpha}_2, \cdots, \boldsymbol{\alpha}_n)$ 为 V 的一个基底, 其对偶基底为 $(f_1, f_2, \cdots, f_n)$. 若 $\mathcal{A}$ 在基底 $(\boldsymbol{\alpha}_1, \boldsymbol{\alpha}_2, \cdots, \boldsymbol{\alpha}_n)$ 下的表示矩阵为 $\boldsymbol{A}$, 则 $\mathcal{A}^*$ 在基底 $(f_1, f_2, \cdots, f_n)$ 下的表示矩阵为 $\boldsymbol{A}^{\mathrm{T}}$.

3.6.3 空间与其对偶空间的对偶性

定理 3.6.3 令 V 为域 $\mathbb{F}$ 上一 n 维线性空间, $(\boldsymbol{\alpha}_1,\boldsymbol{\alpha}_2,\cdots,\boldsymbol{\alpha}_n)$ 为 V 的一个基底, 且将其对偶基 $(f_1,f_2,\cdots,f_n)$ 重新记为 $(\boldsymbol{\alpha}_1^*,\boldsymbol{\alpha}_2^*,\cdots,\boldsymbol{\alpha}_n^*)$. 则 V 到 V^* 的下述映射

$$\eta_{(\boldsymbol{\alpha}_i)_1^n}:V\to V^*,$$
$$\boldsymbol{\alpha}=\sum_{i=1}^n x_i\boldsymbol{\alpha}_i\mapsto\sum_{i=1}^n x_i\boldsymbol{\alpha}_i^*$$

是一个同构映射, 但依赖于基底 $(\boldsymbol{\alpha}_1,\boldsymbol{\alpha}_2,\cdots,\boldsymbol{\alpha}_n)$ 的选择.

证明 显然, $\eta_{(\boldsymbol{\alpha}_i)_1^n}$ 为 V 到 V^* 的一个同构映射. 令 $(\boldsymbol{\beta}_1,\boldsymbol{\beta}_2,\cdots,\boldsymbol{\beta}_n)$ 为 $\boldsymbol{V}$ 的另一个基底, 使得

$$\boldsymbol{\alpha}=\sum_{i=1}^n y_i\boldsymbol{\beta}_i,$$

记 $(\boldsymbol{\alpha}_1,\boldsymbol{\alpha}_2,\cdots,\boldsymbol{\alpha}_n)$ 到 $(\boldsymbol{\beta}_1,\boldsymbol{\beta}_2,\cdots,\boldsymbol{\beta}_n)$ 的过渡矩阵为 $\boldsymbol{A}$. 则

$$\boldsymbol{Y}\overset{d}{=}\begin{pmatrix}y_1\\y_2\\\vdots\\y_n\end{pmatrix}=\boldsymbol{A}^{-1}\begin{pmatrix}x_1\\x_2\\\vdots\\x_n\end{pmatrix}\overset{d}{=}\boldsymbol{A}^{-1}\boldsymbol{X}.$$

因此,

$$\eta_{(\boldsymbol{\beta}_i)_1^n}(\boldsymbol{\alpha})=\sum_{i=1}^n y_i\boldsymbol{\beta}_i^*=(\boldsymbol{\beta}_1^*,\boldsymbol{\beta}_2^*,\cdots,\boldsymbol{\beta}_n^*)\boldsymbol{A}^{-1}\boldsymbol{X}.$$

根据定理 3.6.1,

$$(\boldsymbol{\beta}_1^*,\boldsymbol{\beta}_2^*,\cdots,\boldsymbol{\beta}_n^*)=(\boldsymbol{\alpha}_1^*,\boldsymbol{\alpha}_2^*,\cdots,\boldsymbol{\alpha}_n^*)(\boldsymbol{A}^{-1})^{\mathrm{T}},$$

从而,

$$\eta_{(\boldsymbol{\alpha}_i)_1^n}(\boldsymbol{\alpha})=\sum_{i=1}^n x_i\boldsymbol{\alpha}_i^*=(\boldsymbol{\beta}_1^*,\boldsymbol{\beta}_2^*,\cdots,\boldsymbol{\beta}_n^*)\boldsymbol{A}^{\mathrm{T}}\boldsymbol{X},$$

一般地, $\boldsymbol{A}^{\mathrm{T}}$ 与 $\boldsymbol{A}^{-1}$ 不同, 因此 $\boldsymbol{\eta}_{(\boldsymbol{\alpha}_i)_1^n}$ 是依赖于基底的选择的, 从而称它为一非自然同构 (映射). □

例 3.6.1 令 V 为域 $\mathbb{F}$ 上一 n 维线性空间, $k\in\mathbb{F}\backslash\{0\}$. 则下变换

$$\mathcal{A}:V_{\mathbb{F}}\to V_{\mathbb{F}},$$
$$\boldsymbol{\alpha}\mapsto k\boldsymbol{\alpha}$$

为一不依赖于基底选择的自同构变换.

定理 3.6.4 令 V 为域 $\mathbb{F}$ 上一 n 维线性空间, $(\boldsymbol{\alpha}_1,\boldsymbol{\alpha}_2,\cdots,\boldsymbol{\alpha}_n)$ 为 V 的一个基底, 又

$$\eta_{(\boldsymbol{\alpha}_i)_1^n}:V\ \to V^*,$$
$$\eta_{(\boldsymbol{\alpha}_i^*)_1^n}:V^*\to V^{**}$$

的意义如定理 3.6.3, 则 $\eta_{(\boldsymbol{\alpha}_i^*)_1^n}\circ\eta_{(\boldsymbol{\alpha}_i)_1^n}$ 为 V 到 V^{**} 的一个自然同构.

证明　记 $\boldsymbol{\alpha}$ 在 $\eta_{(\boldsymbol{\alpha}_i)_1^n}$ 下的象为 $\boldsymbol{\alpha}^*$, $\boldsymbol{\alpha}^*$ 在 $\eta_{(\boldsymbol{\alpha}_i^*)_1^n}$ 下的象为 $\boldsymbol{\alpha}^{**}$. 令 $(\boldsymbol{\beta}_1,\boldsymbol{\beta}_2,\cdots,\boldsymbol{\beta}_n)$ 为 $\boldsymbol{V}$ 的另一个基底, 使得

$$\boldsymbol{\alpha}=\sum_{i=1}^n y_i\boldsymbol{\beta}_i.$$

记 $(\boldsymbol{\alpha}_1,\boldsymbol{\alpha}_2,\cdots,\boldsymbol{\alpha}_n)$ 到 $(\boldsymbol{\beta}_1,\boldsymbol{\beta}_2,\cdots,\boldsymbol{\beta}_n)$ 的过渡矩阵为 $\boldsymbol{A}$. 则

$$\boldsymbol{Y}\overset{d}{=}\begin{pmatrix} y_1\\ y_2\\ \vdots\\ y_n\end{pmatrix}=\boldsymbol{A}^{-1}\begin{pmatrix} x_1\\ x_2\\ \vdots\\ x_n\end{pmatrix}\overset{d}{=}\boldsymbol{A}^{-1}\boldsymbol{X}.$$

根据定理 3.6.1 和定理 3.6.3 的证明, 可得

$$(\boldsymbol{\beta}_1^{**},\boldsymbol{\beta}_2^{**},\cdots,\boldsymbol{\beta}_n^{**})=(\boldsymbol{\alpha}_1^{**},\boldsymbol{\alpha}_2^{**},\cdots,\boldsymbol{\alpha}_n^{**})\boldsymbol{A}.$$

从而,

$$\begin{aligned}\eta_{(\boldsymbol{\beta}_i^*)_1^n}\circ\eta_{(\boldsymbol{\beta}_i)_1^n}(\boldsymbol{\alpha})=\boldsymbol{\alpha}^{**}&=\sum_{i=1}^n x_i\boldsymbol{\alpha}_i^{**}\\ &=(\boldsymbol{\beta}_1^{**},\boldsymbol{\beta}_2^{**},\cdots,\boldsymbol{\beta}_n^{**})\boldsymbol{A}^{-1}\boldsymbol{X}\\ &=(\boldsymbol{\beta}_1^{**},\boldsymbol{\beta}_2^{**},\cdots,\boldsymbol{\beta}_n^{**})\boldsymbol{Y}\\ &=\sum_{i=1}^n y_i\boldsymbol{\beta}_i^{**}.\end{aligned}$$

因此, $\boldsymbol{\alpha}$ 在 V 到 V^{**} 的同构映射 $\eta_{(\boldsymbol{\alpha}_i^*)_1^n}\circ\eta_{(\boldsymbol{\alpha}_i)_1^n}$ 下的象是不依赖于 V 中基底的选择的, 从而 V 到 V^{**} 的上述同构映射 $\eta_{(\boldsymbol{\alpha}_i^*)_1^n}\circ\eta_{(\boldsymbol{\alpha}_i)_1^n}$ 是自然同构的. □

注 3.15　由于 V 到 V^{**} 存在自然同构, 因此可以把 $\boldsymbol{\alpha}$ 与它在自然同构下的象 $\boldsymbol{\alpha}^{**}$ 等同起来, 从而可将 V 与 V^{**} 等同起来. 于是可视 V 为 V^* 的对偶空间. 这样一来, V 与 V^* 就互为对偶空间了. 这就是把 V^* 称为 V 的对偶空间的缘由.

引理 3.6.2　令 V 为域 $\mathbb{F}$ 上一 n 维线性空间, $(\boldsymbol{\alpha}_1,\boldsymbol{\alpha}_2,\cdots,\boldsymbol{\alpha}_n)$ 为 V 的一个基底, $(\boldsymbol{\alpha}_1^*,\boldsymbol{\alpha}_2^*,\cdots,\boldsymbol{\alpha}_n^*)$ 为其对偶基底, $\eta_{(\boldsymbol{\alpha}_i)_1^n}$ 为 V 到 V^* 的一个同构映射, 其中

$$\begin{aligned}\eta_{(\boldsymbol{\alpha}_i)_1^n}:V&\to V^*,\\ \boldsymbol{\alpha}=\sum_{i=1}^n x_i\boldsymbol{\alpha}_i&\mapsto\sum_{i=1}^n x_i\boldsymbol{\alpha}_i^*.\end{aligned}$$

又记 $\boldsymbol{\alpha}$ 在 $\eta_{(\boldsymbol{\alpha}_i)_1^n}$ 下的象为 $\boldsymbol{\alpha}^*$. 则关于 V 中任意向量 $\boldsymbol{\beta}=\sum_{i=1}^n y_i\boldsymbol{\alpha}_i$, 有

$$\boldsymbol{\alpha}^*(\boldsymbol{\beta})=\boldsymbol{\eta}_{(\boldsymbol{\alpha}_i)_1^n}(\boldsymbol{\alpha})(\boldsymbol{\beta})=\sum_{i=1}^n x_iy_i,$$

即 $\boldsymbol{\alpha}$ 在 η 下的象 $\boldsymbol{\alpha}^*$ 在 $\boldsymbol{\beta}$ 处的函数值等于 $\boldsymbol{\alpha}$ 与 $\boldsymbol{\beta}$ 在基底 $(\boldsymbol{\alpha}_i)_1^n$ 下的坐标的对应分量乘积之和.

证明

$$\begin{aligned}\boldsymbol{\alpha}^*(\boldsymbol{\beta})&=\left(\sum_{i=1}^n x_i\boldsymbol{\alpha}_i^*\right)(\boldsymbol{\beta})=\sum_{i=1}^n x_i[\boldsymbol{\alpha}_i^*(\boldsymbol{\beta})]\\&=\sum_{i=1}^n x_i\left[\boldsymbol{\alpha}_i^*\left(\sum_{j=1}^n y_j\boldsymbol{\alpha}_j\right)\right]\\&=\sum_{i=1}^n x_i\sum_{j=1}^n y_j[\boldsymbol{\alpha}_i^*(\boldsymbol{\alpha}_j)]\\&=\sum_{i=1}^n x_iy_i.\end{aligned}$$

□

定理 3.6.5 令 V 为一 n 维 Euclid 空间, $\boldsymbol{\alpha}\in V$. 则关于下映射

$$\begin{aligned}\boldsymbol{\alpha}^\sharp:V&\to\mathbb{R},\\\boldsymbol{\beta}&\mapsto(\boldsymbol{\alpha},\boldsymbol{\beta})\end{aligned}\tag{3.16}$$

有

(1) $\boldsymbol{\alpha}^\sharp\in V^*$;

(2) 映射

$$\begin{aligned}\eta':V&\to V^*,\\\boldsymbol{\alpha}&\mapsto\boldsymbol{\alpha}^\sharp\end{aligned}$$

为 V 到 V^* 的一个同构映射, 从而

$$V^*=\{\boldsymbol{\alpha}^\sharp\mid\boldsymbol{\alpha}\in V\};$$

(3) 令 $(\boldsymbol{\alpha}_1,\boldsymbol{\alpha}_2,\cdots,\boldsymbol{\alpha}_n)$ 为 V 的任一基底. 则 $(\boldsymbol{\alpha}_1,\boldsymbol{\alpha}_2,\cdots,\boldsymbol{\alpha}_n)$ 是标准正交的当且仅当

$$(\boldsymbol{\alpha}_1^*,\boldsymbol{\alpha}_2^*,\cdots,\boldsymbol{\alpha}_n^*)=(\boldsymbol{\alpha}_1^\sharp,\boldsymbol{\alpha}_2^\sharp,\cdots,\boldsymbol{\alpha}_n^\sharp).$$

一般地, $(\boldsymbol{\alpha}_1,\boldsymbol{\alpha}_2,\cdots,\boldsymbol{\alpha}_n)$ 的对偶基底为

$$(\boldsymbol{\alpha}_1^*,\boldsymbol{\alpha}_2^*,\cdots,\boldsymbol{\alpha}_n^*)=(\boldsymbol{\alpha}_{1_0}^\sharp,\boldsymbol{\alpha}_{2_0}^\sharp,\cdots,\boldsymbol{\alpha}_{n_0}^\sharp),$$

其中,

$$\begin{cases}\boldsymbol{\alpha}_{i_0}\in G^\perp[\boldsymbol{\alpha}_1,\cdots,\boldsymbol{\alpha}_{i-1},\boldsymbol{\alpha}_{i+1},\cdots,\boldsymbol{\alpha}_n],\\|\boldsymbol{\alpha}_{i_0}|=\dfrac{1}{|\boldsymbol{\alpha}_i|\cos\langle\boldsymbol{\alpha}_{i_0},\boldsymbol{\alpha}_i\rangle};\end{cases}$$

(4) 令 $(\boldsymbol{\varepsilon}_1,\boldsymbol{\varepsilon}_2,\cdots,\boldsymbol{\varepsilon}_n)$ 为 V 的某一标准正交基底, 记 V^* 中相应的对偶基底为 $(\boldsymbol{\varepsilon}_1^*,\boldsymbol{\varepsilon}_2^*,\cdots,\boldsymbol{\varepsilon}_n^*)$. 构作

$$\begin{aligned}\eta_{(\boldsymbol{\varepsilon}_i)_1^n}:V&\to V^*,\\\sum_{i=1}^n x_i\boldsymbol{\varepsilon}_i&\mapsto\sum_{i=1}^n x_i\boldsymbol{\varepsilon}_i^*,\end{aligned}$$

则 $\boldsymbol{\eta}'=\boldsymbol{\eta}_{(\boldsymbol{\varepsilon}_i)_1^n}$.

证明 (1) 令 $\boldsymbol{\beta}_1, \boldsymbol{\beta}_2 \in V$, $k \in \mathbb{R}$. 则

$$\boldsymbol{\alpha}^\sharp(\boldsymbol{\beta}_1 + \boldsymbol{\beta}_2) = (\boldsymbol{\alpha}, \boldsymbol{\beta}_1 + \boldsymbol{\beta}_2) = (\boldsymbol{\alpha}, \boldsymbol{\beta}_1) + (\boldsymbol{\alpha}, \boldsymbol{\beta}_2) = \boldsymbol{\alpha}^\sharp(\boldsymbol{\beta}_1) + \boldsymbol{\alpha}^\sharp(\boldsymbol{\beta}_2),$$
$$\boldsymbol{\alpha}^\sharp(k\boldsymbol{\beta}_1) = (\boldsymbol{\alpha}, k\boldsymbol{\beta}_1) = k(\boldsymbol{\alpha}, \boldsymbol{\beta}_1) = k\boldsymbol{\alpha}^\sharp(\boldsymbol{\beta}_1).$$

因此, $\boldsymbol{\alpha}^\sharp$ 是 V 上一线性函数, 即 $\{\boldsymbol{\alpha}^\sharp \mid \boldsymbol{\alpha} \in V\} \subseteq V^*$.

(2) 显然 η' 是 V 到 V^* 的一个映射. 令 $\boldsymbol{\alpha}$, $\boldsymbol{\gamma} \in V$. 若 $\boldsymbol{\alpha}^\sharp = \boldsymbol{\gamma}^\sharp$, 则关于任意 $\boldsymbol{\beta} \in V$, 有 $\boldsymbol{\alpha}^\sharp(\boldsymbol{\beta}) = \gamma^\sharp(\boldsymbol{\beta})$, 即 $(\boldsymbol{\alpha}, \boldsymbol{\beta}) = (\boldsymbol{\gamma}, \boldsymbol{\beta})$. 从而, $(\boldsymbol{\alpha} - \boldsymbol{\gamma}, \boldsymbol{\beta}) = 0$. 从而, $(\boldsymbol{\alpha} - \boldsymbol{\gamma}, \boldsymbol{\alpha} - \boldsymbol{\gamma}) = 0$. 根据内积的正定性, $\boldsymbol{\alpha} - \boldsymbol{\gamma} = \boldsymbol{\theta}$, 即 $\boldsymbol{\alpha} = \boldsymbol{\gamma}$. 因此, η' 为单射. 关于任意 $\boldsymbol{\beta} \in V$,

$$\begin{aligned}(\boldsymbol{\alpha} + \boldsymbol{\gamma})^\sharp(\boldsymbol{\beta}) &= (\boldsymbol{\alpha} + \boldsymbol{\gamma}, \boldsymbol{\beta}) = (\boldsymbol{\alpha}, \boldsymbol{\beta}) + (\boldsymbol{\gamma}, \boldsymbol{\beta}) \\ &= \alpha^\sharp(\boldsymbol{\beta}) + \gamma^\sharp(\boldsymbol{\beta}) = (\boldsymbol{\alpha}^\sharp + \boldsymbol{\gamma}^\sharp)(\boldsymbol{\beta}), \\ (k\boldsymbol{\alpha})^\sharp(\boldsymbol{\beta}) &= (k\boldsymbol{\alpha}, \boldsymbol{\beta}) = k(\boldsymbol{\alpha}, \boldsymbol{\beta}) = k\boldsymbol{\alpha}^\sharp(\boldsymbol{\beta}).\end{aligned}$$

从而,

$$(\boldsymbol{\alpha} + \boldsymbol{\gamma})^\sharp = \boldsymbol{\alpha}^\sharp + \boldsymbol{\gamma}^\sharp, \quad (k\boldsymbol{\alpha})^\sharp = k\boldsymbol{\alpha}^\sharp,$$

即

$$\eta'(\boldsymbol{\alpha} + \boldsymbol{\gamma}) = \eta'(\boldsymbol{\alpha}) + \eta'(\boldsymbol{\gamma}), \quad \eta'(k\boldsymbol{\alpha}) = k\eta'(\boldsymbol{\alpha}).$$

因此, η' 是 V 到 V^* 的一个线性映射. 由于 $n = \dim V = \dim V^*$, 且 η' 是单射, 从而, η' 也是满射. 于是, η' 是 V 到 V^* 的一个同构映射.

(3) 一方面, 由 $(\boldsymbol{\alpha}_1, \boldsymbol{\alpha}_2, \cdots, \boldsymbol{\alpha}_n)$ 为标准正交基底知,

$$\begin{aligned}\boldsymbol{\alpha}_i^\sharp(\boldsymbol{\alpha}_i) &= (\boldsymbol{\alpha}_i, \boldsymbol{\alpha}_i) = 1, \\ \boldsymbol{\alpha}_i^\sharp(\boldsymbol{\alpha}_j) &= (\boldsymbol{\alpha}_i, \boldsymbol{\alpha}_j) = 0, \quad i \neq j.\end{aligned}$$

即

$$\boldsymbol{\alpha}_i^\sharp(\boldsymbol{\alpha}_j) = \delta_{ij}, \quad i, j = 1, 2, \cdots, n.$$

从而, 由式 (3.13) 知, $\boldsymbol{\alpha}_i^* = \boldsymbol{\alpha}_i^\sharp$, $i = 1, 2, \cdots, n$.

另一方面, 由 $(\boldsymbol{\alpha}_1^*, \boldsymbol{\alpha}_2^*, \cdots, \boldsymbol{\alpha}_n^*) = (\boldsymbol{\alpha}_1^\sharp, \boldsymbol{\alpha}_2^\sharp, \cdots, \boldsymbol{\alpha}_n^\sharp)$ 知,

$$(\boldsymbol{\alpha}_i, \boldsymbol{\alpha}_j) = \boldsymbol{\alpha}_i^\sharp(\boldsymbol{\alpha}_j) = \boldsymbol{\alpha}_i^*(\boldsymbol{\alpha}_j) = \begin{cases} 1, & i = j, \\ 0, & i \neq j. \end{cases}$$

从而, 基底 $(\boldsymbol{\alpha}_1, \boldsymbol{\alpha}_2, \cdots, \boldsymbol{\alpha}_n)$ 是标准正交的.

一般地, 由 $\boldsymbol{\alpha}_{i_0} \in G^\perp[\boldsymbol{\alpha}_1, \cdots, \boldsymbol{\alpha}_{i-1}, \boldsymbol{\alpha}_{i+1}, \cdots, \boldsymbol{\alpha}_n]$ 知,

$$\boldsymbol{\alpha}_{i_0}^\sharp(\boldsymbol{\alpha}_j) = (\boldsymbol{\alpha}_{i_0}, \boldsymbol{\alpha}_j) = 0, \quad j = 1, 2, \cdots, n, \quad j \neq i.$$

再由 $|\boldsymbol{\alpha}_{i_0}| = \dfrac{1}{|\boldsymbol{\alpha}_i|\cos\langle\boldsymbol{\alpha}_{i_0}, \boldsymbol{\alpha}_i\rangle}$ 知,

$$\boldsymbol{\alpha}_{i_0}^{\sharp}(\boldsymbol{\alpha}_i) = (\boldsymbol{\alpha}_{i_0}, \boldsymbol{\alpha}_i) = |\boldsymbol{\alpha}_{i_0}||\boldsymbol{\alpha}_i|\cos\langle\boldsymbol{\alpha}_{i_0}, \boldsymbol{\alpha}_i\rangle = 1.$$

从而,

$$\boldsymbol{\alpha}_i^* = \boldsymbol{\alpha}_{i_0}^{\sharp}, \quad i = 1, 2, \cdots, n.$$

(4) 令 $\boldsymbol{\alpha}, \boldsymbol{\beta} \in V$ 且

$$\boldsymbol{\alpha} = \sum_{i=1}^{n} x_i \boldsymbol{\varepsilon}_i, \quad \boldsymbol{\beta} = \sum_{i=1}^{n} y_i \boldsymbol{\varepsilon}_i.$$

由引理 3.6.2 知,

$$[\eta(\boldsymbol{\alpha})]\boldsymbol{\beta} = \boldsymbol{X}^{\mathrm{T}}\boldsymbol{Y},$$

其中, $\boldsymbol{X} = (x_1, x_2, \cdots, x_n)^{\mathrm{T}}$, $\boldsymbol{Y} = (y_1, y_2, \cdots, y_n)^{\mathrm{T}}$. 由基底 $(\boldsymbol{\varepsilon}_1, \boldsymbol{\varepsilon}_2, \cdots, \boldsymbol{\varepsilon}_n)$ 的标准正交性知,

$$\boldsymbol{X}^{\mathrm{T}}\boldsymbol{Y} = (\boldsymbol{\alpha}, \boldsymbol{\beta}). \tag{3.17}$$

根据等式 (3.16) 和式 (3.17), $\eta(\boldsymbol{\alpha}) \equiv \boldsymbol{\alpha}^{\sharp}$, 即 $\eta(\boldsymbol{\alpha}) \equiv \eta'(\boldsymbol{\alpha})$, 因此, $\eta = \eta'$. □

3.6.4 线性空间与其对偶空间的联系

3.5.2 节已经展示了线性函数与线性空间的联系. 本节前面也展示了对偶空间与对偶线性映射在矩阵论上所提供的几何解释. 下面用零化子这种特殊的线性函数来展示线性空间与其对偶空间的联系.

定义 3.6.2 令 M 是域 $\mathbb{F}$ 上线性空间 V 的一个非空集合. 称 V^* 中的集合

$$M^0 = \{f \in V^* \mid f(M) = \{0\}\}$$

为 M 的零化子, 其中, $f(M) = \{f(\boldsymbol{\alpha}) \mid \boldsymbol{\alpha} \in M\}$.

下面给出零化子的若干性质.

性质 3.6.1 令 M 是域 $\mathbb{F}$ 上线性空间 V 的一个非空集合. 则 M^0 是 V^* 的一个子空间 (即使 M 不是 V 的子空间).

证明 显然 V^* 中的零向量 (即 V 上的零函数) 属于 M^0. 关于任意 $f, g \in M^0$, $k \in \mathbb{F}$, 有

$$\begin{aligned}(\forall \boldsymbol{\beta} \in M) \quad (f+g)\boldsymbol{\beta} &= f\boldsymbol{\beta} + g\boldsymbol{\beta} = \boldsymbol{\theta}, \\ (kf)\boldsymbol{\beta} &= kf(\boldsymbol{\beta}) = \boldsymbol{\theta}.\end{aligned}$$

因此,

$$f + g \in M^0, \quad kf \in M^0.$$

从而, M^0 是 V^* 的一个子空间. □

性质 3.6.2 令 M 是域 $\mathbb{F}$ 上 n 维线性空间 V 的一个子空间, 且 $M \neq \{\boldsymbol{\theta}\}$. 则

$$\dim M + \dim M^0 = n.$$

证明 令 $(\boldsymbol{\alpha}_1, \boldsymbol{\alpha}_2, \cdots, \boldsymbol{\alpha}_k)$ 为 M 的一个基底. 若将其扩充为 V 的一个基底

$$(\boldsymbol{\alpha}_1, \boldsymbol{\alpha}_2, \cdots, \boldsymbol{\alpha}_k, \boldsymbol{\beta}_1, \boldsymbol{\beta}_2, \cdots, \boldsymbol{\beta}_{n-k}),$$

则其对偶基底为

$$(\boldsymbol{\alpha}_1^*, \boldsymbol{\alpha}_2^*, \cdots, \boldsymbol{\alpha}_k^*, \boldsymbol{\beta}_1^*, \boldsymbol{\beta}_2^*, \cdots, \boldsymbol{\beta}_{n-k}^*).$$

显然, $\boldsymbol{\beta}_i^* \in M^0$, $i = 1, 2, \cdots, n-k$, 因此, 要证明结论成立, 只需证明 $(\boldsymbol{\beta}_1^*, \boldsymbol{\beta}_2^*, \cdots, \boldsymbol{\beta}_{n-k}^*)$ 是 M^0 的一个基底.

若 $f \in M^0 (\leqslant V^*)$, 则存在 $r_i, s_j \in \mathbb{F}, i = 1, \cdots, k, j = 1, \cdots, n-k$, 使得

$$f = r_1\boldsymbol{\alpha}_1^* + \cdots + r_k\boldsymbol{\alpha}_k^* + s_1\boldsymbol{\beta}_1^* + \cdots + s_{n-k}\boldsymbol{\beta}_{n-k}^*.$$

由 $f \in M^0$ 知,

$$r_i = f(\boldsymbol{\alpha}_i) = 0, \quad r_i = 0, \quad i = 1, \cdots, k.$$

于是,

$$f = s_1\boldsymbol{\beta}_1^* + \cdots + s_{n-k}\boldsymbol{\beta}_{n-k}^*.$$

因此, $\{\boldsymbol{\beta}_1^*, \cdots, \boldsymbol{\beta}_{n-k}^*\}$ 生成 M^0, 记为 $M^0 = G[\boldsymbol{\beta}_1^*, \cdots, \boldsymbol{\beta}_{n-k}^*]$. □

性质 3.6.3 令 V 为域 $\mathbb{F}$ 上一 n 维线性空间. 若视 V^{**} 与 V 等同, 则关于 V 的任一非空子集 M, 都有

$$M^{00} = G[M].$$

若 $S \leqslant V$, 且 $S \neq \{\boldsymbol{\theta}\}$, 则

$$S^{00} = S.$$

证明 令 $\{\boldsymbol{\alpha}_1, \boldsymbol{\alpha}_2, \cdots, \boldsymbol{\alpha}_m\}$ 为 M 的一个极大线性无关向量组, 从而 $(\boldsymbol{\alpha}_1, \boldsymbol{\alpha}_2, \cdots, \boldsymbol{\alpha}_m)$ 为 $G[M]$ 的一个基底, 又 $(\boldsymbol{\alpha}_1, \boldsymbol{\alpha}_2, \cdots, \boldsymbol{\alpha}_m, \cdots, \boldsymbol{\alpha}_n)$ 为 V 的一个基底, V^* 中相应的对偶基底为 $(\boldsymbol{\alpha}_1^*, \boldsymbol{\alpha}_2^*, \cdots, \boldsymbol{\alpha}_m^*, \cdots, \boldsymbol{\alpha}_n^*)$, V^{**} 中相应于 $(\boldsymbol{\alpha}_1^*, \boldsymbol{\alpha}_2^*, \cdots, \boldsymbol{\alpha}_m^*, \cdots, \boldsymbol{\alpha}_n^*)$ 的对偶基底为 $(\boldsymbol{\alpha}_1^{**}, \boldsymbol{\alpha}_2^{**}, \cdots, \boldsymbol{\alpha}_m^{**}, \cdots, \boldsymbol{\alpha}_n^{**})$. 由性质 3.6.2 知, 若

$$M^0 = G[\boldsymbol{\alpha}_{m+1}^*, \cdots, \boldsymbol{\alpha}_n^*],$$

则

$$M^{00} = G[\boldsymbol{\alpha}_1^{**}, \boldsymbol{\alpha}_2^{**}, \cdots, \boldsymbol{\alpha}_m^{**}].$$

由注 3.15 可得

$$M^{00} = G[M].$$

显然, 若 $S \leqslant V$, 且 $S \neq \{\boldsymbol{\theta}\}$, 则 $S^{00} = S$. □

性质 3.6.4 令 V 为域 $\mathbb{F}$ 上一 n 维线性空间, $S,T \leqslant V$, 且 $S,T \neq \{\boldsymbol{\theta}\}$, 则

$$(S\bigcap T)^0 = S^0 + T^0, \quad (S+T)^0 = S^0\bigcap T^0.$$

证明 令

$$\dim(S\bigcap T) = m, \quad \dim S = n_1, \quad \dim T = n_2,$$

$(\boldsymbol{\alpha}_1, \boldsymbol{\alpha}_2, \cdots, \boldsymbol{\alpha}_m)$为 $S\bigcap T$ 的一个基底. 将其分别扩充为 S 的一个基底 $(\boldsymbol{\alpha}_1, \boldsymbol{\alpha}_2, \cdots, \boldsymbol{\alpha}_m, \boldsymbol{\beta}_1, \cdots, \boldsymbol{\beta}_{n_1-m})$ 和 T 的一个基底 $(\boldsymbol{\alpha}_1, \boldsymbol{\alpha}_2, \cdots, \boldsymbol{\alpha}_m, \boldsymbol{\gamma}_1, \cdots, \boldsymbol{\gamma}_{n_2-m})$. 则

$$(\boldsymbol{\alpha}_1, \boldsymbol{\alpha}_2, \cdots, \boldsymbol{\alpha}_m, \boldsymbol{\beta}_1, \cdots, \boldsymbol{\beta}_{n_1-m}, \boldsymbol{\gamma}_1, \boldsymbol{\gamma}_2, \cdots, \boldsymbol{\gamma}_{n_2-m})$$

为 $S+T$ 的一个基底. 我们可再将其扩充为 V 的一个基底

$$(\boldsymbol{\alpha}_1, \boldsymbol{\alpha}_2, \cdots, \boldsymbol{\alpha}_m, \boldsymbol{\beta}_1, \cdots, \boldsymbol{\beta}_{n_1-m}, \boldsymbol{\gamma}_1, \cdots, \boldsymbol{\gamma}_{n_2-m}, \boldsymbol{\delta}_1, \cdots, \boldsymbol{\delta}_s),$$

其中, $s = n-(n_1+n_2-m)$. 记 V^* 中相应的对偶基底为

$$(\boldsymbol{\alpha}_1^*, \boldsymbol{\alpha}_2^*, \cdots, \boldsymbol{\alpha}_m^*, \boldsymbol{\beta}_1^*, \cdots, \boldsymbol{\beta}_{n_1-m}^*, \boldsymbol{\gamma}_1^*, \cdots, \boldsymbol{\gamma}_{n_2-m}^*, \boldsymbol{\delta}_1^*, \cdots, \boldsymbol{\delta}_s^*).$$

由性质 3.6.2 知,

$$\begin{aligned}
(S\bigcap T)^0 &= G[\boldsymbol{\beta}_1^*, \cdots, \boldsymbol{\beta}_{n_1-m}^*, \boldsymbol{\gamma}_1^*, \cdots, \boldsymbol{\gamma}_{n_2-m}^*, \boldsymbol{\delta}_1^*, \cdots, \boldsymbol{\delta}_s^*],\\
S^0 &= G[\boldsymbol{\gamma}_1^*, \cdots, \boldsymbol{\gamma}_{n_2-m}^*, \boldsymbol{\delta}_1^*, \cdots, \boldsymbol{\delta}_s^*],\\
T^0 &= G[\boldsymbol{\beta}_1^*, \cdots, \boldsymbol{\beta}_{n_1-m}^*, \boldsymbol{\delta}_1^*, \cdots, \boldsymbol{\delta}_s^*],\\
(S+T)^0 &= G[\boldsymbol{\delta}_1^*, \cdots, \boldsymbol{\delta}_s^*].
\end{aligned}$$

从而,

$$\begin{aligned}
S^0\bigcap T^0 &= G[\boldsymbol{\delta}_1^*, \cdots, \boldsymbol{\delta}_s^*],\\
S^0 + T^0 &= G[\boldsymbol{\beta}_1^*, \cdots, \boldsymbol{\beta}_{n_1-m}^*, \boldsymbol{\gamma}_1^*, \cdots, \boldsymbol{\gamma}_{n_2-m}^*, \boldsymbol{\delta}_1^*, \cdots, \boldsymbol{\delta}_s^*].
\end{aligned}$$

因此,

$$(S\bigcap T)^0 = S^0 + T^0, \quad (S+T)^0 = S^0\bigcap T^0. \qquad \square$$

性质 3.6.5 令 M, N 为域 $\mathbb{F}$ 上线性空间 V 的两个非空子集 (V 不必是有限维的), 且 $M \subseteq N$. 则

$$N^0 \leqslant M^0.$$

证明 任取 $f \in N^0$, 则关于任意 $\boldsymbol{\beta} \in N$, 有 $f(\boldsymbol{\beta}) = 0$. 由 $M \subseteq N$ 知, 关于任意 $\boldsymbol{\alpha} \in M$ 有 $f(\boldsymbol{\alpha}) = 0$, 从而, $f \in M^0$. 于是, $N^0 \leqslant M^0$. $\square$

注 3.16 利用性质 3.6.5, 可以重复证明: 若 V 为域 $\mathbb{F}$ 上一线性空间 (不必是有限维的), $S,T \leqslant V$, 且 $S,T \neq \{\boldsymbol{\theta}\}$, 则

$$(S+T)^0 = S^0 \bigcap T^0.$$

事实上, 由 $S,T \subseteq S+T$ 知,

$$S^0 \supseteq (S+T)^0, \quad T^0 \supseteq (S+T)^0.$$

从而,

$$S^0 \bigcap T^0 \supseteq (S+T)^0.$$

另外, 任取 $f \in S^0 \bigcap T^0$, 则关于任意 $\boldsymbol{\alpha} \in S, \boldsymbol{\beta} \in T$, 有 $f(\boldsymbol{\alpha}) = 0, f(\boldsymbol{\beta}) = 0$. 从而关于任意 $\boldsymbol{\alpha} + \boldsymbol{\beta} \in S+T$,

$$f(\boldsymbol{\alpha} + \boldsymbol{\beta}) = f(\boldsymbol{\alpha}) + f(\boldsymbol{\beta}) = 0.$$

因此, $f \in (S+T)^0$, 从而,

$$S^0 \bigcap T^0 \subseteq (S+T)^0.$$

总之,

$$(S+T)^0 = S^0 \bigcap T^0.$$

性质 3.6.6 令域 $\mathbb{F}$ 上线性空间 V 为其两个子空间 S 与 T 的直和, 即 $V = S \oplus T$. 则

(1) $S^* \cong T^0$, $T^* \cong S^0$;

(2) $(S \oplus T)^* = S^0 \oplus T^0$.

证明 (1) 若 $f \in T^0 \subseteq V^*$, 则 $f(T) = 0$. 定义映射

$$\tau : f \mapsto f|_S.$$

显然, $f|_S \in S^*$. 从而 τ 为 T^0 到 S^* 的线性映射.

若 $f|_S = \theta$, 则 $f(S) = 0$. 由 $f(T) = 0$ 知, $f = \boldsymbol{\theta}$. 于是, τ 是单射.

关于任意 $g \in S^*$, 定义 f 为

$$f(s+t) = g(s),$$

其中, $s \in S, t \in T$. 显然, $f \in V^*$ 且 $f|_S = g$. 因为关于任意 $t \in T$ 都有 $f(\boldsymbol{\theta} + t) = g(\boldsymbol{\theta}) = 0$, 所以 $f \in T^0$. 从而

$$\tau(f) = f|_S = g.$$

即 τ 为满射. 因此, $S^* \cong T^0$. 同理可证 $T^* \cong S^0$.

(2) 若 $f \in S^0 \bigcap T^0$, 则

$$f(S) = 0, \quad f(T) = 0,$$

从而, $f = \theta$, 即 $S^0 \bigcap T^0 = \{\boldsymbol{\theta}\}$, 由 S^0, T^0 是 V^* 的子空间, 有

$$(S \oplus T)^* \supseteq S^0 \oplus T^0.$$

若 $f \in (S \oplus T)^*$, 定义

$$g(s+t) = f(t), \quad h(s+t) = f(s),$$

其中, $s \in S, t \in T$, 则显然 $g, h \in (S \oplus T)^*$. 由 $g(S) = 0$ 和 $h(T) = 0$ 知, $g \in S^0$, $h \in T^0$. 再由

$$f(s+t) = f(s) + f(t) = g(s+t) + h(s+t) = (g+h)(s+t)$$

知,

$$f = g + h \in S^0 \oplus T^0.$$

从而, 又有

$$(S \oplus T)^* \subseteq S^0 \oplus T^0.$$

总之,

$$(S \oplus T)^* = S^0 \oplus T^0.$$

□

3.7 对称双线性度量空间与线性方程组可解的几何解释

定义 3.7.1 令 V 为数域 $\mathbb{F}$ 上一线性空间. 称映射 $f: V \times V \longrightarrow \mathbb{F}$ 为 V 上一双线性函数, 如果

(1) $(\forall\ \boldsymbol{\alpha}, \boldsymbol{\beta}, \boldsymbol{\gamma} \in V\ \&\ k, l \in \mathbb{F})\quad f(\boldsymbol{\alpha}, k\boldsymbol{\beta} + l\boldsymbol{\gamma}) = kf(\boldsymbol{\alpha}, \boldsymbol{\beta}) + lf(\boldsymbol{\alpha}, \boldsymbol{\gamma})$;

(2) $(\forall\ \boldsymbol{\alpha}, \boldsymbol{\beta}, \boldsymbol{\gamma} \in V\ \&\ k, l \in \mathbb{F})\quad f(k\boldsymbol{\beta} + l\boldsymbol{\gamma}, \boldsymbol{\alpha}) = kf(\boldsymbol{\beta}, \boldsymbol{\alpha}) + lf(\boldsymbol{\gamma}, \boldsymbol{\alpha})$.

双线性函数这一叫法是由于将它的一个变元固定, 它就是另一个变元的线性函数了.

例 3.7.1 令 $\varphi: \mathbb{R}^{n\times n} \to \mathbb{R}$ 为非零线性映射, $f: \mathbb{R}^{n\times n} \times \mathbb{R}^{n\times n} \to \mathbb{R}$ 为 $\mathbb{R}^{n\times n}$ 上的双线性函数. 若关于任意 $\boldsymbol{X}, \boldsymbol{Y} \in \mathbb{R}^{n\times n}$, $\varphi(\boldsymbol{XY}) = \varphi(\boldsymbol{YX})$, 且 $f(\boldsymbol{X}, \boldsymbol{Y}) = \varphi(\boldsymbol{XY})$, 则

(1) f 是非退化的, 即关于任意 $\boldsymbol{Y} \in \mathbb{R}^{n\times n}$, 若 $f(\boldsymbol{X}, \boldsymbol{Y}) = 0$, 则 $\boldsymbol{X} = \boldsymbol{O}$.

(2) 若 $(\boldsymbol{A}_1, \boldsymbol{A}_2, \cdots, \boldsymbol{A}_{n^2})$ 和 $(\boldsymbol{B}_1, \boldsymbol{B}_2, \cdots, \boldsymbol{B}_{n^2})$ 是 $\mathbb{R}^{n\times n}$ 的两个基底, 且

$$f(\boldsymbol{A}_i, \boldsymbol{B}_j) = \delta_{ij} = \begin{cases} 0, & i \neq j, \\ 1, & i = j, \end{cases} \tag{3.18}$$

则 $\sum_{i=1}^{n^2} \boldsymbol{A}_i \boldsymbol{B}_i$ 是数量矩阵.

证明 (1) 先确定 φ 的结构. 取 $\mathbb{R}^{n\times n}$ 的自然基底 $\{E_{ij} \mid i, j = 1, 2, \cdots, n\}$, 其中, E_{ij} 是 (i, j) 元为 1, 其他元均为 0 的 n 阶矩阵. 令 $c_{ji} = \varphi(\boldsymbol{E}_{ij})$, 则 $\boldsymbol{C} = (c_{ij}) \in \mathbb{R}^{n\times n}$. 关于任意 $\boldsymbol{A} = (a_{ij}) \in \mathbb{R}^{n\times n}$, 有

$$\varphi(\boldsymbol{A}) = \sum_{i=1}^{n}\sum_{j=1}^{n} a_{ij}\varphi(\boldsymbol{E}_{ij}) = \sum_{i=1}^{n}\sum_{j=1}^{n} a_{ij}c_{ji} = \operatorname{tr}(\boldsymbol{AC}).$$

因为关于任意 $\boldsymbol{X},\boldsymbol{Y}\in\mathbb{R}^{n\times n}$, 均有 $\varphi(\boldsymbol{XY})=\varphi(\boldsymbol{YX})$, 所以

$$\mathrm{tr}(\boldsymbol{YCX})=\mathrm{tr}(\boldsymbol{XYC})=\mathrm{tr}(\boldsymbol{YXC}).$$

因此, $\boldsymbol{XC}=\boldsymbol{CX}$. 由 $\boldsymbol{X}$ 的任意性知, $\boldsymbol{C}=\lambda\boldsymbol{E}$ 为数量矩阵. 于是关于任意 $\boldsymbol{A}\in\mathbb{R}^{n\times n},\varphi(\boldsymbol{A})=\lambda\mathrm{tr}(\boldsymbol{A})$. 因为 $\varphi\neq 0$, 所以 $\lambda\neq 0$.

若关于任意 $\boldsymbol{Y}\in\mathbb{R}^{n\times n}$,

$$f(\boldsymbol{X},\boldsymbol{Y})=\lambda\mathrm{tr}(\boldsymbol{XY})=0,$$

取 $\boldsymbol{Y}=\boldsymbol{X}^{\mathrm{T}}$, 则 $\boldsymbol{X}=\boldsymbol{O}$.

(2) 令 $\boldsymbol{A}_i=(a_{pq}^i)$, $\boldsymbol{B}_i=(b_{st}^i)$, $\boldsymbol{E}_{pq}=\sum_{i=1}^{n^2}\varepsilon_i^{pq}\boldsymbol{B}_i$, 由式 (3.18) 知,

$$f(\boldsymbol{A}_j,\boldsymbol{E}_{pq})=\sum_{i=1}^{n^2}\varepsilon_i^{pq}f(\boldsymbol{A}_j,\boldsymbol{B}_i)=\varepsilon_j^{pq}.$$

另一方面, 由 (1) 的结果知,

$$f(\boldsymbol{A}_j,\boldsymbol{E}_{pq})=\lambda\mathrm{tr}(\boldsymbol{A}_j\boldsymbol{E}_{pq})=\lambda a_{qp}^j,$$

从而,

$$\boldsymbol{E}_{pq}=\lambda\sum_{i=1}^{n^2}a_{qp}^i\boldsymbol{B}_i.$$

比较等式两边的 (s,t) 元, 有

$$\sum_{i=1}^{n^2}a_{qp}^ib_{st}^i=\frac{1}{\lambda}\delta_{ps}\delta_{qt}.$$

注意到,

$$\boldsymbol{E}_{pq}\boldsymbol{E}_{st}=\delta_{qs}\boldsymbol{E}_{pt},$$

因此,

$$\begin{aligned}\sum_{i=1}^{n^2}\boldsymbol{A}_i\boldsymbol{B}_i&=\sum_{i=1}^{n^2}\left(\sum_{p,q=1}^{n}a_{pq}^i\boldsymbol{E}_{pq}\right)\left(\sum_{s,t=1}^{n}b_{st}^i\boldsymbol{E}_{st}\right)\\&=\sum_{p,q=1}^{n}\sum_{s,t=1}^{n}\sum_{i=1}^{n^2}a_{pq}^ib_{st}^i\delta_{qs}\boldsymbol{E}_{pt}\\&=\frac{1}{\lambda}\sum_{s,t=1}^{n}\sum_{p,q=1}^{n}\delta_{pt}\delta_{qs}\boldsymbol{E}_{pt}\\&=\frac{n}{\lambda}\boldsymbol{E}.\end{aligned}$$

□

注 3.17 (1) 由 3.6 节知, 若数域 $\mathbb{F}$ 上线性空间 V 是有限维的, 则 V 与 V^* 同构. 但是该同构并不自然, 它依赖于 V 中基底的选择. 事实上, 若 $\varphi:V\to V^*$ 为同构, 则

$$\begin{aligned}f:V\times V&\to\mathbb{F}\\(\boldsymbol{\alpha},\boldsymbol{\beta})&\mapsto(\varphi(\boldsymbol{\beta}))(\boldsymbol{\alpha})\end{aligned}$$

为非退化的双线性函数. 反之, 由有限维线性空间的非退化的双线性函数可以得到 V 到 V^* 的同构.

(2) 例 3.7.1 中 $(\boldsymbol{B}_1,\boldsymbol{B}_2,\cdots,\boldsymbol{B}_{n^2})$ 也称为 $(\boldsymbol{A}_1,\boldsymbol{A}_2,\cdots,\boldsymbol{A}_{n^2})$ 的一个对偶基底. 读者可以考虑其与 3.6 节对偶基底定义的关系.

定义 3.7.2 令 $(\varepsilon_1,\varepsilon_2,\cdots,\varepsilon_n)$ 为 $\mathbb{F}$ 上一 n 维线性空间 V 的一个基底, f 为 V 上一双线性函数. 称

$$\boldsymbol{A}=(f(\varepsilon_i,\varepsilon_j))_{n\times n}$$

为 f 在基底 $(\varepsilon_1,\varepsilon_2,\cdots,\varepsilon_n)$ 下的表示矩阵, 或度量矩阵.

显然, 有了 f 的这一表示, 关于任意向量

$$\boldsymbol{\alpha}=\sum_{i=1}^{n}x_i\varepsilon_i=(\varepsilon_1,\varepsilon_2,\cdots,\varepsilon_n)\boldsymbol{X},\quad \boldsymbol{\beta}=\sum_{i=1}^{n}y_i\varepsilon_i=(\varepsilon_1,\varepsilon_2,\cdots,\varepsilon_n)\boldsymbol{Y},$$

有

$$f(\boldsymbol{\alpha},\boldsymbol{\beta})=\sum_{i,j=1}^{n}f(\varepsilon_i,\varepsilon_j)x_iy_j=\boldsymbol{X}^{\mathrm{T}}\boldsymbol{A}\boldsymbol{Y}.\tag{3.19}$$

引理 3.7.1 令 $(\varepsilon_1,\varepsilon_2,\cdots,\varepsilon_n)$ 为 $\mathbb{F}$ 上线性空间 $\boldsymbol{V}$ 的一个基底. 则

$$\eta: f\longmapsto (f(\varepsilon_1),f(\varepsilon_2),\cdots,f(\varepsilon_n))$$

为 V 上的所有线性函数的集合 $\mathcal{L}(V,\ \mathbb{F})$ 到 $\mathbb{F}^n$ 的双射.

令

$$BL(V,\mathbb{F})=\{f\mid f \text{ 为 } V \text{ 上的双线性函数}\}.$$

类似于引理 3.7.1, 有如下结论.

定理 3.7.1 令 $(\varepsilon_1,\varepsilon_2,\cdots,\varepsilon_n)$ 为 $\mathbb{F}$ 上线性空间 V 的一个基底. 则

$$\zeta: f\longmapsto (f(\varepsilon_i,\varepsilon_j))_{n\times n}$$

为 $BL(V,\mathbb{F})$ 到 $\mathbb{F}^{n\times n}$ 的双射.

□

注 3.18 在不同基底下, 同一个线性 (双线性) 函数的表示向量 (度量矩阵) 一般是不同的. 事实上, 令 $(\varepsilon_1,\varepsilon_2,\cdots,\varepsilon_n)$ 与 $(\boldsymbol{\eta}_1,\boldsymbol{\eta}_2,\cdots,\boldsymbol{\eta}_n)$ 为 $\mathbb{F}$ 上线性空间的两个基底, 二者的关系由如下基底的过渡给出:

$$(\boldsymbol{\eta}_1,\boldsymbol{\eta}_2,\cdots,\boldsymbol{\eta}_n)=(\varepsilon_1,\varepsilon_2,\cdots,\varepsilon_n)\boldsymbol{T}.$$

若线性 (双线性) 函数 $f(\boldsymbol{\alpha})$ $(f(\boldsymbol{\alpha},\boldsymbol{\beta}))$ 在 $(\varepsilon_1,\varepsilon_2,\cdots,\varepsilon_n)$ 与 $(\boldsymbol{\eta}_1,\boldsymbol{\eta}_2,\cdots,\boldsymbol{\eta}_n)$ 下的表示向量 (度量矩阵) 分别为 $(\boldsymbol{a}_1,\boldsymbol{a}_2,\cdots,\boldsymbol{a}_n)$ 与 $(\boldsymbol{b}_1,\boldsymbol{b}_2,\cdots,\boldsymbol{b}_n)$ ($\boldsymbol{A}$ 与 $\boldsymbol{B}$), 则

$$(\boldsymbol{b}_1,\boldsymbol{b}_2,\cdots,\boldsymbol{b}_n)=(\boldsymbol{a}_1,\boldsymbol{a}_2,\cdots,\boldsymbol{a}_n)\boldsymbol{T}$$

$$(\boldsymbol{B} = \boldsymbol{T}^{\mathrm{T}}\boldsymbol{A}\boldsymbol{T}).$$

因此, 线性 (双线性) 函数 f 在不同的基底下的表示向量 (度量矩阵) 同时为零或者不为零 (有相同的秩, 因为 $\boldsymbol{T}$ 非奇异, 称它为 $\boldsymbol{f}$ 的秩).

定义 3.7.3 令 V 为数域 $\mathbb{F}$ 上一 n 维线性空间, $f(\boldsymbol{\alpha}, \boldsymbol{\beta})$ 为 V 上一双线性函数. 称 f 为非奇异的, 如果

$$(\forall\, \boldsymbol{\theta} \neq \boldsymbol{\alpha} \in V)\ (\exists\, \boldsymbol{\beta} \in V) \quad f(\boldsymbol{\alpha}, \boldsymbol{\beta}) \neq 0.$$

定理 3.7.2 假设如定义 3.7.3, 则下列诸条等价:

(1) f 为非奇异的;

(2) f 在 V 的任意基底下的度量矩阵是非奇异的;

(3) f 在 V 的某一基底下的度量矩阵是非奇异的;

(4) $(\forall\, \boldsymbol{\theta} \neq \boldsymbol{\beta} \in V)\ (\exists\, \alpha \in V) f(\boldsymbol{\alpha}, \boldsymbol{\beta}) \neq 0$.

证明 (1) $\Leftrightarrow$ (2) 令 $(\boldsymbol{\varepsilon}_1, \boldsymbol{\varepsilon}_2, \cdots, \boldsymbol{\varepsilon}_n)$ 为 V 的一个基底, f 在该基底下的度量矩阵为 $\boldsymbol{A}$. f 非奇异显然等价于关于任意 $\boldsymbol{\alpha} \in V$,

$$(\forall\, \boldsymbol{\beta} \in V) \quad f(\boldsymbol{\alpha}, \boldsymbol{\beta}) = 0 \Rightarrow \boldsymbol{\alpha} = \boldsymbol{\theta}.$$

根据 (3.19), 这等价于关于任意 $\boldsymbol{X} \in \mathbb{F}^n$,

$$(\forall\, \boldsymbol{Y} \in \mathbb{F}^n) \quad \boldsymbol{X}^{\mathrm{T}}\boldsymbol{A}\boldsymbol{Y} = \boldsymbol{\theta} \Rightarrow \boldsymbol{X} = \boldsymbol{\theta}.$$

又等价于关于任意 $\boldsymbol{X} \in \mathbb{F}^n$,

$$\boldsymbol{X}^{\mathrm{T}}\boldsymbol{A} = \boldsymbol{\theta} \Rightarrow \boldsymbol{X} = \boldsymbol{\theta}.$$

从而, f 非奇异当且仅当 $\boldsymbol{A}$ 非奇异.

(2) $\Leftrightarrow$ (3) (2) $\Rightarrow$ (3) 是显然的. (3) $\Rightarrow$ (2) 由注 3.18 可得.

(2) $\Leftrightarrow$ (4) 通过类似于 (1) $\Leftrightarrow$ (2) 的证明即得. □

定义 3.7.4 假设如定义 3.7.3. 称 f 为对称的, 如果

$$(\forall\, \boldsymbol{\alpha}, \boldsymbol{\beta} \in V) \quad f(\boldsymbol{\alpha}, \boldsymbol{\beta}) = f(\boldsymbol{\beta}, \boldsymbol{\alpha}).$$

易知, 有如下结论.

定理 3.7.3 假设如定义 3.7.3. 则下列诸条等价:

(1) f 为对称的;

(2) f 在任意基底下的度量矩阵是对称的;

(3) f 在某一基底下的度量矩阵是对称的.

定义 3.7.5 令 V 为数域 $\mathbb{F}$ 上一 n 维线性空间, f 为 V 上一对称双线性函数. 称 V 中向量 $\boldsymbol{\alpha}$ 与 $\boldsymbol{\beta}$ 正交, 如果 $f(\boldsymbol{\alpha}, \boldsymbol{\beta}) = 0$.

定理 3.7.4 假设如定义 3.7.5. 则 V 中存在两两正交的向量组成的基底. 因此, f 在该基底下的矩阵为对角矩阵, 且对角线上非零元素的个数恰为 f 的秩.

证明见 7.4 节.

定义 3.7.6 令 $V=(V;+,\cdot\,;\mathbb{F})$ 为一线性空间, f 为 V 上一非奇异对称双线性函数. 则称代数系统 $(V;+,\cdot\,;\mathbb{F};f)$ 为一对称双线性度量空间, 仍简记为 V (当 $\mathbb{F}=\mathbb{R}$ 时, 称 $V=(V;+,\cdot\,;\mathbb{R};f)$ 为一伪 Euclid 空间. 在 3.8 节, 我们将建立更强的 Euclid 空间的概念).

由定理 3.7.4, 有如下结论.

推论 3.7.1 n 维对称双线性度量空间 V 里存在基底 $(\boldsymbol{\varepsilon}_1,\boldsymbol{\varepsilon}_2,\cdots,\boldsymbol{\varepsilon}_n)$, 使得关于 V 的非奇异对称双线性函数 f, 有

$$f(\boldsymbol{\varepsilon}_i,\boldsymbol{\varepsilon}_i)\neq 0,\quad i=1,2,\cdots,n,$$
$$f(\boldsymbol{\varepsilon}_i,\boldsymbol{\varepsilon}_j)=0,\quad i,j=1,2,\cdots,n,\quad i\neq j.$$

称此基底为 V 的正交基底.

推论 3.7.2 令 V 为复 (实) 数域 $\mathbb{C}$ $(\mathbb{R})$ 上一 n 维线性空间, f 为 V 上一对称双线性函数. 则存在正交基底 $(\boldsymbol{\varepsilon}_1,\boldsymbol{\varepsilon}_2,\cdots,\boldsymbol{\varepsilon}_n)$, 使得关于 V 中任意向量

$$\boldsymbol{\alpha}=\sum_{i=1}^{n}x_i\boldsymbol{\varepsilon}_i,\quad \boldsymbol{\beta}=\sum_{i=1}^{n}y_i\boldsymbol{\varepsilon}_i,$$

有

$$f(\boldsymbol{\alpha},\boldsymbol{\beta})=\sum_{i=1}^{r}x_iy_i$$

$$\left(f(\boldsymbol{\alpha},\boldsymbol{\beta})=\sum_{i=1}^{p}x_iy_i-\sum_{j=p+1}^{r}x_jy_j\right),$$

其中, r 为 f 的秩, $0\leqslant p\leqslant r\leqslant n$.

定义 3.7.7 令 $V=(V;+,\cdot;\mathbb{F};f)$ 为一 n 维对称双线性度量空间. 若 $V_1\leqslant V$, 则易知

$$\{\boldsymbol{\alpha}\in V\mid(\forall\,\boldsymbol{\beta}\in V_1)\quad f(\boldsymbol{\alpha},\boldsymbol{\beta})=0\}\subseteq V,$$

记其为 $V_1^{\perp}$, 显然 $V_1^{\perp}\leqslant V$, 称它为 V_1 的正交补 (空间).

推论 3.7.3 假设如定义 3.7.7, 又令 $V_1\leqslant V$. 若 $\dim V_1=0$, 则显然 $V_1^{\perp}=V$. 若 $\dim V_1=r\geqslant 1$, 且 $(\boldsymbol{\beta}_1,\boldsymbol{\beta}_2,\cdots,\boldsymbol{\beta}_r)$ 为 V_1 的任一基底, 则

$$V_1^{\perp}=\{\boldsymbol{\alpha}\in V\mid f(\boldsymbol{\alpha},\boldsymbol{\beta}_i)=0,i=1,2,\cdots,r\},$$

即 $V_1^{\perp}$ 为 V 上下列方程组的解集

$$f(\boldsymbol{\alpha},\boldsymbol{\beta}_i)=0,\quad i=1,2,\cdots,r. \tag{3.20}$$

假设仍如定义 3.7.7, 又令 $(\boldsymbol{\alpha}_1,\boldsymbol{\alpha}_2,\cdots,\boldsymbol{\alpha}_n)$ 为 V 的任一基底, $(\boldsymbol{\beta}_1,\boldsymbol{\beta}_2,\cdots,\boldsymbol{\beta}_r)$ 为 V_1 ($\leqslant V$) 的任一基底, $1\leqslant r\leqslant n$, f 在基底 $(\boldsymbol{\alpha}_1,\boldsymbol{\alpha}_2,\cdots,\boldsymbol{\alpha}_n)$ 下的度量矩阵为 $\boldsymbol{A}\in\mathbb{F}^{n\times n}$, $\boldsymbol{\beta}_i$ 在基底

$(\boldsymbol{\alpha}_1, \boldsymbol{\alpha}_2, \cdots, \boldsymbol{\alpha}_n)$ 下的坐标为

$$\boldsymbol{B}_i = \begin{pmatrix} b_{i1} \\ b_{i2} \\ \vdots \\ b_{in} \end{pmatrix},$$

$i = 1, 2, \cdots, r$. 若向量 $\boldsymbol{\alpha}$ 在基底 $(\boldsymbol{\alpha}_1, \boldsymbol{\alpha}_2, \cdots, \boldsymbol{\alpha}_n)$ 下的坐标为

$$\boldsymbol{X} = \begin{pmatrix} x_1 \\ x_2 \\ \vdots \\ x_n \end{pmatrix},$$

则式 (3.20) 在基底 $(\boldsymbol{\alpha}_1, \boldsymbol{\alpha}_2, \cdots, \boldsymbol{\alpha}_n)$ 下可表为

$$\boldsymbol{X}^{\mathrm{T}} \boldsymbol{A} \boldsymbol{B}_i = 0, \quad i = 1, 2, \cdots, r, \tag{3.21}$$

或表示为

$$\boldsymbol{X}^{\mathrm{T}} \boldsymbol{A} (\boldsymbol{B}_1, \boldsymbol{B}_2, \cdots, \boldsymbol{B}_r) = \boldsymbol{\theta}, \tag{3.22}$$

其中, 分块矩阵 $(\boldsymbol{B}_1, \boldsymbol{B}_2, \cdots, \boldsymbol{B}_r)$ 为 $n \times r$ 矩阵 $\boldsymbol{B}^{\mathrm{T}}$, $\boldsymbol{B} = (b_{ij})_{r \times n}$, $\boldsymbol{\theta}$ 为 r 元零行向量 $(0, 0, \cdots, 0)$.

定理 3.7.5 假设如定义 3.7.7. 若 $V_1 \leqslant V$, 则

(1) $\dim V_1 + \dim V_1^{\perp} = n$;

(2) $(V_1^{\perp})^{\perp} = V_1$.

证明 令 $\dim V_1 = r$. 若 $r = 0$, 则由 $\{\boldsymbol{\theta}\}^{\perp} = V$ 以及 $V^{\perp} = \{\boldsymbol{\theta}\}$ (f 非奇异) 知, (1), (2) 成立. 下面考察 $r \geqslant 1$ 的情形.

(1) 据习题 3 中的 5, 只需证明 $\dim S = n - r$. 由 S 为线性方程组 (3.22), 即

$$\boldsymbol{B} \boldsymbol{A} \boldsymbol{X} = \boldsymbol{\theta} \tag{3.23}$$

的解空间 (此处的 $\boldsymbol{\theta}$ 已是 r 元零列向量了) 知, $\dim S = n - r$ 当且仅当 $r_{\boldsymbol{BA}} = r$ ($\boldsymbol{BA}$ 为 (3.23) 的系数矩阵). 由 $(\boldsymbol{\beta}_1, \boldsymbol{\beta}_2, \cdots, \boldsymbol{\beta}_r)$ 为 V_1 的一个基底, $\boldsymbol{B}_i$ 为 $\boldsymbol{\beta}_i$ 在 V 的基底 $(\boldsymbol{\alpha}_1, \boldsymbol{\alpha}_2, \cdots, \boldsymbol{\alpha}_n)$ 下的坐标, $i = 1, 2, \cdots, r$. $r \times n$ 矩阵 $\boldsymbol{B}$ 的行向量是线性无关的, 因此, $r_{\boldsymbol{B}} = r$. 又根据定理 3.7.2, $\boldsymbol{A}$ 非奇异, 再根据习题 2 中的 1, $r_{\boldsymbol{BA}} = r_{\boldsymbol{B}} = r$. 因此, $\dim S = n - r$.

(2) 由 (1) 知, $\dim V_1^{\perp} = n - r$, 再根据 (1) 知,

$$\dim (V_1^{\perp})^{\perp} = r \ (= \dim V_1).$$

但 $(V_1^{\perp})^{\perp}$ 为 V 的子空间, 又显然

$$(V_1^{\perp})^{\perp} \supseteq V_1,$$

根据习题 3 中的 6, $(V_1^{\perp})^{\perp} = V_1$. □

注 3.19 在对称双线性度量空间中, 我们尽管有定理 3.7.5, 但未必有 $V_1\bigcap V_1^{\perp}=\{\boldsymbol{\theta}\}$ (因此, 未必有 $V=V_1\oplus V_1^{\perp}$). 例如, 在 $\mathbb{C}^2$ 中引入双线性函数

$$f((x_1,y_1),(x_2,y_2))=x_1x_2+y_1y_2,$$

它显然是非奇异对称的, 于是, 复空间 $\mathbb{C}^2$ 连同这一 f 构成一对称双线性度量空间. 取 $V_1=G[(1,\mathrm{i})]$, 显然, $V_1^{\perp}=V_1$.

下面, 返回到任意数域 $\mathbb{F}$ 上线性方程组的讨论.

令 $\boldsymbol{A}=(a_{ij})\in\mathbb{F}^{m\times n}$,

$$\boldsymbol{B}=\begin{pmatrix}b_1\\b_2\\\vdots\\b_m\end{pmatrix}\in\mathbb{F}^{m\times 1},\quad \boldsymbol{X}=\begin{pmatrix}x_1\\x_2\\\vdots\\x_n\end{pmatrix}.$$

将在 n 维对称双线性度量空间 $\mathbb{F}^n(E)$ 中讨论齐次 (非齐次) 线性方程组

$$\boldsymbol{AX}=\boldsymbol{\theta} \tag{3.24}$$

$$(\boldsymbol{AX}=\boldsymbol{B}), \tag{3.25}$$

其中, $\mathbb{F}^n(\boldsymbol{E})$ 表示 $\mathbb{F}$ 上 n 维向量空间 $\mathbb{F}^n$ 连同在自然基底

$$\left(\boldsymbol{\varepsilon}_1=\begin{pmatrix}1\\0\\0\\\vdots\\0\end{pmatrix},\boldsymbol{\varepsilon}_2=\begin{pmatrix}0\\1\\0\\\vdots\\0\end{pmatrix},\cdots,\boldsymbol{\varepsilon}_n=\begin{pmatrix}0\\0\\0\\\vdots\\1\end{pmatrix}\right)$$

下度量矩阵为单位矩阵 $\boldsymbol{E}$ 的双线性函数 $f_{\boldsymbol{E}}$ 所构成的对称双线性度量空间. 实际上, 在 $\mathbb{F}^n(\boldsymbol{E})$ 中,

$$f_{\boldsymbol{E}}\left(\begin{pmatrix}a_1\\a_2\\\vdots\\a_n\end{pmatrix},\begin{pmatrix}b_1\\b_2\\\vdots\\b_n\end{pmatrix}\right)=\sum_{i=1}^n a_ib_i.$$

借助对称双线性度量空间 $\mathbb{F}^n(\boldsymbol{E})$, 齐次线性方程组 (3.24) 可以写为

$$f_{\boldsymbol{E}}(\boldsymbol{\gamma}_i^{\mathrm{T}},\boldsymbol{X})=0,\quad i=1,2,\cdots,m,$$

其中, $\boldsymbol{\gamma}_i$ 为 $\boldsymbol{A}=(a_{ij})\in\mathbb{F}^{m\times n}$ 的第 i 个行向量, 即

$$\boldsymbol{\gamma}_i=(a_{i1},a_{i2},\cdots,a_{in}),\quad i=1,2,\cdots,m.$$

令

$$V_1 = G[\boldsymbol{\gamma}_1^{\mathrm{T}}, \boldsymbol{\gamma}_2^{\mathrm{T}}, \cdots, \boldsymbol{\gamma}_m^{\mathrm{T}}] \ (\leqslant \mathbb{F}^n(\boldsymbol{E})).$$

则 (3.24) 的解空间恰为 $V_1^{\perp}$.

再看非齐次线性方程组 (3.25). 令 $\boldsymbol{\alpha}_1, \boldsymbol{\alpha}_2, \cdots, \boldsymbol{\alpha}_n$ 为 $\boldsymbol{A}$ 的 n 个 m 元列向量, 即

$$\boldsymbol{\alpha}_j = \begin{pmatrix} a_{1j} \\ a_{2j} \\ \vdots \\ a_{mj} \end{pmatrix}, \quad j = 1, 2, \cdots, n,$$

则 (3.25) 有解当且仅当

$$r_{\{\boldsymbol{\alpha}_1, \boldsymbol{\alpha}_2, \cdots, \boldsymbol{\alpha}_n\}} = r_{\{\boldsymbol{\alpha}_1, \boldsymbol{\alpha}_2, \cdots, \boldsymbol{\alpha}_n, \boldsymbol{B}\}},$$

即 $\boldsymbol{B} \in G[\boldsymbol{\alpha}_1, \boldsymbol{\alpha}_2, \cdots, \boldsymbol{\alpha}_n]$. 今考虑 (3.25) 的所谓转置齐次线性方程组

$$\boldsymbol{A}^{\mathrm{T}} \begin{pmatrix} y_1 \\ y_2 \\ \vdots \\ y_m \end{pmatrix} = \boldsymbol{\theta}, \tag{3.26}$$

此时, $G[\boldsymbol{\alpha}_1, \boldsymbol{\alpha}_2, \cdots, \boldsymbol{\alpha}_n]$ 就是 $\mathbb{F}^m(\boldsymbol{E})$ 的由 (3.26) 的系数矩阵 $\boldsymbol{A}^{\mathrm{T}}$ 的行向量生成的子空间了. 由上面关于齐次线性方程组的讨论, 已知 (3.26) 的解空间 $(\leqslant \mathbb{F}^m(\boldsymbol{E}))$ 恰为

$$G[\boldsymbol{\alpha}_1, \boldsymbol{\alpha}_2, \cdots, \boldsymbol{\alpha}_n]^{\perp},$$

而根据定理 3.7.5,

$$(G[\boldsymbol{\alpha}_1, \boldsymbol{\alpha}_2, \cdots, \boldsymbol{\alpha}_n]^{\perp})^{\perp} = G[\boldsymbol{\alpha}_1, \boldsymbol{\alpha}_2, \cdots, \boldsymbol{\alpha}_n].$$

因此, $\boldsymbol{B} \in G[\boldsymbol{\alpha}_1, \boldsymbol{\alpha}_2, \cdots, \boldsymbol{\alpha}_n]$ 当且仅当 $\boldsymbol{B}$ 在 m 维对称双线性空间 $\mathbb{F}^m(\boldsymbol{E})$ 中与 (3.26) 的解空间正交, 即与 (3.26) 的任意解正交. 从而, 有如下结论.

定理 3.7.6 非齐次线性方程组 (3.25) 有解当且仅当它的非齐次项 $\boldsymbol{B}$ 与其转置齐次线性方程组 (3.26) 的解空间正交.

注 3.20 通过上面的讨论, 已经掌握了构造一与已知齐次 (非齐次) 线性方程组同解的新的齐次 (非齐次) 线性方程组的原则了.

3.8 Euclid 空间与线性方程组的最小二乘法

本节将定义 3.7.6 中顺便定义起来的伪 Euclid 空间加强成为 Euclid 空间, 继而讨论实线性方程组的最小二乘法.

3.8.1 Euclid 空间的基本概念和基本事实

定义 3.8.1 令 V 为一实线性空间 (实数域 $\mathbb{R}$ 上的线性空间). 称 V 上一对称双线性函数 $f: V \times V \longrightarrow \mathbb{R}$ 为 V 上一内积, 如果 f 满足正定性, 即

$$(\forall\ \boldsymbol{\alpha} \in V) \quad f(\boldsymbol{\alpha}, \boldsymbol{\alpha}) \geqslant 0,$$

且等号成立当且仅当 $\boldsymbol{\alpha} = \boldsymbol{\theta}$. f 为内积时, 通常记 f 为 $(\ ,\ )$, $f(\boldsymbol{\alpha}, \boldsymbol{\beta})$ 为 $(\boldsymbol{\alpha}, \boldsymbol{\beta})$. 称一实线性空间 V 连同定义在 V 上的一个内积 $(\ ,\ )$ 构成的代数系统为一 Euclid 空间.

显然, 正定双线性函数是非奇异的, 因此, Euclid 空间是伪 Euclid 空间.

例 3.8.1 (1) 显然, 在 n 维实线性空间 $\mathbb{R}^n$ 上, 二元函数

$$\left(\begin{pmatrix} a_1 \\ a_2 \\ \vdots \\ a_n \end{pmatrix}, \begin{pmatrix} b_1 \\ b_2 \\ \vdots \\ b_n \end{pmatrix} \right) = \sum_{i=1}^{n} a_i b_i$$

给出一个内积, $\mathbb{R}^n$ 连同这一内积构成一 Euclid 空间.

(2) 易证, $C[a, b]$ 上的二元函数

$$(f(x), g(x)) = \int_a^b f(x) g(x) \mathrm{d}x$$

是 $C[a, b]$ 上的内积, $C[a, b]$ 连同这一内积构成一 Euclid 空间.

在一般的对称双线性度量空间 (即使是伪 Euclid 空间) 里, 直观几何向量的长度、夹角等概念都推广不进来. 但在 Euclid 空间里, 可以做到这一点.

定义 3.8.2 令 V 为一 Euclid 空间, $\boldsymbol{\alpha} \in V$. 称非负实数 $\sqrt{(\boldsymbol{\alpha}, \boldsymbol{\alpha})}$ 为 $\boldsymbol{\alpha}$ 的长度, 记为 $|\ \boldsymbol{\alpha}\ |$. 称 $\boldsymbol{\alpha}$ 为单位向量, 如果 $|\ \boldsymbol{\alpha}\ | = 1$ $\left(\boldsymbol{\alpha} \neq \boldsymbol{\theta}\right.$ 时, $\dfrac{1}{|\ \boldsymbol{\alpha}\ |}\boldsymbol{\alpha}$ 就是单位向量, 下面也常将 $\dfrac{1}{|\ \boldsymbol{\alpha}\ |}\boldsymbol{\alpha}$ 记为 $\left.\dfrac{\boldsymbol{\alpha}}{|\ \boldsymbol{\alpha}\ |}\right)$.

根据定义 3.8.1, $\boldsymbol{\alpha} = \boldsymbol{\theta}$ 时, $|\ \boldsymbol{\alpha}\ | = 0$; $\boldsymbol{\alpha} \neq \boldsymbol{\theta}$ 时, $|\ \boldsymbol{\alpha}\ | > 0$, 而且关于任意 $k \in \mathbb{R}$, $\boldsymbol{\alpha} \in V$,

$$|\ k\boldsymbol{\alpha}\ | = \sqrt{(k\boldsymbol{\alpha}, k\boldsymbol{\alpha})} = \sqrt{k^2(\boldsymbol{\alpha}, \boldsymbol{\alpha})} = |\ k\ ||\ \boldsymbol{\alpha}\ |.$$

这些都说明, 我们在此定义的向量的长度的概念符合直观几何里熟知的向量长度的那些性质.

在直观几何里, 关于向量 $\boldsymbol{\alpha}, \boldsymbol{\beta}$ 的夹角 $\langle \boldsymbol{\alpha}, \boldsymbol{\beta} \rangle$, 有联系内积的公式

$$\cos\langle \boldsymbol{\alpha}, \boldsymbol{\beta} \rangle = \frac{(\boldsymbol{\alpha}, \boldsymbol{\beta})}{|\ \boldsymbol{\alpha}\ ||\ \boldsymbol{\beta}\ |}. \tag{3.27}$$

为了在一般 Euclid 空间里, 借助式 (3.27) 引入两向量夹角的概念, 先建立下面的 Cauchy-Bunjakovski 不等式.

定理 3.8.1 令 V 为一 Euclid 空间. 则关于 V 中任意非零向量 $\boldsymbol{\alpha},\boldsymbol{\beta}$ 有

$$\frac{|(\boldsymbol{\alpha},\boldsymbol{\beta})|}{|\boldsymbol{\alpha}||\boldsymbol{\beta}|}\leqslant 1, \tag{3.28}$$

且式 (3.28) 等号成立当且仅当 $\boldsymbol{\alpha},\boldsymbol{\beta}$ 线性相关.

证明 考察 $\boldsymbol{\alpha}-t\boldsymbol{\beta}$, 其中 t 为一实变量. 由内积的正定性知,

$$(\boldsymbol{\alpha}-t\boldsymbol{\beta},\boldsymbol{\alpha}-t\boldsymbol{\beta})\geqslant 0,$$

即

$$t^2(\boldsymbol{\beta},\boldsymbol{\beta})-2t(\boldsymbol{\alpha},\boldsymbol{\beta})+(\boldsymbol{\alpha},\boldsymbol{\alpha})\geqslant 0.$$

上式左边关于 t 的二次三项式仅取非负值意味着它不能有两个不相等的实根, 因此, 这一二次三项式的判别式不能为正, 从而

$$(\boldsymbol{\alpha},\boldsymbol{\beta})^2-(\boldsymbol{\alpha},\boldsymbol{\alpha})(\boldsymbol{\beta},\boldsymbol{\beta})\leqslant 0,$$

即

$$\frac{(\boldsymbol{\alpha},\boldsymbol{\beta})^2}{(\boldsymbol{\alpha},\boldsymbol{\alpha})(\boldsymbol{\beta},\boldsymbol{\beta})}\leqslant 1.$$

当 $\boldsymbol{\alpha},\boldsymbol{\beta}$ 线性相关时, 上式等号成立是显然的. 反之, 若上式等号成立, 则以上二次三项式有两个相等实根 t_0, 即

$$(\boldsymbol{\alpha}-t_0\boldsymbol{\beta},\boldsymbol{\alpha}-t_0\boldsymbol{\beta})=0.$$

由内积的正定性知, $\boldsymbol{\alpha}-t_0\boldsymbol{\beta}=\boldsymbol{\theta}$, 从而, $\boldsymbol{\alpha},\boldsymbol{\beta}$ 线性相关. □

注 3.21 如果取式 (3.28) 为

$$|(\boldsymbol{\alpha},\boldsymbol{\beta})|\leqslant|\boldsymbol{\alpha}||\boldsymbol{\beta}|,$$

即

$$(\boldsymbol{\alpha},\boldsymbol{\beta})^2\leqslant(\boldsymbol{\alpha},\boldsymbol{\alpha})(\boldsymbol{\beta},\boldsymbol{\beta})$$

的形式, 我们当然不必限制 $\boldsymbol{\alpha},\boldsymbol{\beta}$ 都非零. 此时, 定理 3.8.1 后一内容的必要性的证明可分 $\boldsymbol{\beta}=\boldsymbol{\theta}$ (显然 $\boldsymbol{\alpha},\boldsymbol{\beta}$ 线性相关) 和 $\boldsymbol{\beta}\neq\boldsymbol{\theta}$ (证明如上).

例 3.8.2 将上面的不等式具体到例 3.8.1, 可知

(1) 关于任意实数 $a_i,b_i,\ i=1,2,\cdots,n$, 有

$$\left|\sum_{i=1}^n a_ib_i\right|\leqslant\sqrt{\sum_{i=1}^n a_i^2}\sqrt{\sum_{i=1}^n b_i^2}.$$

(2) 关于 $C[a,b]$ 上任意连续函数 $f(x),g(x)$, 有

$$\left|\int_a^b f(x)g(x)\mathrm{d}x\right|\leqslant\sqrt{\int_a^b f^2(x)\mathrm{d}x}\sqrt{\int_a^b g^2(x)\mathrm{d}x}.$$

以上两个历史上著名的不等式在此都作为 Cauchy-Bunjakovski 不等式的特例而重新得到.

基于 Cauchy-Bunjakovski 不等式, 可以建立非零向量的夹角的概念和其他有关事实.

定义 3.8.3 令 V 为一 Euclid 空间. 若 $\boldsymbol{\alpha},\boldsymbol{\beta}\in V$, $\boldsymbol{\alpha}\neq\boldsymbol{\theta}$, $\boldsymbol{\beta}\neq\boldsymbol{\theta}$, 则记 $\boldsymbol{\alpha},\boldsymbol{\beta}$ 的夹角为 $\langle\boldsymbol{\alpha},\boldsymbol{\beta}\rangle$, 并规定

$$\langle\boldsymbol{\alpha},\boldsymbol{\beta}\rangle=\arccos\frac{(\boldsymbol{\alpha},\boldsymbol{\beta})}{|\,\boldsymbol{\alpha}\,||\,\boldsymbol{\beta}\,|},\quad 0\leqslant\langle\boldsymbol{\alpha},\boldsymbol{\beta}\rangle\leqslant\pi.$$

定理 3.8.2 令 V 为一 Euclid 空间, $\boldsymbol{\alpha},\boldsymbol{\beta}\in V$. 则

(1) $|\,\boldsymbol{\alpha}+\boldsymbol{\beta}\,|\leqslant|\,\boldsymbol{\alpha}\,|+|\,\boldsymbol{\beta}\,|$ (三角形不等式);

(2) 若 $\boldsymbol{\alpha}$ 与 $\boldsymbol{\beta}$ 正交, 则

$$|\,\boldsymbol{\alpha}+\boldsymbol{\beta}\,|^2=|\,\boldsymbol{\alpha}\,|^2+|\,\boldsymbol{\beta}\,|^2\ \text{(勾股定理)}.$$

证明 (1) 由

$$|\,\boldsymbol{\alpha}+\boldsymbol{\beta}\,|^2=(\boldsymbol{\alpha}+\boldsymbol{\beta},\boldsymbol{\alpha}+\boldsymbol{\beta})=(\boldsymbol{\alpha},\boldsymbol{\alpha})+2(\boldsymbol{\alpha},\boldsymbol{\beta})+(\boldsymbol{\beta},\boldsymbol{\beta}),$$

根据 Cauchy-Bunjakovski 不等式, 有

$$|\,\boldsymbol{\alpha}+\boldsymbol{\beta}\,|^2\leqslant|\,\boldsymbol{\alpha}\,|^2+2|\,\boldsymbol{\alpha}\,||\,\boldsymbol{\beta}\,|+|\,\boldsymbol{\beta}\,|^2=(|\,\boldsymbol{\alpha}\,|+|\,\boldsymbol{\beta}\,|)^2,$$

因此,

$$|\,\boldsymbol{\alpha}+\boldsymbol{\beta}\,|\leqslant|\,\boldsymbol{\alpha}\,|+|\,\boldsymbol{\beta}\,|.$$

(2) 由 $(\boldsymbol{\alpha},\boldsymbol{\beta})=0$, 有

$$|\,\boldsymbol{\alpha}+\boldsymbol{\beta}\,|^2=(\boldsymbol{\alpha}+\boldsymbol{\beta},\boldsymbol{\alpha}+\boldsymbol{\beta})=(\boldsymbol{\alpha},\boldsymbol{\alpha})+(\boldsymbol{\beta},\boldsymbol{\beta})=|\,\boldsymbol{\alpha}\,|^2+|\,\boldsymbol{\beta}\,|^2.$$ □

注 3.22 勾股定理可以推广到两两正交的任意 m 个向量.

定义 3.8.4 令 V 为一 Euclid 空间, $\boldsymbol{\alpha}_1,\boldsymbol{\alpha}_2,\cdots,\boldsymbol{\alpha}_m\in V$. 称 $\boldsymbol{\alpha}_1,\boldsymbol{\alpha}_2,\cdots,\boldsymbol{\alpha}_m$ 为一正交向量组, 如果

$$\boldsymbol{\alpha}_i\neq\boldsymbol{\theta},\quad i=1,2,\cdots,m,$$
$$(\boldsymbol{\alpha}_i,\boldsymbol{\alpha}_j)=0,\quad i,j=1,2,\cdots,m,\quad i\neq j.$$

推论 3.8.1 正交向量组一定是线性无关向量组. 因此, 在 n 维 Euclid 空间里, 正交向量组含向量个数不会超过 n.

证明 令 $\boldsymbol{\alpha}_1,\boldsymbol{\alpha}_2,\cdots,\boldsymbol{\alpha}_m$ 为一正交向量组. 若存在 $k_i\in\mathbb{R}$, $i=1,2,\cdots,m$, 使得

$$\sum_{i=1}^{m}k_i\boldsymbol{\alpha}_i=\boldsymbol{\theta},$$

则关于任一 j, $1\leqslant j\leqslant m$,

$$k_j(\boldsymbol{\alpha}_j,\boldsymbol{\alpha}_j)=(\boldsymbol{\alpha}_j,k_j\boldsymbol{\alpha}_j)=\left(\boldsymbol{\alpha}_j,-\sum_{\substack{i=1\\i\neq j}}^{m}k_i\boldsymbol{\alpha}_i\right)$$
$$=-\sum_{\substack{i=1\\i\neq j}}^{m}k_i(\boldsymbol{\alpha}_j,\boldsymbol{\alpha}_i)=0.$$

但 $(\boldsymbol{\alpha}_j, \boldsymbol{\alpha}_j) > 0$, 因此, $k_j = 0$, $j = 1, 2, \cdots, m$, 从而, $\boldsymbol{\alpha}_1, \boldsymbol{\alpha}_2, \cdots, \boldsymbol{\alpha}_m$ 线性无关. □

定义 3.8.5 称 n 维 Euclid 空间的一个基底 $(\boldsymbol{\varepsilon}_1, \boldsymbol{\varepsilon}_2, \cdots, \boldsymbol{\varepsilon}_n)$ 为标准正交的, 如果

$$\begin{aligned} |\, \boldsymbol{\varepsilon}_i \,| &= 1, \quad i = 1, 2, \cdots, n, \\ (\boldsymbol{\varepsilon}_i, \boldsymbol{\varepsilon}_j) &= 0, \quad i, j = 1, 2, \cdots, n, \quad i \neq j. \end{aligned}$$

根据推论 3.8.1, n 维 Euclid 空间 V 存在正交基底 $(\boldsymbol{\eta}_1, \boldsymbol{\eta}_2, \cdots, \boldsymbol{\eta}_n)$, 将它们标准化为单位向量

$$\boldsymbol{\varepsilon}_i = \frac{\boldsymbol{\eta}_i}{|\, \boldsymbol{\eta}_i \,|}, \quad i = 1, 2, \cdots, n$$

时, 易知, $(\boldsymbol{\varepsilon}_1, \boldsymbol{\varepsilon}_2, \cdots, \boldsymbol{\varepsilon}_n)$ 为 V 的一个标准正交基底. 于是, 有如下结论.

推论 3.8.2 n 维 Euclid 空间存在标准正交基底.

要寻找 n 维 Euclid 空间的一个标准正交基底, 关键是寻找一个正交基底, 然后再标准化即可. 而寻找正交基底通常是从一个已知基底开始的正交化过程, 下面的定理就提供了这一正交化的方法, 它同时再一次证明了 Euclid 空间里正交基底的存在性.

定理 3.8.3 若 $(\boldsymbol{\alpha}_1, \boldsymbol{\alpha}_2, \cdots, \boldsymbol{\alpha}_n)$ 为 n 维 Euclid 空间 V 的一个基底, 则存在 V 的一个正交基底 $(\boldsymbol{\beta}_1, \boldsymbol{\beta}_2, \cdots, \boldsymbol{\beta}_n)$, 使得

$$G[\boldsymbol{\alpha}_1, \cdots, \boldsymbol{\alpha}_i] = G[\boldsymbol{\beta}_1, \cdots, \boldsymbol{\beta}_i], \quad i = 1, 2, \cdots, n.$$

定理的证明作为“数学归纳法”用于“构作”的一个例子放在 7.4 节.

例 3.8.3 在 Euclid 空间 $\mathbb{R}^4$ (例 3.8.1) 中, 将基底 $(\boldsymbol{\alpha}_1, \boldsymbol{\alpha}_2, \boldsymbol{\alpha}_3, \boldsymbol{\alpha}_4)$ 标准正交化, 其中

$$\begin{aligned} \boldsymbol{\alpha}_1 &= (1, 1, 0, 0), \quad \boldsymbol{\alpha}_2 = (1, 0, 1, 0), \\ \boldsymbol{\alpha}_3 &= (-1, 0, 0, 1), \quad \boldsymbol{\alpha}_4 = (1, -1, -1, 1). \end{aligned}$$

(1) 先正交化

$$\begin{aligned} \boldsymbol{\beta}_1 &= \boldsymbol{\alpha}_1 = (1, 1, 0, 0), \\ \boldsymbol{\beta}_2 &= \boldsymbol{\alpha}_2 - \frac{(\boldsymbol{\alpha}_2, \boldsymbol{\beta}_1)}{(\boldsymbol{\beta}_1, \boldsymbol{\beta}_1)}\boldsymbol{\beta}_1 = \left(\frac{1}{2}, -\frac{1}{2}, 1, 0\right), \\ \boldsymbol{\beta}_3 &= \boldsymbol{\alpha}_3 - \frac{(\boldsymbol{\alpha}_3, \boldsymbol{\beta}_1)}{(\boldsymbol{\beta}_1, \boldsymbol{\beta}_1)}\boldsymbol{\beta}_1 - \frac{(\boldsymbol{\alpha}_3, \boldsymbol{\beta}_2)}{(\boldsymbol{\beta}_2, \boldsymbol{\beta}_2)}\boldsymbol{\beta}_2 \\ &= \left(-\frac{1}{3}, \frac{1}{3}, \frac{1}{3}, 1\right), \\ \boldsymbol{\beta}_4 &= \boldsymbol{\alpha}_4 - \frac{(\boldsymbol{\alpha}_4, \boldsymbol{\beta}_1)}{(\boldsymbol{\beta}_1, \boldsymbol{\beta}_1)}\boldsymbol{\beta}_1 - \frac{(\boldsymbol{\alpha}_4, \boldsymbol{\beta}_2)}{(\boldsymbol{\beta}_2, \boldsymbol{\beta}_2)}\boldsymbol{\beta}_2 - \frac{(\boldsymbol{\alpha}_4, \boldsymbol{\beta}_3)}{(\boldsymbol{\beta}_3, \boldsymbol{\beta}_3)}\boldsymbol{\beta}_3 \\ &= (1, -1, -1, 1). \end{aligned}$$

(2) 再标准化

$$\frac{\boldsymbol{\beta}_1}{|\boldsymbol{\beta}_1|}=\left(\frac{1}{\sqrt{2}},\frac{1}{\sqrt{2}},0,0\right),$$
$$\frac{\boldsymbol{\beta}_2}{|\boldsymbol{\beta}_2|}=\left(\frac{1}{\sqrt{6}},-\frac{1}{\sqrt{6}},\frac{2}{\sqrt{6}},0\right),$$
$$\frac{\boldsymbol{\beta}_3}{|\boldsymbol{\beta}_3|}=\left(-\frac{1}{\sqrt{12}},\frac{1}{\sqrt{12}},\frac{1}{\sqrt{12}},\frac{3}{\sqrt{12}}\right),$$
$$\frac{\boldsymbol{\beta}_4}{|\boldsymbol{\beta}_4|}=\left(\frac{1}{2},-\frac{1}{2},-\frac{1}{2},\frac{1}{2}\right).$$

推论 3.8.3 令 $(\boldsymbol{\varepsilon}_1,\boldsymbol{\varepsilon}_2,\cdots,\boldsymbol{\varepsilon}_n)$ 为 n 维 Euclid 空间 V 的一个标准正交基底. 则

(1) V 的内积在 $(\boldsymbol{\varepsilon}_1,\boldsymbol{\varepsilon}_2,\cdots,\boldsymbol{\varepsilon}_n)$ 下的度量矩阵为 $\boldsymbol{E}$ (n 阶单位矩阵);

(2) 若 $\boldsymbol{\alpha},\boldsymbol{\beta}\in V$ 在 $(\boldsymbol{\varepsilon}_1,\boldsymbol{\varepsilon}_2,\cdots,\boldsymbol{\varepsilon}_n)$ 下的坐标分别为

$$\boldsymbol{X}=\begin{pmatrix}x_1\\x_2\\\vdots\\x_n\end{pmatrix},\quad \boldsymbol{Y}=\begin{pmatrix}y_1\\y_2\\\vdots\\y_n\end{pmatrix},$$

则

$$(\boldsymbol{\alpha},\boldsymbol{\beta})=\sum_{i=1}^{n}x_iy_i=\boldsymbol{X}^{\mathrm{T}}\boldsymbol{Y}.$$

定理 3.8.4 令 V 为一 n 维实线性空间, f 为 V 上一双线性函数. 则下列诸条等价:

(1) f 为 V 上的内积;

(2) f 在 V 的任意基底下的度量矩阵 $\boldsymbol{A}$ 是正定的, 即存在可逆矩阵 $\boldsymbol{Q}$, 使得 $\boldsymbol{A}=\boldsymbol{Q}^{\mathrm{T}}\boldsymbol{Q}$;

(3) f 在 V 的某一基底下的度量矩阵是正定的.

证明 (1) ⇒ (2) 由 f 为 V 的内积, V 连同 f 构成一 Euclid 空间, 根据推论 3.8.2, V 有标准正交基底 $(\boldsymbol{\varepsilon}_1,\boldsymbol{\varepsilon}_2,\cdots,\boldsymbol{\varepsilon}_n)$, 且 f 在此基底下的度量矩阵为 $\boldsymbol{E}$. 令 f 在基底 $(\boldsymbol{\eta}_1,\boldsymbol{\eta}_2,\cdots,\boldsymbol{\eta}_n)$ 下的度量矩阵为 $\boldsymbol{A}$, 且

$$(\boldsymbol{\eta}_1,\boldsymbol{\eta}_2,\cdots,\boldsymbol{\eta}_n)=(\boldsymbol{\varepsilon}_1,\boldsymbol{\varepsilon}_2,\cdots,\boldsymbol{\varepsilon}_n)\boldsymbol{Q}$$

(基底的过渡矩阵 $\boldsymbol{Q}$ 是可逆的), 则根据注 3.18,

$$\boldsymbol{A}=\boldsymbol{Q}^{\mathrm{T}}\boldsymbol{E}\boldsymbol{Q}=\boldsymbol{Q}^{\mathrm{T}}\boldsymbol{Q}.$$

(2) ⇒ (3) 显然.

(3) ⇒ (1) 若 f 在 V 的基底 $(\boldsymbol{\eta}_1,\boldsymbol{\eta}_2,\cdots,\boldsymbol{\eta}_n)$ 下的度量矩阵 $\boldsymbol{A}$ 是正定的, 即存在可逆矩阵 $\boldsymbol{Q}$, 使得

$$\boldsymbol{A}=\boldsymbol{Q}^{\mathrm{T}}\boldsymbol{Q}=\boldsymbol{Q}^{\mathrm{T}}\boldsymbol{E}\boldsymbol{Q},$$

于是,

$$\boldsymbol{E} = (\boldsymbol{Q}^{-1})^{\mathrm{T}} \boldsymbol{A} \boldsymbol{Q}^{-1},$$

则根据注 3.18, f 在基底

$$(\boldsymbol{\varepsilon}_1, \boldsymbol{\varepsilon}_2, \cdots, \boldsymbol{\varepsilon}_n) = (\boldsymbol{\eta}_1, \boldsymbol{\eta}_2, \cdots, \boldsymbol{\eta}_n)\boldsymbol{Q}^{-1}$$

下的度量矩阵为 $\boldsymbol{E}$. 于是, 关于任意

$$\boldsymbol{\alpha} = \sum_{i=1}^{n} x_i \boldsymbol{\varepsilon}_i$$

和

$$\boldsymbol{\beta} = \sum_{i=1}^{n} y_i \boldsymbol{\varepsilon}_i,$$

有

$$f(\boldsymbol{\alpha}, \boldsymbol{\beta}) = \sum_{i=1}^{n} x_i y_i.$$

显然, f 是对称的正定的双线性函数, 即 f 是 V 上的内积. □

定义 3.8.6 令 V, V' 为两个 Euclid 空间. 称 V 到 V' 的线性空间同构映射 f 为 V 到 V' 的 Euclid 空间同构映射, 如果

$$(\forall\ \boldsymbol{\alpha}, \boldsymbol{\beta} \in V) \quad (f(\boldsymbol{\alpha}), f(\boldsymbol{\beta})) = (\boldsymbol{\alpha}, \boldsymbol{\beta}).$$

此时, 称 Euclid 空间 V 与 V' 是同构的.

与线性空间同构一样, "一个 Euclid 空间与另一个 Euclid 空间同构" 的关系也具有自反性、对称性和传递性, 因此, 这种关系也可以说成 "两个 Euclid 空间同构".

定理 3.8.5 两个有限维 Euclid 空间 V 与 V' 同构当且仅当 $\dim V = \dim V'$.

证明 **必要性** 由 Euclid 空间同构首先是线性空间同构即得.

充分性 我们只需证明, 任意 n 维 Euclid 空间 V 同构于 Euclid 空间 $\mathbb{R}^n$ (例 3.8.1). 令 $(\boldsymbol{\varepsilon}_1, \boldsymbol{\varepsilon}_2, \cdots, \boldsymbol{\varepsilon}_n)$ 为 V 的一个标准正交基底, 建立从 V 到 $\mathbb{R}^n$ 的对应

$$f_{(\boldsymbol{\varepsilon}_i)_{i=1}^n} : \boldsymbol{\alpha} \longmapsto \begin{pmatrix} x_1 \\ x_2 \\ \vdots \\ x_n \end{pmatrix} \in \mathbb{R}^n, \quad \boldsymbol{\alpha} \in V,$$

其中, $\boldsymbol{\alpha} = \sum\limits_{i=1}^{n} x_i \boldsymbol{\varepsilon}_i$, 则可验证 $f_{\{\boldsymbol{\varepsilon}_i\}_1^n}$ 是 V 到 $\mathbb{R}^n$ 的线性空间的同构映射. 令

$$\boldsymbol{\alpha} = \sum_{i=1}^{n} x_i \boldsymbol{\varepsilon}_i, \quad \boldsymbol{\beta} = \sum_{i=1}^{n} y_i \boldsymbol{\varepsilon}_i,$$

有

$$(\boldsymbol{\alpha},\boldsymbol{\beta})=\sum_{i=1}^{n}x_iy_i=\left(\begin{pmatrix}x_1\\x_2\\\vdots\\x_n\end{pmatrix},\begin{pmatrix}y_1\\y_2\\\vdots\\y_n\end{pmatrix}\right)$$
$$=(f_{(\boldsymbol{\varepsilon}_i)_{i=1}^n}(\boldsymbol{\alpha}),f_{(\boldsymbol{\varepsilon}_i)_{i=1}^n}(\boldsymbol{\beta})),$$

这指出, $f_{\{\boldsymbol{\varepsilon}_i\}_1^n}$ 为 V 到 $\mathbb{R}^n$ 的 Euclid 空间同构映射. □

由上述 Euclid 空间同构定理可得如下结论.

定理 3.8.6 Euclid 空间中, 关于两个或三个向量的命题, 只需在三维直观几何空间中验证.

证明 Euclid 空间 V 中, 两个或三个向量生成一个不超过三维的 (Euclid) 子空间, 根据同构定理, 这个子空间与三维直观几何空间或其子空间同构, 而 Euclid 空间上的命题仅是用空间中的加法、(实) 数乘和内积的术语陈述的, 因此, 这种命题在三维直观几何空间中验证就够了. □

例 3.8.4 Cauchy-Bunjakovski 不等式是关于 Euclid 空间中两个向量的一个命题. 在三维直观几何空间里, 两个向量的内积是用向量的长度和夹角余弦的乘积来定义的, 即

$$(\boldsymbol{\alpha},\boldsymbol{\beta})=|\,\boldsymbol{\alpha}\,||\,\boldsymbol{\beta}\,|\cos\langle\boldsymbol{\alpha},\boldsymbol{\beta}\rangle,$$

因此, Cauchy-Bunjakovski 不等式在三维直观几何空间里当然成立, 从而, 根据定理 3.8.6, Cauchy-Bunjakovski 不等式在任意 Euclid 空间成立. 这可作为这一不等式的另一证明.

注 3.23 令 V 为一 n 维 Euclid 空间, $\boldsymbol{\alpha}_1,\boldsymbol{\alpha}_2,\cdots,\boldsymbol{\alpha}_m\in V$. 我们已有下面一对平行的事实:

(1) 若 $\boldsymbol{\alpha}_i\neq\boldsymbol{\theta}$, $(\boldsymbol{\alpha}_i,\boldsymbol{\alpha}_j)=0$, $i,j=1,2,\cdots,m$, $i\neq j$, 则 $m\leqslant n$ (推论 3.8.1 的后一内容);

(2) 若 $(\boldsymbol{\alpha}_i,\boldsymbol{\alpha}_j)<0$, $i,j=1,2,\cdots,m$, $i\neq j$, 则 $m\leqslant n+1$ (例 7.3.4).

我们自然会问:

(3) 若 $(\boldsymbol{\alpha}_i,\boldsymbol{\alpha}_j)>0$, $i,j=1,2,\cdots,m$, $i\neq j$, 则是否存在函数 $f:\mathbb{Z}^+\to\mathbb{Z}^+$, 使得 $m\leqslant f(n)$? 为什么?

又推论 3.8.1 的前一内容直接用线性相关性的语言给出了一比 (1) 更深刻的事实, 即 (1) 的条件蕴涵向量组 $\boldsymbol{\alpha}_1,\boldsymbol{\alpha}_2,\cdots,\boldsymbol{\alpha}_m$ 线性无关. 相对于 (2) 我们也有直接用线性相关性的语言给出的一个比 (2) 更为深刻的事实: (2) 的条件蕴涵向量组 $\boldsymbol{\alpha}_1,\boldsymbol{\alpha}_2,\cdots,\boldsymbol{\alpha}_m$ 的任意真子组都线性无关 (为什么?), (2) 则是这一事实的推论. 这就得到了一个完全平行于推论 3.8.1 的事实.

3.8.2 向量到子空间的距离与线性方程组的最小二乘法

关于子空间的正交补 (空间) 的概念见定义 3.7.7.

定理 3.8.7 令 V 为一 n 维 Euclid 空间. 关于任意 $V_1 \leqslant V$, 有

$$V = V_1 \oplus {V_1}^{\perp}.$$

证明 若 $\boldsymbol{\alpha} \in V_1 \bigcap {V_1}^{\perp}$, 则 $(\boldsymbol{\alpha}, \boldsymbol{\alpha}) = 0$, 由内积的正定性, 有 $\boldsymbol{\alpha} = \boldsymbol{\theta}$. 因此, $V_1 \bigcap {V_1}^{\perp} = \{\boldsymbol{\theta}\}$. 根据子空间维数公式,

$$\dim(V_1 + {V_1}^{\perp}) = \dim V_1 + \dim {V_1}^{\perp} = n,$$

后一等号由定理 3.7.5 得到. 因此,

$$V = V_1 + {V_1}^{\perp},$$

再由 $V_1 \bigcap {V_1}^{\perp} = \{\boldsymbol{\theta}\}$, 根据定理 4.1.2,

$$V = V_1 \oplus {V_1}^{\perp}. \qquad \square$$

定义 3.8.7 令 V 为一 n 维 Euclid 空间, $V_1 \leqslant V$. 关于任意 $\boldsymbol{\alpha} \in V$, 根据定理 3.8.7, $\boldsymbol{\alpha}$ 有唯一分解

$$\boldsymbol{\alpha} = \boldsymbol{\alpha}_1 + \boldsymbol{\alpha}_2, \quad \boldsymbol{\alpha}_1 \in V_1, \quad \boldsymbol{\alpha}_2 \in {V_1}^{\perp}.$$

称 $\boldsymbol{\alpha}_1$ 为 $\boldsymbol{\alpha}$ 在子空间 V_1 上的正射影.

如同直观几何空间, 我们有如下定义.

定义 3.8.8 令 V 为一 n 维 Euclid 空间, $\boldsymbol{\alpha}, \boldsymbol{\beta} \in V$. 称 $|\boldsymbol{\alpha} - \boldsymbol{\beta}|$ 为 $\boldsymbol{\alpha}$ 与 $\boldsymbol{\beta}$ 的距离, 记为 $d(\boldsymbol{\alpha}, \boldsymbol{\beta})$.

易知如下结论.

推论 3.8.4 假设如定义 3.8.8. 则

(1) $(\forall\ \boldsymbol{\alpha}, \boldsymbol{\beta} \in V)\ d(\boldsymbol{\alpha}, \boldsymbol{\beta}) = d(\boldsymbol{\beta}, \boldsymbol{\alpha})$;

(2) $(\forall\ \boldsymbol{\alpha}, \boldsymbol{\beta} \in V)\ d(\boldsymbol{\alpha}, \boldsymbol{\beta}) \geqslant 0$, 且等号成立当且仅当 $\boldsymbol{\alpha} = \boldsymbol{\beta}$;

(3) $(\forall\ \boldsymbol{\alpha}, \boldsymbol{\beta}, \boldsymbol{\gamma} \in V)\ d(\boldsymbol{\alpha}, \boldsymbol{\beta}) \leqslant d(\boldsymbol{\alpha}, \boldsymbol{\gamma}) + d(\boldsymbol{\gamma}, \boldsymbol{\beta})$ (三角形不等式).

在三维直观几何空间里, 一点到一平面的各点的连接线段中, 以垂直于平面的线段 (点到垂足的连接线段) 最短. 这一事实, 在一般的 Euclid 空间里, 就表现为如下结论.

定理 3.8.8 令 V 为一 n 维 Euclid 空间, $V_1 \leqslant V$, $\boldsymbol{\alpha} \in V$. 若 $\boldsymbol{\alpha}_1$ 为 $\boldsymbol{\alpha}$ 在 V_1 上的正射影, 则

$$(\forall\ \boldsymbol{\delta} \in V_1 \text{ 且 } \boldsymbol{\delta} \neq \boldsymbol{\alpha}_1) \quad d(\boldsymbol{\alpha}, \boldsymbol{\alpha}_1) < d(\boldsymbol{\alpha}, \boldsymbol{\delta}).$$

证明 $\boldsymbol{\alpha} - \boldsymbol{\delta} = (\boldsymbol{\alpha} - \boldsymbol{\alpha}_1) + (\boldsymbol{\alpha}_1 - \boldsymbol{\delta})$, 但 $(\boldsymbol{\alpha}_1 - \boldsymbol{\delta}) \in V_1$, $(\boldsymbol{\alpha} - \boldsymbol{\alpha}_1) \in {V_1}^{\perp}$, 根据勾股定理,

$$|\ \boldsymbol{\alpha} - \boldsymbol{\alpha}_1\ |^2 + |\ \boldsymbol{\alpha}_1 - \boldsymbol{\delta}\ |^2 = |\ \boldsymbol{\alpha} - \boldsymbol{\delta}\ |^2.$$

由 $\boldsymbol{\delta} \neq \boldsymbol{\alpha}_1$, 根据推论 3.8.4, $|\ \boldsymbol{\alpha}_1 - \boldsymbol{\delta}\ |^2 > 0$, 因此,

$$|\ \boldsymbol{\alpha} - \boldsymbol{\alpha}_1\ |^2 < |\ \boldsymbol{\alpha} - \boldsymbol{\delta}\ |^2.$$

从而

$$d(\boldsymbol{\alpha}, \boldsymbol{\alpha}_1) < d(\boldsymbol{\alpha}, \boldsymbol{\delta}). \qquad \square$$

定义 3.8.9 假设如定理 3.8.8. 称 $\boldsymbol{\alpha}$ 到 $\boldsymbol{\alpha}$ 在 V_1 上正射影 $\boldsymbol{\alpha}_1$ 的距离 $d(\boldsymbol{\alpha},\boldsymbol{\alpha}_1)$ 为 $\boldsymbol{\alpha}$ 到 V_1 的距离.

因此, 要求一向量 $\boldsymbol{\alpha}$ 到一子空间 V_1 的距离, 就是求 $\boldsymbol{\alpha}$ 在 V_1 上的正射影 (然后再计算 $\boldsymbol{\alpha}$ 到 $\boldsymbol{\alpha}_1$ 的距离 $d(\boldsymbol{\alpha},\boldsymbol{\alpha}_1)=|\ \boldsymbol{\alpha}-\boldsymbol{\alpha}_1\ |$). 下面的定理提供了求一向量在一子空间上的正射影的方法.

定义 3.8.10 令 V 为一 Euclid 空间, $\boldsymbol{\alpha}_1,\boldsymbol{\alpha}_2,\cdots,\boldsymbol{\alpha}_m\in V$. 称 m 阶方阵

$$((\boldsymbol{\alpha}_i,\boldsymbol{\alpha}_j))_{m\times m}$$

为 $\boldsymbol{\alpha}_1,\boldsymbol{\alpha}_2,\cdots,\boldsymbol{\alpha}_m$ 的 Gram 矩阵, 记为 $G(\boldsymbol{\alpha}_1,\boldsymbol{\alpha}_2,\cdots,\boldsymbol{\alpha}_m)$.

定理 3.8.9 令 V 为一 Euclid 空间, $V_1=G[\boldsymbol{\alpha}_1,\boldsymbol{\alpha}_2,\cdots,\boldsymbol{\alpha}_m]\leqslant V$, $\boldsymbol{\alpha}\in V$. 则

$$\boldsymbol{X}=\begin{pmatrix}x_1\\x_2\\\vdots\\x_m\end{pmatrix}\in\mathbb{R}^m$$

使得 $\boldsymbol{\alpha}$ 在 V_1 上的正射影

$$\boldsymbol{\gamma}=\sum_{j=1}^m x_j\boldsymbol{\alpha}_j$$

当且仅当

$$G(\boldsymbol{\alpha}_1,\boldsymbol{\alpha}_2,\cdots,\boldsymbol{\alpha}_m)\boldsymbol{X}=\begin{pmatrix}(\boldsymbol{\alpha},\boldsymbol{\alpha}_1)\\(\boldsymbol{\alpha},\boldsymbol{\alpha}_2)\\\vdots\\(\boldsymbol{\alpha},\boldsymbol{\alpha}_m)\end{pmatrix}. \tag{3.29}$$

证明 根据定义 3.8.8, $\boldsymbol{\alpha}$ 在 V_1 上的正射影 $\boldsymbol{\gamma}\in V_1$ 是唯一存在的, 因此, 存在 $\boldsymbol{X}\in\mathbb{R}^m$ ($\boldsymbol{X}$ 当然未必唯一, 因为 V_1 的生成元 $\boldsymbol{\alpha}_1,\boldsymbol{\alpha}_2,\cdots,\boldsymbol{\alpha}_m$ 未必线性无关), 使得

$$\boldsymbol{\gamma}=\sum_{j=1}^m x_j\boldsymbol{\alpha}_j. \tag{3.30}$$

$\boldsymbol{X}$ 使得式 (3.30) 成立当且仅当

$$\left(\boldsymbol{\alpha}-\sum_{j=1}^m x_j\boldsymbol{\alpha}_j\right)\in V_1^{\perp},$$

当且仅当

$$0=\left(\boldsymbol{\alpha}-\sum_{j=1}^m x_j\boldsymbol{\alpha}_j,\boldsymbol{\alpha}_i\right)=(\boldsymbol{\alpha},\boldsymbol{\alpha}_i)-\sum_{j=1}^m x_j(\boldsymbol{\alpha}_i,\boldsymbol{\alpha}_j),$$

$$i=1,2,\cdots,m,$$

当且仅当式 (3.29) 成立. □

注 3.24 当 $\boldsymbol{\alpha}_1,\boldsymbol{\alpha}_2,\cdots,\boldsymbol{\alpha}_m$ 线性无关时, $(\boldsymbol{\alpha}_1,\boldsymbol{\alpha}_2,\cdots,\boldsymbol{\alpha}_m)$ 为 $G[\boldsymbol{\alpha}_1,\boldsymbol{\alpha}_2,\cdots,\boldsymbol{\alpha}_m]$ 的基底, Gram 矩阵 $G(\boldsymbol{\alpha}_1,\boldsymbol{\alpha}_2,\cdots,\boldsymbol{\alpha}_m)$ 就是 Euclid 子空间 $G[\boldsymbol{\alpha}_1,\boldsymbol{\alpha}_2,\cdots,\boldsymbol{\alpha}_m]$ 的内积的度量矩阵, 根据定理 3.8.4, $G(\boldsymbol{\alpha}_1,\boldsymbol{\alpha}_2,\cdots,\boldsymbol{\alpha}_m)$ 为正定矩阵, 当然 $|\,G(\boldsymbol{\alpha}_1,\boldsymbol{\alpha}_2,\cdots,\boldsymbol{\alpha}_m)\,|\neq 0$, 因此, (3.29) 的解存在且唯一. 进而, 若 $(\boldsymbol{\alpha}_1,\boldsymbol{\alpha}_2,\cdots,\boldsymbol{\alpha}_m)$ 是 $G[\boldsymbol{\alpha}_1,\boldsymbol{\alpha}_2,\cdots,\boldsymbol{\alpha}_m]$ 的标准正交基底, 则 $G(\boldsymbol{\alpha}_1,\boldsymbol{\alpha}_2,\cdots,\boldsymbol{\alpha}_m)=\boldsymbol{E}$,

$$x_i=(\boldsymbol{\alpha},\boldsymbol{\alpha}_i),\quad i=1,2,\cdots,m.$$

当 $\boldsymbol{\alpha}_1,\boldsymbol{\alpha}_2,\cdots,\boldsymbol{\alpha}_m$ 线性相关时, (3.29) 的解固然存在, 但并不唯一. 若

$$\boldsymbol{X}=\begin{pmatrix}x_1\\x_2\\\vdots\\x_m\end{pmatrix},\quad \boldsymbol{Y}=\begin{pmatrix}y_1\\y_2\\\vdots\\y_m\end{pmatrix}$$

都是 (3.29) 的解, 则

$$\sum_{i=1}^m x_i\boldsymbol{\alpha}_i=\sum_{i=1}^m y_i\boldsymbol{\alpha}_i=\boldsymbol{\gamma}.$$

已知实变量 b 是实变量 $a_1,a_2,\cdots,a_n$ 的线性函数, 即

$$b=\sum_{j=1}^n x_ja_j,$$

其中, $x_1,x_2,\cdots,x_n$ 是未知的系数, 它们常由实验来确定. 为此, 必须作关于量 $b,a_1,a_2,\cdots,a_n$ 的一系列测量, 用 $b_i,a_{i1},a_{i2},\cdots,a_{in}$ 表示第 i 次测量的结果 (都为实数), $i=1,2,\cdots,m$. 可以尝试着由线性方程组

$$\begin{cases}\displaystyle\sum_{j=1}^n a_{ij}x_j=b_i,\\ i=1,2,\cdots,m,\end{cases}\tag{3.31}$$

即

$$\boldsymbol{AX}=\boldsymbol{B}$$

来确定系数 $x_1,x_2,\cdots,x_n$, 其中,

$$\boldsymbol{A}=(a_{ij})\in\mathbb{R}^{m\times n},\quad \boldsymbol{B}=\begin{pmatrix}b_1\\b_2\\\vdots\\b_m\end{pmatrix}\in\mathbb{R}^{m\times 1},\quad \boldsymbol{X}=\begin{pmatrix}x_1\\x_2\\\vdots\\x_n\end{pmatrix}.$$

一般来说, 测量次数 m 大于 n, 这样可以提高 $x_1,x_2,\cdots,x_n$ 的精确度 (我国 1978 年做的一个 “大地测量” 问题, 就归结为 $(m=)$ 17 万个方程, $(n=)$ 13 万个未知数的一个线性方

程组), 由于人们对该问题的规律认识的局限性以及测量中出现的误差, 线性方程组 (3.31) 一般来说是无解的, 即关于任意一组实数 $x_1, x_2, \cdots, x_n$, 都有

$$\sum_{i=1}^{n}[b_i - (a_{i1}x_1 + a_{i2}x_2 + \cdots + a_{in}x_n)]^2 \neq 0. \tag{3.32}$$

因此, 谈论 (3.31) 的通常意义下的精确解是没有意义的. 于是, 下面的问题就提出来了: 寻求这样一组实数 $x_1, x_2, \cdots, x_n$, 使得式 (3.32) 的左端最小, 称这样的

$$(x_1, x_2, \cdots, x_n)$$

为 (3.31) 的最小二乘解. 称这一问题 (找无解线性方程组的最小二乘解的问题) 为线性方程组的最小二乘法问题.

下面在 m 维 Euclid 空间 $\mathbb{R}^m$ 中讨论最小二乘法问题, 并且给出最小二乘解所满足的代数条件.

将 $\boldsymbol{A}$ 按列分块

$$\boldsymbol{A} = (\boldsymbol{\alpha}_1, \boldsymbol{\alpha}_2, \cdots, \boldsymbol{\alpha}_n), \quad \boldsymbol{\alpha}_i \in \mathbb{R}^m, \quad i = 1, 2, \cdots, n,$$

有

$$\boldsymbol{AX} = \sum_{i=1}^{n} x_i\boldsymbol{\alpha}_i \in G[\boldsymbol{\alpha}_1, \boldsymbol{\alpha}_2, \cdots, \boldsymbol{\alpha}_n] \leqslant \mathbb{R}^m.$$

而式 (3.32) 的左端用 Euclid 空间 $\mathbb{R}^n$ 的内积的语言来陈述就是

$$\left(\boldsymbol{B} - \sum_{i=1}^{n} x_i\boldsymbol{\alpha}_i, \boldsymbol{B} - \sum_{i=1}^{n} x_i\boldsymbol{\alpha}_i\right) = \left|\boldsymbol{B} - \sum_{i=1}^{n} x_i\boldsymbol{\alpha}_i\right|^2. \tag{3.33}$$

要使式 (3.33) , 即式 (3.32) 的左端最小, 即

$$d\left(\boldsymbol{B}, \sum_{i=1}^{n} x_i\boldsymbol{\alpha}_i\right) = \left|\boldsymbol{B} - \sum_{i=1}^{n} x_i\boldsymbol{\alpha}_i\right|$$

最小, 就要取到 $x_1, x_2, \cdots, x_n$, 使得

$$\sum_{i=1}^{n} x_i\boldsymbol{\alpha}_i = \boldsymbol{\gamma},$$

其中, $\boldsymbol{\gamma}$ 为 $\boldsymbol{B}$ 在 $\mathbb{R}^m$ 的子空间 $G[\boldsymbol{\alpha}_1, \boldsymbol{\alpha}_2, \cdots, \boldsymbol{\alpha}_n]$ 上的正射影. 根据定理 3.8.9, 这样的 $x_1, x_2, \cdots, x_n$ 当且仅当是

$$G(\boldsymbol{\alpha}_1, \boldsymbol{\alpha}_2, \cdots, \boldsymbol{\alpha}_n)\boldsymbol{X} = \begin{pmatrix} (\boldsymbol{B}, \boldsymbol{\alpha}_1) \\ (\boldsymbol{B}, \boldsymbol{\alpha}_2) \\ \vdots \\ (\boldsymbol{B}, \boldsymbol{\alpha}_n) \end{pmatrix} \tag{3.34}$$

的解. 又

$$G(\boldsymbol{\alpha}_1,\boldsymbol{\alpha}_2,\cdots,\boldsymbol{\alpha}_n)=((\boldsymbol{\alpha}_i,\boldsymbol{\alpha}_j))_{n\times n}=(\boldsymbol{\alpha}_i^{\mathrm{T}}\boldsymbol{\alpha}_j)_{n\times n}=\boldsymbol{A}^{\mathrm{T}}\boldsymbol{A},$$

而且式 (3.34) 的右端为

$$\begin{pmatrix}\boldsymbol{\alpha}_1^{\mathrm{T}}\boldsymbol{B}\\ \boldsymbol{\alpha}_2^{\mathrm{T}}\boldsymbol{B}\\ \vdots\\ \boldsymbol{\alpha}_n^{\mathrm{T}}\boldsymbol{B}\end{pmatrix}=\boldsymbol{A}^{\mathrm{T}}\boldsymbol{B},$$

因此, 式 (3.34) 变成

$$\boldsymbol{A}^{\mathrm{T}}\boldsymbol{A}\boldsymbol{X}=\boldsymbol{A}^{\mathrm{T}}\boldsymbol{B}. \tag{3.35}$$

注 3.25 式 (3.35) 的可解性由向量在子空间上的正射影的存在性可得, 还可直接由式 (3.35) 的系数矩阵与其增广矩阵有相同的秩, 即由

$$r_{\boldsymbol{A}^{\mathrm{T}}\boldsymbol{A}}=r_{(\boldsymbol{A}^{\mathrm{T}}\boldsymbol{A},\boldsymbol{A}^{\mathrm{T}}\boldsymbol{B})} \tag{3.36}$$

可得. 式 (3.36) 由以下事实可知: 关于任意 $\boldsymbol{A}\in\mathbb{R}^{m\times n}$, $\boldsymbol{A}\boldsymbol{X}=\boldsymbol{O}$ 与 $\boldsymbol{A}^{\mathrm{T}}\boldsymbol{A}\boldsymbol{X}=\boldsymbol{O}$ 同解.

例 3.8.5 求无解方程组

$$\begin{cases}2x_1-x_2=3,\\ 3x_1+x_2=4,\\ x_1+2x_2=2\end{cases}$$

的最小二乘解.

令

$$\boldsymbol{A}=\begin{pmatrix}2&-1\\3&1\\1&2\end{pmatrix},\quad \boldsymbol{B}=\begin{pmatrix}3\\4\\2\end{pmatrix}.$$

由 $r_A=2$ 知, $r_{\boldsymbol{A}^{\mathrm{T}}\boldsymbol{A}}=r_{\boldsymbol{A}}=2$, 即二阶方阵 $\boldsymbol{A}^{\mathrm{T}}\boldsymbol{A}$ 可逆, 由式 (3.35) 知,

$$\begin{aligned}\boldsymbol{X}&=(\boldsymbol{A}^{\mathrm{T}}\boldsymbol{A})^{-1}(\boldsymbol{A}^{\mathrm{T}}\boldsymbol{B})\\&=\begin{pmatrix}14&3\\3&6\end{pmatrix}^{-1}\begin{pmatrix}20\\5\end{pmatrix}=\begin{pmatrix}\frac{7}{5}\\ \frac{2}{15}\end{pmatrix}.\end{aligned}$$

3.9 具有对角形表示矩阵的线性变换

定理 3.9.1 令 V 为数域 $\mathbb{F}$ 上一 n 维线性空间, $\mathcal{A}\in\mathcal{L}(V)$, Λ 为 $\mathcal{A}$ 的特征根的集合. 则下列各条等价:

(1) $\mathcal{A}$ 有对角形表示矩阵;

(2) $\mathcal{A}$ 有 n 个线性无关的特征向量;

(3) $\mathcal{A}$ 有 n 个特征根 (重数计数在内), 且

$$(\forall\ \lambda_0 \in \Lambda) \quad \lambda_0 \text{ 的几何重数} = \lambda_0 \text{ 的代数重数};$$

(4) $\mathcal{A}$ 有 n 个特征根 (重数计数在内), 且 $m_{\mathcal{A}}(x)$ 无重根.

推论 3.9.1 令 $\boldsymbol{A} \in \mathbb{C}^{n\times n}$. 则下列四条等价:

(1) $\boldsymbol{A}$ 可对角化;

(2) $\boldsymbol{A}$ 的最小多项式无重根;

(3) $\boldsymbol{A}$ 的初等因子都是一次的;

(4) $\boldsymbol{A}$ 的不变因子没有重根.

定理 3.9.2 假设如定理 3.9.1. $\mathcal{A}$ 有对角形表示矩阵当且仅当 $\mathcal{A}$ 有 n 个特征根 (重数计数在内), 且

$$V = \bigoplus_{\lambda_i \in \Lambda} \operatorname{Ker}(\lambda_i \mathcal{E} - \mathcal{A}).$$

证明 **必要性** 若线性变换 $\mathcal{A}$ 可对角化, 由定理 3.9.1 知, $\mathcal{A}$ 有 n 个特征根 (重数计算在内). 从而存在 V 的一个基底 $(\boldsymbol{\alpha}_{11}, \cdots, \boldsymbol{\alpha}_{1i_1}, \cdots, \boldsymbol{\alpha}_{l1}, \cdots, \boldsymbol{\alpha}_{li_l})$ 使得

$$\mathcal{A}(\boldsymbol{\alpha}_{11}, \cdots, \boldsymbol{\alpha}_{li_l}) = (\boldsymbol{\alpha}_{11}, \cdots, \boldsymbol{\alpha}_{li_l}) \begin{pmatrix} \lambda_1 & & & & & & \\ & \ddots & & & & & \\ & & \lambda_1 & & & & \\ & & & \ddots & & & \\ & & & & \lambda_l & & \\ & & & & & \ddots & \\ & & & & & & \lambda_l \end{pmatrix},$$

其中, $(\boldsymbol{\alpha}_{j1}, \cdots, \boldsymbol{\alpha}_{ji_j})$ 为特征值 λ_j 对应的线性无关的特征向量, $j = 1, \cdots, l$, 即

$$\operatorname{Ker}(\lambda_j \mathcal{E} - \mathcal{A}) = G[\boldsymbol{\alpha}_{j1}, \cdots, \boldsymbol{\alpha}_{ji_j}], \quad j = 1, \cdots, l.$$

由不同特征值对应的特征向量组线性无关知,

$$V = \bigoplus_{\lambda_i \in \Lambda} \operatorname{Ker}(\lambda_i \mathcal{E} - \mathcal{A}).$$

充分性 由

$$V = \bigoplus_{\lambda_i \in \Lambda} \operatorname{Ker}(\lambda_i \mathcal{E} - \mathcal{A})$$

知, 可令

$$\operatorname{Ker}(\lambda_j \mathcal{E} - \mathcal{A}) = G[\boldsymbol{\alpha}_{j1}, \cdots, \boldsymbol{\alpha}_{ji_j}], \quad j = 1, \cdots, l.$$

由不同特征值对应的特征向量组线性无关知,

$$\{\boldsymbol{\alpha}_{11},\cdots,\boldsymbol{\alpha}_{1i_1},\cdots,\boldsymbol{\alpha}_{l1},\cdots,\boldsymbol{\alpha}_{li_l}\}$$

为 n 个线性无关的特征向量. 由定理 3.9.1 知, $\mathcal{A}$ 可对角化. □

令 V 为一 n 维 Euclid 空间, $\mathcal{A}\in\mathcal{L}(V)$. 我们将考察具有以下性质的 $\mathcal{A}$:

$$(*)\quad W\text{为}V\text{的}\mathcal{A}\text{-子空间}\rightarrow W^{\perp}\text{为}V\text{的}\mathcal{A}\text{-子空间}.$$

定理 3.9.3 令 V 为一 n 维 Euclid 空间, $\mathcal{A}\in\mathcal{L}(V)$, 且具有性质 $(*)$. 则 $\mathcal{A}$ 有对角形表示矩阵当且仅当 $\mathcal{A}$ 有 n 个特征根 (重数计数在内).

证明 **必要性** 显然.

充分性 令 $\lambda_1,\cdots,\lambda_l$ 为 $\mathcal{A}$ 的所有两两不同的特征根, 其中, λ_i 的代数重数为 r_i, $i=1,\cdots,l$, $\sum_{i=1}^{l}r_i=n$.

为证明 $\mathcal{A}$ 有对角形表示矩阵, 根据定理 3.9.2, 只需证明

$$V=\bigoplus_{i=1}^{l}\mathrm{Ker}(\lambda_i\mathcal{E}-\mathcal{A}).$$

为此, 关于 l 在 $\mathbb{Z}^+$上做第一数学归纳法证明.

当 $l=1$ 时, $\mathcal{A}$ 有一 n 重特征根 λ. $\mathcal{A}$ 相应于 λ 的特征子空间 $\mathrm{Ker}(\lambda\mathcal{E}-\mathcal{A})$ 显然为 $\mathcal{A}$-子空间, 由 $\mathcal{A}$ 具有性质 $(*)$ 知, $\mathrm{Ker}^{\perp}(\lambda\mathcal{E}-\mathcal{A})$ 也为一 $\mathcal{A}$-子空间. 于是, 相应于 V 的直和分解

$$V=\mathrm{Ker}(\lambda\mathcal{E}-\mathcal{A})\oplus\mathrm{Ker}^{\perp}(\lambda\mathcal{E}-\mathcal{A}),$$

$\mathcal{A}$ 有分块对角形表示矩阵

$$\boldsymbol{A}=\begin{pmatrix}\boldsymbol{A}_1 & \boldsymbol{O}\\ \boldsymbol{O} & \boldsymbol{A}_2\end{pmatrix},$$

其中, $\boldsymbol{A}_1$ 为一阶数为 $\dim\mathrm{Ker}(\lambda\mathcal{E}-\mathcal{A})$ 的纯量矩阵 $\lambda\boldsymbol{E}$.

因此,

$$\Delta_{\boldsymbol{A}}(x)=\Delta_{\lambda\boldsymbol{E}}(x)\Delta_{\boldsymbol{A}_2}(x).$$

由 $\mathcal{A}$ 的相应于 n 重特征根 λ 的特征向量不可能在 $\mathrm{Ker}^{\perp}(\lambda\mathcal{E}-\mathcal{A})$ 中知, $\mathcal{A}$ 的特征根 λ 只能出现在 $\Delta_{\lambda\boldsymbol{E}}(x)$ 中, 且为 n 重, 即 $A_1=\lambda\boldsymbol{E}_n=\boldsymbol{A}$, 相应地,

$$V=\mathrm{Ker}(\lambda\mathcal{E}-\mathcal{A}).$$

今假设当 $l-1\geqslant 1$ 时, 结论成立. 下面考察 l 时的情形.

由 $\mathrm{Ker}(\lambda_1\mathcal{E}-\mathcal{A})$ 为一 $\mathcal{A}$-子空间, 根据性质 $(*)$, $\mathrm{Ker}^{\perp}(\lambda_1\mathcal{E}-\mathcal{A})$ 也为一 $\mathcal{A}$-子空间, 有

$$V=\mathrm{Ker}(\lambda_1\mathcal{E}-\mathcal{A})\oplus\mathrm{Ker}^{\perp}(\lambda_1\mathcal{E}-\mathcal{A}),$$

特别地, $\mathcal{A}$ 相应于这一直和分解有分块对角形表示矩阵

$$A = \begin{pmatrix} A_1 & O \\ O & A_2 \end{pmatrix},$$

且

$$\Delta_{A}(x) = \Delta_{A_1}(x)\Delta_{A_2}(x).$$

容易知道

$$\Delta_{A_2}(x) = \prod_{i=2}^{l}(x-\lambda_i)^{r_i} \quad (\text{为什么?})$$

是 $\mathcal{A}_2 = \mathcal{A}|_{\mathrm{Ker}^{\perp}(\lambda_1\mathcal{E}-\mathcal{A})}$ 的特征多项式. 根据归纳法假设,

$$\mathrm{Ker}^{\perp}(\lambda_1\mathcal{E}-\mathcal{A}) = \bigoplus_{i=2}^{l}\mathrm{Ker}(\lambda_i\mathcal{E}-\mathcal{A}_2).$$

易知, $\mathcal{A}$ 的相应于 λ_i 的特征向量都在 $\mathrm{Ker}^{\perp}(\lambda_1\mathcal{E}-\mathcal{A})$ 中, $i=2,\cdots,l$ (为什么?). 因此, 上式中的 $\mathcal{A}_2$ 可换成 $\mathcal{A}$. 于是有

$$V = \mathrm{Ker}(\lambda_1\mathcal{E}-\mathcal{A}) \oplus \mathrm{Ker}(\lambda_2\mathcal{E}-\mathcal{A}) \oplus \cdots \oplus \mathrm{Ker}(\lambda_l\mathcal{E}-\mathcal{A}).$$ □

推论 3.9.2 因为 Euclid 空间中对称变换和正交变换都满足条件 (*), 所以对称变换和有 n 个特征根的正交变换一定有对角形表示矩阵.

定理 3.9.4 令 A 为一 n 阶实对称方阵. 则存在正交矩阵 T, 使得

$$T^{\mathrm{T}}AT = T^{-1}AT = \begin{pmatrix} \lambda_1 & & \\ & \ddots & \\ & & \lambda_n \end{pmatrix},$$

其中, $\lambda_1,\cdots,\lambda_n$ 都是实数.

命题 3.9.1 令 $A\in\mathbb{C}^{n\times n}$, $f(\lambda)=|\lambda E-A|$ 是 A 的特征多项式, 又

$$g(\lambda) = \frac{f(\lambda)}{(f(\lambda), f'(\lambda))}.$$

则 A 与对角矩阵相似的充要条件是 $g(A)=O$.

证明 显然 $f(\lambda)$ 与 $g(\lambda)$ 的根相同 (重数不计), $g(\lambda)$ 无重根. 令 A 的最小多项式为 $m(\lambda)$. 若 $g(A)=O$, 则由 $g(\lambda)$ 无重根和 $m(\lambda)\mid g(\lambda)$ 知, $m(\lambda)$ 无重根. 再根据推论 3.9.1, A 与对角矩阵相似.

若 A 与对角矩阵相似, 则 $m(\lambda)$ 无重根. 由 $m(\lambda)\mid f(\lambda)$ 和 $f(\lambda)$ 与 $g(\lambda)$ 的根相同 (重数不计) 知, $m(\lambda)\mid g(\lambda)$. 因此, $g(A)=O$. □

命题 3.9.2 令 $\mathcal{A} \in \mathcal{L}(V_{\mathbb{C},n})$. 则 $\mathcal{A}$ 可对角化当且仅当 $\mathcal{A}$ 的每一特征值 λ_0 都满足

$$\mathrm{Im}(\lambda_0\mathcal{E} - \mathcal{A}) \bigcap \mathrm{Ker}(\lambda_0\mathcal{E} - \mathcal{A}) = \{\boldsymbol{\theta}\}.$$

证明 必要性 若 $\mathcal{A}$ 可对角化, 则存在一个基底 $(\boldsymbol{\varepsilon}_1, \boldsymbol{\varepsilon}_2, \cdots, \boldsymbol{\varepsilon}_n)$, 使得

$$\mathcal{A}(\boldsymbol{\varepsilon}_1, \boldsymbol{\varepsilon}_2, \cdots, \boldsymbol{\varepsilon}_n) = (\boldsymbol{\varepsilon}_1, \boldsymbol{\varepsilon}_2, \cdots, \boldsymbol{\varepsilon}_n) \begin{pmatrix} \lambda_1 & & \\ & \ddots & \\ & & \lambda_n \end{pmatrix}.$$

不妨令 $\lambda_0 = \lambda_1$. 则关于任意

$$\boldsymbol{\alpha} \in \mathrm{Im}(\lambda_1\mathcal{E} - \mathcal{A}) \bigcap \mathrm{Ker}(\lambda_1\mathcal{E} - \mathcal{A}),$$

存在 $\boldsymbol{\beta} \in V$, 使得

$$(\lambda_1\mathcal{E} - \mathcal{A})\boldsymbol{\beta} = \boldsymbol{\alpha}, \quad (\lambda_1\mathcal{E} - \mathcal{A})\boldsymbol{\alpha} = \boldsymbol{\theta},$$

即

$$\lambda_1\boldsymbol{\beta} - \mathcal{A}\boldsymbol{\beta} = \boldsymbol{\alpha}, \quad \mathcal{A}\boldsymbol{\alpha} = \lambda_1\boldsymbol{\alpha}.$$

令

$$\boldsymbol{\beta} = k_1\boldsymbol{\varepsilon}_1 + k_2\boldsymbol{\varepsilon}_2 + \cdots + k_n\boldsymbol{\varepsilon}_n.$$

则

$$\boldsymbol{\alpha} = \lambda_1\boldsymbol{\beta} - \mathcal{A}\boldsymbol{\beta} = \sum_{i=1}^{n} k_i\lambda_1\boldsymbol{\varepsilon}_i - \sum_{i=1}^{n} k_i\lambda_i\boldsymbol{\varepsilon}_i = \sum_{i=2}^{n} k_i(\lambda_1 - \lambda_i)\boldsymbol{\varepsilon}_i, \tag{3.37}$$

$$\boldsymbol{\theta} = (\lambda_1\mathcal{E} - \mathcal{A})\boldsymbol{\alpha} = \sum_{i=2}^{n} k_i(\lambda_1 - \lambda_i)(\lambda_1\mathcal{E} - \mathcal{A})\boldsymbol{\varepsilon}_i = \sum_{i=2}^{n} k_i(\lambda_1 - \lambda_i)^2\boldsymbol{\varepsilon}_i,$$

从而,

$$k_i(\lambda_1 - \lambda_i)^2 = 0, \quad i = 2, 3, \cdots, n,$$

于是,

$$k_i(\lambda_1 - \lambda_i) = 0, \quad i = 2, 3, \cdots, n.$$

由等式 (3.37) 知, $\boldsymbol{\alpha} = \boldsymbol{\theta}$.

充分性 若 $\mathcal{A}$ 不能对角化, 则可令其在基底 $(\boldsymbol{\varepsilon}_1, \boldsymbol{\varepsilon}_2, \cdots, \boldsymbol{\varepsilon}_n)$ 下的矩阵为若尔当标准形

$$\boldsymbol{J} = \begin{pmatrix} \boldsymbol{J}_1 & & \\ & \ddots & \\ & & \boldsymbol{J}_s \end{pmatrix},$$

其中, $\boldsymbol{J}_i = \boldsymbol{J}(\lambda_i, n_i)$, $\sum_{i=1}^{s} n_i = n$. 由 $\boldsymbol{J}$ 不是对角矩阵知, 存在 $i \in \{1, 2, \cdots, s\}$ 使得 $n_i \geqslant 2$, 不妨令 $n_1 \geqslant 2$. 关于特征值 λ_1, 线性变换 $\lambda_1\mathcal{E} - \mathcal{A}$ 在基底 $(\varepsilon_1, \varepsilon_2, \cdots, \varepsilon_n)$ 下的矩阵 $\lambda_1\boldsymbol{E} - \boldsymbol{J}$ 为

$$\lambda_1\boldsymbol{E} - \boldsymbol{J} = \begin{pmatrix} 0 & -1 & 0 & \cdots & 0 & \\ 0 & 0 & -1 & \cdots & 0 & \\ \vdots & \vdots & \vdots & & \vdots & \\ 0 & 0 & 0 & \cdots & 0 & \\ & & & & & * \end{pmatrix},$$

从而, $\varepsilon_1 \in \mathrm{Ker}(\lambda_1\mathcal{E} - \mathcal{A})$. 又

$$(\lambda_1\boldsymbol{E} - \boldsymbol{J}) \begin{pmatrix} 0 \\ -1 \\ 0 \\ \vdots \\ 0 \end{pmatrix} = \begin{pmatrix} 0 & -1 & 0 & \cdots & 0 & \\ 0 & 0 & -1 & \cdots & 0 & \\ \vdots & \vdots & \vdots & & \vdots & \\ 0 & 0 & 0 & \cdots & 0 & \\ & & & & & * \end{pmatrix} \begin{pmatrix} 0 \\ -1 \\ 0 \\ \vdots \\ 0 \end{pmatrix} = \begin{pmatrix} 1 \\ 0 \\ 0 \\ \vdots \\ 0 \end{pmatrix},$$

因此, $\varepsilon_1 \in \mathrm{Im}(\lambda_1\mathcal{E} - \mathcal{A})$, 于是,

$$\varepsilon_1 \in \mathrm{Im}(\lambda_1\mathcal{E} - \mathcal{A}) \bigcap \mathrm{Ker}(\lambda_1\mathcal{E} - \mathcal{A}) = \{\boldsymbol{\theta}\},$$

是一个矛盾. □

例 3.9.1 令 $\boldsymbol{A}, \boldsymbol{B} \in \mathbb{F}^{n\times n}$. 若 $\boldsymbol{A} + \boldsymbol{B} + \boldsymbol{AB} = \boldsymbol{O}$, 则

(1) $r_{\boldsymbol{A}} = r_{\boldsymbol{B}}$;

(2) $\boldsymbol{X} \in \mathbb{F}^n$ 为 $\boldsymbol{A}$ 的相应于特征值 λ 的特征向量当且仅当 $\boldsymbol{X} \in \mathbb{F}^n$ 为 $\boldsymbol{B}$ 的相应于特征值

$$\mu = -\frac{\lambda}{1+\lambda}$$

的特征向量;

(3) 记 $\Lambda_{\boldsymbol{A}}$ 为 $\boldsymbol{A}$ 的特征值的集合, 则

$$(\forall \lambda \in \Lambda_{\boldsymbol{A}}) \quad \mathrm{Ker}(\lambda\boldsymbol{E} - \boldsymbol{A}) = \mathrm{Ker}(\mu\boldsymbol{E} - \boldsymbol{B});$$

(4) 因此, $\boldsymbol{A}$ 可对角化当且仅当 $\boldsymbol{B}$ 可对角化.

证明 (1) 由

$$\boldsymbol{A} + \boldsymbol{B} + \boldsymbol{AB} = \boldsymbol{O} \Rightarrow \boldsymbol{A} + (\boldsymbol{E} + \boldsymbol{A})\boldsymbol{B} = \boldsymbol{O} \Rightarrow (\boldsymbol{E} + \boldsymbol{A})\boldsymbol{B} = -\boldsymbol{A}$$

知, $r_{(-\boldsymbol{A})} = r_{\boldsymbol{A}} \leqslant r_{\boldsymbol{B}}$. 类似地, 可得 $r_{\boldsymbol{B}} \leqslant r_{\boldsymbol{A}}$. 于是 $r_{\boldsymbol{A}} = r_{\boldsymbol{B}}$.

(2) 由

$$\begin{aligned} \boldsymbol{A}+\boldsymbol{B}+\boldsymbol{A}\boldsymbol{B}=\boldsymbol{O} &\Longleftrightarrow \boldsymbol{A}+\boldsymbol{B}+\boldsymbol{A}\boldsymbol{B}+\boldsymbol{E}=\boldsymbol{E} \\ &\Longleftrightarrow \boldsymbol{A}+\boldsymbol{E}+(\boldsymbol{A}+\boldsymbol{E})\boldsymbol{B}=\boldsymbol{E} \\ &\Longleftrightarrow (\boldsymbol{A}+\boldsymbol{E})(\boldsymbol{B}+\boldsymbol{E})=\boldsymbol{E} \end{aligned}$$

知,

$$(\boldsymbol{B}+\boldsymbol{E})^{-1}=\boldsymbol{A}+\boldsymbol{E},$$

从而

$$(\boldsymbol{B}+\boldsymbol{E})(\boldsymbol{A}+\boldsymbol{E})=\boldsymbol{E} \Longleftrightarrow \boldsymbol{A}+\boldsymbol{B}+\boldsymbol{B}\boldsymbol{A}=\boldsymbol{O},$$

即

$$\boldsymbol{A}+\boldsymbol{B}+\boldsymbol{A}\boldsymbol{B}=\boldsymbol{O} \Longleftrightarrow \boldsymbol{A}+\boldsymbol{B}+\boldsymbol{B}\boldsymbol{A}=\boldsymbol{O}.$$

由 $\boldsymbol{A}$ 与 $\boldsymbol{B}$ 的对称性知, 下面仅需给出一边的证明即可.

令 $\boldsymbol{X}$ 为 $\boldsymbol{A}$ 关于特征值 λ 的特征向量, 即 $\boldsymbol{A}\boldsymbol{X}=\lambda\boldsymbol{X}$. 则

$$\begin{aligned} (\boldsymbol{A}+\boldsymbol{B}+\boldsymbol{B}\boldsymbol{A})\boldsymbol{X}=\boldsymbol{O} \Longrightarrow \boldsymbol{A}\boldsymbol{X}+\boldsymbol{B}\boldsymbol{X}+\boldsymbol{B}\boldsymbol{A}\boldsymbol{X} &= \lambda\boldsymbol{X}+\lambda\boldsymbol{B}\boldsymbol{X}+\boldsymbol{B}\boldsymbol{X} \\ &= \lambda\boldsymbol{X}+(1+\lambda)\boldsymbol{B}\boldsymbol{X}=\boldsymbol{O}. \end{aligned}$$

因此,

$$(1+\lambda)\boldsymbol{B}\boldsymbol{X}=-\lambda\boldsymbol{X}.$$

此处显然 $\lambda\neq-1$, 否则上式为

$$\boldsymbol{O}=1\boldsymbol{X}$$

与 $\boldsymbol{X}$ 为非零向量矛盾. 从而,

$$\boldsymbol{B}\boldsymbol{X}=-\frac{\lambda}{1+\lambda}\boldsymbol{X},$$

即 $\boldsymbol{X}$ 是 $\boldsymbol{B}$ 关于特征值

$$\mu=-\frac{\lambda}{1+\lambda}$$

的特征向量.

(3) 由 (2) 可以建立如下映射:

$$\begin{aligned} \varphi: \Lambda_{\boldsymbol{A}} &\to \Lambda_{\boldsymbol{B}} \\ \lambda &\mapsto \mu=-\frac{\lambda}{1+\lambda}. \end{aligned}$$

容易验证, 当 $\lambda\neq\lambda'$ 时, 有 $\mu\neq\mu'$. 从而 φ 为单射.

关于任意 $\mu \in \Lambda_{\boldsymbol{B}}$, 记 $\lambda' = -\dfrac{\mu}{1+\mu}$, 则

$$\varphi(\lambda') = -\frac{\lambda'}{1+\lambda'} = -\frac{-\dfrac{\mu}{1+\mu}}{1-\dfrac{\mu}{1+\mu}} = \mu.$$

从而, φ 为满射.

因此, $\Lambda_{\boldsymbol{A}}$ 与 $\Lambda_{\boldsymbol{B}}$ 之间建立了一一对应关系, 于是, 结论 (3) 与 (4) 显然成立. □

例 3.9.2 令 $\boldsymbol{A}, \boldsymbol{B}$ 均为 n 阶半正定实对称矩阵, 且 $n-1 \leqslant r(\boldsymbol{A}) \leqslant n$. 则存在实可逆矩阵 $\boldsymbol{C}$, 使得 $\boldsymbol{C}^{\mathrm{T}}\boldsymbol{A}\boldsymbol{C}, \boldsymbol{C}^{\mathrm{T}}\boldsymbol{B}\boldsymbol{C}$ 同时为对角阵.

证明 (1) $r(\boldsymbol{A}) = n$ 的情形. 此时 $\boldsymbol{A}$ 为正定矩阵. 从而存在可逆矩阵 $\boldsymbol{P}$, 使得

$$\boldsymbol{P}^{\mathrm{T}}\boldsymbol{A}\boldsymbol{P} = \boldsymbol{E}.$$

由 $\boldsymbol{P}^{\mathrm{T}}\boldsymbol{B}\boldsymbol{P}$ 是实对称矩阵知, 存在正交矩阵 $\boldsymbol{Q}$ 使得

$$\boldsymbol{Q}^{\mathrm{T}}(\boldsymbol{P}^{\mathrm{T}}\boldsymbol{B}\boldsymbol{P})\boldsymbol{Q} = \boldsymbol{\Lambda}$$

是对角矩阵. 令 $\boldsymbol{C} = \boldsymbol{P}\boldsymbol{Q}$. 则有

$$\boldsymbol{C}^{\mathrm{T}}\boldsymbol{A}\boldsymbol{C} = \boldsymbol{E}, \quad \boldsymbol{C}^{\mathrm{T}}\boldsymbol{B}\boldsymbol{C} = \boldsymbol{\Lambda}$$

都是对角矩阵.

(2) $r(\boldsymbol{A}) = n-1$ 的情形. 则存在实可逆矩阵 $\boldsymbol{P}$, 使得

$$\boldsymbol{P}^{\mathrm{T}}\boldsymbol{A}\boldsymbol{P} = \begin{pmatrix} \boldsymbol{E}_{n-1} & \boldsymbol{O} \\ \boldsymbol{O} & \boldsymbol{O} \end{pmatrix}.$$

由 $\boldsymbol{P}^{\mathrm{T}}\boldsymbol{B}\boldsymbol{P}$ 是实对称矩阵, 不妨令

$$\boldsymbol{P}^{\mathrm{T}}\boldsymbol{B}\boldsymbol{P} = \begin{pmatrix} \boldsymbol{B}_{n-1} & \boldsymbol{\alpha} \\ \boldsymbol{\alpha}^{\mathrm{T}} & \boldsymbol{b} \end{pmatrix},$$

其中, $\boldsymbol{B}_{n-1}$ 是 $n-1$ 阶实对称矩阵. 则存在 $n-1$ 阶正交矩阵 $\boldsymbol{Q}_{n-1}$, 使得

$$\boldsymbol{Q}_{n-1}^{\mathrm{T}}\boldsymbol{B}_{n-1}\boldsymbol{Q}_{n-1} = \begin{pmatrix} \lambda_1 & & \\ & \ddots & \\ & & \lambda_{n-1} \end{pmatrix} = \boldsymbol{\Lambda}_{n-1}$$

为对角阵. 令

$$\boldsymbol{Q} = \begin{pmatrix} \boldsymbol{Q}_{n-1} & \boldsymbol{O} \\ \boldsymbol{O} & 1 \end{pmatrix}, \quad \boldsymbol{C} = \boldsymbol{P}\boldsymbol{Q}.$$

则 $\boldsymbol{C}^{\mathrm{T}}\boldsymbol{A}\boldsymbol{C}, \boldsymbol{C}^{\mathrm{T}}\boldsymbol{B}\boldsymbol{C}$ 可表示为

$$\boldsymbol{C}^{\mathrm{T}}\boldsymbol{A}\boldsymbol{C} = \begin{pmatrix} \boldsymbol{E}_{n-1} & \boldsymbol{O} \\ \boldsymbol{O} & 0 \end{pmatrix}, \quad \boldsymbol{C}^{\mathrm{T}}\boldsymbol{B}\boldsymbol{C} = \begin{pmatrix} \boldsymbol{\Lambda}_{n-1} & \boldsymbol{\eta} \\ \boldsymbol{\eta}^{\mathrm{T}} & \boldsymbol{d} \end{pmatrix},$$

其中, $\boldsymbol{\eta} = (d_1, d_2, \cdots, d_{n-1})^{\mathrm{T}}$ 是 $n-1$ 维列向量. 因此, 不妨令

$$\boldsymbol{A} = \begin{pmatrix} \boldsymbol{E}_{n-1} & \boldsymbol{O} \\ \boldsymbol{O} & 0 \end{pmatrix}, \quad \boldsymbol{B} = \begin{pmatrix} \boldsymbol{\Lambda}_{n-1} & \boldsymbol{\eta} \\ \boldsymbol{\eta}^{\mathrm{T}} & \boldsymbol{d} \end{pmatrix}.$$

若 $\boldsymbol{d} = 0$, 则由 $\boldsymbol{B}$ 的半正定性知, $\boldsymbol{B}$ 的任意主子式均大于等于零. 考察 $\boldsymbol{B}$ 的含有 $\boldsymbol{d}$ 的任意二阶主子式, 易知 $\boldsymbol{\eta} = \boldsymbol{\theta}$. 从而, $\boldsymbol{B}$ 是对角阵.

若 $\boldsymbol{d} \neq 0$, 显然关于任意实数 k, $\boldsymbol{A}, \boldsymbol{B}$ 可以通过合同变换同时化成对角阵当且仅当同一合同变换可以将 $\boldsymbol{A}$, $k\boldsymbol{A} + \boldsymbol{B}$ 同时化成对角阵. 由于 $k \geqslant 0$ 时, $k\boldsymbol{A} + \boldsymbol{B}$ 仍然是半正定矩阵, 由 (1) 知, 只需证明存在 $k \geqslant 0$, $k\boldsymbol{A} + \boldsymbol{B}$ 是可逆矩阵.

当 $k + \lambda_i$ 都不是零时, 行列式

$$|k\boldsymbol{A} + \boldsymbol{B}| = \begin{vmatrix} k+\lambda_1 & & & d_1 \\ \vdots & \ddots & & \vdots \\ & & k+\lambda_{n-1} & d_{n-1} \\ d_1 & \cdots & d_{n-1} & d \end{vmatrix} = \left(d - \sum_{i=1}^{n-1} \frac{d_i^2}{k+\lambda_i} \right) \prod_{j=1}^{n-1} (k + \lambda_i).$$

这样只要 k 足够大就能保证 $k\boldsymbol{A} + \boldsymbol{B}$ 是可逆矩阵. 于是, $\boldsymbol{A}, \boldsymbol{B}$ 可以通过合同变换同时化成对角矩阵. □

例 3.9.3 令 $\boldsymbol{A} \in \mathbb{C}^{n\times n}$, $\mathcal{A}_{\boldsymbol{A}} \in \mathcal{L}(\mathbb{C}^{n\times n})$, 其中,

$$\mathcal{A}_{\boldsymbol{A}}(X) = \boldsymbol{A}\boldsymbol{X} - \boldsymbol{X}\boldsymbol{A}.$$

若 $\boldsymbol{A}$ 可对角化, 则 $\mathcal{A}_{\boldsymbol{A}}$ 也可对角化.

证明 令 $\{\boldsymbol{E}_{ij} \mid i, j = 1, \cdots, n\}$ 为 $\mathbb{C}^{n\times n}$ 的自然基底, 其中, $\boldsymbol{E}_{ij}$ 是 (i, j) 元为 1, 其他元均为 0 的 n 阶矩阵. 由 $\boldsymbol{A}$ 可对角化知, 存在可逆矩阵 $\boldsymbol{P} \in \mathbb{C}^{n\times n}$ 使得

$$\boldsymbol{P}^{-1}\boldsymbol{A}\boldsymbol{P} = \boldsymbol{\Lambda} = \begin{pmatrix} \lambda_1 & & \\ & \ddots & \\ & & \lambda_n \end{pmatrix}.$$

显然, $\{\boldsymbol{P}\boldsymbol{E}_{ij}\boldsymbol{P}^{-1} \mid i, j = 1, \cdots, n\}$ 也是 $\mathbb{C}^{n\times n}$ 的一个基底, 且

$$\begin{aligned} \mathcal{A}_{\boldsymbol{A}}(\boldsymbol{P}\boldsymbol{E}_{ij}\boldsymbol{P}^{-1}) &= \boldsymbol{A}(\boldsymbol{P}\boldsymbol{E}_{ij}\boldsymbol{P}^{-1}) - (\boldsymbol{P}\boldsymbol{E}_{ij}\boldsymbol{P}^{-1})\boldsymbol{A} \\ &= \boldsymbol{P}(\boldsymbol{\Lambda}\boldsymbol{E}_{ij} - \boldsymbol{E}_{ij}\boldsymbol{\Lambda})\boldsymbol{P}^{-1} \\ &= (\lambda_i - \lambda_j)\boldsymbol{P}\boldsymbol{E}_{ij}\boldsymbol{P}^{-1}. \end{aligned}$$

从而, $\mathcal{A}_{\boldsymbol{A}}$ 在基底 $(\boldsymbol{P}\boldsymbol{E}_{11}\boldsymbol{P}^{-1},\cdots,\boldsymbol{P}\boldsymbol{E}_{1n}\boldsymbol{P}^{-1},\cdots,\boldsymbol{P}\boldsymbol{E}_{n1}\boldsymbol{P}^{-1},\cdots,\boldsymbol{P}\boldsymbol{E}_{nn}\boldsymbol{P}^{-1})$ 下的表示矩阵为对角矩阵

$$\operatorname{diag}(0,\lambda_1-\lambda_2,\cdots,\lambda_1-\lambda_n,\cdots,\lambda_n-\lambda_1,\cdots,\lambda_n-\lambda_{n-1},0),$$

即 $\mathcal{A}_{\boldsymbol{A}}$ 可对角化. □

3.10 多重线性函数和行列式的 (一种) 公理化定义

3.10.1 d-行列式的定义及性质

定义 3.10.1 令 V 为域 $\mathbb{F}$ 上一 n 维线性空间, V 的 n 重 Descartes 积记为 V^n. 称映射 (函数) $f: V^n \to \mathbb{F}$ 为 V 上一 n 重线性函数, 如果关于任意 $i\in\{1,2,\cdots,n\}$,

$$\begin{aligned}&f(\boldsymbol{\alpha}_1,\cdots,\boldsymbol{\alpha}_{i-1},k\boldsymbol{\alpha}_i+l\boldsymbol{\alpha}_i',\boldsymbol{\alpha}_{i+1},\cdots,\boldsymbol{\alpha}_n)\\ =&kf(\boldsymbol{\alpha}_1,\cdots,\boldsymbol{\alpha}_{i-1},\boldsymbol{\alpha}_i,\boldsymbol{\alpha}_{i+1},\cdots,\boldsymbol{\alpha}_n)\\ &+lf(\boldsymbol{\alpha}_1,\cdots,\boldsymbol{\alpha}_{i-1},\boldsymbol{\alpha}_i',\boldsymbol{\alpha}_{i+1},\cdots,\boldsymbol{\alpha}_n),\end{aligned}\tag{3.38}$$

即若将除 $\boldsymbol{\alpha}_i$ 外的其他元素都固定, 则 f 为 $\boldsymbol{\alpha}_i$ 的线性函数, $i=1,2,\cdots,n$.

定义 3.10.2 令 $\boldsymbol{A}=(\boldsymbol{A}_1,\boldsymbol{A}_2,\cdots,\boldsymbol{A}_n)\in\mathbb{F}^{n\times n}$, $\boldsymbol{A}_i$ 为其列向量, $i=1,2,\cdots,n$. 视 $\mathbb{F}^{n\times n}$ 为 $(\mathbb{F}^n)^n$ 时, 称 $\mathbb{F}^n$ 上的 n 重函数

$$\begin{aligned}\mathcal{D}:\mathbb{F}^{n\times n}(=(\mathbb{F}^n)^n)&\to\mathbb{F},\\ \boldsymbol{A}&\mapsto\mathcal{D}(\boldsymbol{A})\end{aligned}$$

为一 d-行列式, 如果

(1) $\mathcal{D}$ 为 $\mathbb{F}^n$ 上的 n 重线性函数;

(2) 若相邻的两列 $\boldsymbol{A}_k$ 和 $\boldsymbol{A}_{k+1}$ 相等, 则其值为零, 即

$$\mathcal{D}(\boldsymbol{A}_1,\boldsymbol{A}_2,\cdots,\boldsymbol{A}_{k-1},\boldsymbol{A}_k,\boldsymbol{A}_k,\boldsymbol{A}_{k+2},\cdots,\boldsymbol{A}_n)=0,\quad k=1,2,\cdots,n-1;$$

(3) 若 $\boldsymbol{A}=\boldsymbol{E}$, 即 $\boldsymbol{A}_k=\boldsymbol{\varepsilon}_k$, $\boldsymbol{\varepsilon}_k$ 是 $\boldsymbol{E}$ 的第 k 列, $k=1,2,\cdots,n$:

$$\boldsymbol{A}_1=\begin{pmatrix}1\\0\\0\\\vdots\\0\end{pmatrix},\boldsymbol{A}_2=\begin{pmatrix}0\\1\\0\\\vdots\\0\end{pmatrix},\cdots,\boldsymbol{A}_n=\begin{pmatrix}0\\0\\0\\\vdots\\1\end{pmatrix},$$

则 $\mathcal{D}(\boldsymbol{E})=1$.

性质 3.10.1 假设如定义 3.10.2.

(1) 若 $\boldsymbol{A}_j = \boldsymbol{\theta}$, 则

$$\mathcal{D}(\boldsymbol{A}_1, \boldsymbol{A}_2, \cdots, \boldsymbol{A}_n) = 0, \quad j = 1, 2, \cdots, n,$$

即若 $\boldsymbol{A}$ 的某列为零, 则 $\boldsymbol{A}$ 的 d-行列式的值为零.

(2) 关于任意 $c \in \mathbb{F}$, $k = 1, 2, \cdots, n-1$ $(k = 2, 3, \cdots, n)$,

$$\mathcal{D}(\boldsymbol{A}_1, \cdots, \boldsymbol{A}_{k-1}, \boldsymbol{A}_k + c\boldsymbol{A}_{k+1}, \boldsymbol{A}_{k+1}, \cdots, \boldsymbol{A}_n) = \mathcal{D}(\boldsymbol{A}_1, \cdots, \boldsymbol{A}_n)$$
$$(\mathcal{D}(\boldsymbol{A}_1, \cdots, \boldsymbol{A}_{k-1}, \boldsymbol{A}_k + c\boldsymbol{A}_{k-1}, \boldsymbol{A}_{k+1}, \cdots, \boldsymbol{A}_n) = \mathcal{D}(\boldsymbol{A}_1, \cdots, \boldsymbol{A}_n)),$$

即若把 $\boldsymbol{A}$ 的某列的倍数加到与它相邻的列上, 则 $\boldsymbol{A}$ 的 d-行列式的值不变.

(3) 关于任意 $k = 1, 2, \cdots, n-1$,

$$\mathcal{D}(\boldsymbol{A}_1, \boldsymbol{A}_2, \cdots, \boldsymbol{A}_k, \boldsymbol{A}_{k+1}, \cdots, \boldsymbol{A}_n) = -\mathcal{D}(\boldsymbol{A}_1, \boldsymbol{A}_2, \cdots, \boldsymbol{A}_{k+1}, \boldsymbol{A}_k, \cdots, \boldsymbol{A}_n),$$

即若将 $\boldsymbol{A}$ 的相邻两列互换, 则 $\boldsymbol{A}$ 的 d-行列式的值变号.

(4) 若 $\boldsymbol{A}_i = \boldsymbol{A}_j$, 则

$$\mathcal{D}(\boldsymbol{A}_1, \boldsymbol{A}_2, \cdots, \boldsymbol{A}_n) = 0, \quad i, j = 1, 2, \cdots, n, \quad i \neq j,$$

即若 $\boldsymbol{A}$ 的不同的某两列相等, 则 $\boldsymbol{A}$ 的 d-行列式的值等于零.

(5) 关于任意 $c \in \mathbb{F}$,

$$\mathcal{D}(\boldsymbol{A}_1, \cdots, \boldsymbol{A}_i + c\boldsymbol{A}_j, \cdots, \boldsymbol{A}_j, \cdots, \boldsymbol{A}_n) = \mathcal{D}(\boldsymbol{A}_1, \cdots, \boldsymbol{A}_n),$$
$$\mathcal{D}(\boldsymbol{A}_1, \cdots, \boldsymbol{A}_i, \cdots, \boldsymbol{A}_j + c\boldsymbol{A}_i, \cdots, \boldsymbol{A}_n) = \mathcal{D}(\boldsymbol{A}_1, \cdots, \boldsymbol{A}_n),$$

其中, $i, j = 1, 2, \cdots, n, i \neq j$, 即若把 $\boldsymbol{A}$ 的一列的倍数加到另一列上, 则 $\boldsymbol{A}$ 的 d-行列式的值不变.

(6) $\mathcal{D}(\boldsymbol{A}_1, \cdots, \boldsymbol{A}_i, \cdots, \boldsymbol{A}_j, \cdots, \boldsymbol{A}_n) = -\mathcal{D}(\boldsymbol{A}_1, \cdots, \boldsymbol{A}_j, \cdots, \boldsymbol{A}_i, \cdots, \boldsymbol{A}_n)$, 其中, $i, j = 1, 2, \cdots, n, i \neq j$, 即若将 $\boldsymbol{A}$ 的任意不同的两列互换, 则 $\boldsymbol{A}$ 的 d-行列式的值变号.

(7) 令 $(i_1 i_2 \cdots i_n)$ 为 $(1, 2, \cdots, n)$ 的任一排列. 则

$$\mathcal{D}(\boldsymbol{A}_{i_1}, \boldsymbol{A}_{i_2}, \cdots, \boldsymbol{A}_{i_n}) = \pm\mathcal{D}(\boldsymbol{A}_1, \boldsymbol{A}_2, \cdots, \boldsymbol{A}_n),$$

其中, $\pm$ 为由排列 $(i_1 i_2 \cdots i_n)$ 的奇偶性所确定的符号.

证明 (1) 由多重线性函数的定义可直接得到.

(2) 根据等式 (3.38) 和定义 3.10.2 的 (2),

$$\mathcal{D}_k(\boldsymbol{A}_k + c\boldsymbol{A}_{k\pm1}) = \mathcal{D}_k(\boldsymbol{A}_k) + c\mathcal{D}_k(\boldsymbol{A}_{k\pm1}) = \mathcal{D}_k(\boldsymbol{A}_k).$$

(3) 根据性质 (2) 及定义 3.10.2 的 (1),

$$
\begin{aligned}
&\mathcal{D}(\boldsymbol{A}_1,\cdots,\boldsymbol{A}_k,\boldsymbol{A}_{k+1},\cdots,\boldsymbol{A}_n)\\
=&\mathcal{D}(\boldsymbol{A}_1,\cdots,\boldsymbol{A}_k,\boldsymbol{A}_{k+1}+\boldsymbol{A}_k,\cdots,\boldsymbol{A}_n)\\
=&\mathcal{D}(\boldsymbol{A}_1,\cdots,\boldsymbol{A}_k-(\boldsymbol{A}_{k+1}+\boldsymbol{A}_k),\boldsymbol{A}_{k+1}+\boldsymbol{A}_k,\cdots,\boldsymbol{A}_n)\\
=&\mathcal{D}(\boldsymbol{A}_1,\cdots,-\boldsymbol{A}_{k+1},\boldsymbol{A}_{k+1}+\boldsymbol{A}_k,\cdots,\boldsymbol{A}_n)\\
=&\mathcal{D}(\boldsymbol{A}_1,\cdots,-\boldsymbol{A}_{k+1},\boldsymbol{A}_k,\cdots,\boldsymbol{A}_n)\\
=&-\mathcal{D}(\boldsymbol{A}_1,\cdots,\boldsymbol{A}_{k+1},\boldsymbol{A}_k,\cdots,\boldsymbol{A}_n).
\end{aligned}
$$

(4) 反复利用性质 (3), 可将这两列放到相邻的位置. 再由定义 3.10.2 的 (2) 可得到结论.

(5) 利用定义 3.10.2 的 (1) 和性质 (4) 可得到结论.

(6) 若 $j=i+l,\ l\in\mathbb{Z}^+$, 则将 A_j 与左边相邻的列连续交换 l 次就达到 i 的位置, 又将 $\boldsymbol{A}_i$ 与右边的相邻的列连续交换 $l-1$ 次就达到 j 的位置, 再利用 (3) 可得结论.

(7) 将 $\boldsymbol{A}_{i_1},\boldsymbol{A}_{i_2},\cdots,\boldsymbol{A}_{i_n}$ 作奇 (如果 $(i_1i_2\cdots i_n)$ 为奇排列) 或偶 (如果 $(i_1i_2\cdots i_n)$ 为偶排列) 数次列的对换, 就排列成 $\{\boldsymbol{A}_1,\boldsymbol{A}_2,\cdots,\boldsymbol{A}_n\}$, 再利用 (3) 可得到结论.

事实上, 在 (7) 中以 ε_k 代替 $\boldsymbol{A}_k$ 就变成 $\mathcal{D}(\varepsilon_{i_1},\varepsilon_{i_2},\cdots,\varepsilon_{i_n})=\pm1$, 从而, 这个符号就只与单位向量的置换有关 (因此, $\pm$ 号与所选择的行列式无关). □

3.10.2 *d*-行列式恰为通常的行列式

引理 3.10.1 令 $\boldsymbol{A}=(\boldsymbol{A}_1,\cdots,\boldsymbol{A}_n)\in\mathbb{F}^{n\times n}$, 又

$$\boldsymbol{A}_k'=b_{1k}\boldsymbol{A}_1+b_{2k}\boldsymbol{A}_2+\cdots+b_{nk}\boldsymbol{A}_n,\quad k=1,2,\cdots,n.$$

则

$$\mathcal{D}(\boldsymbol{A}_1',\boldsymbol{A}_2',\cdots,\boldsymbol{A}_n')=\mathcal{D}(\boldsymbol{A}_1,\boldsymbol{A}_2,\cdots,\boldsymbol{A}_n)\cdot\sum_{(i_1i_2\cdots i_n)}\pm b_{i_11}b_{i_22}\cdots b_{i_nn},$$

其中, $\pm$ 为由排列 $(i_1i_2\cdots i_n)$ 的奇偶性所确定的符号.

证明 由已知,

$$\boldsymbol{A}_k'=b_{1k}\boldsymbol{A}_1+b_{2k}\boldsymbol{A}_2+\cdots+b_{nk}\boldsymbol{A}_n=(\boldsymbol{A}_1,\boldsymbol{A}_2,\cdots,\boldsymbol{A}_n)\begin{pmatrix}b_{1k}\\b_{2k}\\\vdots\\b_{nk}\end{pmatrix},$$

其中, $k=1,2,\cdots,n$.

在计算 $\mathcal{D}(\boldsymbol{A}_1', \boldsymbol{A}_2', \cdots, \boldsymbol{A}_n')$ 时将定义 3.10.2 的 (1) 应用于 $\boldsymbol{A}_1^{\mathrm{T}}$, 则此行列式分解成若干行列式的一个组合

$$\begin{aligned}&\mathcal{D}(\boldsymbol{A}_1', \boldsymbol{A}_2', \cdots, \boldsymbol{A}_n')\\ =&\mathcal{D}\left(\sum_{i_1=1}^{n} b_{i_1 1}\boldsymbol{A}_{i_1}, \sum_{i_2=1}^{n} b_{i_2 2}\boldsymbol{A}_{i_2}, \cdots, \sum_{i_n=1}^{n} b_{i_n n}\boldsymbol{A}_{i_n}\right)\\ =&\sum_{i_1 i_2 \cdots i_n} b_{i_1 1} b_{i_2 2}\cdots b_{i_n n}\mathcal{D}(\boldsymbol{A}_{i_1}, \boldsymbol{A}_{i_2}, \cdots, \boldsymbol{A}_{i_n}),\end{aligned}$$

其中, 这些 i_k 彼此无关地取遍从 1 到 n 的值. 根据性质 3.10.1 的 (4), 若两个下标相等, 则

$$\mathcal{D}(\boldsymbol{A}_{i_1}, \boldsymbol{A}_{i_2}, \cdots, \boldsymbol{A}_{i_n}) = 0,$$

因此, 只需考虑 $(i_1 i_2 \cdots i_n)$ 为 $(1, 2, \cdots, n)$ 的一个排列的情形, 从而,

$$\mathcal{D}(\boldsymbol{A}_1', \boldsymbol{A}_2', \cdots, \boldsymbol{A}_n') = \mathcal{D}(\boldsymbol{A}_1, \boldsymbol{A}_2, \cdots, \boldsymbol{A}_n)\cdot \sum_{(i_1 i_2 \cdots i_n)} \pm b_{i_1 1} b_{i_2 2}\cdots b_{i_n n}, \tag{3.39}$$

其中, $(i_1 i_2 \cdots i_n)$ 取遍 $(1, 2, \cdots, n)$ 的全部排列; $\pm$ 为由排列 $(i_1 i_2 \cdots i_n)$ 的奇偶性所确定的符号 (注意, 关于任意满足定义 3.10.2 的 (1) 和 (2) 的函数 $\mathcal{D}$, 均有公式 (3.39) 成立). □

定理 3.10.1 d-行列式存在、唯一, 且就是通常的行列式.

证明 利用引理 3.10.1 和定义 3.10.2 的 (3), 把 $\boldsymbol{A}_k$ 特殊化为单位向量 ε_k. 于是就有 $\boldsymbol{A}_k' = \boldsymbol{B}_k$, 其中 $\boldsymbol{B}_k$ 是矩阵 (b_{ik}) 的列向量. 此时等式 (3.39) 为

$$\mathcal{D}(\boldsymbol{B}_1, \boldsymbol{B}_2, \cdots, \boldsymbol{B}_n) = \sum_{(i_1 \cdots i_n)} \pm b_{i_1 1} b_{i_2 2}\cdots b_{i_n n}. \tag{3.40}$$

其中, $\pm$ 为由排列 $(i_1 i_2 \cdots i_n)$ 的奇偶性所确定的符号. 因此, 若 d-行列式存在, 则根据式 (3.40), 它就是通常的行列式. 而通常的行列式显然满足 d-行列式定义的三个条件. 从而完成了 d-行列式存在性与唯一性的证明. □

推论 3.10.1 定义 3.10.2 是通常行列式的一个公理化定义.

3.10.3 d-行列式 (作为行列式的公理化定义) 的直接应用

d-行列式是 $(\mathbb{F}^{n\times n}, \cdot)$ 到 $(\mathbb{F}, \cdot)$ 的一个同态, 即有如下结论.

定理 3.10.2 令 $\boldsymbol{A}, \boldsymbol{B} \in \mathbb{F}^{n\times n}$. 则

$$\mathcal{D}(\boldsymbol{AB}) = \mathcal{D}(\boldsymbol{A})\mathcal{D}(\boldsymbol{B}). \tag{3.41}$$

证明 令 $\boldsymbol{C} = \boldsymbol{AB}$, 即

$$(\boldsymbol{C}_1, \boldsymbol{C}_2, \cdots, \boldsymbol{C}_n)_{1\times n} = (\boldsymbol{A}_1, \boldsymbol{A}_2, \cdots, \boldsymbol{A}_n)_{1\times n}\boldsymbol{B}.$$

从而, 等式 (3.41) 左边的矩阵的列向量为

$$\boldsymbol{C}_k = \sum_{j=1}^{n} b_j \boldsymbol{A}_{i_k}, \quad k = 1, 2, \cdots, n.$$

由引理 3.10.1 和式 (3.40) 知,

$$\begin{aligned}\mathcal{D}(\boldsymbol{C}_1,\boldsymbol{C}_2,\cdots,\boldsymbol{C}_n)&=\mathcal{D}(\boldsymbol{A}_1,\boldsymbol{A}_2,\cdots,\boldsymbol{A}_n)\cdot\sum_{(i_1\cdots i_n)}\pm b_{i_11}b_{i_22}\cdots b_{i_nn}\\&=\mathcal{D}(\boldsymbol{A}_1,\boldsymbol{A}_2,\cdots,\boldsymbol{A}_n)\mathcal{D}(\boldsymbol{B}_1,\boldsymbol{B}_2,\cdots,\boldsymbol{B}_n).\end{aligned}$$ □

关于 $\mathcal{D}(\boldsymbol{A})=0$ 与 $\{\boldsymbol{A}_1,\boldsymbol{A}_2,\cdots,\boldsymbol{A}_n\}$ 的线性相关性的联系, 有如下结论.

定理 3.10.3 令 $\boldsymbol{A}=(\boldsymbol{A}_1,\boldsymbol{A}_2,\cdots,\boldsymbol{A}_n)\in\mathbb{F}^{n\times n}$. 则 $\mathcal{D}(\boldsymbol{A})=0$ 当且仅当 $\{\boldsymbol{A}_1,\boldsymbol{A}_2,\cdots,\boldsymbol{A}_n\}$ 线性相关.

证明 **充分性** $\{\boldsymbol{A}_1,\boldsymbol{A}_2,\cdots,\boldsymbol{A}_n\}$ 线性相关当且仅当存在 $i\in\{1,\cdots,n\}$, 使得

$$\boldsymbol{A}_i=\sum_{j=1,j\neq i}^{n}k_j\boldsymbol{A}_j.$$

则

$$\begin{aligned}\mathcal{D}(\boldsymbol{A})&=\mathcal{D}(\boldsymbol{A}_1,\boldsymbol{A}_2,\cdots,\boldsymbol{A}_n)\\&=\mathcal{D}\left(\boldsymbol{A}_1,\cdots,\boldsymbol{A}_{i-1},\sum_{j=1,j\neq i}^{n}k_j\boldsymbol{A}_j,\boldsymbol{A}_{i+1},\cdots,\boldsymbol{A}_n\right)\\&=\sum_{j=1,j\neq i}^{n}k_j\mathcal{D}(\boldsymbol{A}_1,\cdots,\boldsymbol{A}_{i-1},\boldsymbol{A}_j,\boldsymbol{A}_{i+1},\cdots,\boldsymbol{A}_n)=0.\end{aligned}$$

必要性 由 $\{\boldsymbol{A}_1,\boldsymbol{A}_2,\cdots,\boldsymbol{A}_n\}$ 线性无关当且仅当 $(\boldsymbol{A}_1,\boldsymbol{A}_2,\cdots,\boldsymbol{A}_n)$ 是 $\mathbb{F}^n$ 的一个基底, 有

$$\boldsymbol{\varepsilon}_i=\sum_{j=1}^{n}k_{ji}\boldsymbol{A}_j,\quad i=1,2,\cdots,n.$$

从而,

$$1=\mathcal{D}(\boldsymbol{\varepsilon}_1,\boldsymbol{\varepsilon}_2,\cdots,\boldsymbol{\varepsilon}_n)=\mathcal{D}(\boldsymbol{A}_1,\boldsymbol{A}_2,\cdots,\boldsymbol{A}_n)\sum_{(j_1j_2\cdots j_n)}\pm k_{j_11}k_{j_22}\cdots k_{j_nn},$$

其中, $\pm$ 为由排列 $(j_1j_2\cdots j_n)$ 的奇偶性所确定的符号. 于是,

$$\mathcal{D}(\boldsymbol{A}_1,\boldsymbol{A}_2,\cdots,\boldsymbol{A}_n)\neq 0.$$ □

两者之间的联系表现成另外一个形式就是如下结论.

定理 3.10.4 假设如定理 3.10.3. 则 $\mathcal{D}(\boldsymbol{A})=0$ 当且仅当

$$\sum_{i=1}^{n}x_i\boldsymbol{A}_i=\boldsymbol{\theta}$$

有非零解.

例 3.10.1 (Cramer 法则中解的公式的获得)　令 $\boldsymbol{A}\in\mathbb{F}^{n\times n}$, $\boldsymbol{B}\in\mathbb{F}^{n\times 1}$,

$$\boldsymbol{AX}=\boldsymbol{B}. \tag{3.42}$$

若 $\mathcal{D}(\boldsymbol{A})\neq 0$, 则方程组 (3.42) 有解, 解唯一, 且解 $(x_1, x_2, \cdots, x_n)^{\mathrm{T}}$ 为

$$x_i=\frac{\mathcal{D}(\boldsymbol{A}_1,\cdots,\boldsymbol{A}_{i-1},\boldsymbol{B},\boldsymbol{A}_{i+1},\cdots,\boldsymbol{A}_n)}{\mathcal{D}(\boldsymbol{A}_1,\boldsymbol{A}_2,\cdots,\boldsymbol{A}_n)},\quad i=1,2,\cdots,n.$$

证明　由定理 3.10.3 和定理 3.10.4 知, 只需证明最后一个结论.

关于任意 $i, i=1,2,\cdots,n$, 有

$$\begin{aligned}&\mathcal{D}(\boldsymbol{A}_1,\cdots,\boldsymbol{A}_{i-1},\boldsymbol{B},\boldsymbol{A}_{i+1},\cdots,\boldsymbol{A}_n)\\=&\mathcal{D}(\boldsymbol{A}_1,\cdots,\boldsymbol{A}_{i-1},\boldsymbol{A}_1x_1+\cdots+\boldsymbol{A}_nx_n,\boldsymbol{A}_{i+1},\cdots,\boldsymbol{A}_n)\\=&\mathcal{D}(\boldsymbol{A}_1,\cdots,\boldsymbol{A}_{i-1},\boldsymbol{A}_ix_i,\boldsymbol{A}_{i+1},\cdots,\boldsymbol{A}_n)\\=&x_i\mathcal{D}(\boldsymbol{A}_1,\cdots,\boldsymbol{A}_{i-1},\boldsymbol{A}_i,\boldsymbol{A}_{i+1},\cdots,\boldsymbol{A}_n).\end{aligned}$$

从而,

$$x_i=\frac{\mathcal{D}(\boldsymbol{A}_1,\cdots,\boldsymbol{A}_{i-1},\boldsymbol{B},\boldsymbol{A}_{i+1},\cdots,\boldsymbol{A}_n)}{\mathcal{D}(\boldsymbol{A}_1,\boldsymbol{A}_2,\cdots,\boldsymbol{A}_n)}.$$

因此定理得证. □

3.11　多重线性函数和 Binet-Cauchy 公式

在 3.10 节中给出了通常行列式的一个公理化定义, 本节将利用此公理化定义给出定理 3.10.2 的一个推广——Binet-Cauchy 公式和此公式的若干应用.

令

$$\boldsymbol{A}=\begin{pmatrix}a_{11}&a_{12}&\cdots&a_{1n}\\a_{21}&a_{22}&\cdots&a_{2n}\\\vdots&\vdots&&\vdots\\a_{n1}&a_{n2}&\cdots&a_{nn}\end{pmatrix}\in\mathbb{F}^{n\times n},$$

$i_1,\cdots,i_m,j_1,\cdots,j_m$ 为 $2m$ 个正整数, $m\leqslant n$ 且 $1\leqslant i_1<\cdots<i_m\leqslant n, 1\leqslant j_1<\cdots<j_m\leqslant n$. 记

$$\boldsymbol{A}\begin{pmatrix}i_1&i_2&\cdots&i_m\\j_1&j_2&\cdots&j_m\end{pmatrix}=\begin{pmatrix}a_{i_1j_1}&a_{i_1j_2}&\cdots&a_{i_1j_m}\\a_{i_2j_1}&a_{i_2j_2}&\cdots&a_{i_2j_m}\\\vdots&\vdots&&\vdots\\a_{i_mj_1}&a_{i_mj_2}&\cdots&a_{i_mj_m}\end{pmatrix}.$$

定理 3.11.1 (Binet-Cauchy 公式) 令 $\mathbb{F}$ 为一数域, $\boldsymbol{A}\in\mathbb{F}^{n\times m}$, $\boldsymbol{B}\in\mathbb{F}^{m\times n}$. 则

$$\mathcal{D}(\boldsymbol{AB})=\begin{cases}0, & n>m,\\ \mathcal{D}(\boldsymbol{A})\mathcal{D}(\boldsymbol{B}), & n=m,\\ \displaystyle\sum_{1\leqslant j_1<\cdots<j_n\leqslant m}\mathcal{D}\left(\boldsymbol{A}\left(\begin{smallmatrix}1 & 2 & \cdots & n\\ j_1 & j_2 & \cdots & j_n\end{smallmatrix}\right)\right)\mathcal{D}\left(\boldsymbol{B}\left(\begin{smallmatrix}j_1 & j_2 & \cdots & j_n\\ 1 & 2 & \cdots & n\end{smallmatrix}\right)\right), & n<m.\end{cases}$$

证明 记

$$\boldsymbol{A}=\begin{pmatrix}a_{11} & \cdots & a_{1m}\\ \vdots & & \vdots\\ a_{n1} & \cdots & a_{nm}\end{pmatrix},\quad \boldsymbol{B}=\begin{pmatrix}b_{11} & \cdots & b_{1n}\\ \vdots & & \vdots\\ b_{m1} & \cdots & b_{mn}\end{pmatrix}.$$

由定义 3.10.2 知,

$$\begin{aligned}\mathcal{D}(AB)&=\mathcal{D}\begin{pmatrix}\displaystyle\sum_{k_1=1}^{m}a_{1k_1}b_{k_11} & \cdots & \displaystyle\sum_{k_n=1}^{m}a_{1k_n}b_{k_nn}\\ \vdots & & \vdots\\ \displaystyle\sum_{k_1=1}^{m}a_{nk_1}b_{k_11} & \cdots & \displaystyle\sum_{k_1=1}^{m}a_{nk_n}b_{k_nn}\end{pmatrix}\\ &=\sum_{1\leqslant k_1,\cdots,k_n\leqslant m}\mathcal{D}\begin{pmatrix}a_{1k_1}b_{k_11} & \cdots & a_{1k_n}b_{k_nn}\\ \vdots & & \vdots\\ a_{nk_1}b_{k_11} & \cdots & a_{nk_n}b_{k_nn}\end{pmatrix}\\ &=\sum_{1\leqslant k_1,\cdots,k_n\leqslant m}b_{k_11}\cdots b_{k_nn}\,\mathcal{D}\begin{pmatrix}a_{1k_1} & \cdots & a_{1k_n}\\ \vdots & & \vdots\\ a_{nk_1} & \cdots & a_{nk_n}\end{pmatrix}.\end{aligned}$$

再由性质 3.10.1 的 (4) 知,

$$\mathcal{D}(\boldsymbol{AB})=\sum_{\substack{1\leqslant k_1,\cdots,k_n\leqslant m\\ k_i\neq k_j,i\neq j}}b_{k_11}\cdots b_{k_nn}\mathcal{D}\begin{pmatrix}a_{1k_1} & \cdots & a_{1k_n}\\ \vdots & & \vdots\\ a_{nk_1} & \cdots & a_{nk_n}\end{pmatrix}.$$

从而, 当 $n>m$ 时, $\mathcal{D}(\boldsymbol{AB})=0$. 当 $n\leqslant m$ 时,

$$\mathcal{D}(\boldsymbol{AB})=\sum_{1\leqslant j_1<\cdots<j_n\leqslant m}\sum_{(k_1\cdots k_n)}b_{k_11}\cdots b_{k_nn}\mathcal{D}\begin{pmatrix}a_{1k_1} & \cdots & a_{1k_n}\\ \vdots & & \vdots\\ a_{nk_1} & \cdots & a_{nk_n}\end{pmatrix},$$

其中, $(k_1 \cdots k_n)$ 取遍 $(j_1, j_2, \cdots, j_n)$ 的全部排列. 根据性质 3.10.1 的 (7),

$$\mathcal{D}(\boldsymbol{AB}) = \sum_{1 \leqslant j_1 < \cdots < j_n \leqslant m} \sum_{(k_1 \cdots k_n)} \pm b_{k_1 1} \cdots b_{k_n n} \mathcal{D} \begin{pmatrix} a_{1j_1} & \cdots & a_{1j_n} \\ \vdots & & \vdots \\ a_{nj_1} & \cdots & a_{nj_n} \end{pmatrix},$$

其中, $\pm$ 为排列 $(k_1 k_2 \cdots k_n)$ 的奇偶性所决定的符号. 从而由定理 3.10.1 及其证明知,

$$\mathcal{D}(\boldsymbol{AB}) = \sum_{1 \leqslant j_1 < \cdots < j_n \leqslant m} \mathcal{D} \begin{pmatrix} a_{1j_1} & \cdots & a_{1j_n} \\ \vdots & & \vdots \\ a_{nj_1} & \cdots & a_{nj_n} \end{pmatrix} \mathcal{D} \begin{pmatrix} b_{j_1 1} & \cdots & b_{j_n 1} \\ \vdots & & \vdots \\ b_{j_1 n} & \cdots & b_{j_n n} \end{pmatrix}.$$

因此, 当 $n = m$ 时, $\mathcal{D}(\boldsymbol{AB}) = \mathcal{D}(\boldsymbol{A})\mathcal{D}(\boldsymbol{B})$. 当 $n < m$ 时,

$$\mathcal{D}(\boldsymbol{AB}) = \sum_{1 \leqslant j_1 < \cdots < j_n \leqslant m} \mathcal{D}\left(\boldsymbol{A} \begin{pmatrix} 1 & \cdots & n \\ j_1 & \cdots & j_n \end{pmatrix} \right) \mathcal{D}\left(\boldsymbol{B} \begin{pmatrix} j_1 & \cdots & j_n \\ 1 & \cdots & n \end{pmatrix} \right). \quad \square$$

事实上, 由类似于定理 3.11.1 的证明可得如下更一般的结论.

定理 3.11.2 令 $\boldsymbol{A} \in \mathbb{F}^{n \times m}, \boldsymbol{B} \in \mathbb{F}^{m \times s}$, $\boldsymbol{C} = \boldsymbol{AB}$, r 为正整数. 则

$$\mathcal{D}(\boldsymbol{D}) = \begin{cases} 0, & r > m, \\ \mathcal{D}\left(\boldsymbol{A} \begin{pmatrix} j_1 & j_2 & \cdots & j_m \\ 1 & 2 & \cdots & m \end{pmatrix} \right) \mathcal{D}\left(\boldsymbol{B} \begin{pmatrix} 1 & 2 & \cdots & m \\ k_1 & k_2 & \cdots & k_m \end{pmatrix} \right), & r = m, \\ \displaystyle\sum_{1 \leqslant i_1 < \cdots < i_r \leqslant m} \mathcal{D}\left(\boldsymbol{A} \begin{pmatrix} j_1 & j_2 & \cdots & j_r \\ i_1 & i_2 & \cdots & i_r \end{pmatrix} \right) \mathcal{D}\left(\boldsymbol{B} \begin{pmatrix} i_1 & i_2 & \cdots & i_r \\ k_1 & k_2 & \cdots & k_r \end{pmatrix} \right), & r < m, \end{cases}$$

其中,

$$\boldsymbol{D} = \boldsymbol{C} \begin{pmatrix} j_1 & j_2 & \cdots & j_r \\ k_1 & k_2 & \cdots & k_r \end{pmatrix}.$$

由定理 3.10.1 知, d-行列式与通常的行列式等价, 下面为了书写及计算的方便, 一般地, 将 d-行列式写为通常行列式的形式.

推论 3.11.1 令 $\boldsymbol{A} \in \mathbb{F}^{n \times m}$, $\boldsymbol{B} \in \mathbb{F}^{m \times s}$. 则

$$r_{\boldsymbol{AB}} \leqslant \min\{r_{\boldsymbol{A}}, r_{\boldsymbol{B}}\}.$$

证明 令 $r_{\boldsymbol{AB}} = r$. 则 $\boldsymbol{AB}$ 中存在行列式不为零的 r 阶子式, 记为

$$\boldsymbol{C} \begin{pmatrix} i_1 & i_2 & \cdots & i_r \\ j_1 & j_2 & \cdots & j_r \end{pmatrix}.$$

由定理 3.11.2 知,

$$
\begin{aligned}
&\left| \boldsymbol{C}\begin{pmatrix} i_1 & i_2 & \cdots & i_r \\ j_1 & j_2 & \cdots & j_r \end{pmatrix} \right| \\
&= \sum_{1\leqslant i_1<\cdots<i_r\leqslant m} \left| \boldsymbol{A}\begin{pmatrix} j_1 & j_2 & \cdots & j_r \\ i_1 & i_2 & \cdots & i_r \end{pmatrix} \right| \left| \boldsymbol{B}\begin{pmatrix} i_1 & i_2 & \cdots & i_r \\ k_1 & k_2 & \cdots & k_r \end{pmatrix} \right| \\
&\neq 0.
\end{aligned}
$$

从而, $\boldsymbol{A}, \boldsymbol{B}$ 中均存在行列式不为零的 r 阶子式. 因此

$$r_{\boldsymbol{A}}, r_{\boldsymbol{B}} \geqslant r.$$

□

例 3.11.1 (Cauchy 不等式)　令 $a_1, a_2, \cdots, a_n, b_1, b_2, \cdots, b_n \in \mathbb{R}$. 则

$$\sum_{i=1}^n a_i^2 \sum_{i=1}^n b_i^2 \geqslant \left(\sum_{i=1}^n a_i b_i \right)^2.$$

证明　令

$$\boldsymbol{A} = \begin{pmatrix} a_1 & a_2 & \cdots & a_n \\ b_1 & b_2 & \cdots & b_n \end{pmatrix}.$$

则

$$
\begin{aligned}
|\boldsymbol{A}\boldsymbol{A}^{\mathrm{T}}| &= \begin{vmatrix} \sum\limits_{i=1}^n a_i^2 & \sum\limits_{i=1}^n a_i b_i \\ \sum\limits_{i=1}^n a_i b_i & \sum\limits_{i=1}^n b_i^2 \end{vmatrix} \\
&= \left(\sum_{i=1}^n a_i^2 \right)\left(\sum_{i=1}^n b_i^2 \right) - \left(\sum_{i=1}^n a_i b_i \right)^2.
\end{aligned}
$$

由 Binet-Cauchy 公式知,

$$
\begin{aligned}
|\boldsymbol{A}\boldsymbol{A}^{\mathrm{T}}| &= \sum_{1\leqslant i<j\leqslant n} \begin{vmatrix} a_i & a_j \\ b_i & b_j \end{vmatrix} \begin{vmatrix} a_i & b_i \\ a_j & b_j \end{vmatrix} \\
&= \sum_{1\leqslant i<j\leqslant n} (a_i b_j - a_j b_i)^2 \geqslant 0.
\end{aligned}
$$

从而,

$$\sum_{i=1}^n a_i^2 \sum_{i=1}^n b_i^2 \geqslant \left(\sum_{i=1}^n a_i b_i \right)^2.$$

□

例 3.11.2　令 $\boldsymbol{A}, \boldsymbol{B} \in \mathbb{R}^{n\times m}$. 则

$$|\boldsymbol{A}\boldsymbol{A}^{\mathrm{T}}||\boldsymbol{B}\boldsymbol{B}^{\mathrm{T}}| \geqslant |\boldsymbol{A}\boldsymbol{B}^{\mathrm{T}}|^2.$$

证明 当 $n=1$ 时, 由例 3.11.1 可得结论成立. 下面令 $n>1$. 由 Binet-Cauchy 公式知,

$$\begin{aligned}|\boldsymbol{A}\boldsymbol{A}^{\mathrm{T}}||\boldsymbol{B}\boldsymbol{B}^{\mathrm{T}}| =& \sum_{1\leqslant j_1<\cdots<j_n\leqslant n}\left|\boldsymbol{A}\begin{pmatrix}1 & \cdots & n\\ j_1 & \cdots & j_n\end{pmatrix}\right|\left|\boldsymbol{A}^{\mathrm{T}}\begin{pmatrix}j_1 & \cdots & j_n\\ 1 & \cdots & n\end{pmatrix}\right|\\ &\cdot\sum_{1\leqslant j_1<\cdots<j_n\leqslant n}\left|\boldsymbol{B}\begin{pmatrix}1 & \cdots & n\\ j_1 & \cdots & j_n\end{pmatrix}\right|\left|\boldsymbol{B}^{\mathrm{T}}\begin{pmatrix}j_1 & \cdots & j_n\\ 1 & \cdots & n\end{pmatrix}\right|\\ =& \sum_{1\leqslant j_1<\cdots<j_n\leqslant n}\left|\boldsymbol{A}\begin{pmatrix}1 & \cdots & n\\ j_1 & \cdots & j_n\end{pmatrix}\right|^2\left|\boldsymbol{B}^{\mathrm{T}}\begin{pmatrix}j_1 & \cdots & j_n\\ 1 & \cdots & n\end{pmatrix}\right|^2,\end{aligned}$$

再由 Cauchy 公式知,

$$\begin{aligned}|\boldsymbol{A}\boldsymbol{A}^{\mathrm{T}}||\boldsymbol{B}\boldsymbol{B}^{\mathrm{T}}| \geqslant& \left(\sum_{1\leqslant j_1<\cdots<j_n\leqslant n}\left|\boldsymbol{A}\begin{pmatrix}1 & \cdots & n\\ j_1 & \cdots & j_n\end{pmatrix}\right|\left|\boldsymbol{B}^{\mathrm{T}}\begin{pmatrix}j_1 & \cdots & j_n\\ 1 & \cdots & n\end{pmatrix}\right|\right)^2\\ =& |\boldsymbol{A}\boldsymbol{B}^{\mathrm{T}}|^2.\end{aligned}$$

□

3.12 若干例题

例 3.12.1 令

$$\boldsymbol{C}=\begin{pmatrix}0 & 0 & \cdots & 0 & -a_0\\ 1 & 0 & \cdots & 0 & -a_1\\ 0 & 1 & \cdots & 0 & -a_2\\ \vdots & \vdots & & \vdots & \vdots\\ 0 & 0 & \cdots & 1 & -a_{n-1}\end{pmatrix}\in\mathbb{F}^{n\times n},\quad \boldsymbol{A}=\begin{pmatrix}a_{11} & a_{12} & \cdots & a_{1n}\\ a_{21} & a_{22} & \cdots & a_{2n}\\ \vdots & \vdots & & \vdots\\ a_{n1} & a_{n2} & \cdots & a_{nn}\end{pmatrix}\in\mathbb{F}^{n\times n}.$$

(1) 若 $\boldsymbol{AC}=\boldsymbol{CA}$, 则

$$\boldsymbol{A}=a_{n1}\boldsymbol{C}^{n-1}+a_{n-1,1}\boldsymbol{C}^{n-2}+\cdots+a_{21}\boldsymbol{C}+a_{11}\boldsymbol{E};$$

(2) 求 $\mathbb{F}^{n\times n}$ 的子空间 $G(\boldsymbol{C})=\{\boldsymbol{X}\in\mathbb{F}^{n\times n}\mid \boldsymbol{CX}=\boldsymbol{XC}\}$ 的维数.

证明 (1) 令

$$\boldsymbol{A}=(\boldsymbol{\alpha}_1,\boldsymbol{\alpha}_2,\cdots,\boldsymbol{\alpha}_n),$$

$$\boldsymbol{M}=a_{n1}\boldsymbol{C}^{n-1}+a_{n-1,1}\boldsymbol{C}^{n-2}+\cdots+a_{21}\boldsymbol{C}+a_{11}\boldsymbol{E},$$

且 $\boldsymbol{\varepsilon}_i$ 为 n 阶单位矩阵 $\boldsymbol{E}$ 的第 i 列, $i=1,\cdots,n$. 要证明 $\boldsymbol{M}=\boldsymbol{A}$, 只需证明 $\boldsymbol{A}$ 与 $\boldsymbol{M}$ 的列向量对应相等, 即关于任意 $i\in\{1,\cdots,n\}$,

$$\boldsymbol{M}\boldsymbol{\varepsilon}_i=\boldsymbol{A}\boldsymbol{\varepsilon}_i\ (=\boldsymbol{\alpha}_i).$$

由 $\boldsymbol{C}=(\boldsymbol{\varepsilon}_2,\boldsymbol{\varepsilon}_3,\cdots,\boldsymbol{\varepsilon}_n,\boldsymbol{\beta})$, 其中 $\boldsymbol{\beta}=(-a_0,-a_1,\cdots,-a_{n-1})^{\mathrm{T}}$, 有

$$\boldsymbol{C}\boldsymbol{\varepsilon}_1=\boldsymbol{\varepsilon}_2,\boldsymbol{C}^2\boldsymbol{\varepsilon}_1=\boldsymbol{C}\boldsymbol{\varepsilon}_2=\boldsymbol{\varepsilon}_3,\cdots,\boldsymbol{C}^{n-1}\boldsymbol{\varepsilon}_1=\boldsymbol{C}(\boldsymbol{C}^{n-2}\boldsymbol{\varepsilon}_1)=\boldsymbol{\varepsilon}_n. \tag{3.43}$$

又由

$$\begin{aligned}\boldsymbol{M}\boldsymbol{\varepsilon}_1&=(a_{n1}\boldsymbol{C}^{n-1}+a_{n-1,1}\boldsymbol{C}^{n-2}+\cdots+a_{21}\boldsymbol{C}+a_{11}\boldsymbol{E})\boldsymbol{\varepsilon}_1\\&=a_{n1}\boldsymbol{C}^{n-1}\boldsymbol{\varepsilon}_1+a_{n-1,1}\boldsymbol{C}^{n-2}\boldsymbol{\varepsilon}_1+\cdots+a_{21}\boldsymbol{C}\boldsymbol{\varepsilon}_1+a_{11}\boldsymbol{E}\boldsymbol{\varepsilon}_1\\&=a_{n1}\boldsymbol{\varepsilon}_n+a_{n-1,1}\boldsymbol{\varepsilon}_{n-1}+\cdots+a_{21}\boldsymbol{\varepsilon}_2+a_{11}\boldsymbol{\varepsilon}_1\\&=\boldsymbol{\alpha}_1=\boldsymbol{A}\boldsymbol{\varepsilon}_1\end{aligned}$$

知,

$$\begin{aligned}&\boldsymbol{M}\boldsymbol{\varepsilon}_2=\boldsymbol{M}\boldsymbol{C}\boldsymbol{\varepsilon}_1=\boldsymbol{C}\boldsymbol{M}\boldsymbol{\varepsilon}_1=\boldsymbol{C}\boldsymbol{A}\boldsymbol{\varepsilon}_1=\boldsymbol{A}\boldsymbol{C}\boldsymbol{\varepsilon}_1=\boldsymbol{A}\boldsymbol{\varepsilon}_2,\\&\boldsymbol{M}\boldsymbol{\varepsilon}_3=\boldsymbol{M}\boldsymbol{C}^2\boldsymbol{\varepsilon}_1=\boldsymbol{C}^2\boldsymbol{M}\boldsymbol{\varepsilon}_1=\boldsymbol{C}^2\boldsymbol{A}\boldsymbol{\varepsilon}_1=\boldsymbol{A}\boldsymbol{C}^2\boldsymbol{\varepsilon}_1=\boldsymbol{A}\boldsymbol{\varepsilon}_3,\\&\qquad\cdots\cdots\\&\boldsymbol{M}\boldsymbol{\varepsilon}_n=\boldsymbol{M}\boldsymbol{C}^{n-1}\boldsymbol{\varepsilon}_1=\boldsymbol{C}^{n-1}\boldsymbol{M}\boldsymbol{\varepsilon}_1=\boldsymbol{C}^{n-1}\boldsymbol{A}\boldsymbol{\varepsilon}_1=\boldsymbol{A}\boldsymbol{C}^{n-1}\boldsymbol{\varepsilon}_1=\boldsymbol{A}\boldsymbol{\varepsilon}_n.\end{aligned}$$

从而, $\boldsymbol{M}=\boldsymbol{A}$.

(2) 由 (1) 知, $G(\boldsymbol{C})=G[\boldsymbol{E},\boldsymbol{C},\boldsymbol{C}^2,\cdots,\boldsymbol{C}^{n-1}]$. 令

$$x_0\boldsymbol{E}+x_1\boldsymbol{C}+x_2\boldsymbol{C}^2+\cdots+x_{n-1}\boldsymbol{C}^{n-1}=\boldsymbol{O}.$$

则根据式 (3.43),

$$\begin{aligned}\boldsymbol{\theta}=\boldsymbol{O}\boldsymbol{\varepsilon}_1&=(x_0\boldsymbol{E}+x_1\boldsymbol{C}+x_2\boldsymbol{C}^2+\cdots+x_{n-1}\boldsymbol{C}^{n-1})\boldsymbol{\varepsilon}_1\\&=x_0\boldsymbol{E}\boldsymbol{\varepsilon}_1+x_1\boldsymbol{C}\boldsymbol{\varepsilon}_1+x_2\boldsymbol{C}^2\boldsymbol{\varepsilon}_1+\cdots+x_{n-1}\boldsymbol{C}^{n-1}\boldsymbol{\varepsilon}_1\\&=x_0\boldsymbol{\varepsilon}_1+x_1\boldsymbol{\varepsilon}_2+x_2\boldsymbol{\varepsilon}_3+\cdots+x_{n-1}\boldsymbol{\varepsilon}_n.\end{aligned}$$

由 $\boldsymbol{\varepsilon}_1,\boldsymbol{\varepsilon}_2,\cdots,\boldsymbol{\varepsilon}_n$ 线性无关知, $x_0=x_1=\cdots=x_{n-1}=0$. 从而, $\boldsymbol{E}$, $\boldsymbol{C}$, $\boldsymbol{C}^2$, $\cdots$, $\boldsymbol{C}^{n-1}$ 线性无关. 因此, $(\boldsymbol{E},\boldsymbol{C},\boldsymbol{C}^2,\cdots,\boldsymbol{C}^{n-1})$ 是 $G(\boldsymbol{C})$ 的一个基底, 于是,

$$\dim G(\boldsymbol{C})=n.$$ □

令

$$f(x)=x^n+a_{n-1}x^{n-1}+\cdots+a_1x+a_0\in\mathbb{F}[x].$$

则例 3.12.1 中的矩阵 $\boldsymbol{C}$ 为 $f(x)$ 的友阵. 由例 3.12.1 的 (2) 的证明知, $\boldsymbol{E},\boldsymbol{C},\boldsymbol{C}^2,\cdots,\boldsymbol{C}^{n-1}$ 线性无关, 从而关于任意 $1\leqslant l\leqslant n-2$, $\boldsymbol{E},\boldsymbol{C},\boldsymbol{C}^2,\cdots,\boldsymbol{C}^l$ 线性无关. 于是, 关于任意

$$g(x)=x^l+a_{l-1}x^{l-1}+\cdots+a_1x+a_0\in\mathbb{F}[x],$$

有

$$g(\boldsymbol{C})=\boldsymbol{C}^l+a_{l-1}\boldsymbol{C}^{l-1}+\cdots+a_1\boldsymbol{C}+a_0\boldsymbol{E}\neq\boldsymbol{O},$$

即 $\mathbb{F}$ 上任意首 1 的次数小于 n 的多项式都不是 $\boldsymbol{C}$ 的零化多项式. 显然 $m_{\boldsymbol{C}}(x)\mid\Delta_{\boldsymbol{C}}(x)$, 又 $\partial(\Delta_{\boldsymbol{C}}(x))=n$, 且 $m_{\boldsymbol{C}}(x)$ 与 $\Delta_{\boldsymbol{C}}(x)$ 均为 $\mathbb{F}$ 上首 1 多项式. 于是,

$$m_{\boldsymbol{C}}(x)=\Delta_{\boldsymbol{C}}(x)(=f(x)).$$

这样, 便得到"$\mathbb{F}$ 上首 1 的 n 次多项式 $f(x)$ 的友阵 $\boldsymbol{C}$ 的最小多项式也为 $f(x)(=\Delta_{\boldsymbol{C}}(x))$"这一事实的一个新的证明.

注 3.26 关于任意 $\boldsymbol{A}\in\mathbb{F}^{n\times n}$, $\boldsymbol{E},\boldsymbol{A},\boldsymbol{A}^2,\cdots,\boldsymbol{A}^{n-1}$ 线性无关当且仅当

$$m_{\boldsymbol{A}}(x)=\Delta_{\boldsymbol{A}}(x).$$

推论 3.12.1 $\mathbb{F}$ 上首 1 的 n 次多项式的友阵的最小多项式与特征多项式相同.

注 3.27 关于"$\mathbb{F}$ 上首 1 的 n 次多项式 $f(x)$ 的友阵 $\boldsymbol{C}$ 的最小多项式也为 $f(x)(=\Delta_{\boldsymbol{C}}(x))$"这一事实, 一般地, 还有如下证明方法 (借助线性变换):

令 $\mathcal{C}\in\mathcal{L}(V_{\mathbb{F},n})$, $\mathcal{C}$ 在 $V_{\mathbb{F},n}$ 的基底 $(\varepsilon_i)_1^n$ 下的矩阵是 $\boldsymbol{C}$. 则

$$\mathcal{C}\varepsilon_1=\varepsilon_2,\ \mathcal{C}^2\varepsilon_1=\mathcal{C}\varepsilon_2=\varepsilon_3,\ \cdots,\ \mathcal{C}^{n-1}\varepsilon_1=\mathcal{C}(\mathcal{C}^{n-2}\varepsilon_1)=\varepsilon_n.$$

关于任意

$$g(x)=x^l+a_{l-1}x^{l-1}+\cdots+a_1x+a_0\in\mathbb{F}[x],\quad 1\leqslant l\leqslant n-1,$$

有

$$\begin{aligned}g(\mathcal{C})\varepsilon_1&=(\mathcal{C}^l+a_{l-1}\mathcal{C}^{l-1}+\cdots+a_1\mathcal{C}+a_0\mathcal{E})\varepsilon_1\\&=\mathcal{C}^l\varepsilon_1+a_{l-1}\mathcal{C}^{l-1}\varepsilon_1+\cdots+a_1\mathcal{C}\varepsilon_1+a_0\mathcal{E}\varepsilon_1\\&=\varepsilon_{l+1}+a_{l-1}\varepsilon_l+\cdots+a_1\varepsilon_2+a_0\varepsilon_1.\end{aligned}$$

由 $\varepsilon_1,\varepsilon_2,\cdots,\varepsilon_{l+1}$ 线性无关知,

$$g(\mathcal{C})\varepsilon_1=\varepsilon_{l+1}+a_{l-1}\varepsilon_l+\cdots+a_1\varepsilon_2+a_0\varepsilon_1\neq\boldsymbol{\theta}.$$

从而 $g(\mathcal{C})\neq\mathcal{O}$, 即 $\mathbb{F}$ 上任意首 1 的次数小于 n 的多项式都不是 $\mathcal{C}$ 的零化多项式. 因此

$$m_{\mathcal{C}}(x)=\Delta_{\boldsymbol{C}}(x)(=f(x)),$$

于是,

$$m_{\boldsymbol{C}}(x)=\Delta_{\boldsymbol{C}}(x)(=f(x)).$$

注 3.28 例 3.12.1 用线性变换的语言可以陈述如下.

令 $\mathcal{C},\mathcal{A}\in\mathcal{L}(V_{\mathbb{F},n})$, $(\boldsymbol{\varepsilon}_i)_1^n$ 是 $V_{\mathbb{F},n}$ 的一个基底, 且

$$\mathcal{C}:\begin{cases}\boldsymbol{\varepsilon}_i\mapsto\boldsymbol{\varepsilon}_{i+1}, & i=1,2,\cdots,n-1,\\ \boldsymbol{\varepsilon}_n\mapsto-\sum_{i=1}^n a_{i-1}\boldsymbol{\varepsilon}_i,\end{cases}$$

$$\mathcal{A}\boldsymbol{\varepsilon}_i=a_{1i}\boldsymbol{\varepsilon}_1+a_{2i}\boldsymbol{\varepsilon}_2+\cdots+a_{ni}\boldsymbol{\varepsilon}_n,\quad i=1,2,\cdots,n.$$

(1) 若 $\mathcal{AC}=\mathcal{CA}$, 则

$$\mathcal{A}=a_{n1}\mathcal{C}^{n-1}+a_{n-1,1}\mathcal{C}^{n-2}+\cdots+a_{21}\mathcal{C}+a_{11}\mathcal{E};$$

(2) 求 $\mathcal{L}(V_{\mathbb{F},n})$ 的子空间 $G(\mathcal{C})=\{\mathcal{X}\in\mathcal{L}(V_{\mathbb{F},n})\mid\mathcal{CX}=\mathcal{XC}\}$ 的维数.

例 3.12.2 令

$$\boldsymbol{A}=\begin{pmatrix}a_1 & b_1 & 0 & \cdots & 0\\ * & a_2 & b_2 & \cdots & 0\\ \vdots & \vdots & \vdots & & \vdots\\ * & & & a_{n-1} & b_{n-1}\\ * & * & \cdots & * & a_n\end{pmatrix}\in\mathbb{F}^{n\times n},$$

其中, $b_1,\cdots,b_{n-1}$ 均不为 0. 若 $\boldsymbol{A}$ 有 n 个线性无关的特征向量, 则

$$W=\{\boldsymbol{X}\in\mathbb{F}^{n\times n}\mid\boldsymbol{XA}=\boldsymbol{AX}\}\leqslant\mathbb{F}^{n\times n},$$

$\dim W=n$, 且 $(\boldsymbol{E},\boldsymbol{A},\cdots,\boldsymbol{A}^{n-1})$ 为 W 的一个基底. 因此,

$$m_{\boldsymbol{A}}(x)=\Delta_{\boldsymbol{A}}(x).$$

证明 由 $\boldsymbol{A}$ 有 n 个线性无关的特征向量知, $\boldsymbol{A}$ 可对角化. 因此, $\boldsymbol{A}$ 的每个特征值的几何重数与代数重数一样. 令 λ 是 $\boldsymbol{A}$ 的一个特征值. 由矩阵 $\boldsymbol{A}-\lambda\boldsymbol{E}$ 有一个 $n-1$ 阶子式不为零知,

$$r(\boldsymbol{A}-\lambda\boldsymbol{E})=n-1.$$

因此, λ 的几何重数为 1, 于是, $\boldsymbol{A}$ 有 n 个两两不同的特征值, 记其为 $\lambda_1,\lambda_2,\cdots,\lambda_n$. 从而, 存在 $\mathbb{F}$ 上可逆矩阵 $\boldsymbol{P}$, 使得

$$\boldsymbol{A}=\boldsymbol{P}\begin{pmatrix}\lambda_1 & \cdots & 0\\ \vdots & & \vdots\\ 0 & \cdots & \lambda_n\end{pmatrix}\boldsymbol{P}^{-1}.$$

因此,

$$\boldsymbol{XA}=\boldsymbol{AX}\Longleftrightarrow \boldsymbol{XP}\begin{pmatrix}\lambda_1 & \cdots & 0\\ \vdots & & \vdots\\ 0 & \cdots & \lambda_n\end{pmatrix}\boldsymbol{P}^{-1}=\boldsymbol{P}\begin{pmatrix}\lambda_1 & \cdots & 0\\ \vdots & & \vdots\\ 0 & \cdots & \lambda_n\end{pmatrix}\boldsymbol{P}^{-1}\boldsymbol{X}$$

$$\Longleftrightarrow \boldsymbol{P}^{-1}\boldsymbol{XP}\begin{pmatrix}\lambda_1 & \cdots & 0\\ \vdots & & \vdots\\ 0 & \cdots & \lambda_n\end{pmatrix}=\begin{pmatrix}\lambda_1 & \cdots & 0\\ \vdots & & \vdots\\ 0 & \cdots & \lambda_n\end{pmatrix}\boldsymbol{P}^{-1}\boldsymbol{XP}.$$

关于任意 $\boldsymbol{X}_1,\boldsymbol{X}_2\in W$, $\mu\in\mathbb{F}$, 显然 $\boldsymbol{X}_1+\mu\boldsymbol{X}_2\in W$, 从而 $W\leqslant\mathbb{F}^{n\times n}$. 类似地

$$V=\left\{\boldsymbol{Y}\in\mathbb{F}^{n\times n}\ \middle|\ Y\begin{pmatrix}\lambda_1 & \cdots & 0\\ \vdots & & \vdots\\ 0 & \cdots & \lambda_n\end{pmatrix}=\begin{pmatrix}\lambda_1 & \cdots & 0\\ \vdots & & \vdots\\ 0 & \cdots & \lambda_n\end{pmatrix}\boldsymbol{Y}\right\}\leqslant\mathbb{F}^{n\times n}.$$

于是, 由上面的讨论知, W 与 V 之间有线性空间同构映射 $\mathcal{A}:\boldsymbol{X}\mapsto\boldsymbol{P}^{-1}\boldsymbol{XP}$, 从而 $\dim V=\dim W$. 注意到

$$V=\left\{\begin{pmatrix}d_1 & \cdots & 0\\ \vdots & & \vdots\\ 0 & \cdots & d_n\end{pmatrix}\ \middle|\ d_1,\cdots,d_n\in\mathbb{F}\right\}.$$

从而,

$$\dim W=\dim V=n.$$

显然 $\boldsymbol{E},\boldsymbol{A},\cdots,\boldsymbol{A}^{n-1}\in W$. 若

$$x_0\boldsymbol{E}+x_1\boldsymbol{A}+\cdots+x_{n-1}\boldsymbol{A}^{n-1}=\boldsymbol{O},$$

则将等式两边作用到相应于 λ_i 的特征向量 $\boldsymbol{\alpha}_i$ 上来, 得

$$\begin{cases}x_0+\lambda_1x_1+\cdots+\lambda_1^{n-1}x_{n-1}=0,\\ \cdots\cdots\\ x_0+\lambda_nx_1+\cdots+\lambda_n^{n-1}x_{n-1}=0.\end{cases}$$

由 $\lambda_1,\lambda_2,\cdots,\lambda_n$ 两两不同知, 其系数 Vandermonde 行列式不为零. 因此, 以 $x_0,x_1,\cdots,x_{n-1}$ 为未知数的上齐次线性方程组只有零解, 从而, $\boldsymbol{E},\boldsymbol{A},\cdots,\boldsymbol{A}^{n-1}$ 线性无关, 即 $(\boldsymbol{E},\boldsymbol{A},\cdots,\boldsymbol{A}^{n-1})$ 是 W 的一个基底. 根据注 3.26,

$$m_{\boldsymbol{A}}(x)=\Delta_{\boldsymbol{A}}(x).$$

□

例 3.12.3 令 V 为复数域 $\mathbb{C}$ 上一 n 维线性空间, $\mathcal{B}\in\mathcal{L}(V)$, $(\boldsymbol{\alpha}_1,\boldsymbol{\alpha}_2,\cdots,\boldsymbol{\alpha}_n)$ 为 V 的一个基底, 且

$$\mathcal{B}(\boldsymbol{\alpha}_1,\boldsymbol{\alpha}_2,\cdots,\boldsymbol{\alpha}_n)=(\boldsymbol{\alpha}_1,\boldsymbol{\alpha}_2,\cdots,\boldsymbol{\alpha}_n)\boldsymbol{B},$$

其中,

$$\boldsymbol{B}=\begin{pmatrix}0 & a_{12} & a_{13} & \cdots & a_{1n}\\ 0 & 0 & a_{23} & \cdots & a_{2n}\\ \vdots & \vdots & \vdots & \ddots & \vdots\\ 0 & 0 & 0 & \cdots & a_{n-1,n}\\ 0 & 0 & 0 & \cdots & 0\end{pmatrix}\in\mathbb{C}^{n\times n},\quad r_{\boldsymbol{B}}=n-1.$$

问: 是否存在 $\mathcal{A}\in\mathcal{L}(V)$ 使得 $\mathcal{A}^2=\mathcal{B}$?

证明 **情形 1** $n=1$ 时, 显然 $\mathcal{B}=\mathcal{O}$, 此时, 取 $\mathcal{A}=\mathcal{O}$ 即可.

情形 2 $n\geqslant 2$ 时, 假设存在 $\mathcal{A}\in\mathcal{L}(V)$, 使得 $\mathcal{A}^2=\mathcal{B}$, 则存在 $\boldsymbol{A}\in\mathbb{C}^{n\times n}$, 使得

$$\mathcal{A}(\boldsymbol{\alpha}_1,\boldsymbol{\alpha}_2,\cdots,\boldsymbol{\alpha}_n)=(\boldsymbol{\alpha}_1,\boldsymbol{\alpha}_2,\cdots,\boldsymbol{\alpha}_n)\boldsymbol{A},$$

且 $\boldsymbol{A}^2=\boldsymbol{B}$. 令 λ 为 $\boldsymbol{A}$ 的任一特征值. 则 λ^2 为 $\boldsymbol{B}$ 的特征值. 由 $\boldsymbol{B}$ 只以 0 为其特征值知, $\lambda=0$, 即 0 为 $\boldsymbol{A}$ 的 n 重特征值. 因此, $\boldsymbol{A}$ 的 Jordan 标准形为

$$\boldsymbol{J}=\begin{pmatrix}\boldsymbol{J}_1 & & & \\ & \boldsymbol{J}_2 & & \\ & & \ddots & \\ & & & \boldsymbol{J}_k\end{pmatrix},$$

其中, $\boldsymbol{J}_i$ 是以 0 为特征值阶为 m_i 的 Jordan 块, $m_i\geqslant 1$, $\sum_{i=1}^k m_i=n$, $i=1,2,\cdots,k$, $1\leqslant k\leqslant n$.

(1) 若 $m_i=1$, $i=1,2,\cdots,k(n)$, 则 $\boldsymbol{A}=\boldsymbol{O}$, 从而

$$\boldsymbol{O}\neq\boldsymbol{B}=\boldsymbol{A}^2=\boldsymbol{O},$$

是一个矛盾.

(2) 若存在 $1\leqslant i\leqslant k$, 使得 $m_i\geqslant 2$, 则

$$\boldsymbol{J}_i=\begin{pmatrix}0 & 1 & 0 & \cdots & 0\\ 0 & 0 & 1 & \cdots & 0\\ \vdots & \vdots & \vdots & \ddots & \vdots\\ 0 & 0 & 0 & \cdots & 1\\ 0 & 0 & 0 & \cdots & 0\end{pmatrix}_{m_i\times m_i},$$

从而 $r_{\boldsymbol{J}_i^2}=m_i-2$. 因此

$$n-1=r_{\boldsymbol{B}}=r_{\boldsymbol{A}^2}=\sum_{j=1}^k r_{\boldsymbol{J}_j^2}\leqslant\sum_{j=1}^k m_j-2=n-2,$$

一个矛盾.

总之, $n\geqslant 2$ 时, 不存在 $\mathcal{A}\in\mathcal{L}(V)$ 使得 $\mathcal{A}^2=\mathcal{B}$. □

例 3.12.4 令 $\boldsymbol{A}\in\mathbb{R}^{n\times n}$, 且关于任意 $\boldsymbol{\alpha}=(a_1,\cdots,a_n)\in\mathbb{R}^n$, 有 $\boldsymbol{\alpha A\alpha}^{\mathrm{T}}\geqslant 0$. 若存在 $\boldsymbol{\beta}\in\mathbb{R}^n$, 使得 $\boldsymbol{\beta A\beta}^{\mathrm{T}}=0$, 且关于任意 $\boldsymbol{\gamma},\boldsymbol{\delta}\in\mathbb{R}^n$,

$$\boldsymbol{\gamma A\delta}^{\mathrm{T}}\neq 0\Rightarrow\boldsymbol{\gamma A\delta}^{\mathrm{T}}+\boldsymbol{\delta A\gamma}^{\mathrm{T}}\neq 0,$$

则关于任意 $\boldsymbol{\varepsilon}\in\mathbb{R}^n$, 都有 $\boldsymbol{\varepsilon A\beta}^{\mathrm{T}}=0$.

证明 由已知, 关于任意 $r\in\mathbb{R}$, 有

$$(\boldsymbol{\varepsilon}+r\boldsymbol{\beta})\boldsymbol{A}(\boldsymbol{\varepsilon}+r\boldsymbol{\beta})^{\mathrm{T}}\geqslant 0.$$

从而,

$$\boldsymbol{\varepsilon A\varepsilon}^{\mathrm{T}}+r\boldsymbol{\varepsilon A\beta}^{\mathrm{T}}+r\boldsymbol{\beta A\varepsilon}^{\mathrm{T}}+r^2\boldsymbol{\beta A\beta}^{\mathrm{T}}\geqslant 0.$$

即

$$\boldsymbol{\varepsilon A\varepsilon}^{\mathrm{T}}+r(\boldsymbol{\varepsilon A\beta}^{\mathrm{T}}+\boldsymbol{\beta A\varepsilon}^{\mathrm{T}})\geqslant 0.$$

若 $\boldsymbol{\varepsilon A\beta}^{\mathrm{T}}\neq 0$, 则

$$\boldsymbol{\varepsilon A\beta}^{\mathrm{T}}+\boldsymbol{\beta A\varepsilon}^{\mathrm{T}}\neq\mathbf{0}.$$

因此, 存在 $m\in\mathbb{R}$ 使得

$$\boldsymbol{\varepsilon A\varepsilon}^{\mathrm{T}}+m(\boldsymbol{\varepsilon A\beta}^{\mathrm{T}}+\boldsymbol{\beta A\varepsilon}^{\mathrm{T}})<0,$$

一个矛盾. 于是, 关于任意 $\boldsymbol{\varepsilon}\in\mathbb{R}^n$, 都有 $\boldsymbol{\varepsilon A\beta}^{\mathrm{T}}=0$. □

例 3.12.5 令 V_m 和 V_n 分别为数域 $\mathbb{F}$ 上 m 维和 n 维线性空间, $m>n$, 且 $\mathcal{A}\in\mathcal{L}(V_n,V_m)$, $\mathcal{B}\in\mathcal{L}(V_m,V_n)$. 若 $\mathcal{AB}$ 有 n 重特征值 $a\in\mathbb{F}\setminus\{0\}$, 和 $m-n$ 重特征值 0, 且 $\mathcal{AB}$ 可对角化, 则 $\mathcal{BA}=a\mathcal{E}$.

证明 令 $(\boldsymbol{\alpha}_1,\boldsymbol{\alpha}_2,\cdots,\boldsymbol{\alpha}_m)$ 和 $(\boldsymbol{\beta}_1,\boldsymbol{\beta}_2,\cdots,\boldsymbol{\beta}_n)$ 分别为线性空间 V_m 和 V_n 的基底. 由 $\mathcal{A}\in\mathcal{L}(V_n,V_m)$, $\mathcal{B}\in\mathcal{L}(V_m,V_n)$ 知, 存在 $\boldsymbol{A}\in\mathbb{F}^{m\times n}$, $\boldsymbol{B}\in\mathbb{F}^{n\times m}$, 使得

$$\mathcal{A}(\boldsymbol{\beta}_1,\boldsymbol{\beta}_2,\cdots,\boldsymbol{\beta}_n)=(\boldsymbol{\alpha}_1,\boldsymbol{\alpha}_2,\cdots,\boldsymbol{\alpha}_m)\boldsymbol{A},$$
$$\mathcal{B}(\boldsymbol{\alpha}_1,\boldsymbol{\alpha}_2,\cdots,\boldsymbol{\alpha}_m)=(\boldsymbol{\beta}_1,\boldsymbol{\beta}_2,\cdots,\boldsymbol{\beta}_n)\boldsymbol{B}.$$

显然, $\boldsymbol{AB}$ 的特征多项式为 $\lambda^{m-n}(\lambda-a)^n$. 由 $\boldsymbol{AB}$ 和 $\boldsymbol{BA}$ 有相同的非零的特征值知, $\boldsymbol{BA}$ 的特征值均为 a. 因此 $\boldsymbol{BA}$ 可逆, 即存在 n 阶矩阵 $\boldsymbol{C}$, 使得

$$\boldsymbol{CBA}=\boldsymbol{BAC}=\boldsymbol{E}.$$

由 $\mathcal{AB}$ 可对角化知, $\boldsymbol{AB}$ 可对角化, 从而 $\boldsymbol{AB}$ 的最小多项式无重根. 因此, $\boldsymbol{AB}$ 的最小多项式为 $\lambda(\lambda-a)$. 于是,

$$\boldsymbol{A}(\boldsymbol{BA}-a\boldsymbol{E})\boldsymbol{B}=\boldsymbol{ABAB}-a\boldsymbol{AB}=\boldsymbol{AB}(\boldsymbol{AB}-a\boldsymbol{E})=\boldsymbol{O}.$$

从而,

$$\begin{aligned}\boldsymbol{BA}-a\boldsymbol{E}&=\boldsymbol{CB}\cdot\boldsymbol{A}(\boldsymbol{BA}-a\boldsymbol{E})\boldsymbol{B}\cdot\boldsymbol{AC}\\&=\boldsymbol{CB}[\boldsymbol{AB}(\boldsymbol{AB}-a\boldsymbol{E})]\boldsymbol{AC}=\boldsymbol{O},\end{aligned}$$

即

$$\boldsymbol{BA}=a\boldsymbol{E}.$$

于是, $\mathcal{BA}=a\mathcal{E}$. □

注 3.29 例 3.12.5 中的题设条件 "$\mathcal{AB}$ 可对角化" 是必要的. 例如, 令

$$\boldsymbol{A}=\begin{pmatrix}1&0\\1&-1\\0&0\end{pmatrix},\quad \boldsymbol{B}=\begin{pmatrix}1&1&0\\1&0&0\end{pmatrix}.$$

则

$$\boldsymbol{AB}=\begin{pmatrix}1&1&0\\0&1&0\\0&0&0\end{pmatrix}.$$

容易验证, $\boldsymbol{AB}$ 有二重特征值 1 和单根特征值 0, 且 $\boldsymbol{AB}$ 不可对角化. 但

$$\boldsymbol{BA}=\begin{pmatrix}2&-1\\1&0\end{pmatrix}\neq 1\cdot\begin{pmatrix}1&0\\0&1\end{pmatrix}.$$

例 3.12.6 令 V 为数域 $\mathbb{F}$ 上一 n 维线性空间, $\mathcal{A}\in\mathcal{L}(V)$, $\mathcal{A}$ 把线性无关的向量 $\boldsymbol{\alpha}_1, \boldsymbol{\alpha}_2,\cdots,\boldsymbol{\alpha}_n$ 依次变为 $\boldsymbol{\beta}_1,\boldsymbol{\beta}_2,\cdots,\boldsymbol{\beta}_n$, 且方阵 $\boldsymbol{A}$ 和 $\boldsymbol{B}$ 的列向量分别依次为向量 $\boldsymbol{\alpha}_1,\boldsymbol{\alpha}_2,\cdots,\boldsymbol{\alpha}_n$ 和 $\boldsymbol{\beta}_1,\boldsymbol{\beta}_1+\boldsymbol{\beta}_2,\cdots,\boldsymbol{\beta}_{n-1}+\boldsymbol{\beta}_n$ 在 V 的基底 $(\varepsilon_1,\varepsilon_2,\cdots,\varepsilon_n)$ 下的坐标. 求 $\mathcal{A}$ 在 $(\varepsilon_1,\varepsilon_2,\cdots,\varepsilon_n)$ 下的表示矩阵.

证明 根据已知条件,

$$\begin{aligned}\mathcal{A}(\boldsymbol{\alpha}_1,\boldsymbol{\alpha}_2,\cdots,\boldsymbol{\alpha}_n)&=(\boldsymbol{\beta}_1,\boldsymbol{\beta}_2,\cdots,\boldsymbol{\beta}_n),\\(\boldsymbol{\alpha}_1,\boldsymbol{\alpha}_2,\cdots,\boldsymbol{\alpha}_n)&=(\varepsilon_1,\varepsilon_2,\cdots,\varepsilon_n)\boldsymbol{A},\\(\boldsymbol{\beta}_1,\boldsymbol{\beta}_1+\boldsymbol{\beta}_2,\cdots,\boldsymbol{\beta}_{n-1}+\boldsymbol{\beta}_n)&=(\varepsilon_1,\varepsilon_2,\cdots,\varepsilon_n)\boldsymbol{B}.\end{aligned}$$

由 $\boldsymbol{\alpha}_1,\boldsymbol{\alpha}_2,\cdots,\boldsymbol{\alpha}_n$ 线性无关知, $\boldsymbol{A}$ 可逆.

又根据

$$(\boldsymbol{\beta}_1,\boldsymbol{\beta}_1+\boldsymbol{\beta}_2,\cdots,\boldsymbol{\beta}_{n-1}+\boldsymbol{\beta}_n)=(\boldsymbol{\beta}_1,\boldsymbol{\beta}_2,\cdots,\boldsymbol{\beta}_n)\begin{pmatrix}1&1&\cdots&0\\\vdots&1&\ddots&\\&&\ddots&1\\0&0&\cdots&1\end{pmatrix},$$

令

$$C = \begin{pmatrix} 1 & 1 & \cdots & 0 \\ \vdots & 1 & \ddots & \\ & & \ddots & 1 \\ 0 & 0 & \cdots & 1 \end{pmatrix}.$$

由

$$\mathcal{A}(\boldsymbol{\alpha}_1, \boldsymbol{\alpha}_2, \cdots, \boldsymbol{\alpha}_n) = \mathcal{A}(\boldsymbol{\varepsilon}_1, \boldsymbol{\varepsilon}_2, \cdots, \boldsymbol{\varepsilon}_n)\boldsymbol{A}$$

知,

$$\begin{aligned}\mathcal{A}(\boldsymbol{\varepsilon}_1, \boldsymbol{\varepsilon}_2, \cdots, \boldsymbol{\varepsilon}_n) &= \mathcal{A}(\boldsymbol{\alpha}_1, \boldsymbol{\alpha}_2, \cdots, \boldsymbol{\alpha}_n)\boldsymbol{A}^{-1} \\ &= (\boldsymbol{\beta}_1, \boldsymbol{\beta}_2, \cdots, \boldsymbol{\beta}_n)\boldsymbol{A}^{-1} \\ &= (\boldsymbol{\beta}_1, \boldsymbol{\beta}_1 + \boldsymbol{\beta}_2, \cdots, \boldsymbol{\beta}_{n-1} + \boldsymbol{\beta}_n)\boldsymbol{C}^{-1}\boldsymbol{A}^{-1} \\ &= (\boldsymbol{\varepsilon}_1, \boldsymbol{\varepsilon}_2, \cdots, \boldsymbol{\varepsilon}_n)\boldsymbol{B}\boldsymbol{C}^{-1}\boldsymbol{A}^{-1}.\end{aligned}$$

从而, $\mathcal{A}$ 在 $(\boldsymbol{\varepsilon}_1, \boldsymbol{\varepsilon}_2, \cdots, \boldsymbol{\varepsilon}_n)$ 下的表示矩阵为 $\boldsymbol{B}\boldsymbol{C}^{-1}\boldsymbol{A}^{-1}$. □

例 3.12.7　令 H 是一族实对称可逆矩阵关于矩阵乘法作成的半群. 则 H 的矩阵在 $\mathbb{R}^n$ 中有公共的特征向量, 且存在正交矩阵 $\boldsymbol{T}$, 使得关于任意 $\boldsymbol{A} \in H$, $\boldsymbol{T}^{\mathrm{T}}\boldsymbol{A}\boldsymbol{T}$ 为对角阵.

证明　显然, 关于任意 $\boldsymbol{A}, \boldsymbol{B} \in H$, $\boldsymbol{A}\boldsymbol{B} \in H$. 从而,

$$\boldsymbol{A}\boldsymbol{B} = (\boldsymbol{A}\boldsymbol{B})^{\mathrm{T}} = \boldsymbol{B}^{\mathrm{T}}\boldsymbol{A}^{\mathrm{T}} = \boldsymbol{B}\boldsymbol{A}.$$

因此, $\boldsymbol{A}\boldsymbol{B} = \boldsymbol{B}\boldsymbol{A}$, 即 H 中任意两个矩阵可交换. 由 H 中的矩阵为实对称阵知, 其特征根均为实数, 且对应的特征向量都在 $\mathbb{R}^n$ 中.

令 V 为一 n 维 Euclid 空间, $(\boldsymbol{\varepsilon}_1, \boldsymbol{\varepsilon}_2, \cdots, \boldsymbol{\varepsilon}_n)$ 为其一标准正交基底,

$$S = \{\mathcal{A} \in \mathcal{L}(V) \mid \mathcal{A}(\boldsymbol{\varepsilon}_1, \boldsymbol{\varepsilon}_2, \cdots, \boldsymbol{\varepsilon}_n) = (\boldsymbol{\varepsilon}_1, \boldsymbol{\varepsilon}_2, \cdots, \boldsymbol{\varepsilon}_n)\boldsymbol{A}, \boldsymbol{A} \in H\}.$$

关于任意 $\mathcal{B} \in S$, 有

$$\mathcal{B}(\boldsymbol{\varepsilon}_1, \boldsymbol{\varepsilon}_2, \cdots, \boldsymbol{\varepsilon}_n) = (\boldsymbol{\varepsilon}_1, \boldsymbol{\varepsilon}_2, \cdots, \boldsymbol{\varepsilon}_n)\boldsymbol{B}.$$

由 $\boldsymbol{A}\boldsymbol{B} = \boldsymbol{B}\boldsymbol{A}$ 知, $\mathcal{A}\mathcal{B} = \mathcal{B}\mathcal{A}$. 又由 $\boldsymbol{A}^{\mathrm{T}} = \boldsymbol{A}$ 知, $\mathcal{A}$ 为对称线性变换.

下面关于 V 的维数 n 在 $\mathbb{Z}^+$ 上使用第二数学归纳法, 证明 S 中的线性变换存在公共的特征向量.

当 $n = 1$ 时, 结论显然成立. 假设 $\dim V \leqslant n - 1$ 时, 结论成立. 下证关于 n 时结论也成立.

令 $\mathcal{A} \in S$, λ 为 $\mathcal{A}$ 的特征值, V_λ 为 λ 的特征子空间. 关于任意 $\mathcal{B} \in S$, 由 $\mathcal{A}\mathcal{B} = \mathcal{B}\mathcal{A}$ 知, V_λ 为 $\mathcal{B}$-子空间.

(1) $\dim V_\lambda < n$ 的情形.

由归纳假设知, 存在 $\boldsymbol{\alpha}_1 \in V_\lambda$, 且 $\boldsymbol{\alpha}_1$ 为 S 中所有线性变换的公共特征向量. 不妨假设 $|\boldsymbol{\alpha}_1| = 1$, 将其扩充为 V 的标准正交基底 $(\boldsymbol{\alpha}_1, \cdots, \boldsymbol{\alpha}_n)$. 则

$$\mathcal{A}(\boldsymbol{\alpha}_1, \cdots, \boldsymbol{\alpha}_n) = (\boldsymbol{\alpha}_1, \cdots, \boldsymbol{\alpha}_n) \begin{pmatrix} \lambda & \boldsymbol{A}_1 \\ \boldsymbol{O} & \boldsymbol{A}_2 \end{pmatrix}.$$

关于任意 $\mathcal{B} \in S$, 有

$$\mathcal{B}(\boldsymbol{\alpha}_1, \cdots, \boldsymbol{\alpha}_n) = (\boldsymbol{\alpha}_1, \cdots, \boldsymbol{\alpha}_n) \begin{pmatrix} \lambda' & \boldsymbol{B}_1 \\ \boldsymbol{O} & \boldsymbol{B}_2 \end{pmatrix}.$$

令 $\boldsymbol{Q}$ 为 $(\boldsymbol{\varepsilon}_1, \cdots, \boldsymbol{\varepsilon}_n)$ 到 $(\boldsymbol{\alpha}_1, \cdots, \boldsymbol{\alpha}_n)$ 的过渡矩阵. 则 $\boldsymbol{Q}$ 为正交矩阵, 且

$$\boldsymbol{Q}^{\mathrm{T}}\boldsymbol{A}\boldsymbol{Q} = \begin{pmatrix} \lambda & \boldsymbol{A}_1 \\ \boldsymbol{O} & \boldsymbol{A}_2 \end{pmatrix}, \quad \boldsymbol{Q}^{\mathrm{T}}\boldsymbol{B}\boldsymbol{Q} = \begin{pmatrix} \lambda' & \boldsymbol{B}_1 \\ \boldsymbol{O} & \boldsymbol{B}_2 \end{pmatrix}.$$

由 $\boldsymbol{A}^{\mathrm{T}} = \boldsymbol{A}$, $\boldsymbol{B}^{\mathrm{T}} = \boldsymbol{B}$ 知,

$$\boldsymbol{Q}^{\mathrm{T}}\boldsymbol{A}\boldsymbol{Q} = \begin{pmatrix} \lambda & \boldsymbol{O} \\ \boldsymbol{O} & \boldsymbol{A}_2 \end{pmatrix}, \quad \boldsymbol{Q}^{\mathrm{T}}\boldsymbol{B}\boldsymbol{Q} = \begin{pmatrix} \lambda' & \boldsymbol{O} \\ \boldsymbol{O} & \boldsymbol{B}_2 \end{pmatrix},$$

且 $\boldsymbol{A}_2\boldsymbol{B}_2 = \boldsymbol{B}_2\boldsymbol{A}_2$. 再由归纳假设知, 存在正交矩阵 $\boldsymbol{T}_1$, 使得

$$\boldsymbol{T}_1^{\mathrm{T}}\boldsymbol{A}_2\boldsymbol{T}_1, \quad \boldsymbol{T}_1^{\mathrm{T}}\boldsymbol{B}_2\boldsymbol{T}_1$$

为对角阵. 从而, 令 $\boldsymbol{T} = \boldsymbol{Q}\begin{pmatrix} 1 & \boldsymbol{O} \\ \boldsymbol{O} & \boldsymbol{T}_1 \end{pmatrix}$. 则关于任意 $\boldsymbol{A} \in H$, $\boldsymbol{T}^{\mathrm{T}}\boldsymbol{A}\boldsymbol{T}$ 为对角阵.

(2) $\dim V_\lambda = n$ ($\mathcal{A}$ 为数乘变换) 的情形.

若存在 $\mathcal{B} \in S$, 它对应的某一特征子空间维数小于 n, 重复上面的过程结论得证.

若关于任意 $\mathcal{A} \in S$, $\mathcal{A}$ 是数乘变换, 则关于任意 $\boldsymbol{A} \in H$, $\boldsymbol{A}$ 为对角阵, 此时, 取 $\boldsymbol{T} = \boldsymbol{E}_n$ 即可. □

例 3.12.8 令 V 为数域 $\mathbb{F}$ 上一 n 维线性空间, $\mathcal{A} \in \mathcal{L}(V)$, $f(x)$ 为 $\mathcal{A}$ 的特征多项式, $g(x)$ 为 $\mathbb{F}$ 上任意非零多项式. 若

$$[f(x), g(x)] = h(x),$$
$$(f(x), g(x)) = d(x),$$

则

$$\mathrm{Ker}h(\mathcal{A}) = V, \quad \mathrm{Ker}d(\mathcal{A}) = \mathrm{Ker}g(\mathcal{A}).$$

证明 由

$$[f(x), g(x)] = h(x)$$

知, 存在非零多项式 $f_1(x)$ 使得

$$f(x)f_1(x) = h(x).$$

由 $f(x)$ 是 $\mathcal{A}$ 的特征多项式知,

$$f(\mathcal{A}) = \mathcal{O}.$$

从而,

$$h(\mathcal{A}) = f(\mathcal{A})f_1(\mathcal{A}) = \mathcal{O}.$$

于是,

$$\mathrm{Ker}h(\mathcal{A}) = V.$$

由

$$(f(x), g(x)) = d(x)$$

知, 存在 $u(x), v(x)$, 使得

$$u(x)f(x) + v(x)g(x) = d(x),$$

从而,

$$u(\mathcal{A})f(\mathcal{A}) + v(\mathcal{A})g(\mathcal{A}) = d(\mathcal{A}).$$

再由 $f(\mathcal{A}) = \mathcal{O}$ 知,

$$v(\mathcal{A})g(\mathcal{A}) = d(\mathcal{A}). \tag{3.44}$$

又由

$$d(x) \mid g(x)$$

知, 存在 $g_1(x)$ 使得

$$g_1(x)d(x) = g(x).$$

从而,

$$g_1(\mathcal{A})d(\mathcal{A}) = g(\mathcal{A}). \tag{3.45}$$

根据式 (3.44) 和式 (3.45),

$$\mathrm{Ker}d(\mathcal{A}) = \mathrm{Ker}g(\mathcal{A}).$$ □

关于实对称矩阵的正定性, 有以下基本事实.

定理 3.12.1 令 $\boldsymbol{A} \in \mathbb{R}^{n\times n}$, $\boldsymbol{A} = \boldsymbol{A}^{\mathrm{T}}$. 则如下几条等价:

(1) $\boldsymbol{A}$ 是正定的 (即存在可逆矩阵 $\boldsymbol{Q} \in \mathbb{R}^{n\times n}$, 使得 $\boldsymbol{A} = \boldsymbol{Q}^{\mathrm{T}}\boldsymbol{Q}$);

(2) 存在列满秩矩阵 $\boldsymbol{P} \in \mathbb{R}^{m\times n}$, 使得 $\boldsymbol{A} = \boldsymbol{P}^{\mathrm{T}}\boldsymbol{P}$;

(3) 存在可逆的上三角矩阵 $\boldsymbol{T} \in \mathbb{R}^{n\times n}$, 使得 $\boldsymbol{A} = \boldsymbol{T}^{\mathrm{T}}\boldsymbol{T}$;

(4) 存在正定矩阵 $\boldsymbol{D}$, 使得 $\boldsymbol{A} = \boldsymbol{D}^2$;

(5) $\boldsymbol{A}$ 的顺序主子式均大于零;

(6) $\boldsymbol{A}$ 的特征值均大于零;

(7) $\boldsymbol{A}$ 合同于单位矩阵;

(8) 实 n 元二次型 $f(x_1, x_2, \cdots, x_n) = \boldsymbol{X}^{\mathrm{T}}\boldsymbol{A}\boldsymbol{X}$ 是正定二次型 (即关于任意一组不全为零的实数 $(c_1, c_2, \cdots, c_n)$, 均有 $f(c_1, c_2, \cdots, c_n) > 0$);

(9) 实 n 元二次型 $f(x_1, x_2, \cdots, x_n)$ 的正惯性指数为 n.

例 3.12.9 令 V 为一 n 维 Euclid 空间, $\mathcal{A}, \mathcal{B}$ 是 V 上的两个对称变换, $\mathcal{A}$ ($\mathcal{B}$) 在标准正交基底 $(\boldsymbol{\alpha}_i)_n^1$ 下的表示矩阵为 $\boldsymbol{A}$ ($\boldsymbol{B}$). 若 $\mathcal{A}$ 正定 (即 $\boldsymbol{A}$ 正定), 则 $\mathcal{B}$ 正定当且仅当 $\mathcal{AB}$ 有 n 个正的特征根 (重数计算在内).

证明 **必要性** 由 $\mathcal{B}$ 正定知, $\boldsymbol{B}$ 正定, 即存在可逆矩阵 $\boldsymbol{P} \in \mathbb{R}^{n \times n}$, 使得

$$\boldsymbol{B} = \boldsymbol{P}^{\mathrm{T}}\boldsymbol{P}.$$

由

$$\boldsymbol{C} \overset{d}{=} \boldsymbol{PABP}^{-1} = \boldsymbol{PAP}^{\mathrm{T}}\boldsymbol{PP}^{-1} = \boldsymbol{PAP}^{\mathrm{T}}$$

知, $\boldsymbol{C}$ 与 $\boldsymbol{A}$ 合同. 从而, 由 $\boldsymbol{A}$ 正定知, $\boldsymbol{C}$ 正定, 则 $\boldsymbol{C}$ 的 n 个特征根均为正 (重数计算在内). 又 $\boldsymbol{C}$ 与 $\boldsymbol{AB}$ 相似, 两者有相同的特征根, 因此, $\boldsymbol{AB}$ 有 n 个正的特征根 (重数计算在内).

充分性 由 $\mathcal{A}$ 正定知, $\boldsymbol{A}$ 正定, 即存在可逆矩阵 $\boldsymbol{Q} \in \mathbb{R}^{n \times n}$, 使得

$$\boldsymbol{A} = \boldsymbol{QQ}^{\mathrm{T}}.$$

由

$$\boldsymbol{D} \overset{d}{=} \boldsymbol{Q}^{-1}\boldsymbol{ABQ} = \boldsymbol{Q}^{-1}\boldsymbol{QQ}^{\mathrm{T}}\boldsymbol{BQ} = \boldsymbol{Q}^{\mathrm{T}}\boldsymbol{BQ}$$

知, $\boldsymbol{D}$ 与 $\boldsymbol{AB}$ 相似, 从而, 两者有相同的特征根, 即 $\boldsymbol{D}$ 有 n 个正的特征根. 由 $\boldsymbol{D} = \boldsymbol{Q}^{\mathrm{T}}\boldsymbol{BQ}$ 知, $\boldsymbol{D}$ 是对称的, 从而 $\boldsymbol{D}$ 是正定的. 于是, 由 $\boldsymbol{D}$ 与 $\boldsymbol{B}$ 合同知, $\boldsymbol{B}$ 也是正定的. □

为了给出例 3.12.10, 需要以下准备知识.

由矩阵最小多项式的性质, 易知下引理成立.

引理 3.12.1 $\mathbb{C}$ 上矩阵 $\boldsymbol{A}$ 为一幂零矩阵当且仅当 $\boldsymbol{A}$ 的特征根全为 0.

由矩阵特征多项式的构成和 Vieta 定理, 关于矩阵的特征多项式的次高项系数和矩阵的迹的关系, 有如下结论.

引理 3.12.2 令 $\boldsymbol{A} \in \mathbb{C}^{n \times n}$, $\lambda_1, \lambda_2, \cdots, \lambda_n$ 为 $\boldsymbol{A}$ 的 n 个特征值 (重数计算在内). 则

$$\mathrm{tr}(\boldsymbol{A}) = \lambda_1 + \lambda_2 + \cdots + \lambda_n.$$

推论 3.12.2 令 $\boldsymbol{A}, \boldsymbol{B} \in \mathbb{C}^{n \times n}$. 若 $\boldsymbol{A}$ 与 $\boldsymbol{B}$ 相似, 则 $\mathrm{tr}(\boldsymbol{A}) = \mathrm{tr}(\boldsymbol{B})$.

定义 3.12.1 令 V 为复数域 $\mathbb{C}$ 上一 n 维线性空间, $\mathcal{A} \in \mathcal{L}(V)$. 称 $\mathcal{A}$ 的 n 个特征值 (重数计算在内) 的和为 $\mathcal{A}$ 的迹, 记为 $\mathrm{tr}(\mathcal{A})$.

注 3.30 令 V 为数域 $\mathbb{F}$ 上一 n 维线性空间, $\mathcal{A} \in \mathcal{L}(V)$. 称 $\mathcal{A}$ 的特征多项式在复数域 $\mathbb{C}$ 上的 n 个根 (重数计算在内) 的和为 $\mathcal{A}$ 的迹, 记为 $\mathrm{tr}(\mathcal{A})$.

推论 3.12.3 令 V 为复数域 $\mathbb{C}$ 上一 n 维线性空间, $\mathcal{A}\in\mathcal{L}(V)$, $(\boldsymbol{\alpha}_1,\cdots,\boldsymbol{\alpha}_n)$ 为 V 的任一基底, $\boldsymbol{A}$ 为 $\mathcal{A}$ 在 $(\boldsymbol{\alpha}_1,\cdots,\boldsymbol{\alpha}_n)$ 下的表示矩阵. 则 $\mathrm{tr}(\boldsymbol{A})=\mathrm{tr}(\mathcal{A})$.

引理 3.12.3 令 $\boldsymbol{A}\in\mathbb{F}^{n\times n}$, $f(x)\in\mathbb{F}[x]$. 若 $\Delta_{\boldsymbol{A}}(x)$ 在 $\mathbb{C}$ 内的 n 个根为 $x_1,x_2,\cdots,x_n$ (重数计算在内), 则 $\Delta_{f(\boldsymbol{A})}(x)$ 在 $\mathbb{C}$ 内的 n 个根为 $f(x_1),f(x_2),\cdots,f(x_n)$ (重数计算在内).

例 3.12.10 令 V 为复数域 $\mathbb{C}$ 上一 n 维线性空间. 则 $\mathcal{A}$ 为一幂零变换 (即存在 $m\in\mathbb{Z}^+$, 使得 $\mathcal{A}^m=\mathcal{O}$), 当且仅当关于任意 $m\in\mathbb{Z}^+$, $\mathrm{tr}(\mathcal{A}^m)=0$.

证明 令 $(\boldsymbol{\alpha}_1,\cdots,\boldsymbol{\alpha}_n)$ 为 V 的任一基底, $\boldsymbol{A}$ 为 $\mathcal{A}$ 在 $(\boldsymbol{\alpha}_1,\cdots,\boldsymbol{\alpha}_n)$ 下的表示矩阵. 只需证明 $\boldsymbol{A}$ 为一幂零矩阵, 当且仅当关于任意 $m\in\mathbb{Z}^+$, $\mathrm{tr}(\boldsymbol{A}^m)=0$.

必要性 由引理 3.12.1–引理 3.12.3 知, 关于任意 $m\in\mathbb{Z}^+$,

$$\mathrm{tr}(\boldsymbol{A}^m)=0+0+\cdots+0=0.$$

充分性 只需证明 $\boldsymbol{A}$ 的特征值均为零. 令 $\lambda_1,\lambda_2,\cdots,\lambda_n$ 为 $\boldsymbol{A}$ 的 n 个特征根. 则由引理 3.12.3 知, 关于任意 $m\in\mathbb{Z}^+$, $\lambda_1^m,\lambda_2^m,\cdots,\lambda_n^m$ 为 $\boldsymbol{A}^m$ 的 n 个特征根. 若 $\boldsymbol{A}$ 有非零的特征根, 不妨令 $\lambda_{i1},\lambda_{i2},\cdots,\lambda_{it}$ 为 $\boldsymbol{A}$ 的所有两两不同的非零特征根, 且对应的重数分别为 $k_1,k_2,\cdots,k_t$, 则有

$$\begin{cases}\mathrm{tr}(\boldsymbol{A})=k_1\lambda_{i1}+k_2\lambda_{i2}+\cdots+k_t\lambda_{it}=0,\\ \mathrm{tr}(\boldsymbol{A}^2)=k_1\lambda_{i1}^2+k_2\lambda_{i2}^2+\cdots+k_t\lambda_{it}^2=0,\\ \qquad\cdots\cdots\\ \mathrm{tr}(\boldsymbol{A}^t)=k_1\lambda_{i1}^t+k_2\lambda_{i2}^t+\cdots+k_t\lambda_{it}^t=0.\end{cases}$$

将上述等式组看成关于 $k_1,k_2,\cdots,k_t$ 的 (齐次线性) 方程组, 则其对应的系数行列式

$$\begin{aligned}\begin{vmatrix}\lambda_{i1} & \lambda_{i2} & \cdots & \lambda_{it}\\ \lambda_{i1}^2 & \lambda_{i2}^2 & \cdots & \lambda_{it}^2\\ \vdots & \vdots & & \vdots\\ \lambda_{i1}^t & \lambda_{i2}^t & \cdots & \lambda_{it}^t\end{vmatrix}&=\lambda_{i1}\lambda_{i2}\cdots\lambda_{it}\begin{vmatrix}1 & 1 & \cdots & 1\\ \lambda_{i1} & \lambda_{i2} & \cdots & \lambda_{it}\\ \vdots & \vdots & & \vdots\\ \lambda_{i1}^{t-1} & \lambda_{i2}^{t-1} & \cdots & \lambda_{it}^{t-1}\end{vmatrix}\\ &=\lambda_{i1}\lambda_{i2}\cdots\lambda_{it}\prod_{1\leqslant k<s\leqslant t}(\lambda_{ik}-\lambda_{is})\\ &\neq 0.\end{aligned}$$

从而上述方程组只有零解, 这与假设矛盾. 因此, $\boldsymbol{A}$ 的特征根均为 0. 由引理 3.12.1 知, $\boldsymbol{A}$ 为一幂零矩阵. □

习 题 3

1. 令 V 为数域 $\mathbb{F}$ 上一 n 维线性空间, $V_1,V_2,\cdots,V_s$ 均为 V 的非零子空间. 证明, 存在 V 的一个基底 $(\varepsilon_1,\varepsilon_2,\cdots,\varepsilon_n)$ 使得

$$\{\varepsilon_1,\varepsilon_2,\cdots,\varepsilon_n\}\bigcap(V_1\bigcup V_2\bigcup\cdots\bigcup V_s)=\varnothing.$$

2. 令 V 为数域 $\mathbb{F}$ 上一 n 维线性空间, $V_1, V_2, \cdots, V_s$ 均为 V 的非零真子空间, 且维数相同. 证明: 存在 V 的子空间 W, 使得

$$V = V_1 \oplus W = V_2 \oplus W = \cdots = V_s \oplus W,$$

且满足条件的 W 有无穷多个.

3. 令 V 为域 $\mathbb{F}$ 上一 n 维线性空间, $\mathcal{A} \in \mathcal{L}(V)$. 证明: 存在 $\mathcal{B} \in \mathcal{L}(V)$ 使得 $\mathcal{ABA} = \mathcal{A}$.

4. 令 V 为域 $\mathbb{F}$ 上一 n 维线性空间, $\mathcal{A} \in \mathcal{L}(V)$. 证明: 存在 $\mathcal{B} \in \mathcal{L}(V)$ 使得 $\mathcal{AB} = \mathcal{O}$ 且

$$\dim \mathcal{A}V + \dim \mathcal{B}V = n.$$

5. 令线性方程组 (3.22) 的解空间为 $S \leqslant \mathbb{F}^n$. 证明: 作为 (3.20) 的解空间 ($\leqslant V$) 的

$$V_1^{\perp} = \left\{ \sum_{i=1}^{n} x_i \boldsymbol{\alpha}_i \;\middle|\; (x_1, x_2, \cdots, x_n) \in S \right\},$$

且 $\dim V_1^{\perp} = \dim S$.

6. 证明: 若维数相等的两个子空间若有包含关系, 则它们必相同.

7. 令 $\boldsymbol{A}, \boldsymbol{B} \in \mathbb{F}^{n\times n}$. 证明: $\boldsymbol{AB}$ 与 $\boldsymbol{BA}$ 的 r 阶主子式的行列式之和相等.

8. 令 $\{\boldsymbol{A}_i\}_{i\in I}$, $\{\boldsymbol{B}_i\}_{i\in I}$ 均为数域 $\mathbb{F}$ 上同阶方阵的集合, 称它们在 $\mathbb{F}$ 上相似, 如果存在 $\mathbb{F}$ 上一可逆矩阵 $\boldsymbol{P}$, 关于任意 $i \in \boldsymbol{I}$, 有

$$\boldsymbol{P}^{-1}\boldsymbol{A}_i\boldsymbol{P} = \boldsymbol{B}_i.$$

若有理数域上两同阶方阵的集合 $\{\boldsymbol{A}_i\}_{i\in I}$, $\{\boldsymbol{B}_i\}_{i\in I}$ 在实数域 $\mathbb{R}$ 上相似, 则它们在有理数域 $\mathbb{Q}$ 上也相似.

第 4 讲　线性空间的直和分解 (模的特殊情形)

4.1　线性空间的 (内) 直和与外直和

4.1.1　线性空间的 (内) 直和与外直和

令 V 是数域 $\mathbb{F}$ 上一线性空间,

$$\mathcal{S}(V) \overset{d}{=} \{V' \mid V' \leqslant V\}.$$

交与和是 $\mathcal{S}(V)$ 上的两种二元运算, 这两种运算都是交换的, 也都是结合的, 因此, 它们分别诱导出 $\mathcal{S}(V)$ 上的唯一的一个 s 元运算, 即 s 个子空间的交, 与 s 个子空间的和. 形式地说, 有如下定义.

定义 4.1.1　令 V 是数域 $\mathbb{F}$ 上一线性空间, $W_1, W_2, \cdots, W_s$ 都是 V 的子空间, $s \geqslant 2$. 称向量集

$$\bigcap_{i=1}^{s} W_i = W_1 \bigcap W_2 \bigcap \cdots \bigcap W_s$$

为 $W_1, W_2, \cdots, W_s$ 的交. 称向量集

$$\sum_{i=1}^{s} W_i = W_1 + W_2 + \cdots + W_s$$

为 $W_1, W_2, \cdots, W_s$ 的和.

关于线性空间的交与和的维数, 有如下结论.

定理 4.1.1　令 W_1, W_2 是数域 $\mathbb{F}$ 上线性空间 V 的两个有限维子空间. 则

$$\dim(W_1 + W_2) = \dim W_1 + \dim W_2 - \dim(W_1 \bigcap W_2).$$

定义 4.1.2　令 W_i 是数域 $\mathbb{F}$ 上线性空间 V 的子空间, $i = 1, 2, \cdots, s$, $s \geqslant 2$, 且 $W = W_1 + W_2 + \cdots + W_s$. 若 W 中每个元素 $\boldsymbol{\alpha}$ 表为 $W_1, W_2, \cdots, W_s$ 中元素和的方法唯一, 即

$$\boldsymbol{\alpha} = \boldsymbol{\alpha}_1 + \boldsymbol{\alpha}_2 + \cdots + \boldsymbol{\alpha}_s = \boldsymbol{\beta}_1 + \boldsymbol{\beta}_2 + \cdots + \boldsymbol{\beta}_s,$$
$$\boldsymbol{\alpha}_i, \boldsymbol{\beta}_i \in W_i, \quad i = 1, 2, \cdots, s,$$

蕴涵 $\boldsymbol{\alpha}_i = \boldsymbol{\beta}_i$, $i = 1, 2, \cdots, s$, 则称 W 为 $W_1, W_2, \cdots, W_s$ 的直和或内直和, 记为

$$W = W_1 \oplus W_2 \oplus \cdots \oplus W_s = \bigoplus_{i=1}^{s} W_i.$$

定理 4.1.2 令 $W_1, \cdots, W_s$ 是线性空间 V 的有限维子空间, 且 $W = W_1 + \cdots + W_s$, $s \geqslant 2$. 则下列各条等价:

(1) $W = W_1 \oplus W_2 \oplus \cdots \oplus W_s$;

(2) 存在 $\boldsymbol{\alpha} \in W$, $\boldsymbol{\alpha}$ 表为 $W_1, \cdots, W_s$ 中元素和的方法唯一;

(3) $\boldsymbol{\theta}$ 表为 $W_1, \cdots, W_s$ 中元素和的方法唯一;

(4) 关于任意 $i \in \{1, \cdots, s\}$,

$$W_i \bigcap \sum_{j \neq i} W_j = \{\boldsymbol{\theta}\};$$

(5) 关于任意 $i \in \{2, \cdots, s\}$,

$$W_i \bigcap \sum_{j=1}^{i-1} W_j = \{\boldsymbol{\theta}\};$$

(6) $\dim W = \sum_{i=1}^{s} \dim W_i$;

(7) 若 $\{\boldsymbol{\alpha}_{i1}, \boldsymbol{\alpha}_{i2}, \cdots, \boldsymbol{\alpha}_{im_i}\}$ 为 W_i 的线性无关向量组, $i = 1, 2, \cdots, s$, 则

$$\bigcup_{i=1}^{s} \{\boldsymbol{\alpha}_{i1}, \boldsymbol{\alpha}_{i2}, \cdots, \boldsymbol{\alpha}_{im_i}\}$$

为 W 的线性无关向量组.

□

推论 4.1.1 定理 4.1.2 中的 (7), 恰恰是 "有限个非零向量组成的向量组线性无关" 这一事情的推广.

定义 4.1.3 鉴于定理 4.1.2 中的 (7), 称满足定理 4.1.2 中 (任一) 条件的子空间 $W_1, \cdots, W_s$ 为线性无关的. 否则, 称 $W_1, \cdots, W_s$ 线性相关.

注 4.1 令 V 为数域 $\mathbb{F}$ 上一线性空间, W_1, W_2 为其两个子空间. 称 W_2 为 W_1 在 V 中的补子空间, 如果 $V = W_1 \oplus W_2$. 显然, 非平凡子空间的补子空间不唯一.

例 4.1.1 令 V 为域 $\mathbb{F}$ 上一 n 维线性空间, V' 为 V 的非平凡子空间. 则

(1) 若 $\dim V' \geqslant \dfrac{n}{2}$, 则 V' 有两个线性无关的补子空间;

(2) 若 $\dim V' < \dfrac{n}{2}$, 则 V' 无两个线性无关的补子空间.

证明 (1) 令 $(\boldsymbol{\alpha}_1, \boldsymbol{\alpha}_2, \cdots, \boldsymbol{\alpha}_r)$ 为 V' 的一个基底. 将其扩充为 V 的一个基底

$$(\boldsymbol{\alpha}_1, \boldsymbol{\alpha}_2, \cdots, \boldsymbol{\alpha}_r, \boldsymbol{\alpha}_{r+1}, \cdots, \boldsymbol{\alpha}_n).$$

则

$$V = V' \oplus W_1,$$

其中, $W_1 = G[\boldsymbol{\alpha}_{r+1}, \cdots, \boldsymbol{\alpha}_n]$. 再令 $l = n - r$, 且

$$\boldsymbol{\beta}_1 = \boldsymbol{\alpha}_{r+1} + \boldsymbol{\alpha}_1, \boldsymbol{\beta}_2 = \boldsymbol{\alpha}_{r+2} + \boldsymbol{\alpha}_2, \cdots, \boldsymbol{\beta}_l = \boldsymbol{\alpha}_n + \boldsymbol{\alpha}_l.$$

则显然

$$V = V' \oplus W_2,$$

其中, $W_2 = G[\boldsymbol{\beta}_1, \cdots, \boldsymbol{\beta}_l]$. 下面考察 W_1 与 W_2 的线性相关性.

令 $\boldsymbol{\alpha} \in W_1 \bigcap W_2$. 则存在 $k_i, h_j \in \mathbb{F}$, $i, j = 1, \cdots, l$, 使得

$$\begin{aligned}\boldsymbol{\alpha} &= k_1\boldsymbol{\alpha}_{r+1} + k_2\boldsymbol{\alpha}_{r+2} + \cdots + k_l\boldsymbol{\alpha}_n \\ &= h_1(\boldsymbol{\alpha}_{r+1} + \boldsymbol{\alpha}_1) + h_2(\boldsymbol{\alpha}_{r+2} + \boldsymbol{\alpha}_2) + \cdots + h_l(\boldsymbol{\alpha}_n + \boldsymbol{\alpha}_l).\end{aligned}$$

从而

$$h_1\boldsymbol{\alpha}_1 + h_2\boldsymbol{\alpha}_2 + \cdots + h_l\boldsymbol{\alpha}_l - (k_1 - h_1)\boldsymbol{\alpha}_{r+1} - \cdots - (k_l - h_l)\boldsymbol{\alpha}_n = \boldsymbol{\theta}.$$

由 $(\boldsymbol{\alpha}_1, \boldsymbol{\alpha}_2, \cdots, \boldsymbol{\alpha}_r, \boldsymbol{\alpha}_{r+1}, \cdots, \boldsymbol{\alpha}_n)$ 是基底知, $k_1 = \cdots = k_l = h_1 = \cdots = h_l = 0$, 于是, $\boldsymbol{\alpha} = \boldsymbol{\theta}$, 即 W_1 与 W_2 是线性无关的.

(2) 令

$$V' \oplus W_1 = V, \quad V' \oplus W_2 = V.$$

由 $\dim V = n$, $\dim V' < \dfrac{n}{2}$ 知,

$$\dim W_1 > \frac{n}{2}, \quad \dim W_2 > \frac{n}{2}.$$

因此,

$$\dim W_1 + \dim W_2 > n = \dim V,$$

于是, W_1, W_2 线性相关. 由 W_1, W_2 的任意性知, V' 没有线性无关的补子空间. □

定理 4.1.3 令 $V_1, \cdots, V_s$ 是数域 $\mathbb{F}$ 上的线性空间, $s \geqslant 2$, V 为集合 $V_1, V_2, \cdots, V_s$ 的 Descartes 积, 即

$$V = \{(\boldsymbol{\alpha}_1, \cdots, \boldsymbol{\alpha}_s) \mid \boldsymbol{\alpha}_1 \in V_1, \cdots, \boldsymbol{\alpha}_s \in V_s\}.$$

则 V 在如下定义的加法和数乘运算下构成 $\mathbb{F}$ 上一线性空间,

$$(\boldsymbol{\beta}_1, \cdots, \boldsymbol{\beta}_s) + (\boldsymbol{\gamma}_1, \cdots, \boldsymbol{\gamma}_s) \overset{d}{=} (\boldsymbol{\beta}_1 + \boldsymbol{\gamma}_1, \cdots, \boldsymbol{\beta}_s + \boldsymbol{\gamma}_s),$$

$$k(\boldsymbol{\beta}_1, \cdots, \boldsymbol{\beta}_s) \overset{d}{=} (k\boldsymbol{\beta}_1, \cdots, k\boldsymbol{\beta}_s),$$

其中, $\boldsymbol{\beta}_i, \boldsymbol{\gamma}_i \in V_i$, $i = 1, \cdots, s$, $k \in \mathbb{F}$.

若 $V_1, \cdots, V_s$ 分别为 $m_1, \cdots, m_s$ 维线性空间, $(\boldsymbol{\alpha}_{i1}, \cdots, \boldsymbol{\alpha}_{im_i})$ 是 V_i 的一个基底, $i = 1, \cdots, s$, 则

$$((\boldsymbol{\alpha}_{11}, \boldsymbol{\theta}, \cdots, \boldsymbol{\theta}), \cdots, (\boldsymbol{\alpha}_{1m_1}, \boldsymbol{\theta}, \cdots, \boldsymbol{\theta}), \cdots, (\boldsymbol{\theta}, \boldsymbol{\theta}, \cdots, \boldsymbol{\alpha}_{s1}), \cdots, (\boldsymbol{\theta}, \cdots, \boldsymbol{\theta}, \boldsymbol{\alpha}_{sm_s}))$$

是 V 的一个基底. 因此,

$$\dim V = \dim V_1 + \dim V_2 + \cdots + \dim V_s.$$

证明 容易验证 V 为 $\mathbb{F}$ 上一线性空间, 且

$$((\boldsymbol{\alpha}_{11},\boldsymbol{\theta},\cdots,\boldsymbol{\theta}),\cdots,(\boldsymbol{\alpha}_{1m_1},\boldsymbol{\theta},\cdots,\boldsymbol{\theta}),\cdots,(\boldsymbol{\theta},\boldsymbol{\theta},\cdots,\boldsymbol{\alpha}_{s1}),\cdots,(\boldsymbol{\theta},\cdots,\boldsymbol{\theta},\boldsymbol{\alpha}_{sm_s}))$$

可线性表出 V 中任意向量. 从而, 只需再证明它们线性无关. 事实上, 若

$$\begin{aligned}&k_{11}(\boldsymbol{\alpha}_{11},\boldsymbol{\theta},\cdots,\boldsymbol{\theta})+\cdots+k_{1m_1}(\boldsymbol{\alpha}_{1m_1},\boldsymbol{\theta},\cdots,\boldsymbol{\theta})+\cdots\\&+k_{s1}(\boldsymbol{\theta},\boldsymbol{\theta},\cdots,\boldsymbol{\alpha}_{s1})+\cdots+k_{sm_s}(\boldsymbol{\theta},\cdots,\boldsymbol{\theta},\boldsymbol{\alpha}_{sm_s})=(\boldsymbol{\theta},\cdots,\boldsymbol{\theta}),\end{aligned}$$

则

$$(k_{11}\boldsymbol{\alpha}_{11}+\cdots+k_{1m_1}\boldsymbol{\alpha}_{1m_1},\cdots,k_{s1}\boldsymbol{\alpha}_{s1}+\cdots+k_{sm_s}\boldsymbol{\alpha}_{sm_s})=(\boldsymbol{\theta},\cdots,\boldsymbol{\theta}).$$

从而

$$\begin{aligned}k_{11}\boldsymbol{\alpha}_{11}+\cdots+k_{1m_1}\boldsymbol{\alpha}_{1m_1}&=\boldsymbol{\theta}\in V_1,\\&\cdots\cdots\\k_{s1}\boldsymbol{\alpha}_{s1}+\cdots+k_{sm_s}\boldsymbol{\alpha}_{sm_s}&=\boldsymbol{\theta}\in V_s.\end{aligned}$$

因此,

$$k_{11}=\cdots=k_{1m_1}=\cdots=k_{s1}=\cdots=k_{sm_s}=0.$$ □

定义 4.1.4 令 $V_1,\cdots,V_s,V$ 为满足定理 4.1.3 条件的线性空间. 则称 V 为 $V_1,\cdots,V_s$ 的外直和, 记为 $V=V_1\dot{+}\cdots\dot{+}V_s$.

注 4.2 在定义 4.1.4 的情形下, 令

$$\begin{aligned}W_1&=\{(\boldsymbol{\alpha},\boldsymbol{\theta},\cdots,\boldsymbol{\theta})\mid\boldsymbol{\alpha}\in V_1\}\subseteq V,\\&\cdots\cdots\\W_s&=\{(\boldsymbol{\theta},\cdots,\boldsymbol{\theta},\boldsymbol{\alpha})\mid\boldsymbol{\alpha}\in V_s\}\subseteq V.\end{aligned}$$

则显然 $W_1,\cdots,W_s$ 都是 V 的子空间,

$$V=W_1\oplus\cdots\oplus W_s\ (\text{内直和}),$$

且有自然同构 $W_1\cong V_1,\cdots,W_s\cong V_s$.

反之, 令 V 为数域 $\mathbb{F}$ 上一线性空间, $V_i\leqslant V$, $i=1,2,\cdots,s$. 若 $V=\bigoplus_{i=1}^s V_i$, 则

$$V\cong\dot{\sum_{i=1}^{s}}V_i.$$

因此外直和与内直和本质上为一个概念.

例 4.1.2　令 $\boldsymbol{A},\boldsymbol{B}\in\mathbb{F}^{n\times n}$, 且

$$r_1=r(\boldsymbol{A}),\quad r_2=r(\boldsymbol{B}),\quad r_3=r\left(\begin{pmatrix}\boldsymbol{A}\\\boldsymbol{B}\end{pmatrix}\right).$$

记

$$V_1\overset{d}{=}\{\boldsymbol{C}\in\mathbb{F}^{n\times n}\mid \boldsymbol{AC}=\boldsymbol{O}\},$$
$$V_2\overset{d}{=}\{\boldsymbol{D}\in\mathbb{F}^{n\times n}\mid \boldsymbol{BD}=\boldsymbol{O}\},$$
$$V_3\overset{d}{=}\left\{\boldsymbol{G}\in\mathbb{F}^{n\times n}\;\middle|\;\left(\begin{pmatrix}\boldsymbol{A}\\\boldsymbol{B}\end{pmatrix}\right)\boldsymbol{G}=\boldsymbol{O}\right\}.$$

求 V_1 (V_2,V_3) 的维数和 V_1+V_2 的维数.

证明　记齐次线性方程组

$$\boldsymbol{A}\begin{pmatrix}x_1\\x_2\\\vdots\\x_n\end{pmatrix}=\boldsymbol{\theta}$$

的解空间为 V'. 由 $r_1=r(\boldsymbol{A})$ 知, $\dim V'=n-r_1$. 令 $\{\boldsymbol{\alpha}_1,\boldsymbol{\alpha}_2,\cdots,\boldsymbol{\alpha}_{n-r_1}\}$ 为 V' 的一个基底. 则关于任意

$$\boldsymbol{C}\overset{d}{=}(\boldsymbol{\gamma}_1,\boldsymbol{\gamma}_2,\cdots,\boldsymbol{\gamma}_n)\in V_1,$$

有 $\gamma_i\in V'$, $i=1,2,\cdots,n$, 即存在 k_{ij}, $i=1,2,\cdots,n$, $j=1,2,\cdots,n-r_1$, 使得

$$\gamma_i=\sum_{j=1}^{n-r_1}k_{ij}\boldsymbol{\alpha}_j.$$

从而

$$\boldsymbol{C}=(\boldsymbol{\gamma}_1,\boldsymbol{\gamma}_2,\cdots,\boldsymbol{\gamma}_n)=\sum_{j=1}^{n-r_1}k_{1j}(\boldsymbol{\alpha}_j,\boldsymbol{\theta},\cdots,\boldsymbol{\theta})+\cdots+\sum_{j=1}^{n-r_1}k_{nj}(\boldsymbol{\theta},\cdots,\boldsymbol{\theta},\boldsymbol{\alpha}_j).$$

又显然

$$(\boldsymbol{\alpha}_1,\boldsymbol{\theta},\cdots,\boldsymbol{\theta}),(\boldsymbol{\theta},\boldsymbol{\alpha}_2,\cdots,\boldsymbol{\theta}),\cdots,(\boldsymbol{\theta},\cdots,\boldsymbol{\theta},\boldsymbol{\alpha}_{n-r_1})$$

线性无关, 从而

$$\dim V_1=n(n-r_1).$$

同理可得

$$\dim V_2=n(n-r_2),\quad \dim V_3=n(n-r_3).$$

因 $\dim(V_1\cap V_2)=\dim V_3$, 故由维数公式知,

$$\dim(V_1+V_2)=\dim(V_1)+\dim(V_2)-\dim\left(V_1\bigcap V_2\right)=n(n-r_1-r_2+r_3).\qquad\square$$

例 4.1.3 令 V 为数域 $\mathbb{F}$ 上一 n 维线性空间, $\mathcal{A}\in\mathcal{L}(V)$. 则

(1) $\mathcal{A}^2=\mathcal{A}$ 当且仅当

$$\mathrm{Ker}\mathcal{A}=\{\boldsymbol{\alpha}-\mathcal{A}(\boldsymbol{\alpha})\mid\boldsymbol{\alpha}\in V\},$$

也当且仅当

$$\mathrm{Im}\mathcal{A}=\{\boldsymbol{\alpha}\in V\mid\mathcal{A}(\boldsymbol{\alpha})=\boldsymbol{\alpha}\};$$

(2) 若 $\mathcal{A}^2=\mathcal{A}$, 则

$$V=\mathrm{Ker}\mathcal{A}\oplus\mathrm{Im}\mathcal{A};$$

(3) 若 $\mathcal{A}^2=\mathcal{A}$, $\mathcal{B}\in\mathcal{L}(V)$, 则 $\mathcal{A}\mathcal{B}=\mathcal{B}\mathcal{A}$ 当且仅当 $\mathrm{Ker}\mathcal{A}$, $\mathrm{Im}\mathcal{A}$ 都是 $\mathcal{B}$-不变子空间.

证明 (1) 先证 $\mathcal{A}^2=\mathcal{A}$ 当且仅当 $\mathrm{Ker}\mathcal{A}=\{\boldsymbol{\alpha}-\mathcal{A}(\boldsymbol{\alpha})\mid\boldsymbol{\alpha}\in V\}$.

充分性 关于任意 $\boldsymbol{\alpha}\in V$, 由 $\mathrm{Ker}\mathcal{A}=\{\boldsymbol{\alpha}-\mathcal{A}(\boldsymbol{\alpha})\mid\boldsymbol{\alpha}\in V\}$ 知,

$$\boldsymbol{\theta}=\mathcal{A}(\boldsymbol{\alpha}-\mathcal{A}(\boldsymbol{\alpha}))=\mathcal{A}(\boldsymbol{\alpha})-\mathcal{A}^2(\boldsymbol{\alpha}),$$

从而 $\mathcal{A}(\boldsymbol{\alpha})=\mathcal{A}^2(\boldsymbol{\alpha})$, 即 $\mathcal{A}^2=\mathcal{A}$.

必要性 根据已知, 关于任意 $\alpha\in V$,

$$\mathcal{A}(\boldsymbol{\alpha}-\mathcal{A}(\boldsymbol{\alpha}))=\mathcal{A}(\boldsymbol{\alpha})-\mathcal{A}^2(\boldsymbol{\alpha})=\boldsymbol{\theta},$$

从而

$$\boldsymbol{\alpha}-\mathcal{A}(\boldsymbol{\alpha})\in\mathrm{Ker}\mathcal{A}.$$

若 $\boldsymbol{\alpha}\in\mathrm{Ker}\mathcal{A}$, 则 $\mathcal{A}(\boldsymbol{\alpha})=\boldsymbol{\theta}$. 因此,

$$\boldsymbol{\alpha}=\boldsymbol{\alpha}-\boldsymbol{\theta}=\boldsymbol{\alpha}-\mathcal{A}(\boldsymbol{\alpha}).$$

于是,

$$\mathrm{Ker}\mathcal{A}=\{\boldsymbol{\alpha}-\mathcal{A}(\boldsymbol{\alpha})\mid\boldsymbol{\alpha}\in V\}.$$

再证 $\mathcal{A}^2=\mathcal{A}$ 当且仅当 $\mathrm{Im}\mathcal{A}=\{\boldsymbol{\alpha}\in V\mid\mathcal{A}(\boldsymbol{\alpha})=\boldsymbol{\alpha}\}$.

充分性 关于任意 $\boldsymbol{\alpha}\in V$, $\mathcal{A}(\boldsymbol{\alpha})\in\mathrm{Im}\mathcal{A}$, 由 $\mathrm{Im}\mathcal{A}=\{\boldsymbol{\alpha}\in V\mid\mathcal{A}(\boldsymbol{\alpha})=\boldsymbol{\alpha}\}$ 知, $\mathcal{A}[\mathcal{A}(\boldsymbol{\alpha})]=\mathcal{A}(\boldsymbol{\alpha})$, 即 $\mathcal{A}^2(\boldsymbol{\alpha})=\mathcal{A}(\boldsymbol{\alpha})$, 于是, $\mathcal{A}^2=\mathcal{A}$.

必要性 关于任意 $\boldsymbol{\alpha}\in\mathrm{Im}\mathcal{A}$, 存在 $\boldsymbol{\beta}\in V$, 使得 $\boldsymbol{\alpha}=\mathcal{A}(\boldsymbol{\beta})$. 因此, 由已知可得

$$\mathcal{A}(\boldsymbol{\alpha})=\mathcal{A}^2(\boldsymbol{\beta})=\mathcal{A}(\boldsymbol{\beta})=\boldsymbol{\alpha}.$$

从而,

$$\mathrm{Im}\mathcal{A}\subseteq\{\boldsymbol{\alpha}\in V\mid\mathcal{A}(\boldsymbol{\alpha})=\boldsymbol{\alpha}\}.$$

反过来的包含关系是显然的. 于是,

$$\mathrm{Im}\mathcal{A}=\{\boldsymbol{\alpha}\in V\mid\mathcal{A}(\boldsymbol{\alpha})=\boldsymbol{\alpha}\}.$$

(2) 若 $\boldsymbol{\alpha} \in \mathrm{Ker}\mathcal{A} \bigcap \mathrm{Im}\mathcal{A}$, 则存在 $\boldsymbol{\beta} \in V$, 使得 $\boldsymbol{\alpha} = \mathcal{A}(\boldsymbol{\beta})$. 由

$$\boldsymbol{\theta} = \mathcal{A}(\boldsymbol{\alpha}) = \mathcal{A}^2(\boldsymbol{\beta}) = \mathcal{A}(\boldsymbol{\beta}) = \boldsymbol{\alpha}$$

知,

$$\mathrm{Ker}\mathcal{A} \bigcap \mathrm{Im}\mathcal{A} = \{\boldsymbol{\theta}\}.$$

再由定理 2.3.2 知,

$$\dim(\mathrm{Ker}\mathcal{A} + \mathrm{Im}\mathcal{A}) = \dim \mathrm{Ker}\mathcal{A} + \dim \mathrm{Im}\mathcal{A} = n = \dim V.$$

于是,

$$V = \mathrm{Ker}\mathcal{A} \oplus \mathrm{Im}\mathcal{A}.$$

(3) 由命题 3.2.1 知, 仅需证明充分性.

根据 (2), 关于任意 $\boldsymbol{\alpha} \in V$,

$$\boldsymbol{\alpha} = \boldsymbol{\alpha}_1 + \boldsymbol{\alpha}_2,$$

其中, $\boldsymbol{\alpha}_1 \in \mathrm{Ker}\mathcal{A}$, $\boldsymbol{\alpha}_2 \in \mathrm{Im}\mathcal{A}$. 由已知可得

$$\mathcal{A}\mathcal{B}(\boldsymbol{\alpha}) = \mathcal{A}\mathcal{B}(\boldsymbol{\alpha}_1 + \boldsymbol{\alpha}_2) = \mathcal{A}(\mathcal{B}(\boldsymbol{\alpha}_1) + \mathcal{B}(\boldsymbol{\alpha}_2)) = \mathcal{A}(\mathcal{B}(\boldsymbol{\alpha}_2)) = \mathcal{B}(\boldsymbol{\alpha}_2),$$
$$\mathcal{B}\mathcal{A}(\boldsymbol{\alpha}) = \mathcal{B}\mathcal{A}(\boldsymbol{\alpha}_1 + \boldsymbol{\alpha}_2) = \mathcal{B}(\mathcal{A}(\boldsymbol{\alpha}_1) + \mathcal{A}(\boldsymbol{\alpha}_2)) = \mathcal{B}(\mathcal{A}(\boldsymbol{\alpha}_2)) = \mathcal{B}(\boldsymbol{\alpha}_2).$$

从而, $\mathcal{A}\mathcal{B} = \mathcal{B}\mathcal{A}$. □

注 4.3　(1) 关于例题 4.1.3 中的 (2) 反之如何? 即若 $V = \mathrm{Ker}\mathcal{A} \oplus \mathrm{Im}\mathcal{A}$, 是否必有 $\mathcal{A}^2 = \mathcal{A}$?

(2) 关于例题 4.1.3 中的 (3) 条件 $\mathcal{A}^2 = \mathcal{A}$ 能否去掉?

例 4.1.4　令 V 为数域 $\mathbb{F}$ 上一 n 维线性空间, $\mathcal{A} \in \mathcal{L}(V)$. 则

(1)

$$V_1 \stackrel{d}{=} \{\boldsymbol{\alpha} \mid \mathcal{A}(\boldsymbol{\alpha}) = \boldsymbol{\alpha}, \boldsymbol{\alpha} \in V\} \leqslant V,$$
$$V_2 \stackrel{d}{=} \{\boldsymbol{\alpha} - \mathcal{A}(\boldsymbol{\alpha}) \mid \boldsymbol{\alpha} \in V\} \leqslant V;$$

(2) 若 V 为一 n 维 Euclid 空间, $\mathcal{A}$ 为 V 上一正交变换, 则 $V = V_1 \oplus V_2$.

证明　(1) 显然

$$V_1 = \mathrm{Ker}(\mathcal{E} - \mathcal{A}) \leqslant V, \quad V_2 = \mathrm{Im}(\mathcal{E} - \mathcal{A}) \leqslant V.$$

(2) 若 $\boldsymbol{\alpha} \in V_1 \bigcap V_2$, 则 $\mathcal{A}\boldsymbol{\alpha} = \boldsymbol{\alpha}$, 且存在 $\boldsymbol{\beta} \in V$, 使得 $\boldsymbol{\alpha} = \boldsymbol{\beta} - \mathcal{A}\boldsymbol{\beta}$. 因此,

$$\begin{aligned}(\boldsymbol{\alpha}, \boldsymbol{\alpha}) &= (\boldsymbol{\alpha}, \boldsymbol{\beta} - \mathcal{A}\boldsymbol{\beta}) = (\boldsymbol{\alpha}, \boldsymbol{\beta}) - (\boldsymbol{\alpha}, \mathcal{A}\boldsymbol{\beta}) \\ &= (\boldsymbol{\alpha}, \boldsymbol{\beta}) - (\mathcal{A}\boldsymbol{\alpha}, \mathcal{A}\boldsymbol{\beta}) = (\boldsymbol{\alpha}, \boldsymbol{\beta}) - (\boldsymbol{\alpha}, \boldsymbol{\beta}) = 0,\end{aligned}$$

倒数第二个等号由 $\mathcal{A}$ 的正交性得到, 从而, $\boldsymbol{\alpha}=\boldsymbol{\theta}$, 即

$$V_1\bigcap V_2=\{\boldsymbol{\theta}\}.$$

再由定理 2.3.2 知,

$$\dim V_1+\dim V_2=n,$$

于是,

$$V=V_1\oplus V_2.$$

□

注 4.4 例 4.1.4 中的 (2) 反之是否成立? 即若 $V=V_1\oplus V_2$, 是否必有 $\mathcal{A}$ 为一 Euclid 空间上的正交变换?

例 4.1.5 令 $\mathbb{F}$ 为一数域,

$$\begin{aligned}
V_1&=\{\boldsymbol{A}\in\mathbb{F}^{n\times n}\mid \boldsymbol{A}=\boldsymbol{A}^{\mathrm{T}}\},\\
V_2&=\{\boldsymbol{A}\in\mathbb{F}^{n\times n}\mid \boldsymbol{A}=\boldsymbol{A}^{\mathrm{T}},\ \mathrm{tr}(\boldsymbol{A})=0\},\\
V_3&=\{k\boldsymbol{E}_n\mid k\in\mathbb{F},\ \boldsymbol{E}_n\text{ 为 }\mathbb{F}\text{ 上 }n\text{ 阶单位阵}\}.
\end{aligned}$$

求 V_2,V_3 的维数, 并分别找出它们的一个基底, 证明 $V_1=V_2\oplus V_3$.

证明 显然, $V_1,V_2,V_3\leqslant\mathbb{F}^{n\times n}$, $V_2,V_3\leqslant V_1$, 且

$$\dim V_1=\frac{n(1+n)}{2},\quad \dim V_2=\dim V_1-1=\frac{n(1+n)}{2}-1,\quad \dim V_3=1.$$

令 $A_{ij}=(a_{kl})_{n\times n}\in\mathbb{F}^{n\times n}$, $1\leqslant i<j\leqslant n$, 其中

$$a_{kl}=\begin{cases}1, & (k,l)=(i,j)\text{ 或 }(j,i),\\ 0, & (k,l)\neq(i,j)\text{ 和 }(j,i).\end{cases}$$

再令

$$\boldsymbol{C}_{12}=\begin{pmatrix}-1&&&&\\&1&&&\\&&0&&\\&&&\ddots&\\&&&&0\end{pmatrix},\boldsymbol{C}_{13}=\begin{pmatrix}-1&&&&\\&0&&&\\&&1&&\\&&&\ddots&\\&&&&0\end{pmatrix},\cdots,$$

$$\boldsymbol{C}_{1n}=\begin{pmatrix}-1&&&&\\&0&&&\\&&\ddots&&\\&&&0&\\&&&&1\end{pmatrix}.$$

从而,

$$(\boldsymbol{A}_{12}, \boldsymbol{A}_{13}, \cdots, \boldsymbol{A}_{1n}, \cdots, \boldsymbol{A}_{n-1,1}, \boldsymbol{A}_{n-1,2}, \cdots, \boldsymbol{A}_{n-1,n}, \boldsymbol{C}_{12}, \cdots, \boldsymbol{C}_{1n})$$

为 V_2 的一个基底. 显然, $(\boldsymbol{E}_n)$ 就是 V_3 的一个基底.

若 $\boldsymbol{A} \in V_2 \bigcap V_3$, 则由 V_2, V_3 的定义显然有 $\boldsymbol{A} = \boldsymbol{O}$. 再由 $V_2, V_3 \leqslant V_1$ 及维数公式知,

$$\dim V_1 = \dim V_2 + \dim V_3 = \dim(V_2 + V_3),$$

从而

$$V_2 \oplus V_3 = V_1. \qquad \square$$

例 4.1.6　令 V 为数域 $\mathbb{F}$ 上一 n 维线性空间, 可逆矩阵 $\boldsymbol{A} = \begin{pmatrix} \boldsymbol{A}_1 \\ \boldsymbol{A}_2 \end{pmatrix} \in \mathbb{F}^{n\times n}$, 其中 $\boldsymbol{A}_1 \in \mathbb{F}^{r\times n}$, $\boldsymbol{A}_2 \in \mathbb{F}^{(n-r)\times n}$, $1 \leqslant r \leqslant n-1$. 若 V_i 为矩阵方程

$$\boldsymbol{A}_i \boldsymbol{X} = \boldsymbol{\theta}$$

的解空间, $i = 1, 2$, 则

$$V = V_1 \oplus V_2.$$

证明　由 $\boldsymbol{A}$ 可逆知,

$$r(\boldsymbol{A}_1) = r, \quad \dim V_1 = n - r,$$
$$r(\boldsymbol{A}_2) = n - r, \quad \dim V_2 = r.$$

令 V_3 为齐次线性方程组

$$\boldsymbol{A}\boldsymbol{X} = \boldsymbol{\theta} \tag{4.1}$$

的解空间. 则

$$V_3 = V_1 \bigcap V_2.$$

由 $\boldsymbol{A}$ 可逆知, 齐次线性方程组 (4.1) 只有零解, 即

$$V_3 = \{\boldsymbol{\theta}\} = V_1 \bigcap V_2.$$

从而,

$$\dim V_1 + \dim V_2 = n - r + r = n = \dim V. \tag{4.2}$$

于是,

$$V = V_1 \oplus V_2. \qquad \square$$

4.1.2 用直和给出 3.3 节的另外两个补充

定理 4.1.4 令 V 为域 $\mathbb{F}$ 上一 n 维线性空间. 则下两条等价:

(3) V 包含一个无限子集 S, S 中任意 n 个向量都是线性无关的.

(9) 若 $V' \leqslant V$, 且 $\frac{n}{2} \leqslant \dim V' = r \leqslant n-1$, 则

$$(\forall s \in \mathbb{Z}^+)\ (\exists W_1, \cdots, W_s \leqslant V) \begin{cases} W_i \oplus V' = V, \\ W_i \bigcap W_j = \{\boldsymbol{\theta}\}, \\ i, j = 1, 2, \cdots, s, \quad i \neq j. \end{cases}$$

证明 (3) ⇒ (9) 由已知有, $V' \leqslant V$, 且 $\frac{n}{2} \leqslant \dim V' = r \leqslant n-1$. 令 $(\boldsymbol{\alpha}_1, \boldsymbol{\alpha}_2, \cdots, \boldsymbol{\alpha}_r)$ 为 V' 的一个基底. 将其扩充为 V 的一个基底:

$$(\boldsymbol{\alpha}_1, \boldsymbol{\alpha}_2, \cdots, \boldsymbol{\alpha}_r, \boldsymbol{\alpha}_{r+1}, \cdots, \boldsymbol{\alpha}_n).$$

类似于定理 3.3.1 中 (2) $\Longrightarrow$ (3) 的方法, 关于上假设的 V 的基底, 使用数学归纳法构作出需要的 S. 作

$$S' = S \setminus \{\boldsymbol{\alpha}_1, \boldsymbol{\alpha}_2, \cdots, \boldsymbol{\alpha}_r\}.$$

则 S' 也是一个无限子集且任意 n 个向量都是线性无关的. 由 (3) 知, 关于任意 $s \in \mathbb{Z}^+$, 在 S' 中存在向量组 $\{\boldsymbol{\alpha}_{r+1}^i, \cdots, \boldsymbol{\alpha}_n^i\}$ 满足

$$W_i = G[\boldsymbol{\alpha}_{r+1}^i, \cdots, \boldsymbol{\alpha}_n^i],$$

使得

$$V' \oplus W_i = V, \quad i = 1, 2, \cdots, s.$$

再由 S' 的构作条件可取

$$W_i \bigcap W_j = \{\boldsymbol{\theta}\}, \quad i, j = 1, 2, \cdots, s, \quad i \neq j.$$

从而 W_i 与 W_j 线性无关.

(9) $\Longrightarrow$ (3) (反证法) 若 (3) 不成立, 则由定理 3.3.3 知, $|\mathbb{F}| < \infty$, 不妨假设 $|\mathbb{F}| = m$, 则有 $|V_{\mathbb{F},n}| = m^n < \infty$.

由 (9) 知, 可假设

$$V = V' \oplus W_i,$$

其中, $V' = G[\boldsymbol{\alpha}_1, \boldsymbol{\alpha}_2, \cdots, \boldsymbol{\alpha}_r]$, $\boldsymbol{\alpha}_1, \boldsymbol{\alpha}_2, \cdots, \boldsymbol{\alpha}_r$ 线性无关, 且 $\frac{n}{2} \leqslant r \leqslant n-1$, $W_i = G\left[\boldsymbol{\alpha}_{r+1}^{(i)}, \cdots, \boldsymbol{\alpha}_n^{(i)}\right]$, $i = 1, 2, \cdots$. 由空间所包含的向量数有限知, 不可能找到无限个线性无关的 W_i, 一个矛盾. □

注 4.5 可以看出定理 4.1.4 实际上是定理 3.3.1 的一个补充.

推论 4.1.2 假设如定理 3.3.1, 易知下两条与定理 3.3.1 的 (2) 等价:

(2′) 若 $\boldsymbol{\alpha}_{i1}, \boldsymbol{\alpha}_{i2}, \cdots, \boldsymbol{\alpha}_{ir}$ 线性无关, $1 \leqslant r \leqslant n-1$, $i = 1, 2, \cdots, s$, $s \in \mathbb{Z}^+$, 则存在向量 $\boldsymbol{\alpha}_{r+1}, \cdots, \boldsymbol{\alpha}_n \in V$, 使得 $\boldsymbol{\alpha}_{i1}, \boldsymbol{\alpha}_{i2}, \cdots, \boldsymbol{\alpha}_{ir}, \boldsymbol{\alpha}_{r+1}, \cdots, \boldsymbol{\alpha}_n$ 依然线性无关, $i = 1, 2, \cdots, s$;

(2″) 若 $W_i \leqslant V$, $\dim W_i = r$, $1 \leqslant r \leqslant n-1$, $i = 1, 2, \cdots, s$, 则存在 $V' \leqslant V$, 使得

$$W_i \oplus V' = V, \quad i = 1, 2, \cdots, s.$$

注 4.6 是否存在无穷个满足推论 4.1.1 的 (2″) 条件的 V', 且其两两线性无关?

4.2 线性空间涉及线性变换的若干直和结构

4.2.1 线性空间涉及线性变换的一类直和分解

定理 4.2.1 令 V 为数域 $\mathbb{F}$ 上一 n 维线性空间, $\mathcal{A} \in \mathcal{L}(V)$. 则存在 V 的 $\mathcal{A}$-子空间 V_1, V_2, 使得

$$V = V_1 \oplus V_2,$$

且 $\mathcal{A}|_{V_1}$ 为可逆变换, $\mathcal{A}|_{V_2}$ 为幂零变换.

证明 关于任意正整数 k, 显然

$$\mathrm{Ker}\mathcal{A}^k \leqslant V, \quad \mathrm{Im}\mathcal{A}^k \leqslant V,$$

并且

$$\mathrm{Ker}\mathcal{A} \subseteq \mathrm{Ker}\mathcal{A}^2 \subseteq \cdots \subseteq \mathrm{Ker}\mathcal{A}^l \subseteq \cdots,$$

$$\mathrm{Im}\mathcal{A} \supseteq \mathrm{Im}\mathcal{A}^2 \supseteq \cdots \supseteq \mathrm{Im}\mathcal{A}^l \supseteq \cdots.$$

由 $\dim V = n$ 知, 存在 $m \in \mathbb{Z}^+$, 使得

$$\mathrm{Ker}\mathcal{A}^m = \mathrm{Ker}\mathcal{A}^{m+i}, \quad i = 1, 2, \cdots.$$

从而

$$\dim \mathrm{Ker}\mathcal{A}^m = \dim \mathrm{Ker}\mathcal{A}^{m+i}, \quad i = 1, 2, \cdots,$$

根据 Sylvester 定理, 有

$$\dim \mathrm{Im}\mathcal{A}^m = \dim \mathrm{Im}\mathcal{A}^{m+i}, \quad i = 1, 2, \cdots.$$

又 $\mathrm{Im}\mathcal{A}^m \supseteq \mathrm{Im}\mathcal{A}^{m+i}$, $i = 1, 2, \cdots$, 于是,

$$\mathrm{Im}\mathcal{A}^m = \mathrm{Im}\mathcal{A}^{m+i}, \quad i = 1, 2, \cdots.$$

关于任意 $\boldsymbol{\alpha} \in \operatorname{Ker} \mathcal{A}^m \bigcap \operatorname{Im} \mathcal{A}^m$, 由 $\boldsymbol{\alpha} \in \operatorname{Im} \mathcal{A}^m$ 知, 存在 $\boldsymbol{\beta} \in V$, 使得 $\boldsymbol{\alpha} = \mathcal{A}^m(\boldsymbol{\beta})$. 再由 $\boldsymbol{\alpha} \in \operatorname{Ker}\mathcal{A}^m$ 知,

$$\boldsymbol{\theta} = \mathcal{A}^m(\boldsymbol{\alpha}) = \mathcal{A}^{2m}(\boldsymbol{\beta}).$$

从而, $\boldsymbol{\beta} \in \operatorname{Ker}\mathcal{A}^{2m} = \operatorname{Ker}\mathcal{A}^m$. 因此, $\boldsymbol{\alpha} = \mathcal{A}^m(\boldsymbol{\beta}) = \boldsymbol{\theta}$. 即,

$$\operatorname{Ker}\mathcal{A}^m \bigcap \operatorname{Im}\mathcal{A}^m = \{\boldsymbol{\theta}\},$$

于是, $\operatorname{Ker}\mathcal{A}^m + \operatorname{Im}\mathcal{A}^m = \operatorname{Ker}\mathcal{A}^m \oplus \operatorname{Im}\mathcal{A}^m$, 又根据 Sylvester 定理,

$$V = \operatorname{Ker}\mathcal{A}^m \oplus \operatorname{Im}\mathcal{A}^m.$$

由

$$\mathcal{A}^m[\mathcal{A}(\operatorname{Ker}\mathcal{A}^m)] = \mathcal{A}\mathcal{A}^m(\operatorname{Ker}\mathcal{A}^m) = \mathcal{A}\{\boldsymbol{\theta}\} = \{\boldsymbol{\theta}\}$$

知, $\mathcal{A}(\operatorname{Ker}\mathcal{A}^m) \subseteq \operatorname{Ker}\mathcal{A}^m$, $\operatorname{Ker}\mathcal{A}^m$ 为 $\mathcal{A}$-子空间. 又由 $\mathcal{A}^m(\operatorname{Ker}\mathcal{A}^m) = \{\boldsymbol{\theta}\}$ 知, $\mathcal{A}|_{\operatorname{Ker}\mathcal{A}^m}$ 是幂零变换. 再由

$$\mathcal{A}(\operatorname{Im}\mathcal{A}^m) = \operatorname{Im}\mathcal{A}^{m+1} = \operatorname{Im}\mathcal{A}^m$$

知, $\operatorname{Im}\mathcal{A}^m$ 为 $\mathcal{A}$-子空间, 且 $\mathcal{A}|_{\operatorname{Im}\mathcal{A}^m}$ 是满线性变换, 于是, $\mathcal{A}|_{\operatorname{Im}\mathcal{A}^m}$ 可逆. □

假设如定理 4.2.1, 若 $\mathcal{A}$ 在 V 的一个基底下的表示矩阵为 $\boldsymbol{A}$, 则定理 4.2.1 有如下矩阵表示形式.

推论 4.2.1 令 $\boldsymbol{A} \in \mathbb{F}^{n\times n}$. 则 $\boldsymbol{A}$ 相似于

$$\begin{pmatrix} \boldsymbol{B} & \boldsymbol{O} \\ \boldsymbol{O} & \boldsymbol{C} \end{pmatrix},$$

其中 $\boldsymbol{B}$ 为一可逆矩阵, $\boldsymbol{C}$ 为一幂零矩阵 (即存在 $m \in \mathbb{Z}^+$, 使得 $\boldsymbol{C}^m = \boldsymbol{O}$).

证明 令 V 为数域 $\mathbb{F}$ 上一 n 维线性空间, $\mathcal{A} \in \mathcal{L}(V)$, 且 $\boldsymbol{A}$ 为 $\mathcal{A}$ 在 V 的一个基底下的表示矩阵. 由定理 4.2.1 知, 存在 $\mathcal{A}$-子空间 V_1, V_2, 使得

$$V = V_1 \oplus V_2,$$

其中 $\mathcal{A}|_{V_1}$ 为一可逆变换, $\mathcal{A}|_{V_2}$ 为一幂零变换.

令 $(\boldsymbol{\alpha}_1, \cdots, \boldsymbol{\alpha}_s)$ 为 V_1 的一个基底, $(\boldsymbol{\beta}_1, \cdots, \boldsymbol{\beta}_t)$ 为 V_2 的一个基底. 则

$$(\boldsymbol{\alpha}_1, \cdots, \boldsymbol{\alpha}_s, \boldsymbol{\beta}_1, \cdots, \boldsymbol{\beta}_t)$$

为 V 的一个基底, 且

$$\mathcal{A}(\boldsymbol{\alpha}_1, \cdots, \boldsymbol{\alpha}_s, \boldsymbol{\beta}_1, \cdots, \boldsymbol{\beta}_t) = (\boldsymbol{\alpha}_1, \cdots, \boldsymbol{\alpha}_s, \boldsymbol{\beta}_1, \cdots, \boldsymbol{\beta}_t) \begin{pmatrix} \boldsymbol{B} & \boldsymbol{O} \\ \boldsymbol{O} & \boldsymbol{C} \end{pmatrix},$$

其中 $\boldsymbol{B}$ 是 $\mathcal{A}|_{V_1}$ 在基底 $(\boldsymbol{\alpha}_1,\cdots,\boldsymbol{\alpha}_s)$ 下的表示矩阵, $\boldsymbol{C}$ 是 $\mathcal{A}|_{V_2}$ 在基底 $(\boldsymbol{\beta}_1,\cdots,\boldsymbol{\beta}_t)$ 下的表示矩阵. 从而, $\boldsymbol{A}$ 相似于

$$\begin{pmatrix} \boldsymbol{B} & \boldsymbol{O} \\ \boldsymbol{O} & \boldsymbol{C} \end{pmatrix},$$

而且 $\boldsymbol{B}$ 是可逆矩阵, $\boldsymbol{C}$ 是幂零矩阵. □

若再将推论 4.2.1 中数域特殊化为复数域, 则可使用若尔当标准形来进行证明.

推论 4.2.2 令 $\boldsymbol{A}\in\mathbb{C}^{n\times n}$. 则 $\boldsymbol{A}$ 相似于

$$\begin{pmatrix} \boldsymbol{B} & \boldsymbol{O} \\ \boldsymbol{O} & \boldsymbol{C} \end{pmatrix},$$

其中 $\boldsymbol{B}$ 为一可逆矩阵, $\boldsymbol{C}$ 为一幂零矩阵.

证明 由 $\boldsymbol{A}\in\mathbb{C}^{n\times n}$ 知, 存在可逆矩阵 $\boldsymbol{P}\in\mathbb{C}^{n\times n}$, 使得

$$\boldsymbol{P}^{-1}\boldsymbol{A}\boldsymbol{P}=\begin{pmatrix} \boldsymbol{J}(\lambda_1,n_1) & & & & & \\ & \ddots & & & & \\ & & \boldsymbol{J}(\lambda_s,n_s) & & & \\ & & & \boldsymbol{J}(0,m_1) & & \\ & & & & \ddots & \\ & & & & & \boldsymbol{J}(0,m_t) \end{pmatrix},$$

其中 $\boldsymbol{J}(\lambda_i,n_i)$ 是特征值为 λ_i 且阶为 n_i 的若尔当块, 且 $\lambda_i\neq 0$, $i=1,2,\cdots,s$, $J(0,m_j)$ 是特征值为 0 且阶为 m_j 的若尔当块, $j=1,2,\cdots,t$.

令

$$\boldsymbol{B}=\begin{pmatrix} \boldsymbol{J}(\lambda_1,n_1) & & \\ & \ddots & \\ & & \boldsymbol{J}(\lambda_s,n_s) \end{pmatrix},$$
$$\boldsymbol{C}=\begin{pmatrix} \boldsymbol{J}(0,m_1) & & \\ & \ddots & \\ & & \boldsymbol{J}(0,m_t) \end{pmatrix}.$$

则 $\boldsymbol{B}$ 为一可逆矩阵, $\boldsymbol{C}$ 为一幂零矩阵, 且 $\boldsymbol{A}$ 相似于

$$\begin{pmatrix} \boldsymbol{B} & \boldsymbol{O} \\ \boldsymbol{O} & \boldsymbol{C} \end{pmatrix}.$$ □

4.2.2 线性空间涉及线性变换的其他直和结构

定理 4.2.2 令 V 为数域 $\mathbb{F}$ 上一 n 维线性空间, $\mathcal{A} \in \mathcal{L}(V)$, $f_i(x) \in \mathbb{F}[x]$, $i = 1, 2, \cdots, r$. 若

$$h(x) = [f_1(x), f_2(x), \cdots, f_r(x)], \tag{4.3}$$

$$d(x) = (f_1(x), f_2(x), \cdots, f_r(x)), \tag{4.4}$$

则

$$\mathrm{Ker}h(\mathcal{A}) = \sum_{i=1}^{r} \mathrm{Ker}f_i(\mathcal{A}), \tag{4.5}$$

$$\mathrm{Ker}d(\mathcal{A}) = \bigcap_{i=1}^{r} \mathrm{Ker}f_i(\mathcal{A}). \tag{4.6}$$

证明 条件 (4.3) 等价于下两式

$$\begin{cases} (\forall\ i = 1, 2, \cdots, r)(\exists\ h_i(x) \in \mathbb{F}[x]) \\ h(x) = h_i(x) f_i(x), \\ (h_1(x), h_2(x), \cdots, h_r(x)) = 1, \end{cases} \tag{4.7}$$

条件 (4.4) 等价于下两式

$$\begin{cases} (\exists\ d_i(x) \in \mathbb{F}[x], i = 1, 2, \cdots, r) \\ d(x) = \displaystyle\sum_{i=1}^{r} d_i(x) f_i(x), \\ (\forall\ i = 1, 2, \cdots, r)(\exists\ g_i(x) \in \mathbb{F}[x]) \\ f_i(x) = g_i(x) d(x). \end{cases} \tag{4.8}$$

而结论 (4.5) 当然就是

$$\begin{cases} \mathrm{Ker}h(\mathcal{A}) \supseteq \displaystyle\sum_{i=1}^{r} \mathrm{Ker}f_i(\mathcal{A}), \\ \mathrm{Ker}h(\mathcal{A}) \subseteq \displaystyle\sum_{i=1}^{r} \mathrm{Ker}f_i(\mathcal{A}), \end{cases} \tag{4.9}$$

结论 (4.6) 当然就是

$$\begin{cases} \mathrm{Ker}d(\mathcal{A}) \supseteq \displaystyle\bigcap_{i=1}^{r} \mathrm{Ker}f_i(\mathcal{A}), \\ \mathrm{Ker}d(\mathcal{A}) \subseteq \displaystyle\bigcap_{i=1}^{r} \mathrm{Ker}f_i(\mathcal{A}), \end{cases} \tag{4.10}$$

我们将指出 (4.7) 与 (4.8) 分别蕴涵 (4.9) 与 (4.10).

(4.7) 的第一个式子 $\Rightarrow$ (4.9) 的第一个式子. 若

$$\boldsymbol{\alpha} \in \sum_{i=1}^{r} \mathrm{Ker} f_i(\mathcal{A}),$$

则存在 $\boldsymbol{\alpha}_i \in \mathrm{Ker} f_i(\mathcal{A})$, $i = 1, 2, \cdots, r$, 使得

$$\boldsymbol{\alpha} = \boldsymbol{\alpha}_1 + \boldsymbol{\alpha}_2 + \cdots + \boldsymbol{\alpha}_r,$$

因此, 由式 (4.7) 的第一个式子, 有

$$\begin{aligned} h(\mathcal{A})\boldsymbol{\alpha} &= h(\mathcal{A})\boldsymbol{\alpha}_1 + h(\mathcal{A})\boldsymbol{\alpha}_2 + \cdots + h(\mathcal{A})\boldsymbol{\alpha}_r \\ &= h_1(\mathcal{A}) f_1(\mathcal{A})\boldsymbol{\alpha}_1 + h_2(\mathcal{A}) f_2(\mathcal{A})\boldsymbol{\alpha}_2 + \cdots + h_r(\mathcal{A}) f_r(\mathcal{A})\boldsymbol{\alpha}_r \\ &= \boldsymbol{\theta} + \boldsymbol{\theta} + \cdots + \boldsymbol{\theta} = \boldsymbol{\theta}, \end{aligned}$$

即 $\boldsymbol{\alpha} \in \mathrm{Ker} h(\mathcal{A})$.

(4.7) 的第二个式子 $\Rightarrow$ (4.9) 的第二个式子. 由 (4.7) 的第二个式子, 有

$$(\exists\, k_i(x) \in \mathbb{F}[x], i = 1, 2, \cdots, r) \quad 1 = \sum_{i=1}^{r} k_i(x) h_i(x),$$

将 $\mathcal{A}$ 代入上式, 有

$$\mathcal{E} = \sum_{i=1}^{r} k_i(\mathcal{A}) h_i(\mathcal{A}),$$

因此, 若 $\boldsymbol{\alpha} \in \mathrm{Ker} h(\mathcal{A})$, 则

$$\boldsymbol{\alpha} = \mathcal{E}\boldsymbol{\alpha} = \sum_{i=1}^{r} k_i(\mathcal{A}) h_i(\mathcal{A})\boldsymbol{\alpha}.$$

而

$$\begin{aligned} f_i(\mathcal{A})[k_i(\mathcal{A}) h_i(\mathcal{A})\boldsymbol{\alpha}] &= k_i(\mathcal{A}) f_i(\mathcal{A}) h_i(\mathcal{A})\boldsymbol{\alpha} \\ &= k_i(\mathcal{A}) h(\mathcal{A})\boldsymbol{\alpha} = k_i(\mathcal{A})\boldsymbol{\theta} = \boldsymbol{\theta}, \\ i &= 1, 2, \cdots, r, \end{aligned}$$

即

$$k_i(\mathcal{A}) h_i(\mathcal{A})\boldsymbol{\alpha} \in \mathrm{Ker} f_i(\mathcal{A}), \quad i = 1, 2, \cdots, r.$$

于是,

$$\boldsymbol{\alpha} \in \sum_{i=1}^{r} \mathrm{Ker} f_i(\mathcal{A}).$$

(4.8) 的第一个式子 $\Longrightarrow$ (4.10) 的第一个式子. 由式 (4.8) 的第一个式子, 有

$$d(\mathcal{A}) = \sum_{i=1}^{r} d_i(\mathcal{A}) f_i(\mathcal{A}).$$

若

$$\boldsymbol{\alpha} \in \bigcap_{i=1}^{r} \mathrm{Ker} f_i(\mathcal{A}),$$

则

$$d(\mathcal{A})\boldsymbol{\alpha} = \sum_{i=1}^{r} d_i(\mathcal{A}) f_i(\mathcal{A})\boldsymbol{\alpha} = \boldsymbol{\theta},$$

即 $\boldsymbol{\alpha} \in \mathrm{Ker} d(\mathcal{A})$.

(4.8) 的第二个式子 $\Longrightarrow$ (4.10) 的第二个式子. 由 (4.8) 的第二个式子, 有

$$f_i(\mathcal{A}) = g_i(\mathcal{A}) d(\mathcal{A}), \quad i = 1, 2, \cdots, r.$$

若 $\boldsymbol{\alpha} \in \mathrm{Ker} d(\mathcal{A})$, 则

$$f_i(\mathcal{A})\boldsymbol{\alpha} = g_i(\mathcal{A}) d(\mathcal{A})\boldsymbol{\alpha} = \boldsymbol{\theta}, \quad i = 1, 2, \cdots, r,$$

即

$$\boldsymbol{\alpha} \in \mathrm{Ker} f_i(\mathcal{A}), \quad i = 1, 2, \cdots, r.$$

从而,

$$\boldsymbol{\alpha} \in \bigcap_{i=1}^{r} f_i(\mathcal{A}).$$ □

推论 4.2.3 假设如定理 4.2.2. 若

$$(f_i(x), f_j(x)) = 1, \quad i, j = 1, 2, \cdots, r, \ i \neq j,$$

则记当

$$f(x) = \prod_{i=1}^{r} f_i(x)$$

时, 有

$$\mathrm{Ker} f(\mathcal{A}) = \bigoplus_{i=1}^{r} \mathrm{Ker} f_i(\mathcal{A}).$$

证明 令

$$F_j(x) = \prod_{i=1}^{j} f_i(x), \quad j = 1, 2, \cdots, r.$$

显然, $f_1(x) = F_1(x), f(x) = F_r(x)$. 由 $f_1(x), f_2(x), \cdots, f_r(x)$ 两两互素可知,

$$F_j(x) = [f_1(x), f_2(x), \cdots, f_j(x)], \quad j = 1, 2, \cdots, r,$$

且

$$1 = (F_{j-1}(x), f_j(x)), \quad j = 2, 3, \cdots, r.$$

根据定理 4.2.2, 有

$$\mathrm{Ker} f(\mathcal{A}) = \sum_{i=1}^{r} \mathrm{Ker} f_i(\mathcal{A}),$$

且

$$\begin{aligned}\{\boldsymbol{\theta}\} &= \mathrm{Ker}\mathcal{E} = \mathrm{Ker}F_{j-1}(\mathcal{A})\bigcap \mathrm{Ker}f_j(\mathcal{A}) \\ &= \left(\sum_{i=1}^{j-1}\mathrm{Ker}f_i(\mathcal{A})\right)\bigcap \mathrm{Ker}f_j(\mathcal{A}), \\ & j = 2, 3, \cdots, r.\end{aligned}$$

从而, 有

$$\mathrm{Ker}f(\mathcal{A}) = \bigoplus_{i=1}^{r}\mathrm{Ker}f_i(\mathcal{A}).$$

□

推论 4.2.4　令 V 为数域 $\mathbb{F}$ 上一 n 维线性空间, $\mathcal{A}\in\mathcal{L}(V)$.

(1) 若 $\Delta_{\mathcal{A}}(\lambda)$ 的标准分解式为

$$\Delta_{\mathcal{A}}(\lambda) = \prod_{i=1}^{m} p_i^{k_i}(\lambda),$$

则

$$V = \bigoplus_{i=1}^{m}\mathrm{Ker}p_i^{k_i}(\mathcal{A}).$$

(2) 若 $\Delta_{\mathcal{A}}(\lambda)$ 的不可约因子都是 1 次的 (特别地, $\mathbb{F}=\mathbb{C}$), 即

$$\Delta_{\mathcal{A}}(\lambda) = \prod_{i=1}^{m}(\lambda - x_i)^{r_i},$$

$$r_i \geqslant 1,\quad x_i\neq x_j,\quad i,j = 1,2,\cdots,m,\quad i\neq j,$$

则

$$V = \bigoplus_{i=1}^{m}\mathrm{Ker}(\mathcal{A} - x_i\mathcal{E})^{r_i}.$$

证明　我们仅证 (1). 将推论 4.2.3 中的 $f_i(x)$ 取为 $p_i^{k_i}(\lambda)$ 时, $i = 1,2,\cdots,m$, $f(x)$ 就是 $\Delta_{\mathcal{A}}(\lambda)$, 根据推论 4.2.3 和 Cayley-Hamilton 定理, 有

$$V = \mathrm{Ker}\mathcal{O} = \mathrm{Ker}\Delta_{\mathcal{A}}(\mathcal{A}) = \bigoplus_{i=1}^{m}\mathrm{Ker}p_i^{k_i}(\mathcal{A}).$$

这就证明了 (1).

□

习　题　4

1. 令 V 为数域 $\mathbb{F}$ 上一 n 维线性空间, $\mathcal{A},\mathcal{B}\in\mathcal{L}(V)$, $f_1(x), f_2(x)$ 分别为 $\mathcal{A},\mathcal{B}$ 的特征多项式. 若 $(f_1(x), f_2(x)) = 1$, 则

$$\mathrm{Ker}f_1(\mathcal{B}) = \mathrm{Ker}f_2(\mathcal{A}) = \{\boldsymbol{\theta}\}.$$

2. 令 V 为数域 $\mathbb{F}$ 上一 n 维线性空间, $\mathcal{A} \in \mathcal{L}(V)$,

$$f(x) = p_1^{l_1}(x)p_2^{l_2}(x)\cdots p_s^{l_s}(x),$$

其中 $p_i(x)$ 为两两不同的不可约多项式, $l_i \geqslant 1$, $i = 1, 2, \cdots, s$. 若 $f(\mathcal{A}) = \mathcal{O}$, 则

$$V = V_1 \oplus V_2 \oplus \cdots \oplus V_s,$$

其中

$$V_i = \{\boldsymbol{\alpha} \mid \boldsymbol{\alpha} \in V,\ p_i^{l_i}(\mathcal{A})\boldsymbol{\alpha} = \boldsymbol{\theta}\}.$$

3. 令 V 为数域 $\mathbb{F}$ 上一线性空间, $\mathcal{A}_1, \mathcal{A}_2, \cdots, \mathcal{A}_s \in \mathcal{L}(V)$. 若

(1) $\mathcal{A}_i^2 = \mathcal{A}_i, i = 1, 2, \cdots, s$;

(2) $\mathcal{A}_i\mathcal{A}_j = \mathcal{O}, i \neq j, i, j = 1, 2, \cdots, s$,

则

$$V = \mathcal{A}_1 V \oplus \mathcal{A}_2 V \oplus \cdots \oplus \mathcal{A}_s V \oplus \bigcap_{i=1}^{s} \mathrm{Ker}\mathcal{A}_i.$$

4. 令 V 为数域 $\mathbb{F}$ 上一 n 维线性空间, $\mathcal{A}, \mathcal{B} \in \mathcal{L}(V)$. 若

$$\mathcal{A} + \mathcal{B} = \mathcal{E}, \quad \mathcal{A}\mathcal{B} = \mathcal{O},$$

则

$$\mathcal{A}V \oplus \mathcal{B}V = V, \quad \mathcal{A}V = \mathrm{Ker}\mathcal{B}.$$

5. 令 V 为数域 $\mathbb{F}$ 上一 n 维线性空间, $V_1 \leqslant V$, 且 $\dim V_1 \geqslant \dfrac{n}{2}$. 则存在 $W_1, W_2 \leqslant V$, 使得

$$V = V_1 \oplus W_1 = V_1 \oplus W_2, \quad \text{且 } W_1 \bigcap W_1 = \{\boldsymbol{\theta}\}.$$

第 5 讲　初等变换, 初等矩阵与矩阵的等价标准形的应用开发

5.1　基本概念和基本事实的罗列

定义 5.1.1　称数域 $\mathbb{F}$ 上 $m\times n$ 矩阵的下述变换为矩阵的初等变换:

(1) k 乘以矩阵的第 l 行 (列), 记为 $[l(k)]$ ($\{l(k)\}$), $k\in\mathbb{F}$, $k\neq 0$, $l=1,\ 2,\ \cdots,\ m$ ($l=1,2,\cdots,n$);

(2) 将矩阵的第 s 行 (列) 的 k 倍加到第 t 行 (列) 上, 记为 $[t+s(k)]$ ($\{t+s(k)\}$), $k\in\mathbb{F}$, $s,t=1,2,\cdots,m(s,t=1,2,\cdots,n)$, $s\neq t$ ($[t{+}s(-k)]$ ($\{t{+}s(-k)\}$), 也写为 $[t{-}s(k)]$ ($\{t{-}s(k)\}$);

(3) 交换矩阵的第 s,t 行 (列), 记为 $[s,t]$ ($\{s,t\}$), $s,t=1,2,\cdots,m$ ($s,t=1,\ 2,\ \cdots,\ n$).

将以上定义中的三种行 (列) 的初等变换施加到任意 n 阶单位矩阵 $\boldsymbol{E}_n$ 上, 有

$$\boldsymbol{E}_n\ \xrightarrow[\text{或 }\{l(k)\}]{[l(k)]}\begin{pmatrix}1&&&&&&\\&\ddots&&&&&\\&&1&&&&\\&&&k&&&\\&&&&1&&\\&&&&&\ddots&\\&&&&&&1\end{pmatrix}=\boldsymbol{M}_n^{(l)}(k),$$

$$1\leqslant l\leqslant n,\quad 0\neq k\in\mathbb{F};$$

$$\boldsymbol{E}_n\ \xrightarrow[\text{或 }\{s+t(k)\}]{[t+s(k)]}\begin{pmatrix}1&&&&&\\&\ddots&&&&\\&&1&\cdots&k&&\\&&&\ddots&\vdots&&\\&&&&1&&\\&&&&&\ddots&\\&&&&&&1\end{pmatrix}=\boldsymbol{C}_n^{(s,t)}(k),$$

$$1\leqslant s,t\leqslant n,\quad s\neq t,\ k\in\mathbb{F};$$

$$E_n \xrightarrow[\text{或 } \{s,t\}]{[s,t]} \begin{pmatrix} 1 & & & & & & & & \\ & \ddots & & & & & & & \\ & & 1 & & & & & & \\ & & & 0 & \cdots & 1 & & & \\ & & & \vdots & \ddots & \vdots & & & \\ & & & 1 & \cdots & 0 & & & \\ & & & & & & 1 & & \\ & & & & & & & \ddots & \\ & & & & & & & & 1 \end{pmatrix} = P_n^{(s,t)},$$

$$1 \leqslant s, t \leqslant n.$$

定义 5.1.2 $M_n^{(l)}(k)$, $C_n^{(s,t)}(k)$ 和 $P_n^{(s,t)}$ 这三种类型的 n 阶方阵统称为 n 阶初等矩阵.

推论 5.1.1 (1) 用 $M_n^{(l)}(k)$ 左 (右) 乘一 $n\times m$ $(m\times n)$ 矩阵 A, 相当于关于 A 施以初等变换 $[l(k)]$ $(\{l(k)\})$;

(2) 用 $C_n^{(s,t)}(k)$ 左 (右) 乘一 $n\times m$ $(m\times n)$ 矩阵 A, 相当于关于 A 施以初等变换 $[t+s(k)]$ $(\{s+t(k)\})$;

(3) 用 $P_n^{(s,t)}$ 左 (右) 乘一 $n\times m$ $(m\times n)$ 矩阵 A, 相当于关于 A 施以初等变换 $[s,t]$ $(\{s,t\})$.

推论 5.1.2 初等矩阵都是可逆的, 且 $[M_n^{(l)}(k)]^{-1} = M_n^{(l)}\left(\dfrac{1}{k}\right)$, $[C_n^{(s,t)}(k)]^{-1} = C_n^{(s,t)}(-k)$, $[P_n^{(s,t)}]^{-1} = P_n^{(s,t)}$ 仍为初等矩阵.

定义 5.1.3 令 $A, B \in \mathbb{F}^{m\times n}$. 称 A 和 B 等价, 记为 $A \sim B$, 如果 A 可经有限次初等变换化成 B.

$\mathbb{F}^{m\times n}$ 中矩阵的等价给出 $\mathbb{F}^{m\times n}$ 中矩阵间的一种关系, 它显然满足

(1) 自反性: 关于任意 $A \in \mathbb{F}^{m\times n}$, 有 $A \sim A$;

(2) 对称性: 若 $A \sim B$, 则 $B \sim A$;

(3) 传递性: 若 $A \sim B$, $B \sim C$, 则 $A \sim C$.

由推论 5.1.1, 显然有如下推论.

推论 5.1.3 令 $A, B \in \mathbb{F}^{m\times n}$. 则 $A \sim B$ 当且仅当存在 $\mathbb{F}$ 上 m 阶初等矩阵 $F_1, F_2, \cdots, F_s$ 和 n 阶初等矩阵 $G_1, G_2, \cdots, G_t$, 使得

$$B = F_s \cdots F_2 F_1 A G_1 G_2 \cdots G_t.$$

定理 5.1.1 任意 $A \in \mathbb{F}^{m\times n}$ 都等价于 $\mathbb{F}^{m\times n}$ 中如下形状的一个矩阵:

$$\overline{A} = \begin{pmatrix} E_r & O_{r\times(n-r)} \\ O_{(m-r)\times r} & O_{(m-r)\times(n-r)} \end{pmatrix},$$

其中 $r \geqslant 0$, $O_{s\times t}$ 表示 $s\times t$ 零矩阵. 称 $\overline{A}$ 为 A 的等价标准形.

定理 5.1.2　n 阶方阵 $\boldsymbol{A}$ 可逆当且仅当 $\overline{\boldsymbol{A}} = \boldsymbol{E}_n$.

定理 5.1.3　方阵 $\boldsymbol{A}$ 可逆当且仅当 $\boldsymbol{A}$ 是若干初等矩阵的乘积.

推论 5.1.4　令 $\boldsymbol{A}, \boldsymbol{B} \in \mathbb{F}^{m\times n}$. 则 $\boldsymbol{A} \sim \boldsymbol{B}$ 当且仅当存在 $\mathbb{F}$ 上 m 阶可逆矩阵 $\boldsymbol{P}$ 和 n 阶可逆矩阵 $\boldsymbol{Q}$, 使得

$$\boldsymbol{B} = \boldsymbol{PAQ}.$$

5.2　应用 1, 初等变换的若干应用

5.2.1　初等变换在求多项式的最大公因式和最小公倍式中的应用

相应于矩阵的初等变换, 有多项式矩阵的初等变换 (见定义 1.1.1). 将定义 1.1.1 中的三种行 (列) 的初等变换分别施加到任意 n 阶单位矩阵 $\boldsymbol{E}_n$ 上, 得到相应的三种初等多项式矩阵 (这里不再赘述), 并且仍有如下结论.

推论 5.2.1　用一初等多项式矩阵左 (右) 乘一多项式矩阵相当于关于该多项式矩阵施行一次相应的初等行 (列) 变换.

由多项式最大公因式的性质, 下面的引理是显然的

引理 5.2.1　令 $\mathbb{F}$ 为一数域, $f(x), g(x) \in \mathbb{F}[x]$,

$$\boldsymbol{A} = \begin{pmatrix} f(x) \\ g(x) \end{pmatrix}.$$

若关于 $\boldsymbol{A}$ 施行有限次初等行变换化为

$$\boldsymbol{B} = \begin{pmatrix} f_1(x) \\ g_1(x) \end{pmatrix},$$

则 $f(x)$, $g(x)$ 的最大公因式与 $f_1(x)$, $g_1(x)$ 的最大公因式完全相同.

令 $\mathbb{F}$ 为一数域, $f(x), g(x) \in \mathbb{F}[x]$, $d(x)$, $h(x)$ 分别为 $f(x)$ 与 $g(x)$ 的最大公因式和最小公倍式. 则存在 $u(x)$, $v(x) \in \mathbb{F}[x]$, 使得

$$u(x)f(x) + v(x)g(x) = d(x).$$

令

$$f(x) = d(x)f_1(x), \quad g(x) = d(x)g_1(x).$$

则

$$h(x) = f_1(x)g_1(x)d(x) = f(x)g_1(x) = f_1(x)g(x).$$

又令

$$\boldsymbol{A} = \begin{pmatrix} f(x) & 0 \\ g(x) & g(x) \end{pmatrix}, \quad \boldsymbol{B} = \begin{pmatrix} u(x) & v(x) \\ -g_1(x) & f_1(x) \end{pmatrix}.$$

则

$$\boldsymbol{B}(\boldsymbol{A},\boldsymbol{E})=\begin{pmatrix} u(x) & v(x) \\ -g_1(x) & f_1(x) \end{pmatrix}\begin{pmatrix} f(x) & 0 & 1 & 0 \\ g(x) & g(x) & 0 & 1 \end{pmatrix}$$
$$=\begin{pmatrix} d(x) & v(x)g(x) & u(x) & v(x) \\ 0 & h(x) & -g_1(x) & f_1(x) \end{pmatrix}.$$

由

$$|\boldsymbol{B}|=\begin{vmatrix} u(x) & v(x) \\ -g_1(x) & f_1(x) \end{vmatrix}=u(x)f_1(x)+v(x)g_1(x)=1$$

知, $\boldsymbol{B}$ 可逆, 从而, $\boldsymbol{B}$ 是若干初等多项式矩阵的乘积. 于是, 关于 $(\boldsymbol{A},\boldsymbol{E})$ 施行有限次初等行变换, 可化为

$$\begin{pmatrix} d(x) & v(x)g(x) & u(x) & v(x) \\ 0 & h(x) & -g_1(x) & f_1(x) \end{pmatrix}.$$

因此, 有如下结论.

定理 5.2.1 令 $\mathbb{F}$ 为一数域, $f(x),g(x)\in\mathbb{F}[x]$,

$$\boldsymbol{A}=\begin{pmatrix} f(x) & 0 \\ g(x) & g(x) \end{pmatrix}.$$

若关于 $(\boldsymbol{A},\boldsymbol{E})$ 施行有限次初等行变换化为

$$\boldsymbol{B}=\begin{pmatrix} d(x) & * & u(x) & v(x) \\ 0 & h(x) & t(x) & s(x) \end{pmatrix},$$

则

$$d(x)=u(x)f(x)+v(x)g(x),$$
$$h(x)=-s(x)f(x)=t(x)g(x),$$

且 $d(x)$, $h(x)$ 分别为 $f(x)$ 与 $g(x)$ 的最大公因式和最小公倍式.

证明 可仅考察 $f(x)$, $g(x)$ 不全为零多项式的情况. 根据定理中的条件, 存在初等多项式矩阵 $\boldsymbol{p}_1(x),\boldsymbol{p}_2(x),\cdots,\boldsymbol{p}_s(x)$, 使得

$$\boldsymbol{p}_s(x)\cdots\boldsymbol{p}_2(x)\boldsymbol{p}_1(x)(\boldsymbol{A},\boldsymbol{E})=\begin{pmatrix} d(x) & * & u(x) & v(x) \\ 0 & h(x) & t(x) & s(x) \end{pmatrix},$$

即

$$\boldsymbol{p}_s(x)\cdots\boldsymbol{p}_2(x)\boldsymbol{p}_1(x)\boldsymbol{A}=\begin{pmatrix} d(x) & * \\ 0 & h(x) \end{pmatrix},$$

$$\boldsymbol{p}_s(x)\cdots\boldsymbol{p}_2(x)\boldsymbol{p}_1(x)=\boldsymbol{p}_s(x)\cdots\boldsymbol{p}_2(x)\boldsymbol{p}_1(x)\boldsymbol{E}=\begin{pmatrix}u(x)&v(x)\\t(x)&s(x)\end{pmatrix}.$$

从而

$$\begin{pmatrix}d(x)&*\\0&h(x)\end{pmatrix}=\boldsymbol{p}_s(x)\cdots\boldsymbol{p}_2(x)\boldsymbol{p}_1(x)\boldsymbol{A}=\begin{pmatrix}u(x)&v(x)\\t(x)&s(x)\end{pmatrix}\begin{pmatrix}f(x)&0\\g(x)&g(x)\end{pmatrix}. \tag{5.1}$$

即

$$\begin{aligned}d(x)&=u(x)f(x)+v(x)g(x),\\h(x)&=t(x)g(x).\end{aligned}$$

又 $0=s(x)f(x)+t(x)g(x)$, 于是

$$h(x)=-s(x)f(x)=t(x)g(x). \tag{5.2}$$

显然, $d(x)$ 为 $d(x)$ 与 0 的最大公因式, 由引理 5.2.1 知, $d(x)$ 也为 $f(x)$ 与 $g(x)$ 的最大公因式. 由式 (5.2) 知, $h(x)$ 为 $f(x)$ 与 $g(x)$ 的公倍式. 关于式 (5.1) 取行列式, 有

$$\begin{aligned}d(x)h(x)&=\begin{vmatrix}d(x)&*\\0&h(x)\end{vmatrix}=|\boldsymbol{p}_s(x)\cdots\boldsymbol{p}_2(x)\boldsymbol{p}_1(x)\boldsymbol{A}|\\&=|\boldsymbol{p}_s(x)\cdots\boldsymbol{p}_2(x)\boldsymbol{p}_1(x)|f(x)g(x).\end{aligned}$$

由于 $\boldsymbol{p}_1(x),\boldsymbol{p}_2(x),\cdots,\boldsymbol{p}_s(x)$ 为初等多项式矩阵, 当然有 $\boldsymbol{p}_1(x),\boldsymbol{p}_2(x),\cdots,\boldsymbol{p}_s(x)$ 可逆, 从而

$$|\boldsymbol{p}_s(x)\cdots\boldsymbol{p}_2(x)\boldsymbol{p}_1(x)|=k,\quad k\neq 0.$$

于是,

$$h(x)=k\frac{f(x)\ g(x)}{d(x)},$$

即 $h(x)$ 为 $f(x)$ 与 $g(x)$ 的一个最小公倍式. □

例 5.2.1　令

$$\begin{aligned}f(x)&=x^3-3x-2,\\g(x)&=x^3+x^2-x-1.\end{aligned}$$

求 $f(x)$ $g(x)$ 的最大公因式 $d(x)$ 和最小公倍式 $h(x)$, 并求 $u(x),v(x)$ 使得

$$d(x)=u(x)f(x)+v(x)g(x).$$

证明 令

$$A = \begin{pmatrix} f(x) & 0 \\ g(x) & g(x) \end{pmatrix}.$$

关于 (A, E) 施行初等行变换, 有

$$\begin{pmatrix} x^3-3x-2 & 0 & 1 & 0 \\ x^3+x^2-x-1 & x^3+x^2-x-1 & 0 & 1 \end{pmatrix}$$

$$\rightarrow \begin{pmatrix} x^3-3x-2 & 0 & 1 & 0 \\ x^2+2x+1 & x^3+x^2-x-1 & -1 & 1 \end{pmatrix}$$

$$\rightarrow \begin{pmatrix} -x^2-4x-2 & -x^4-x^3+x^2+x & x+1 & -x \\ x^2+2x+1 & x^3+x^2-x-1 & -1 & 1 \end{pmatrix}$$

$$\rightarrow \begin{pmatrix} x^2+2x+1 & x^3+x^2-x-1 & 1 & -1 \\ 0 & x^4-x^3-3x^2+x-2 & -x-1 & x \end{pmatrix}.$$

从而,

$$d(x) = x^2+2x+1, \quad h(x) = x^4-x^3-3x^2+x-2.$$

令

$$u(x) = -1, \quad v(x) = 1.$$

则

$$d(x) = u(x)f(x) + v(x)g(x) = -f(x) + g(x).$$ □

单就求多项式的最大公因式而言, 定理 5.2.1 的方法可以推广到任意有限多个多项式的情形.

定理 5.2.2 令 $\mathbb{F}$ 为一数域, $f_1(x), f_2(x), \cdots, f_s(x) \in \mathbb{F}[x]$, $s \geqslant 2$,

$$A = \begin{pmatrix} f_1(x) & 1 & 0 & \cdots & 0 \\ f_2(x) & 0 & 1 & \cdots & 0 \\ \vdots & \vdots & \vdots & & \vdots \\ f_s(x) & 0 & 0 & \cdots & 1 \end{pmatrix}.$$

若关于 A 施行有限次初等行变换化为

$$B = \begin{pmatrix} 0 & u_{11}(x) & u_{12}(x) & \cdots & u_{1s}(x) \\ \vdots & \vdots & \vdots & & \vdots \\ d(x) & u_{i1}(x) & u_{i2}(x) & \cdots & u_{is}(x) \\ \vdots & \vdots & \vdots & & \vdots \\ 0 & u_{s1}(x) & u_{s2}(x) & \cdots & u_{ss}(x) \end{pmatrix},$$

则

$$d(x) = u_{i1}(x)f_1(x) + u_{i2}(x)f_2(x) + \cdots + u_{is}(x)f_s(x),$$

且 $d(x)$ 是 $f_1(x), f_2(x), \cdots, f_s(x)$ 的最大公因式.

注 5.1　定理 5.2.2 中矩阵 $\boldsymbol{B}$ 的第 1 列 $d(x)$ 的位置由施行初等行变换的方便而定.

例 5.2.2　令

$$\begin{aligned} f(x) &= 4x^3 + 10x^2 + 8x + 2, \\ g(x) &= 2x^3 + 8x^2 + 10x + 4, \\ h(x) &= x^3 + x^2 + 2x + 2. \end{aligned}$$

求 $u(x), v(x), t(x)$, 使得

$$u(x)f(x) + v(x)g(x) + t(x)h(x) = (f(x), g(x), h(x)).$$

证明　令

$$\boldsymbol{A} = \begin{pmatrix} 4x^3 + 10x^2 + 8x + 2 & 1 & 0 & 0 \\ 2x^3 + 8x^2 + 10x + 4 & 0 & 1 & 0 \\ x^3 + x^2 + 2x + 2 & 0 & 0 & 1 \end{pmatrix}.$$

关于 $\boldsymbol{A}$ 施行初等行变换, 有

$$\boldsymbol{A} \to \begin{pmatrix} 6x^2 - 6 & 1 & 0 & -4 \\ 6x^2 + 6x & 0 & 1 & -2 \\ x^3 + x^2 + 2x + 2 & 0 & 0 & 1 \end{pmatrix} \to \begin{pmatrix} x^2 - 1 & \frac{1}{6} & 0 & -\frac{2}{3} \\ x^2 + x & 0 & \frac{1}{6} & -\frac{1}{3} \\ x^3 + x^2 + 2x + 2 & 0 & 0 & 1 \end{pmatrix}$$

$$\to \begin{pmatrix} x^2 - 1 & \frac{1}{6} & 0 & -\frac{2}{3} \\ x^2 + x & 0 & \frac{1}{6} & -\frac{1}{3} \\ x + 1 & 0 & -\frac{1}{12}x & \frac{1}{6}x + \frac{1}{2} \end{pmatrix} \to \begin{pmatrix} x + 1 & -\frac{1}{6} & -\frac{1}{12}x^2 & \frac{1}{6}x^2 + \frac{1}{2}x + \frac{2}{3} \\ 0 & 0 & \frac{1}{12}x^2 + \frac{1}{6} & -\frac{1}{6}x^2 - \frac{1}{2}x - \frac{1}{3} \\ 0 & \frac{1}{6} & 0 & -\frac{1}{6}x^2 - \frac{1}{3}x - \frac{1}{6} \end{pmatrix}.$$

令

$$u(x) = -\frac{1}{6}, \quad v(x) = -\frac{1}{12}x^2, \quad t(x) = \frac{1}{6}x^2 + \frac{1}{2}x + \frac{2}{3}.$$

则

$$u(x)f(x) + v(x)g(x) + t(x)h(x) = (f(x), g(x), h(x)) = x + 1. \qquad \square$$

注 5.2　类似于定理 5.2.2, 能否利用矩阵的初等变换求出任意有限多个多项式的最小公倍式?

5.2.2 初等变换在线性方程组的通解公式建立中的应用

考察数域 $\mathbb{F}$ 上齐次线性方程组

$$\boldsymbol{X}_{1\times n}\boldsymbol{A}_{n\times m}=\boldsymbol{\theta}_{1\times m}, \tag{5.3}$$

其中, $r_{\boldsymbol{A}}=r$.

因为 $r_{\boldsymbol{A}}=r$, 所以存在 $\mathbb{F}$ 上的 n 阶和 m 阶可逆矩阵 $\boldsymbol{P}$ 和 $\boldsymbol{Q}$, 使得

$$\boldsymbol{PAQ}=\begin{pmatrix}\boldsymbol{E}_r & \boldsymbol{O}\\ \boldsymbol{O} & \boldsymbol{O}\end{pmatrix}.$$

从而,

$$\boldsymbol{PA}=\begin{pmatrix}\boldsymbol{E}_r & \boldsymbol{O}\\ \boldsymbol{O} & \boldsymbol{O}\end{pmatrix}\boldsymbol{Q}^{-1}=\begin{pmatrix}\boldsymbol{D}_r\\ \boldsymbol{O}\end{pmatrix},$$

其中, $\boldsymbol{D}_r$ 为一行满秩矩阵. 令

$$\boldsymbol{P}=\begin{pmatrix}\boldsymbol{P}_r\\ \boldsymbol{P}_{n-r}\end{pmatrix}.$$

则

$$\begin{pmatrix}\boldsymbol{P}_r\boldsymbol{A}\\ \boldsymbol{P}_{n-r}\boldsymbol{A}\end{pmatrix}=\begin{pmatrix}\boldsymbol{P}_r\\ \boldsymbol{P}_{n-r}\end{pmatrix}\boldsymbol{A}=\boldsymbol{PA}=\begin{pmatrix}\boldsymbol{D}_r\\ \boldsymbol{O}\end{pmatrix}.$$

从而,

$$\boldsymbol{P}_{n-r}\boldsymbol{A}=\boldsymbol{O}.$$

即 $\boldsymbol{P}_{n-r}$ 的 $n-r$ 个行向量 ($\boldsymbol{P}$ 的后 $n-r$ 个行向量) 都是方程组 (5.3) 的解. 由 $r_{\boldsymbol{A}}=r$ 知, 方程组 (5.3) 的解空间维数为 $n-r$. 显然, $\boldsymbol{P}$ 的后 $n-r$ 个行向量线性无关, 于是, $\boldsymbol{P}$ 的后 $n-r$ 个行向量即为方程组 (5.3) 的一个基础解系.

由 $\boldsymbol{P}$ 可逆知, $\boldsymbol{P}$ 为若干初等矩阵的乘积. 从而, 有如下定理.

定理 5.2.3 关于齐次线性方程组 (5.3), 令 $\boldsymbol{C}=(\boldsymbol{A}_{n\times m},\boldsymbol{E}_n)$. 若关于 $\boldsymbol{C}$ 施行有限次初等行变换化为

$$\begin{pmatrix}\boldsymbol{D}_r & \boldsymbol{P}_r\\ \boldsymbol{O} & \boldsymbol{P}_{n-r}\end{pmatrix},$$

即存在 $\mathbb{F}$ 上 n 阶可逆矩阵 $\boldsymbol{P}$, 使得

$$\boldsymbol{P}(\boldsymbol{A},\boldsymbol{E})=(\boldsymbol{PA},\boldsymbol{PE})=\begin{pmatrix}\boldsymbol{D}_r & \boldsymbol{P}_r\\ \boldsymbol{O} & \boldsymbol{P}_{n-r}\end{pmatrix},$$

其中, $\boldsymbol{D}_r$ 为一行满秩矩阵, $r=r_{\boldsymbol{A}}$, 则 $\boldsymbol{P}_{n-r}$ 的行向量 ($\boldsymbol{P}$ 的后 $n-r$ 个行向量) 即为方程组 (5.3) 的一个基础解系.

例 5.2.3 求下面齐次线性方程组的一个基础解系:

$$\begin{cases}2x_1 - 4x_2 + 5x_3 + 3x_4 = 0,\\ 3x_1 - 6x_2 + 4x_3 + 2x_4 = 0,\\ 4x_1 - 8x_2 + 17x_3 + 11x_4 = 0.\end{cases}$$

证明 分别以各方程的系数为列构作矩阵

$$\boldsymbol{A} = \begin{pmatrix} 2 & 3 & 4 \\ -4 & -6 & -8 \\ 5 & 4 & 17 \\ 3 & 2 & 11 \end{pmatrix}.$$

关于 $(\boldsymbol{A}, \boldsymbol{E})$ 施行初等行变换, 有

$$\begin{pmatrix} 2 & 3 & 4 & 1 & 0 & 0 & 0 \\ -4 & -6 & -8 & 0 & 1 & 0 & 0 \\ 5 & 4 & 17 & 0 & 0 & 1 & 0 \\ 3 & 2 & 11 & 0 & 0 & 0 & 1 \end{pmatrix} \to \begin{pmatrix} -1 & 1 & -7 & 1 & 0 & 0 & -1 \\ -4 & -6 & -8 & 0 & 1 & 0 & 0 \\ 5 & 4 & 17 & 0 & 0 & 1 & 0 \\ 3 & 2 & 11 & 0 & 0 & 0 & 1 \end{pmatrix}$$

$$\to \begin{pmatrix} -1 & 1 & -7 & 1 & 0 & 0 & -1 \\ 0 & -10 & 20 & -4 & 1 & 0 & 4 \\ 0 & 9 & -18 & 5 & 0 & 1 & -5 \\ 0 & 5 & -10 & 3 & 0 & 0 & -2 \end{pmatrix} \to \begin{pmatrix} -1 & 1 & -7 & 1 & 0 & 0 & -1 \\ 0 & 10 & 20 & 8 & -1 & 0 & -8 \\ 0 & 0 & 0 & 14 & 9 & 10 & -14 \\ 0 & 0 & 0 & 2 & 1 & 0 & 0 \end{pmatrix}.$$

从而,

$$\boldsymbol{\eta}_1 = (14, 9, 10, -14), \quad \boldsymbol{\eta}_2 = (2, 1, 0, 0),$$

即为该方程组的一个基础解系. □

考察数域 $\mathbb{F}$ 上的非齐次线性方程组

$$\boldsymbol{X}_{1\times n}\boldsymbol{A}_{n\times m} = \boldsymbol{b}_{1\times m}, \tag{5.4}$$

其中, $\boldsymbol{X} = (x_1, x_2, \cdots, x_n)$, $\boldsymbol{b} = (b_1, b_2, \cdots, b_m)$, $r_{\boldsymbol{A}} = r$.

令方程组 (5.3) 为方程组 (5.4) 的导出组. 假设 (5.4) 有解, 由于齐次线性方程组的基础解系已经建立, 根据一般线性方程组的解与其导出组的解的关系, 只需再寻求 (5.4) 的一个特解.

令 $\boldsymbol{\alpha}_1, \boldsymbol{\alpha}_2, \cdots, \boldsymbol{\alpha}_n$ 为 $\boldsymbol{A}$ 的 n 个行向量. 则方程组 (5.4) 可改写为

$$x_1\boldsymbol{\alpha}_1 + x_2\boldsymbol{\alpha}_2 + \cdots + x_n\boldsymbol{\alpha}_n = \boldsymbol{b}. \tag{5.5}$$

从而 (5.4) 有解当且仅当 (5.5) 有解, 又当且仅当 $\boldsymbol{b}$ 是 $\boldsymbol{\alpha}_1, \boldsymbol{\alpha}_2, \cdots, \boldsymbol{\alpha}_n$ 的线性组合. 即存在 $(x_1^0, x_2^0, \cdots, x_n^0)$, 使得

$$x_1^0\boldsymbol{\alpha}_1 + x_2^0\boldsymbol{\alpha}_2 + \cdots + x_n^0\boldsymbol{\alpha}_n = \boldsymbol{b},$$

于是

$$-\boldsymbol{b}+x_1^0\boldsymbol{\alpha}_1+x_2^0\boldsymbol{\alpha}_2+\cdots+x_n^0\boldsymbol{\alpha}_n=\boldsymbol{\theta}.$$

仿照齐次线性方程组基础解系的建立方法, 令

$$\boldsymbol{C}=\begin{pmatrix}\boldsymbol{A} & \boldsymbol{E}_n\\ -\boldsymbol{b} & \boldsymbol{O}\end{pmatrix}.$$

关于 $\boldsymbol{C}$ 施行初等行变换 (最后一行只能施行前面行的倍数加到该行上的变换), 有

$$\begin{pmatrix}\boldsymbol{A} & \boldsymbol{E}_n\\ -\boldsymbol{b} & \boldsymbol{O}\end{pmatrix}\to\begin{pmatrix}\boldsymbol{D}_r & \boldsymbol{P}_r\\ \boldsymbol{O} & \boldsymbol{P}_{n-r}\\ -\boldsymbol{b}+x_1^0\boldsymbol{\alpha}_1+\cdots+x_n^0\boldsymbol{\alpha}_n & (x_1^0,\cdots,x_n^0)\end{pmatrix}=\begin{pmatrix}\boldsymbol{D}_r & \boldsymbol{P}_r\\ \boldsymbol{O} & \boldsymbol{P}_{n-r}\\ \boldsymbol{\gamma} & \boldsymbol{\eta}_0\end{pmatrix}.$$

由定理 5.2.3 知, P_{n-r} 即为导出组 (5.3) 的一个基础解系, 且

$$-\boldsymbol{b}+x_1^0\boldsymbol{\alpha}_1+x_2^0\boldsymbol{\alpha}_2+\cdots+x_n^0\boldsymbol{\alpha}_n=\boldsymbol{\theta},$$

即 $\boldsymbol{\gamma}=\boldsymbol{\theta}$, 当且仅当 $\boldsymbol{\eta}_0=(x_1^0,x_2^0,\cdots,x_n^0)$ 为方程组 (5.4) 的一个特解.

因此, 有如下结论.

定理 5.2.4 关于非齐次线性方程组 (5.4), 令

$$\boldsymbol{C}=\begin{pmatrix}\boldsymbol{A} & \boldsymbol{E}_n\\ -\boldsymbol{b} & \boldsymbol{O}\end{pmatrix}.$$

若关于 $\boldsymbol{C}$ 施行有限次初等行变换 (最后一行只能施行前面行的倍数加到该行上的变换), 化为

$$\boldsymbol{G}=\begin{pmatrix}\boldsymbol{D}_r & \boldsymbol{P}_r\\ \boldsymbol{O} & \boldsymbol{P}_{n-r}\\ \boldsymbol{\gamma} & \boldsymbol{\eta}_0\end{pmatrix},$$

即存在 $\mathbb{F}$ 上 n 阶可逆矩阵 $\boldsymbol{P}$, 使得

$$\boldsymbol{P}(\boldsymbol{A},\boldsymbol{E})=(\boldsymbol{PA},\boldsymbol{PE})=\begin{pmatrix}\boldsymbol{D}_r & \boldsymbol{P}_r\\ \boldsymbol{O} & \boldsymbol{P}_{n-r}\end{pmatrix},$$

$$\begin{pmatrix}\boldsymbol{P} & \boldsymbol{O}\\ \boldsymbol{\eta}_0 & 1\end{pmatrix}\begin{pmatrix}\boldsymbol{A} & \boldsymbol{E}_n\\ -\boldsymbol{b} & \boldsymbol{O}\end{pmatrix}=\begin{pmatrix}\boldsymbol{PA} & \boldsymbol{P}\\ -\boldsymbol{b}+\boldsymbol{\eta}_0\boldsymbol{A} & \boldsymbol{\eta}_0\end{pmatrix}=\begin{pmatrix}\boldsymbol{D}_r & \boldsymbol{P}_r\\ \boldsymbol{O} & \boldsymbol{P}_{n-r}\\ \boldsymbol{\gamma} & \boldsymbol{\eta}_0\end{pmatrix},$$

其中, $\boldsymbol{D}_r$ 为一行满秩矩阵, $\boldsymbol{\gamma}\in\mathbb{F}^{1\times m}$, $\boldsymbol{\eta}_0\in\mathbb{F}^{1\times n}$, 则

(1) (5.4) 有解当且仅当 $\boldsymbol{\gamma}=\boldsymbol{\theta}$;

(2) $\boldsymbol{G}$ 中 $\boldsymbol{P}_{n-r}$ 的各行为方程组 (5.4) 的导出组的一个基础解系; 方程组 (5.4) 有解时, $\boldsymbol{G}$ 中 $\boldsymbol{\eta}_0$ 为 (5.4) 的一个特解;

(3) (5.4) 有解时, 其通解为

$$\boldsymbol{X} = \boldsymbol{\eta}_0 + \boldsymbol{H}\boldsymbol{P}_{n-r},$$

其中, $\boldsymbol{H} \in \mathbb{F}^{1\times(n-r)}$.

推论 5.2.2　假设如定理 5.2.4. 若方程组 (5.4) 有解, 则

(1) $r(\boldsymbol{A}) = n$ 时, 有唯一解;

(2) $r(\boldsymbol{A}) < n$ 时, 有无穷多解.

例 5.2.4　解线性方程组

$$\begin{cases} x_1 - x_2 + x_3 + 2x_4 = -1, \\ 2x_1 + x_2 + 2x_3 - x_4 = 2, \\ 4x_1 - x_2 + 4x_3 + 3x_4 = 0. \end{cases}$$

证明　分别以各方程的系数为列构作矩阵

$$\boldsymbol{A} = \begin{pmatrix} 1 & 2 & 4 \\ -1 & 1 & -1 \\ 1 & 2 & 4 \\ 2 & -1 & 3 \end{pmatrix},$$

又 $\boldsymbol{b} = (-1, 2, 0)$. 关于 $\begin{pmatrix} \boldsymbol{A} & \boldsymbol{E} \\ -\boldsymbol{b} & \boldsymbol{\theta} \end{pmatrix}$ 施行初等行变换, 有

$$\begin{pmatrix} 1 & 2 & 4 & 1 & 0 & 0 & 0 \\ -1 & 1 & -1 & 0 & 1 & 0 & 0 \\ 1 & 2 & 4 & 0 & 0 & 1 & 0 \\ 2 & -1 & 3 & 0 & 0 & 0 & 1 \\ 1 & -2 & 0 & 0 & 0 & 0 & 0 \end{pmatrix} \to \begin{pmatrix} 1 & 2 & 4 & 1 & 0 & 0 & 0 \\ 0 & 3 & 3 & 1 & 1 & 0 & 0 \\ 0 & 0 & 0 & -1 & 0 & 1 & 0 \\ 0 & -5 & -5 & -2 & 0 & 0 & 1 \\ 0 & -4 & -4 & -1 & 0 & 0 & 0 \end{pmatrix}$$

$$\to \begin{pmatrix} 1 & 2 & 4 & 1 & 0 & 0 & 0 \\ 0 & 1 & 1 & \frac{1}{3} & \frac{1}{3} & 0 & 0 \\ 0 & 1 & 1 & \frac{2}{5} & 0 & 0 & -\frac{1}{5} \\ 0 & 0 & 0 & -1 & 0 & 1 & 0 \\ 0 & -4 & -4 & -1 & 0 & 0 & 0 \end{pmatrix} \to \begin{pmatrix} 1 & 2 & 4 & 1 & 0 & 0 & 0 \\ 0 & 3 & 3 & 1 & 1 & 0 & 0 \\ 0 & 0 & 0 & 1 & -5 & 0 & -3 \\ 0 & 0 & 0 & -1 & 0 & 1 & 0 \\ 0 & 0 & 0 & \frac{1}{3} & \frac{4}{3} & 0 & 0 \end{pmatrix}.$$

从而,

$$\boldsymbol{\gamma} = (0, 0, 0), \quad \boldsymbol{\eta}_0 = \left(\frac{1}{3}, \frac{4}{3}, 0, 0\right),$$

$$\boldsymbol{\eta}_1 = (1, -5, 0, -3), \quad \boldsymbol{\eta}_2 = (-1, 0, 1, 0).$$

于是, 由定理 5.2.4 知, 该方程组有解, 且一般解为

$$\boldsymbol{X}=\boldsymbol{\eta}_0+k_1\boldsymbol{\eta}_1+k_2\boldsymbol{\eta}_2,$$

其中, k_1,k_2 任取.

5.2.3 初等变换在求标准正交基底中的应用

定理 5.2.5 令 V 为一 n 维 Euclid 空间, $\boldsymbol{A}$ 为其内积在基底 $(\boldsymbol{\alpha}_1,\boldsymbol{\alpha}_2,\cdots,\boldsymbol{\alpha}_n)$ 下的度量矩阵. 则

(1) 存在 n 阶实可逆矩阵 $\boldsymbol{P}$, 使得

$$\boldsymbol{P}^{\mathrm{T}}\boldsymbol{A}\boldsymbol{P}=\boldsymbol{E};$$

(2) 若

$$(\boldsymbol{\beta}_1,\boldsymbol{\beta}_2,\cdots,\boldsymbol{\beta}_n)=(\boldsymbol{\alpha}_1,\boldsymbol{\alpha}_2,\cdots,\boldsymbol{\alpha}_n)\boldsymbol{P},$$

则 $(\boldsymbol{\beta}_1,\boldsymbol{\beta}_2,\cdots,\boldsymbol{\beta}_n)$ 为 V 的一个标准正交基底.

证明 (1) 因为 $\boldsymbol{A}$ 为内积在基底 $(\boldsymbol{\alpha}_1,\boldsymbol{\alpha}_2,\cdots,\boldsymbol{\alpha}_n)$ 下的度量矩阵, 所以 $\boldsymbol{A}$ 为正定矩阵, 从而, $\boldsymbol{A}$ 与单位矩阵合同, 即存在 n 阶实可逆矩阵 $\boldsymbol{P}$, 使得

$$\boldsymbol{P}^{\mathrm{T}}\boldsymbol{A}\boldsymbol{P}=\boldsymbol{E}.$$

(2) 令

$$(\boldsymbol{\beta}_1,\boldsymbol{\beta}_2,\cdots,\boldsymbol{\beta}_n)=(\boldsymbol{\alpha}_1,\boldsymbol{\alpha}_2,\cdots,\boldsymbol{\alpha}_n)\boldsymbol{P}.$$

则由 $\boldsymbol{P}$ 可逆知, $(\boldsymbol{\beta}_1,\boldsymbol{\beta}_2,\cdots,\boldsymbol{\beta}_n)$ 也是 V 的一个基底. 又令内积在基底 $(\boldsymbol{\beta}_1,\boldsymbol{\beta}_2,\cdots,\boldsymbol{\beta}_n)$ 下的度量矩阵为 $\boldsymbol{B}$. 则

$$\boldsymbol{B}=\boldsymbol{P}^{\mathrm{T}}\boldsymbol{A}\boldsymbol{P}=\boldsymbol{E}.$$

从而, $(\boldsymbol{\beta}_1,\boldsymbol{\beta}_2,\cdots,\boldsymbol{\beta}_n)$ 为 V 的一个标准正交基底. □

定理 5.2.5 中矩阵 $\boldsymbol{P}$ 可逆, 从而 $\boldsymbol{P}$ 是若干初等矩阵的乘积, 不妨令

$$\boldsymbol{P}=\boldsymbol{P}_1\boldsymbol{P}_2\cdots\boldsymbol{P}_s,$$

其中, $\boldsymbol{P}_1,\boldsymbol{P}_2,\cdots,\boldsymbol{P}_s$ 为初等矩阵, $s\in\mathbb{Z}^+$. 则

$$\boldsymbol{P}^{\mathrm{T}}\boldsymbol{A}\boldsymbol{P}=\boldsymbol{P}_s^{\mathrm{T}}\cdots\boldsymbol{P}_2^{\mathrm{T}}\boldsymbol{P}_1^{\mathrm{T}}\boldsymbol{A}\boldsymbol{P}_1\boldsymbol{P}_2\cdots\boldsymbol{P}_s.$$

定义 5.2.1 令 $\boldsymbol{A}\in\mathbb{F}^{n\times n}$, $\boldsymbol{P}_i$ 为一初等矩阵. 则 $\boldsymbol{P}_i^{\mathrm{T}}\boldsymbol{A}\boldsymbol{P}_i$ 表示关于 $\boldsymbol{A}$ 施行一对行列对偶的初等变换. 称这一对初等变换为初等合同变换.

因此, 根据定理 5.2.5, 得到将 n 维 Euclid 空间 V 的任一基底 $(\boldsymbol{\alpha}_1,\boldsymbol{\alpha}_2,\cdots,\boldsymbol{\alpha}_n)$ 化为标准正交基底的方法 1:

(1) 求出内积在基底 $(\boldsymbol{\alpha}_1,\boldsymbol{\alpha}_2,\cdots,\boldsymbol{\alpha}_n)$ 下的度量矩阵 $\boldsymbol{A}$, 并以 $\boldsymbol{\alpha}_1,\boldsymbol{\alpha}_2,\cdots,\boldsymbol{\alpha}_n$ 为元素构作形式行向量 $\boldsymbol{B}=(\boldsymbol{\alpha}_1,\boldsymbol{\alpha}_2,\cdots,\boldsymbol{\alpha}_n)$;

(2) 令

$$\boldsymbol{C}=\begin{pmatrix}\boldsymbol{A}\\ \boldsymbol{B}\end{pmatrix},$$

关于 $\boldsymbol{C}$ 的前 n 行前 n 列施行有限次初等合同变换, 化为

$$\boldsymbol{D}=\begin{pmatrix}\boldsymbol{E}\\ \boldsymbol{F}\end{pmatrix},$$

即存在 n 阶实可逆矩阵 $\boldsymbol{P}$, 使得

$$\begin{pmatrix}\boldsymbol{P}^{\mathrm{T}} & \boldsymbol{O}\\ \boldsymbol{O} & 1\end{pmatrix}\begin{pmatrix}\boldsymbol{A}\\ \boldsymbol{B}\end{pmatrix}\boldsymbol{P}=\begin{pmatrix}\boldsymbol{P}^{\mathrm{T}}\boldsymbol{A}\boldsymbol{P}\\ \boldsymbol{B}\boldsymbol{P}\end{pmatrix}=\begin{pmatrix}\boldsymbol{E}\\ \boldsymbol{F}\end{pmatrix};$$

(3) 形式行向量 $\boldsymbol{F}=(\boldsymbol{\beta}_1,\boldsymbol{\beta}_2,\cdots,\boldsymbol{\beta}_n)$, 即为 V 的一个标准正交基底.

例 5.2.5 在 Euclid 空间 $\mathbb{R}^4$ (关于通常内积) 中, 将基底 $(\boldsymbol{\alpha}_1,\boldsymbol{\alpha}_2,\boldsymbol{\alpha}_3,\boldsymbol{\alpha}_4)$ 标准正交化, 其中

$$\boldsymbol{\alpha}_1=(1,1,0,0),\quad \boldsymbol{\alpha}_2=(1,0,1,0),$$
$$\boldsymbol{\alpha}_3=(-1,0,0,1),\quad \boldsymbol{\alpha}_4=(1,-1,-1,1).$$

证明 内积在基底 $(\boldsymbol{\alpha}_1,\boldsymbol{\alpha}_2,\boldsymbol{\alpha}_3,\boldsymbol{\alpha}_4)$ 下的度量矩阵 $\boldsymbol{A}$ 和以 $\boldsymbol{\alpha}_1,\boldsymbol{\alpha}_2,\boldsymbol{\alpha}_3,\boldsymbol{\alpha}_4$ 为元素构作的形式行向量 $\boldsymbol{B}$ 分别为

$$\boldsymbol{A}=\begin{pmatrix}2&1&-1&0\\1&2&-1&0\\-1&-1&2&0\\0&0&0&4\end{pmatrix},\quad \boldsymbol{B}=(\boldsymbol{\alpha}_1^{\mathrm{T}},\boldsymbol{\alpha}_2^{\mathrm{T}},\boldsymbol{\alpha}_3^{\mathrm{T}},\boldsymbol{\alpha}_4^{\mathrm{T}})=\left(\begin{pmatrix}1&1&-1&1\\1&0&0&-1\\0&1&0&-1\\0&0&1&1\end{pmatrix}\right).$$

关于 $\begin{pmatrix}\boldsymbol{A}\\ \boldsymbol{B}\end{pmatrix}$ 的前 4 行前 4 列施行初等合同变换, 有

$$\begin{pmatrix}2&1&-1&0\\1&2&-1&0\\-1&-1&2&0\\0&0&0&4\\1&1&-1&1\\1&0&0&-1\\0&1&0&-1\\0&0&1&1\end{pmatrix}\to\begin{pmatrix}2&0&-1&0\\0&\frac{3}{2}&-\frac{1}{2}&0\\-1&-\frac{1}{2}&2&0\\0&0&0&4\\1&\frac{1}{2}&-1&1\\1&-\frac{1}{2}&0&-1\\0&1&0&-1\\0&0&1&1\end{pmatrix}\to\begin{pmatrix}2&0&0&0\\0&\frac{3}{2}&-\frac{1}{2}&0\\0&-\frac{1}{2}&\frac{3}{2}&0\\0&0&0&4\\1&\frac{1}{2}&-\frac{1}{2}&1\\1&-\frac{1}{2}&\frac{1}{2}&-1\\0&1&0&-1\\0&0&1&1\end{pmatrix}$$

$$\to\begin{pmatrix}2&0&0&0\\0&\frac{3}{2}&0&0\\0&0&\frac{4}{3}&0\\0&0&0&4\\1&\frac{1}{2}&-\frac{1}{3}&1\\1&-\frac{1}{2}&\frac{1}{3}&-1\\0&1&\frac{1}{3}&-1\\0&0&1&1\end{pmatrix}\to\begin{pmatrix}1&0&0&0\\0&1&0&0\\0&0&1&0\\0&0&0&1\\\frac{\sqrt{2}}{2}&\frac{\sqrt{6}}{6}&-\frac{\sqrt{3}}{6}&\frac{1}{2}\\\frac{\sqrt{2}}{2}&-\frac{\sqrt{6}}{6}&\frac{\sqrt{3}}{6}&-\frac{1}{2}\\0&\frac{\sqrt{6}}{3}&\frac{\sqrt{3}}{6}&-\frac{1}{2}\\0&0&\frac{\sqrt{3}}{2}&\frac{1}{2}\end{pmatrix}.$$

于是,

$$\boldsymbol{\beta}_1=\left(\frac{\sqrt{2}}{2},\frac{\sqrt{2}}{2},0,0\right),\qquad \boldsymbol{\beta}_2=\left(\frac{\sqrt{6}}{6},-\frac{\sqrt{6}}{6},\frac{\sqrt{6}}{3},0\right),$$

$$\boldsymbol{\beta}_3=\left(-\frac{\sqrt{3}}{6},\frac{\sqrt{3}}{6},\frac{\sqrt{3}}{6},\frac{\sqrt{3}}{2}\right),\quad \boldsymbol{\beta}_4=\left(\frac{1}{2},-\frac{1}{2},-\frac{1}{2},\frac{1}{2}\right),$$

即为 $\mathbb{R}^4$ 的一个标准正交基底. □

为了将方法 1 进一步简化, 先做如下准备.

令

$$\boldsymbol{A}=\begin{pmatrix}a_{11}&a_{12}&\cdots&a_{1n}\\a_{21}&a_{22}&\cdots&a_{2n}\\\vdots&\vdots&&\vdots\\a_{n1}&a_{n2}&\cdots&a_{nn}\end{pmatrix}$$

为一 n 阶正定矩阵. 则 $\boldsymbol{A}$ 的所有顺序主子式都大于零, 特别地 $a_{11}>0$. 从而, 将 A 的第一行的 $-\dfrac{a_{i1}}{a_{11}}$ 倍分别加到第 i 行, $i=2,3,\cdots,n$, 得

$$\begin{pmatrix}a_{11}&a_{12}&\cdots&a_{1n}\\0&&&\\\vdots&&\boldsymbol{A}_1&\\0&&&\end{pmatrix}.$$

即存在 $n-1$ 个 $\boldsymbol{C}_n^{(s,1)}(k)$ $(s>1)$ 型初等矩阵 $\boldsymbol{P}_1,\boldsymbol{P}_2,\cdots,\boldsymbol{P}_{n-1}$, 使得

$$\boldsymbol{P}_{n-1}^{\mathrm{T}}\cdots\boldsymbol{P}_2^{\mathrm{T}}\boldsymbol{P}_1^{\mathrm{T}}\boldsymbol{A}=\begin{pmatrix}a_{11}&a_{12}&\cdots&a_{1n}\\0&&&\\\vdots&&\boldsymbol{A}_1&\\0&&&\end{pmatrix},$$

其中, $\boldsymbol{P}_i$ 均为上三角矩阵, $i=1,2,\cdots,n-1$. 并且容易验证

$$\boldsymbol{P}_{n-1}^{\mathrm{T}}\cdots\boldsymbol{P}_2^{\mathrm{T}}\boldsymbol{P}_1^{\mathrm{T}}\boldsymbol{A}\boldsymbol{P}_1P_2\cdots\boldsymbol{P}_{n-1}=\begin{pmatrix} a_{11} & 0 & \cdots & 0 \\ 0 & & & \\ \vdots & & \boldsymbol{A}_1 & \\ 0 & & & \end{pmatrix}.$$

显然, $\boldsymbol{A}_1$ 为 $n-1$ 阶正定矩阵. 因此, 由数学归纳法知, 存在 $\boldsymbol{C}_n^{(s,t)}(k)$ $(s>t)$ 型初等矩阵 $\boldsymbol{P}_1,\boldsymbol{P}_2,\cdots,\boldsymbol{P}_s$, 使得

$$\boldsymbol{P}_s^{\mathrm{T}}\cdots\boldsymbol{P}_2^{\mathrm{T}}\boldsymbol{P}_1^{\mathrm{T}}\boldsymbol{A}=\begin{pmatrix} d_1 & & * \\ & d_2 & & \\ & & \ddots & \\ & & & d_n \end{pmatrix}$$

为上三角阵, 且

$$\boldsymbol{P}_s^{\mathrm{T}}\cdots\boldsymbol{P}_2^{\mathrm{T}}\boldsymbol{P}_1^{\mathrm{T}}\boldsymbol{A}\boldsymbol{P}_1\boldsymbol{P}_2\cdots\boldsymbol{P}_s=\begin{pmatrix} d_1 & & & \\ & d_2 & & \\ & & \ddots & \\ & & & d_n \end{pmatrix}.$$

因此, 我们有如下定理.

定理 5.2.6 令 V 为一 n 维 Euclid 空间, $\boldsymbol{A}$ 为其内积在基底 $(\boldsymbol{\alpha}_1,\boldsymbol{\alpha}_2,\cdots,\boldsymbol{\alpha}_n)$ 下的度量矩阵. 则

(1) 存在 $\boldsymbol{C}_n^{(s,t)}(k)$ $(s>t)$ 型初等矩阵的乘积 $\boldsymbol{P}$, 使得

$$\boldsymbol{P}^{\mathrm{T}}\boldsymbol{A}=\begin{pmatrix} d_1 & & * \\ & d_2 & & \\ & & \ddots & \\ & & & d_n \end{pmatrix}$$

为上三角矩阵, 且

$$\boldsymbol{P}^{\mathrm{T}}\boldsymbol{A}\boldsymbol{P}=\boldsymbol{D}_{d_i,n},$$

其中, $\boldsymbol{D}_{d_i,n}$ 为对角线元素为 $d_1,d_2,\cdots,d_n$ 的对角阵;

(2) 若

$$(\boldsymbol{\beta}_1,\boldsymbol{\beta}_2,\cdots,\boldsymbol{\beta}_n)=(\boldsymbol{\alpha}_1,\boldsymbol{\alpha}_2,\cdots,\boldsymbol{\alpha}_n)\boldsymbol{P},$$

则 $(\boldsymbol{\beta}_1,\boldsymbol{\beta}_2,\cdots,\boldsymbol{\beta}_n)$ 为 V 的一个正交基底.

因此, 根据定理 5.2.6, 可以将方法 1 改进为如下方法 2.

(1) 求出内积在基底 $(\boldsymbol{\alpha}_1,\boldsymbol{\alpha}_2,\cdots,\boldsymbol{\alpha}_n)$ 下的度量矩阵 $\boldsymbol{A}$, 并以 $\boldsymbol{\alpha}_1,\boldsymbol{\alpha}_2,\cdots,\boldsymbol{\alpha}_n$ 为元素构作形式行向量 $\boldsymbol{B}=(\boldsymbol{\alpha}_1,\boldsymbol{\alpha}_2,\cdots,\boldsymbol{\alpha}_n)$;

(2) 令

$$\boldsymbol{C}=(\boldsymbol{A},\boldsymbol{B}^{\mathrm{T}}).$$

关于 $\boldsymbol{C}$ 仅施行相应于 $\boldsymbol{C}_n^{(t,s)}(k)$ $(s>t)$ 型初等矩阵的初等行变换 (即只能施行第 t 行的 k 倍加到第 s 行 $(s>t)$ 的行变换), 化为

$$\boldsymbol{D}=(\boldsymbol{M},\boldsymbol{N}),$$

即存在 $\boldsymbol{C}_n^{(s,t)}(k)$ $(s>t)$ 型初等矩阵的乘积 $\boldsymbol{P}$, 使得

$$\boldsymbol{P}^{\mathrm{T}}(\boldsymbol{A},\boldsymbol{B}^{\mathrm{T}})=(\boldsymbol{P}^{\mathrm{T}}\boldsymbol{A},\boldsymbol{P}^{\mathrm{T}}\boldsymbol{B}^{\mathrm{T}})=(\boldsymbol{M},\boldsymbol{N}),$$

其中, $\boldsymbol{M}$ 为上三角矩阵, $\boldsymbol{N}=(\boldsymbol{BP})^{\mathrm{T}}$;

(3) 令 $\boldsymbol{\beta}_1,\boldsymbol{\beta}_2,\cdots,\boldsymbol{\beta}_n$ 为形式列向量 $\boldsymbol{N}$ 的 n 个元素 (即形式行向量 $\boldsymbol{BP}$ 的 n 个元素). 则 $(\boldsymbol{\beta}_1,\boldsymbol{\beta}_2,\cdots,\boldsymbol{\beta}_n)$ 即为 V 的一个正交基底;

(4) 将 $\boldsymbol{\beta}_1,\boldsymbol{\beta}_2,\cdots,\boldsymbol{\beta}_n$ 单位化为 $\boldsymbol{\gamma}_1,\boldsymbol{\gamma}_2,\cdots,\boldsymbol{\gamma}_n$, 则 $(\boldsymbol{\gamma}_1,\boldsymbol{\gamma}_2,\cdots,\boldsymbol{\gamma}_n)$ 即为 V 的一个标准正交基底.

例 5.2.6 用改进后的方法 2 求例 5.2.5 的标准正交基底.

证明 容易知道, 仅用 3 次相应于 $\boldsymbol{C}_n^{(t,s)}(k)$ $(s>t)$ 型初等矩阵的初等行变换, 即可将例 5.2.5 中的矩阵 $\boldsymbol{A}$ 化为上三角矩阵

$$\begin{pmatrix} 2 & 1 & -1 & 0 & 1 & 1 & 0 & 0 \\ 1 & 2 & -1 & 0 & 1 & 0 & 1 & 0 \\ -1 & -1 & 2 & 0 & -1 & 0 & 0 & 1 \\ 0 & 0 & 0 & 4 & 1 & -1 & -1 & 1 \end{pmatrix} \to \begin{pmatrix} 2 & 1 & -1 & 0 & 1 & 1 & 0 & 0 \\ 0 & \frac{3}{2} & -\frac{1}{2} & 0 & \frac{1}{2} & -\frac{1}{2} & 1 & 0 \\ -1 & -1 & 2 & 0 & -1 & 0 & 0 & 1 \\ 0 & 0 & 0 & 4 & 1 & -1 & -1 & 1 \end{pmatrix}$$

$$\to \begin{pmatrix} 2 & 1 & -1 & 0 & 1 & 1 & 0 & 0 \\ 0 & \frac{3}{2} & -\frac{1}{2} & 0 & \frac{1}{2} & -\frac{1}{2} & 1 & 0 \\ 0 & -\frac{1}{2} & \frac{3}{2} & 0 & -\frac{1}{2} & \frac{1}{2} & 0 & 1 \\ 0 & 0 & 0 & 4 & 1 & -1 & -1 & 1 \end{pmatrix} \to \begin{pmatrix} 2 & 1 & -1 & 0 & 1 & 1 & 0 & 0 \\ 0 & \frac{3}{2} & -\frac{1}{2} & 0 & \frac{1}{2} & -\frac{1}{2} & 1 & 0 \\ 0 & 0 & \frac{4}{3} & 0 & -\frac{1}{3} & \frac{1}{3} & \frac{1}{3} & 1 \\ 0 & 0 & 0 & 4 & 1 & -1 & -1 & 1 \end{pmatrix}.$$

则

$$\boldsymbol{\beta}_1=(1,1,0,0),\quad \boldsymbol{\beta}_2=\left(\frac{1}{2},-\frac{1}{2},1,0\right),$$

$$\boldsymbol{\beta}_3=\left(-\frac{1}{3},\frac{1}{3},\frac{1}{3},1\right),\quad \boldsymbol{\beta}_4=(1,-1,-1,1),$$

即为 $\mathbb{R}^4$ 的一个正交基底. 再将 $(\boldsymbol{\beta}_1,\boldsymbol{\beta}_2,\boldsymbol{\beta}_3,\boldsymbol{\beta}_4)$ 单位化, 即令

$$\gamma_i=\frac{\boldsymbol{\beta}_i}{|\boldsymbol{\beta}_i|},\quad i=1,2,3,4,$$

则

$$\gamma_1=\left(\frac{\sqrt{2}}{2},\frac{\sqrt{2}}{2},0,0\right),\quad \gamma_2=\left(\frac{\sqrt{6}}{6},-\frac{\sqrt{6}}{6},\frac{\sqrt{6}}{3},0\right),$$

$$\gamma_3=\left(-\frac{\sqrt{3}}{6},\frac{\sqrt{3}}{6},\frac{\sqrt{3}}{6},\frac{\sqrt{3}}{2}\right),\quad \gamma_4=\left(\frac{1}{2},-\frac{1}{2},-\frac{1}{2},\frac{1}{2}\right),$$

即为 $\mathbb{R}^4$ 的一个标准正交基底. □

注 5.3　一般地, 关于任意实对称矩阵 $\boldsymbol{A}$, 满足

$$\boldsymbol{P}^{\mathrm{T}}\boldsymbol{A}\boldsymbol{P}=\boldsymbol{D}_{d_i,n}$$

的可逆矩阵 $\boldsymbol{P}$ 未必是上三角矩阵, 从而

$$\boldsymbol{P}^{\mathrm{T}}\boldsymbol{A}=\boldsymbol{D}_{d_i,n}\boldsymbol{P}^{-1}$$

未必是上三角矩阵. 因此, 关于 $(\boldsymbol{A},\boldsymbol{E})$ 仅施行有限次第二种初等行变换时, 并没有一个明确的目标, 我们不知道要将 $\boldsymbol{A}$ 化到什么状态才能停止施行变换.

例如, 令

$$\boldsymbol{A}=\begin{pmatrix}0&1&2\\1&2&3\\2&3&4\end{pmatrix}.$$

关于 $(\boldsymbol{A},\boldsymbol{E})$ 仅施行第二种初等行变换, 化为

$$\begin{pmatrix}0&1&2&1&0&0\\1&2&3&0&1&0\\2&3&4&0&0&1\end{pmatrix}\to\begin{pmatrix}1&3&5&1&1&0\\1&2&3&0&1&0\\2&3&4&0&0&1\end{pmatrix}$$
$$\to\begin{pmatrix}1&3&5&1&1&0\\0&-1&-2&-1&0&0\\0&-3&-6&-2&-2&1\end{pmatrix}\to\begin{pmatrix}1&3&5&1&1&0\\0&-1&-2&-1&0&0\\0&0&0&1&-2&1\end{pmatrix}.$$

此时,

$$\boldsymbol{P}^{\mathrm{T}}\boldsymbol{A}=\begin{pmatrix}1&3&5\\0&-1&-2\\0&0&0\end{pmatrix}$$

为上三角矩阵, 但

$$\boldsymbol{P}^{\mathrm{T}}\boldsymbol{A}\boldsymbol{P}=\begin{pmatrix}1&3&5\\0&-1&-2\\0&0&0\end{pmatrix}\begin{pmatrix}1&-1&1\\1&0&-2\\0&0&1\end{pmatrix}=\begin{pmatrix}4&-1&0\\-1&0&0\\0&0&0\end{pmatrix}$$

不是对角阵.

5.3 应用 2, 等价标准形的若干应用

例 5.3.1 任何方阵都可表为一个可逆方阵与一个幂等方阵的乘积.

证明 令 $r_{\boldsymbol{A}} = r$. 则存在可逆方阵 $\boldsymbol{P}$, $\boldsymbol{Q}$, 使得

$$\boldsymbol{PAQ} = \begin{pmatrix} \boldsymbol{E}_r & \boldsymbol{O} \\ \boldsymbol{O} & \boldsymbol{O} \end{pmatrix}.$$

令

$$\boldsymbol{E}^{(r)} = \begin{pmatrix} \boldsymbol{E}_r & \boldsymbol{O} \\ \boldsymbol{O} & \boldsymbol{O} \end{pmatrix}.$$

则 $\boldsymbol{E}^{(r)2} = \boldsymbol{E}^{(r)}$. 于是

$$\boldsymbol{A} = \boldsymbol{P}^{-1}\boldsymbol{E}^{(r)}\boldsymbol{Q}^{-1} = \boldsymbol{P}^{-1}\boldsymbol{Q}^{-1}\boldsymbol{Q}\boldsymbol{E}^{(r)}\boldsymbol{Q}^{-1} \overset{d}{=} \boldsymbol{RC}, \tag{5.6}$$

其中 $\boldsymbol{R} = \boldsymbol{P}^{-1}\boldsymbol{Q}^{-1}$, $\boldsymbol{C} = \boldsymbol{Q}\boldsymbol{E}^{(r)}\boldsymbol{Q}^{-1}$. 从而 $\boldsymbol{R}$ 为可逆方阵, $\boldsymbol{C}^2 = \boldsymbol{C}$, 即 $\boldsymbol{C}$ 为幂等方阵.

另外, 由等式 (5.6) 知, $\boldsymbol{A}$ 也可表示为

$$\boldsymbol{A} = \boldsymbol{P}^{-1}\boldsymbol{E}^{(r)}\boldsymbol{P} \cdot \boldsymbol{P}^{-1}\boldsymbol{Q}^{-1} \overset{d}{=} \boldsymbol{BR},$$

其中 $\boldsymbol{B} = \boldsymbol{P}^{-1}\boldsymbol{E}^{(r)}\boldsymbol{P}$ 为幂等方阵, $\boldsymbol{R} = \boldsymbol{P}^{-1}\boldsymbol{Q}^{-1}$ 为可逆方阵. □

例 5.3.2 令 $\boldsymbol{A}$ 为 $m \times n$ 矩阵, 且 $r_{\boldsymbol{A}} = r$. 则存在 $m \times r$ 列满秩矩阵 $\boldsymbol{P}$ 和 $r \times n$ 行满秩矩阵 $\boldsymbol{Q}$, 使得 $\boldsymbol{A} = \boldsymbol{PQ}$.

证明 由 $r_{\boldsymbol{A}} = r$ 知, 存在 m 阶可逆方阵 $\boldsymbol{F}$ 和 n 阶可逆方阵 $\boldsymbol{G}$, 使得

$$\boldsymbol{FAG} = \begin{pmatrix} \boldsymbol{E}_r & \boldsymbol{O} \\ \boldsymbol{O} & \boldsymbol{O} \end{pmatrix},$$

即

$$\boldsymbol{A} = \boldsymbol{F}^{-1}\begin{pmatrix} \boldsymbol{E}_r & \boldsymbol{O} \\ \boldsymbol{O} & \boldsymbol{O} \end{pmatrix}\boldsymbol{G}^{-1}.$$

记

$$\boldsymbol{F}^{-1} = \begin{pmatrix} \boldsymbol{F}_{11} & \boldsymbol{F}_{12} \\ \boldsymbol{F}_{21} & \boldsymbol{F}_{22} \end{pmatrix}, \quad \boldsymbol{G}^{-1} = \begin{pmatrix} \boldsymbol{G}_{11} & \boldsymbol{G}_{12} \\ \boldsymbol{G}_{21} & \boldsymbol{G}_{22} \end{pmatrix},$$

其中 $\boldsymbol{F}_{11}, \boldsymbol{G}_{11}$ 均为 r 阶方阵, 则

$$\begin{aligned}\boldsymbol{A} &= \begin{pmatrix} \boldsymbol{F}_{11} & \boldsymbol{F}_{12} \\ \boldsymbol{F}_{21} & \boldsymbol{F}_{22} \end{pmatrix}\begin{pmatrix} \boldsymbol{E}_r & \boldsymbol{O} \\ \boldsymbol{O} & \boldsymbol{O} \end{pmatrix}\begin{pmatrix} \boldsymbol{G}_{11} & \boldsymbol{G}_{12} \\ \boldsymbol{G}_{21} & \boldsymbol{G}_{22} \end{pmatrix} \\ &= \begin{pmatrix} \boldsymbol{F}_{11} & \boldsymbol{O} \\ \boldsymbol{F}_{21} & \boldsymbol{O} \end{pmatrix}\begin{pmatrix} \boldsymbol{G}_{11} & \boldsymbol{G}_{12} \\ \boldsymbol{G}_{21} & \boldsymbol{G}_{22} \end{pmatrix} \\ &= \begin{pmatrix} \boldsymbol{F}_{11}\boldsymbol{G}_{11} & \boldsymbol{F}_{11}\boldsymbol{G}_{12} \\ \boldsymbol{F}_{21}\boldsymbol{G}_{11} & \boldsymbol{F}_{21}\boldsymbol{G}_{12} \end{pmatrix} \\ &= \begin{pmatrix} \boldsymbol{F}_{11} \\ \boldsymbol{F}_{21} \end{pmatrix}\begin{pmatrix} \boldsymbol{G}_{11} & \boldsymbol{G}_{12} \end{pmatrix} \stackrel{d}{=} \boldsymbol{PQ},\end{aligned}$$

其中 $\boldsymbol{P} = \begin{pmatrix} \boldsymbol{F}_{11} \\ \boldsymbol{F}_{21} \end{pmatrix}$ 为非奇异矩阵 $\boldsymbol{F}^{-1}$ 的前 r 列构成的列满秩矩阵, 而 $\boldsymbol{Q} = (\boldsymbol{G}_{11}, \boldsymbol{G}_{12})$ 为非奇异矩阵 $\boldsymbol{G}^{-1}$ 的前 r 行构成的行满秩矩阵. 因此结论成立. □

例 5.3.3 任何秩为 r 的矩阵可表成 r 个秩为 1 的矩阵的和.

证明 令 $\boldsymbol{A}$ 为任意给定的矩阵, 且 $r_{\boldsymbol{A}} = r$. 则存在可逆矩阵 $\boldsymbol{P}, \boldsymbol{Q}$, 使得

$$\boldsymbol{PAQ} = \begin{pmatrix} 1 & & & & & \\ & \ddots & & & & \\ & & 1 & & & \\ & & & 0 & & \\ & & & & \ddots & \\ & & & & & 0 \end{pmatrix} = \boldsymbol{A}_1 + \boldsymbol{A}_2 + \cdots + \boldsymbol{A}_r,$$

其中 $\boldsymbol{A}_i,\ i = 1, \cdots, r$ 为主对角线上第 i 个元素是 1 其余元素全是零的矩阵.

从而,

$$\boldsymbol{A} = \boldsymbol{P}^{-1}\boldsymbol{A}_1\boldsymbol{Q}^{-1} + \cdots + \boldsymbol{P}^{-1}\boldsymbol{A}_r\boldsymbol{Q}^{-1}.$$

由任何矩阵乘满秩方阵后秩不变知,

$$r(\boldsymbol{P}^{-1}\boldsymbol{A}_i\boldsymbol{Q}^{-1}) = r(\boldsymbol{A}_i) = 1, \quad i = 1, 2, \cdots, r,$$

即 $\boldsymbol{A}$ 可表示成 r 个秩为 1 的矩阵的和. □

例 5.3.4 令 $\boldsymbol{A}, \boldsymbol{B}$ 为任意两个 n 阶方阵. 则 $\boldsymbol{AB}$ 与 $\boldsymbol{BA}$ 有相同的特征多项式.

证明 令 $\boldsymbol{A}$ 的秩为 r. 则存在可逆矩阵 $\boldsymbol{P}, \boldsymbol{Q}$, 使得

$$\boldsymbol{PAQ} = \begin{pmatrix} \boldsymbol{E}_r & \boldsymbol{O} \\ \boldsymbol{O} & \boldsymbol{O} \end{pmatrix}. \tag{5.7}$$

不妨令

$$Q^{-1}BP^{-1} = \begin{pmatrix} C & D \\ H & K \end{pmatrix}, \tag{5.8}$$

其中, C 为 r 阶方阵, K 为 $n-r$ 阶方阵.

由式 (5.7) 与式 (5.8) 知,

$$\begin{aligned} P(\lambda E - AB)P^{-1} &= \lambda E - \begin{pmatrix} E_r & O \\ O & O \end{pmatrix} Q^{-1}BP^{-1} \\ &= \lambda E - \begin{pmatrix} E_r & O \\ O & O \end{pmatrix} \begin{pmatrix} C & D \\ H & K \end{pmatrix} \\ &= \begin{pmatrix} \lambda E_r - C & -D \\ O & \lambda E_{n-r} \end{pmatrix}. \end{aligned}$$

上式两边取行列式, 可得

$$|\lambda E - AB| = \lambda^{n-r}|\lambda E_r - C|. \tag{5.9}$$

再由式 (5.7) 与式 (5.8) 知,

$$\begin{aligned} Q^{-1}(\lambda E - BA)Q &= \lambda E - Q^{-1}BP^{-1} \begin{pmatrix} E_r & O \\ O & O \end{pmatrix} \\ &= \lambda E - \begin{pmatrix} C & D \\ H & K \end{pmatrix} \begin{pmatrix} E_r & O \\ O & O \end{pmatrix} \\ &= \begin{pmatrix} \lambda E_r - C & O \\ -H & \lambda E_{n-r} \end{pmatrix}. \end{aligned}$$

上式两边取行列式, 可得

$$|\lambda E - BA| = \lambda^{n-r}|\lambda E_r - C|. \tag{5.10}$$

根据式 (5.9) 与式 (5.10),

$$|\lambda E - AB| = |\lambda E - BA|.$$

因此结论成立. □

例 5.3.5 令 A 为 $m \times n$ 矩阵, B 为 $n \times m$ 矩阵. 若 $m \geqslant n$, 则 m 阶方阵 AB 与 n 阶方阵 BA 的特征多项式仅差一个因子 λ^{m-n}, 即

$$\Delta_{AB}(\lambda) = \lambda^{m-n}\Delta_{BA}(\lambda).$$

证明 A 添加零列和 B 添加零行, 使得二者均变成 m 阶方阵, 记为

$$A_1 = \begin{pmatrix} A & O \end{pmatrix}, \quad B_1 = \begin{pmatrix} B \\ O \end{pmatrix}.$$

易知 $\boldsymbol{A}_1\boldsymbol{B}_1 = \boldsymbol{AB}$. 由例 5.3.4 可知, $\boldsymbol{A}_1\boldsymbol{B}_1$ 与 $\boldsymbol{B}_1\boldsymbol{A}_1$ 有相同的特征多项式. 从而

$$\begin{aligned}
|\lambda \boldsymbol{E}_m - \boldsymbol{AB}| &= |\lambda \boldsymbol{E}_m - \boldsymbol{A}_1\boldsymbol{B}_1| \\
&= |\lambda \boldsymbol{E}_m - \boldsymbol{B}_1\boldsymbol{A}_1| \\
&= \left|\lambda \boldsymbol{E}_m - \begin{pmatrix} \boldsymbol{B} \\ \boldsymbol{O} \end{pmatrix} \begin{pmatrix} \boldsymbol{A} & \boldsymbol{O} \end{pmatrix}\right| \\
&= \begin{vmatrix} \lambda \boldsymbol{E}_n - \boldsymbol{BA} & \boldsymbol{O} \\ \boldsymbol{O} & \lambda \boldsymbol{E}_{m-n} \end{vmatrix} \\
&= |\lambda \boldsymbol{E}_{m-n}| \cdot |\lambda \boldsymbol{E}_n - \boldsymbol{BA}| \\
&= \lambda^{m-n} |\lambda \boldsymbol{E}_n - \boldsymbol{BA}|.
\end{aligned}$$

因此结论成立. □

例 5.3.6 令 $\boldsymbol{A}$ 为 $m \times n$ 矩阵, $\boldsymbol{B}$ 为 $n \times s$ 矩阵. 则有 Sylvester 不等式:

$$r_{\boldsymbol{AB}} \geqslant r_{\boldsymbol{A}} + r_{\boldsymbol{B}} - n.$$

证明 令 $r_{\boldsymbol{A}} = r$. 则存在可逆矩阵 $\boldsymbol{P}, \boldsymbol{Q}$, 使得

$$\boldsymbol{A} = \boldsymbol{P}\boldsymbol{E}^{(r)}\boldsymbol{Q}.$$

由于

$$\begin{aligned}
\boldsymbol{E}^{(r)}\boldsymbol{B} &= \begin{pmatrix} \boldsymbol{E}_r & \boldsymbol{O} \\ \boldsymbol{O} & \boldsymbol{O} \end{pmatrix} \begin{pmatrix} b_{11} & b_{12} & \cdots & b_{1s} \\ b_{21} & b_{22} & \cdots & b_{2s} \\ \vdots & \vdots & & \vdots \\ b_{n1} & b_{n2} & \cdots & b_{ns} \end{pmatrix} \\
&= \begin{pmatrix} b_{11} & b_{12} & \cdots & b_{1s} \\ \vdots & \vdots & & \vdots \\ b_{r1} & b_{r2} & \cdots & b_{rs} \\ 0 & 0 & \cdots & 0 \\ \vdots & \vdots & & \vdots \\ 0 & 0 & \cdots & 0 \end{pmatrix},
\end{aligned}$$

即 $\boldsymbol{E}^{(r)}\boldsymbol{B}$ 由矩阵 $\boldsymbol{B}$ 的前 r 行及零向量组成, 所以 $\boldsymbol{E}^{(r)}\boldsymbol{B}$ 的秩等于这 r 个行向量组成的秩. 由定理 2.1.1 知,

$$r_{\boldsymbol{E}^{(r)}\boldsymbol{B}} \geqslant r_{\boldsymbol{B}} + r - n. \tag{5.11}$$

从而,

$$\begin{aligned}
r_{\boldsymbol{AB}} &= r_{\boldsymbol{P}(\boldsymbol{E}^{(r)}\boldsymbol{QB})} = r_{\boldsymbol{E}^{(r)}\boldsymbol{QB}} \\
&\geqslant r_{\boldsymbol{QB}} + r - n = r_{\boldsymbol{B}} + r - n = r_{\boldsymbol{A}} + r_{\boldsymbol{B}} - n,
\end{aligned}$$

即

$$r_{AB} \geqslant r_A + r_B - n. \qquad \square$$

例 5.3.7　令 $S \stackrel{d}{=} (S, \cdot)$ 为一半群. 称 S 中的元素 a 为一正则元, 如果

$$(\exists a^\circ \in S)\begin{cases} aa^\circ a = a, \\ a^\circ a a^\circ = a^\circ. \end{cases}$$

所有元素都是正则元的半群称为正则半群.

证明: $\mathbb{F}^{n\times n} \stackrel{d}{=} (\mathbb{F}^{n\times n}, \cdot)$ 为一正则半群.

证明　首先, 证明

$$\boldsymbol{A} \sim \boldsymbol{B} \Longrightarrow \text{“}\boldsymbol{A}\text{ 正则} \Leftrightarrow \boldsymbol{B}\text{ 正则”}.$$

若 $\boldsymbol{A} \sim \boldsymbol{B}$, 则存在可逆方阵 $\boldsymbol{P}, \boldsymbol{Q}$, 使得 $\boldsymbol{B} = \boldsymbol{PAQ}$. 又若 $\boldsymbol{B}$ 正则, 则存在 $\boldsymbol{B}^\circ \in \mathbb{F}^{n\times n}$, 使得

$$\boldsymbol{B} = \boldsymbol{BB}^\circ \boldsymbol{B}, \quad \boldsymbol{B}^\circ = \boldsymbol{B}^\circ \boldsymbol{BB}^\circ.$$

于是,

$$\boldsymbol{QB}^\circ \boldsymbol{P} = (\boldsymbol{QB}^\circ \boldsymbol{P})\boldsymbol{A}(\boldsymbol{QB}^\circ \boldsymbol{P}).$$

令 $\boldsymbol{A}^\circ \stackrel{d}{=} \boldsymbol{QB}^\circ \boldsymbol{P}$. 则上式为 $\boldsymbol{A}^\circ = \boldsymbol{A}^\circ \boldsymbol{AA}^\circ$.

又

$$\begin{aligned} \boldsymbol{AA}^\circ \boldsymbol{A} &= \boldsymbol{AQB}^\circ \boldsymbol{PA} \\ &= (\boldsymbol{P}^{-1}\boldsymbol{BQ}^{-1})\boldsymbol{QB}^\circ \boldsymbol{P}(\boldsymbol{P}^{-1}\boldsymbol{BQ}^{-1}) \\ &= \boldsymbol{P}^{-1}\boldsymbol{BB}^\circ \boldsymbol{BQ}^{-1} \\ &= \boldsymbol{P}^{-1}\boldsymbol{BQ}^{-1} = \boldsymbol{A}. \end{aligned}$$

因此, $\boldsymbol{A}$ 为正则元. 同理可证, 若 $\boldsymbol{A}$ 正则, 则 $\boldsymbol{B}$ 也正则.

其次, 若 $\boldsymbol{A} \in \mathbb{F}^{n\times n}$ 是幂等元, 则 $\boldsymbol{A}^\circ = \boldsymbol{A}$, 从而幂等矩阵都是正则的. 容易证明 $\boldsymbol{E}^{(r)} = \begin{pmatrix} \boldsymbol{E}_r & \boldsymbol{O} \\ \boldsymbol{O} & \boldsymbol{O} \end{pmatrix}$ 是幂等元, 所以也是正则元.

最后, 关于任意 $\boldsymbol{A} \in \mathbb{F}^{n\times n}$, 显然有 $\boldsymbol{A} \in \mathbb{F}^{n\times n}$ 与 $\boldsymbol{E}^{(r)}$ 等价, 其中, $r = r_{\boldsymbol{A}}$, 从而 $\boldsymbol{A}$ 是正则的. 于是, $\mathbb{F}^{n\times n}$ 为一正则半群. $\square$

5.4　应用 3, 初等矩阵在行列式的 (另一种) 公理化定义中的应用

将给出行列式的另一种公理化定义. 读者可参考 5.1 节回顾三种类型的初等矩阵 $\boldsymbol{M}_n^{(l)}(k)$, $\boldsymbol{C}_n^{(s,t)}(k)$ 和 $\boldsymbol{P}_n^{(s,t)}$. 由推论 5.1.3 以及定理 5.1.1, 关于任意 $\boldsymbol{A} \in \mathbb{F}^{n\times n}$, 有

$$\boldsymbol{A} = \boldsymbol{F}_s \cdots \boldsymbol{F}_2 \boldsymbol{F}_1 \boldsymbol{E}^{(r)} \boldsymbol{G}_1 \boldsymbol{G}_2 \cdots \boldsymbol{G}_t, \tag{5.12}$$

其中 $r, s, t \geqslant 0$, $\boldsymbol{F}_1, \boldsymbol{F}_2, \cdots, \boldsymbol{F}_s$, $\boldsymbol{G}_1, \boldsymbol{G}_2, \cdots, \boldsymbol{G}_t$ 都是数域 $\mathbb{F}$ 上的 n 阶初等矩阵, $\boldsymbol{E}^{(r)}$ 是 $\boldsymbol{A}$ 的等价标准形.

将 (1) 型初等矩阵扩展到下面的类型:

(1′) $\boldsymbol{M}_n^{(l)}(k)$, $1 \leqslant l \leqslant n$, $k \in \mathbb{F}$.

(1′) 型矩阵中包含下面的非初等矩阵

$$\boldsymbol{M}_n^{(l)}(0), \quad 1 \leqslant l \leqslant n.$$

若使用这个记号, 则有

$$\begin{aligned}\boldsymbol{E}^{(r)} &= \boldsymbol{M}_n^{(n)}(0) \cdots \boldsymbol{M}_n^{(r+2)}(0) \boldsymbol{M}_n^{(r+1)}(0) \boldsymbol{E}_n \\ &= \boldsymbol{E}_n \boldsymbol{M}_n^{(r+1)}(0) \boldsymbol{M}_n^{(r+2)}(0) \cdots \boldsymbol{M}_n^{(n)}(0).\end{aligned}$$

于是, 利用式 (5.12), $\boldsymbol{A}$ 可以分解成如下形式:

$$\boldsymbol{A} = \boldsymbol{H}_1 \boldsymbol{H}_2 \cdots \boldsymbol{H}_p, \tag{5.13}$$

其中 $\boldsymbol{H}_i$ 是 (1′), (2) 或 (3) 型的, $i = 1, 2, \cdots, p$, $p \geqslant 1$.

定义 5.4.1　令 $\mathcal{D}$ 为 $\mathbb{F}^{n\times n}$ 到 $\mathbb{F}$ 的一个映射, $n \geqslant 1$. 称 $\mathcal{D}(\boldsymbol{A})$ 是 $\boldsymbol{A}$ 的 $\mathcal{D}$- 行列式, 如果 $\mathcal{D}$ 满足下面三个条件:

(1) 关于任意 $\boldsymbol{A}, \boldsymbol{B} \in \mathbb{F}^{n\times n}$,

$$\mathcal{D}(\boldsymbol{AB}) = \mathcal{D}(\boldsymbol{A})\mathcal{D}(\boldsymbol{B});$$

(2) 关于任意 $\boldsymbol{A} \in \mathbb{F}^{n\times n}$, 用 $[s, t]$ 作用到 $\boldsymbol{A}$ 得到的新矩阵记为 $\boldsymbol{A}^{[s,t]}$, 其中 $1 \leqslant s < t \leqslant n$, 有

$$\mathcal{D}(\boldsymbol{A}^{[s,t]}) = -\mathcal{D}(\boldsymbol{A});$$

(3) 关于数域 $\mathbb{F}$ 上的任意 n 阶如下形式的上三角形矩阵

$$\boldsymbol{C} = \begin{pmatrix} c & & & & \\ & 1 & & * & \\ & & 1 & & \\ & \boldsymbol{O} & & \ddots & \\ & & & & 1 \end{pmatrix},$$

有

$$\mathcal{D}(\boldsymbol{C}) = c.$$

下面的定理指出了数域 $\mathbb{F}$ 上的 n 阶矩阵的 $\mathcal{D}$-行列式就是该矩阵通常的行列式. 因此定义 5.4.1 是行列式的另一个公理化定义.

定理 5.4.1 关于任意 $\boldsymbol{A}\in\mathbb{F}^{n\times n}$,

$$\mathcal{D}(\boldsymbol{A})=|\boldsymbol{A}|.$$

证明 由式 (5.13) 和定义 5.4.1 的 (1), 为了证明定理, 我们只需要证明 (1′), (2) 和 (3) 型的矩阵 $\boldsymbol{H}$ 满足

$$\mathcal{D}(\boldsymbol{H})=|\boldsymbol{H}|.$$

假设 $\boldsymbol{H}$ 是 (1′) 型, 即 $\boldsymbol{H}=\boldsymbol{M}_n^l(k)$, $1\leqslant l\leqslant n$, $k\in\mathbb{F}$. 若 $l=1$, 则根据定义 5.4.1 的 (3),

$$\mathcal{D}(\boldsymbol{H})=|\boldsymbol{H}|.$$

若 $l\geqslant 2$, 则

$$\begin{aligned}\boldsymbol{H}&=\begin{pmatrix}1&&&&&&\\&\ddots&&&&&\\&&1&&&&\\&&&k&&&\\&&&&1&&\\&&&&&\ddots&\\&&&&&&1\end{pmatrix}\\&=\boldsymbol{P}_n^{(1,l)}\begin{pmatrix}k&&&\\&1&&\\&&\ddots&\\&&&1\end{pmatrix}\boldsymbol{P}_n^{(1,l)}.\end{aligned}$$

再根据定义 5.4.1 的 (2) 和 (3), 有

$$\mathcal{D}(\boldsymbol{P}_n^{(1,l)})=-1$$

和

$$\mathcal{D}\begin{pmatrix}k&&&\\&1&&\\&&\ddots&\\&&&1\end{pmatrix}=k.$$

因此, 根据定义 5.4.1 的 (1), 有

$$\mathcal{D}(\boldsymbol{H})=(-1)\cdot k\cdot(-1)=k=|\boldsymbol{H}|.$$

假设 $\boldsymbol{H}$ 为 (2) 型的, 即 $\boldsymbol{H}=\boldsymbol{C}_n^{(s,t)}(k)$, $1\leqslant s,t\leqslant n$, $s\neq t$, $k\in\mathbb{F}$. 若 $s>t$, 则根据定义 5.4.1 的 (3), 有

$$\mathcal{D}(\boldsymbol{H})=1=|\boldsymbol{H}|.$$

若 $s<t$, 则

$$\boldsymbol{H}=\boldsymbol{C}_n^{(s,t)}(k)=\boldsymbol{P}_n^{(s,t)}\boldsymbol{C}_n^{(t,s)}(k)\boldsymbol{P}_n^{(s,t)},$$

根据定义 5.4.1 的 (1), (2) 以及前面的结果, 可得

$$\mathcal{D}(\boldsymbol{H})=(-1)\cdot 1\cdot(-1)=1=|\boldsymbol{H}|.$$

最后, 假设 $\boldsymbol{H}$ 是 (3) 型的, 即 $\boldsymbol{H}=\boldsymbol{P}_n^{(s,t)}$, $1\leqslant s<t\leqslant n$. 则根据定义 5.4.1 的 (2), 有

$$\mathcal{D}(\boldsymbol{H})=-1=|\boldsymbol{H}|.$$ □

5.5 应用 4, 初等矩阵在由行列式归纳法定义导出行列式性质中的应用

定义 5.5.1 数域 $\mathbb{F}$ 上的一阶方阵 (a) 的行列式就定义为 a, 即

$$|a|=a$$

(注意不要误认 $|a|$ 为 a 的绝对值); 假设 $\mathbb{F}$ 上的 $n-1$ 阶方阵的行列式 ($n-1$ 阶行列式) 已经定义, 今考察 $\mathbb{F}$ 上的 n 阶方阵

$$\boldsymbol{A}=\begin{pmatrix} a_{11} & a_{12} & \cdots & a_{1n}\\ a_{21} & a_{22} & \cdots & a_{2n}\\ \vdots & \vdots & & \vdots\\ a_{n1} & a_{n2} & \cdots & a_{nn}\end{pmatrix}.$$

去掉 $\boldsymbol{A}$ 的第 i 行和第 j 列的所有元素, 剩下的 $n-1$ 阶方阵的行列式 M_{ij} 称为 a_{ij} 的余子式, 而 $A_{ij}=(-1)^{i+j}M_{ij}$ 称为 a_{ij} 的代数余子式. 定义 $\boldsymbol{A}$ 的行列式为

$$\begin{vmatrix} a_{11} & a_{12} & \cdots & a_{1n}\\ a_{21} & a_{22} & \cdots & a_{2n}\\ \vdots & \vdots & & \vdots\\ a_{n1} & a_{n2} & \cdots & a_{nn}\end{vmatrix}=\sum_{i=1}^{n}a_{i1}A_{i1},$$

称为按第一列展开. 这样的定义称为数学归纳法定义.

性质 5.5.1 任意 n 阶方阵取行列式时, 其任意一行各元素的公因子可以提到行列式符号之外, 即

$$\begin{vmatrix} a_{11} & a_{12} & \cdots & a_{1n}\\ \vdots & \vdots & & \vdots\\ aa_{i1} & aa_{i2} & \cdots & aa_{in}\\ \vdots & \vdots & & \vdots\\ a_{n1} & a_{n2} & \cdots & a_{nn}\end{vmatrix}=a\begin{vmatrix} a_{11} & a_{12} & \cdots & a_{1n}\\ \vdots & \vdots & & \vdots\\ a_{i1} & a_{i2} & \cdots & a_{in}\\ \vdots & \vdots & & \vdots\\ a_{n1} & a_{n2} & \cdots & a_{nn}\end{vmatrix},\quad i=1,2,\cdots,n.$$

证明 此性质关于一阶行列式显然成立. 今假设此性质关于 $n-1$ 阶行列式成立, $n-1 \geqslant 1$, 考察 n 阶行列式. 记上等式右边的行列式为 Δ, 左边的行列式为 Δ^*. 根据行列式的定义, 有

$$\Delta = \cdots + (-1)^{k+1} a_{k1} M_{k1} + \cdots,$$
$$\Delta^* = \cdots + (-1)^{k+1} a_{k1}^* M_{k1}^* + \cdots.$$

当 $k=i$ 时, $a_{k1}^* = a a_{k1}$, $M_{k1}^* = M_{k1}$; 当 $k \neq i$ 时, $a_{k1}^* = a_{k1}$, 而 M_{k1}^* 中来自 Δ^* 的第 i 行的一行恰为 M_{k1} 中来自 Δ 中的第 i 行的一行乘以 a, 由归纳法假设, $M_{k1}^* = aM_{k1}$. 因此, 关于任意 $k=1,2,\cdots,n$, 常有

$$(-1)^{k+1} a_{k1}^* M_{k1}^* = a(-1)^{k+1} a_{k1} M_{k1}.$$

于是, $\Delta^* = a\Delta$. □

当性质 5.5.1 中的 $a=0$ 时, 作为推论有如下结论.

性质 5.5.2 若方阵某一行的元素全为零, 则其行列式为零.

性质 5.5.3 交换方阵的 (不同的) 两行得一新方阵. 则前者的行列式恰为后者的行列式乘 (-1), 即

$$\begin{vmatrix} \vdots & \vdots & & \vdots \\ a_{i1} & a_{i2} & \cdots & a_{in} \\ \vdots & \vdots & & \vdots \\ a_{j1} & a_{j2} & \cdots & a_{jn} \\ \vdots & \vdots & & \vdots \end{vmatrix} = - \begin{vmatrix} \vdots & \vdots & & \vdots \\ a_{j1} & a_{j2} & \cdots & a_{jn} \\ \vdots & \vdots & & \vdots \\ a_{i1} & a_{i2} & \cdots & a_{in} \\ \vdots & \vdots & & \vdots \end{vmatrix}, \quad i,j=1,2,\cdots,n, \quad i \neq j.$$

证明 先考虑一特殊情形, 即 $j=i+1$ 的情形. 二阶行列式显然满足此性质. 今假设 $n-1$ 阶行列式满足此性质, 考察 n 阶行列式. 记上述等式左、右两个行列式分别为 Δ 和 Δ^*. 根据行列式定义, 有

$$\Delta = \cdots + (-1)^{k+1} a_{k1} M_{k1} + \cdots,$$
$$\Delta^* = \cdots + (-1)^{k+1} a_{k1}^* M_{k1}^* + \cdots.$$

这两个展开式的第 k 项, 当 $k \neq i, i+1$ 时, $a_{k1}^* = a_{k1}$, 由归纳法假设, $M_{k1}^* = -M_{k1}$, 因此, Δ 和 Δ^* 的上述展开式的第 k 项相差因子 (-1). 上面两个展开式的第 i 项和第 $i+1$ 项中, 显然, $a_{i1}^* = a_{i+1,1}, a_{i+1,1}^* = a_{i1}$, 且 $M_{i1}^* = M_{i+1,1}, M_{i+1,1}^* = M_{i1}$. 而两个展开式中第 i 项都有因子 $(-1)^{i+1}$, 第 $i+1$ 项都有因子 $(-1)^{i+2}$, 因此, Δ 的第 i $(i+1)$ 项与 Δ^* 的第 $i+1$ (i) 项相差且仅相差因子 (-1). 总之 $\Delta^* = -\Delta$.

再考虑一般情形. 假设要交换的是第 k 行和第 $k+r$ 行, $k=1,2,\cdots,n-1$, $1 \leqslant r \leqslant n-1$. 为实现这一交换, 可以通过如下的有限次的相邻两行的行交换来实现: 将第 k 行与它下面的

各行依次交换, 直到与第 $k+r$ 行交换完毕为止, 这时一共进行了 r 次相邻的行交换, 接着把已处于第 $k+r-1$ 行位置的原来的第 $k+r$ 行与上面的各行交换, 直到在第 $k-1$ 行的下面与其相邻为止, 这又进行了 $r-1$ 次相邻行的交换. 上面我们已证明, 交换一次相邻的两行, 所得行列式等于原来的行列式乘以 (-1), 那么交换 $2r-1$ 次相邻的两行, 所得行列式当然等于原来的行列式与 $2r-1$ 个 (-1) 相乘, 但 $(-1)^{2r-1}=-1$. □

作为推论, 有如下结论.

性质 5.5.4 若方阵的不同两行完全一样, 则其行列式等于零.

由性质 5.5.1 与性质 5.5.4, 又有如下结论.

性质 5.5.5 若方阵的不同的两行成比例, 即一行为另外一行的一个倍数, 则其行列式为零.

性质 5.5.6 若 n 阶方阵 (a_{ij}) 的第 i 行有

$$a_{ij}=b_{ij}+c_{ij},\quad j=1,2,\cdots,n,\quad 1\leqslant i\leqslant n,$$

则

$$\begin{vmatrix} a_{11} & a_{12} & \cdots & a_{1n} \\ \vdots & \vdots & & \vdots \\ a_{i-1,1} & a_{i-1,2} & \cdots & a_{i-1,n} \\ a_{i1} & a_{i2} & \cdots & a_{in} \\ a_{i+1,1} & a_{i+1,2} & \cdots & a_{i+1,n} \\ \vdots & \vdots & & \vdots \\ a_{n1} & a_{n2} & \cdots & a_{nn} \end{vmatrix}$$

$$=\begin{vmatrix} a_{11} & a_{12} & \cdots & a_{1n} \\ \vdots & \vdots & & \vdots \\ a_{i-1,1} & a_{i-1,2} & \cdots & a_{i-1,n} \\ b_{i1} & b_{i2} & \cdots & b_{in} \\ a_{i+1,1} & a_{i+1,2} & \cdots & a_{i+1,n} \\ \vdots & \vdots & & \vdots \\ a_{n1} & a_{n2} & \cdots & a_{nn} \end{vmatrix}+\begin{vmatrix} a_{11} & a_{12} & \cdots & a_{1n} \\ \vdots & \vdots & & \vdots \\ a_{i-1,1} & a_{i-1,2} & \cdots & a_{i-1,n} \\ c_{i1} & c_{i2} & \cdots & c_{in} \\ a_{i+1,1} & a_{i+1,2} & \cdots & a_{i+1,n} \\ \vdots & \vdots & & \vdots \\ a_{n1} & a_{n2} & \cdots & a_{nn} \end{vmatrix}.$$

证明 此性质显然关于一阶行列式成立. 假设此性质关于 $n-1$ 阶行列式成立, $n-1\geqslant 1$, 考察 n 阶行列式. 令上述等式左边的行列式为 Δ, 等式右边的两个行列式分别为 $\Delta_1=|b_{kj}|$, $\Delta_2=|c_{kj}|$. 根据行列式的定义, 有

$$\begin{aligned}\Delta&=\cdots+(-1)^{k+1}a_{k1}M_{k1}+\cdots,\\ \Delta_1&=\cdots+(-1)^{k+1}b_{k1}M_{k1}^{(1)}+\cdots,\\ \Delta_2&=\cdots+(-1)^{k+1}c_{k1}M_{k1}^{(2)}+\cdots.\end{aligned}$$

当 $k=i$ 时, $a_{k1}=b_{k1}+c_{k1}$, $M_{k1}=M_{k1}^{(1)}=M_{k1}^{(2)}$; 当 $k\neq i$ 时, $a_{k1}=b_{k1}=c_{k1}$, 而由归纳法假设, $M_{k1}=M_{k1}^{(1)}+M_{k1}^{(2)}$, 因此, 关于任意 $k=1,2,\cdots,n$, 总有

$$(-1)^{k+1}a_{k1}M_{k1}=(-1)^{k+1}b_{k1}M_{k1}^{(1)}+(-1)^{k+1}c_{k1}M_{k1}^{(2)},$$

这意味着 $\Delta=\Delta_1+\Delta_2$. □

由性质 5.5.6 和性质 5.5.5, 显然有性质 5.5.7.

性质 5.5.7 将方阵的一行的 k 倍加于另一行得一新矩阵, 则后者的行列式等于前者的行列式, 即

$$\begin{vmatrix} a_{11} & a_{12} & \cdots & a_{1n} \\ \vdots & \vdots & & \vdots \\ a_{i1}+ka_{j1} & a_{i2}+ka_{j2} & \cdots & a_{in}+ka_{jn} \\ \vdots & \vdots & & \vdots \\ a_{j1} & a_{j2} & \cdots & a_{jn} \\ \vdots & \vdots & & \vdots \\ a_{n1} & a_{n2} & \cdots & a_{nn} \end{vmatrix}
= \begin{vmatrix} a_{11} & a_{12} & \cdots & a_{1n} \\ \vdots & \vdots & & \vdots \\ a_{i1} & a_{i2} & \cdots & a_{in} \\ \vdots & \vdots & & \vdots \\ a_{j1} & a_{j2} & \cdots & a_{jn} \\ \vdots & \vdots & & \vdots \\ a_{n1} & a_{n2} & \cdots & a_{nn} \end{vmatrix}, \quad i,j=1,2,\cdots,n, \quad i\neq j.$$

为了进一步讨论, 需要下面的引理.

引理 5.5.1 任何矩阵 $\boldsymbol{A}\in\mathbb{F}^{m\times n}$ 可经由若干次行和列的第二种初等变换化成 $\mathbb{F}^{m\times n}$ 中的如下矩阵:

$$\begin{pmatrix} \boldsymbol{D}_{d_k,r} & \boldsymbol{O}_{r\times(n-r)} \\ \boldsymbol{O}_{(m-r)\times r} & \boldsymbol{O}_{(m-r)\times(n-r)} \end{pmatrix},$$

其中 $\boldsymbol{D}_{d_k,r}$ 表示对角线元素为 $d_1,d_2,\cdots,d_r$ 的 r 阶对角矩阵, $0\leqslant r\leqslant m,n$.

证明 若 $\boldsymbol{A}$ 为零矩阵, 则它已具有所要求的形式. 若 $a_{ij}\neq 0$, $1\leqslant i\leqslant m$, $1\leqslant j\leqslant n$, 则反复施以行的第二种初等变换可实现交换第一行与第 i 行而将其中一行变号, 再反复施以列的第二种初等变换可实现交换第一列与第 j 列而将其中一列变号. 于是, $\boldsymbol{A}$ 化成

$$\boldsymbol{B}=\begin{pmatrix} d_1 & \boldsymbol{B}_{1\times(n-1)}^{(2)} \\ \boldsymbol{B}_{(m-1)\times 1}^{(3)} & \boldsymbol{B}_{(m-1)\times(n-1)}^{(4)} \end{pmatrix},$$

其中 $d_1 \neq 0$. 将 $\boldsymbol{B}$ 的第一行 (列) 的适当倍数加到其余各行 (列), $\boldsymbol{B}$ 可化成

$$\boldsymbol{C}=\begin{pmatrix} d_1 & \boldsymbol{O}_{1\times(n-1)} \\ \boldsymbol{O}_{(m-1)\times 1} & \boldsymbol{A}_1 \end{pmatrix}.$$

若 $\boldsymbol{A}_1$ 为零矩阵, 则 $\boldsymbol{C}$ 已具有所要求的形式. 否则, 对 $\boldsymbol{C}$ 的后 $m-1$ 行及 $n-1$ 列施行同样的做法, $\boldsymbol{C}$ 就化成

$$\boldsymbol{D}=\begin{pmatrix} \boldsymbol{D}_{d_k,2} & \boldsymbol{O}_{2\times(n-2)} \\ \boldsymbol{O}_{(m-2)\times 2} & \boldsymbol{A}_2 \end{pmatrix},$$

其中 $d_1 \neq 0, d_2 \neq 0$. 继续下去, 最终 $\boldsymbol{A}$ 就化成所要求的形式了. □

推论 5.5.1　任意 n 阶方阵 $\boldsymbol{A}$ 可经由若干次行和列的第二种初等变换化成 $\boldsymbol{D}_{d_k,n}$, 且

$$|\boldsymbol{A}|=|\boldsymbol{D}_{d_k,n}|=d_1d_2\cdots d_n.$$

证明　推论的第一个内容是显然的. 由 $\boldsymbol{A}\sim\boldsymbol{D}_{d_k,n}$, 且 $\boldsymbol{A}$ 可仅用第二种行和列的初等变换化成 $\boldsymbol{D}_{d_k,n}$, 即存在 $C_n^{(s,t)}(k)$ 型初等矩阵 $\boldsymbol{F}_1,\boldsymbol{F}_2,\cdots,\boldsymbol{F}_l,\boldsymbol{G}_1,\boldsymbol{G}_2,\cdots,\boldsymbol{G}_m$, 使得

$$\boldsymbol{A}=\boldsymbol{F}_l\cdots\boldsymbol{F}_2\boldsymbol{F}_1\boldsymbol{D}_{d_k,n}\boldsymbol{G}_1\boldsymbol{G}_2\cdots\boldsymbol{G}_m,$$

根据性质 5.5.7,

$$\begin{aligned}|\boldsymbol{A}|&=|\boldsymbol{D}_{d_k,n}\boldsymbol{G}_1\boldsymbol{G}_2\cdots\boldsymbol{G}_m|\\&=|\boldsymbol{D}_{d_k,n}\boldsymbol{G}_1G_2\cdots\boldsymbol{G}_m\boldsymbol{E}|,\end{aligned}$$

又根据性质 5.5.1,

$$|\boldsymbol{A}|=d_1d_2\cdots d_n|\boldsymbol{G}_1\boldsymbol{G}_2\cdots\boldsymbol{G}_m\boldsymbol{E}|,$$

再根据性质 5.5.7,

$$\begin{aligned}|\boldsymbol{A}|&=d_1d_2\cdots d_n|\boldsymbol{E}|\\&=d_1d_2\cdots d_n.\end{aligned}$$

□

命题 5.5.1　关于任意 $\boldsymbol{A},\boldsymbol{B}\in\mathbb{F}^{n\times n}$,

$$|\boldsymbol{AB}|=|\boldsymbol{A}||\boldsymbol{B}|.$$

证明　由推论 5.5.1 知, 存在 $C_n^{(s,t)}(k)$ 型初等矩阵 $\boldsymbol{F}_1,\boldsymbol{F}_2,\cdots,\boldsymbol{F}_l,\boldsymbol{G}_1,\boldsymbol{G}_2,\cdots,\boldsymbol{G}_m$, 使得

$$\begin{aligned}|\boldsymbol{AB}|&=|\boldsymbol{F}_l\cdots\boldsymbol{F}_2\boldsymbol{F}_1\boldsymbol{D}_{d_k,n}\boldsymbol{G}_1\boldsymbol{G}_2\cdots\boldsymbol{G}_m\boldsymbol{B}|\\&=|\boldsymbol{D}_{d_k,n}\boldsymbol{G}_1\boldsymbol{G}_2\cdots\boldsymbol{G}_m\boldsymbol{B}|\end{aligned}$$

$$
\begin{aligned}
&= d_1 d_2 \cdots d_n |\boldsymbol{G}_1 \boldsymbol{G}_2 \cdots \boldsymbol{G}_m \boldsymbol{B}| \\
&= d_1 d_2 \cdots d_n |\boldsymbol{B}| \\
&= |\boldsymbol{A}||\boldsymbol{B}|.
\end{aligned}
$$
□

命题 5.5.2 关于任意 $\boldsymbol{A} \in \mathbb{F}^{n\times n}$,

$$|\boldsymbol{A}^{\mathrm{T}}| = |\boldsymbol{A}|.$$

证明 由

$$\boldsymbol{A} = \boldsymbol{F}_l \cdots \boldsymbol{F}_2 \boldsymbol{F}_1 \boldsymbol{D}_{d_k,n} \boldsymbol{G}_1 \boldsymbol{G}_2 \cdots \boldsymbol{G}_m,$$

其中各矩阵的意义如上, 有

$$\boldsymbol{A}^{\mathrm{T}} = \boldsymbol{G}_m^{\mathrm{T}} \cdots \boldsymbol{G}_2^{\mathrm{T}} \boldsymbol{G}_1^{\mathrm{T}} \boldsymbol{D}_{d_k,n}^{\mathrm{T}} \boldsymbol{F}_1^{\mathrm{T}} \boldsymbol{F}_2^{\mathrm{T}} \cdots \boldsymbol{F}_l^{\mathrm{T}}.$$

又由 $\boldsymbol{D}_{d_k,n}^{\mathrm{T}} = \boldsymbol{D}_{d_k,n}$ 和 $\boldsymbol{F}_i^{\mathrm{T}}, \boldsymbol{G}_j^{\mathrm{T}}$ 仍为 $\boldsymbol{C}_n^{(s,t)}(k)$ 型初等矩阵, $i = 1,2,\cdots,l$, $j = 1,2,\cdots,m$, 根据推论 5.5.1, 有

$$|\boldsymbol{A}^{\mathrm{T}}| = |\boldsymbol{D}_{d_k,n}^{\mathrm{T}}| = |\boldsymbol{D}_{d_k,n}| = |\boldsymbol{A}|.$$
□

命题 5.5.2 意味着关于行列式的行的性质 5.5.1 到命题 5.5.1, 关于列也成立; 反过来, 行列式的关于列的性质, 例如, 下面的命题关于行也成立.

命题 5.5.3 令 $\boldsymbol{A} = (a_{ij}) \in \mathbb{F}^{n\times n}$. 则

$$|\boldsymbol{A}| = \sum_{i=1}^{n} a_{ij} A_{ij}, \quad j = 1,2,\cdots,n,$$

其中 A_{ij} 为 a_{ij} 的代数余子式, $i,j = 1,2,\cdots,n$.

证明 当 $j=1$ 时, 此性质恰恰就是行列式的按第一列展开的那一数学归纳法定义 (定义 5.5.1). $j \geqslant 2$ 时, 将 $\boldsymbol{A}$ 的第 j 列依次与其左边的各列作 $j-1$ 次相邻两列的列交换, 最终得到方阵 $\boldsymbol{A}^*$, 根据性质 5.5.3 关于列的相应事实, 并由行列式的定义, 有

$$
\begin{aligned}
|\boldsymbol{A}| &= (-1)^{j-1}|\boldsymbol{A}^*| \\
&= (-1)^{j-1}[(-1)^{1+1}a_{11}^* M_{11}^* + (-1)^{2+1}a_{21}^* M_{21}^* + \cdots + (-1)^{i+1}a_{i1}^* M_{i1}^* + \cdots \\
&\quad + (-1)^{n+1}a_{n1}^* M_{n1}^*],
\end{aligned}
$$

但 $a_{i1}^* = a_{ij}$, $M_{i1}^* = M_{ij}$, 因此

$$
\begin{aligned}
|\boldsymbol{A}| &= (-1)^{1+j}a_{1j}M_{1j} + (-1)^{2+j}a_{2j}M_{2j} + \cdots + (-1)^{n+j}a_{nj}M_{nj} \\
&= a_{1j}A_{1j} + a_{2j}A_{2j} + \cdots + a_{nj}A_{nj}.
\end{aligned}
$$
□

以上所列出的行列式的若干性质, 除性质 5.5.6 和命题 5.5.3 都 (至少本质上) 涉及的是矩阵的各种代数合成的结果的行列式与原矩阵的行列式的关系. 为了与所有矩阵的代数合成相对应, 根据性质 5.5.1 和逆矩阵的定义, 还有如下结论.

命题 5.5.4 令 $A \in \mathbb{F}^{n\times n}$, $k \in \mathbb{F}$. 则

$$|k\boldsymbol{A}| = k^n|\boldsymbol{A}|.$$

命题 5.5.5 令 $A \in \mathbb{F}^{n\times n}$. 若 A 可逆. 则

$$|\boldsymbol{A}^{-1}| = \frac{1}{|\boldsymbol{A}|}.$$

注 5.4 显然, 两个方阵的和的行列式与原两方阵的行列式之间没有一定的规律可循.

5.6 矩阵的广义逆与线性方程组的可解性和通解表达

定义 5.6.1 令 $A \in \mathbb{F}^{m\times n}$. 称 $B \in \mathbb{F}^{n\times m}$ 为 A 的一个广义逆, 如果

$$\boldsymbol{ABA} = \boldsymbol{A}.$$

记为 $\boldsymbol{A}^{-}$.

定理 5.6.1 令 $A \in \mathbb{F}^{m\times n}$. 则 A 的广义逆存在, 且一般地, 不唯一.

证明 (1) $\boldsymbol{A} = \boldsymbol{E}_{m\times n}^{(r)}$ 的情形. 由

$$\boldsymbol{E}_{m\times n}^{(r)}\boldsymbol{E}_{n\times m}^{(r)}\boldsymbol{E}_{m\times n}^{(r)} = \boldsymbol{E}_{m\times n}^{(r)},$$

知 $\boldsymbol{E}_{n\times m}^{(r)}$ 为 $\boldsymbol{E}_{m\times n}^{(r)}$ 的广义逆.

若

$$\boldsymbol{B} = \begin{pmatrix} \boldsymbol{B}_{11} & \boldsymbol{B}_{12} \\ \boldsymbol{B}_{21} & \boldsymbol{B}_{22} \end{pmatrix} \in \mathbb{F}^{n\times m}$$

为 $\boldsymbol{E}_{m\times n}^{(r)}$ 的广义逆, 其中 $\boldsymbol{B}_n \in \mathbb{F}^{r\times r}$, 则

$$\begin{aligned}\boldsymbol{E}_{m\times n}^{(r)} &= \boldsymbol{E}_{m\times n}^{(r)} \begin{pmatrix} \boldsymbol{B}_{11} & \boldsymbol{B}_{12} \\ \boldsymbol{B}_{21} & \boldsymbol{B}_{22} \end{pmatrix} \boldsymbol{E}_{m\times n}^{(r)} \\ &= \begin{pmatrix} \boldsymbol{E}_r & \boldsymbol{O} \\ \boldsymbol{O} & \boldsymbol{O} \end{pmatrix} \begin{pmatrix} \boldsymbol{B}_{11} & \boldsymbol{B}_{12} \\ \boldsymbol{B}_{21} & \boldsymbol{B}_{22} \end{pmatrix} \begin{pmatrix} \boldsymbol{E}_r & \boldsymbol{O} \\ \boldsymbol{O} & \boldsymbol{O} \end{pmatrix} \\ &= \begin{pmatrix} \boldsymbol{B}_{11}\boldsymbol{E}_r & \boldsymbol{O} \\ \boldsymbol{O} & \boldsymbol{O} \end{pmatrix}.\end{aligned}$$

从而 $\boldsymbol{B}_{11} = \boldsymbol{E}_r$, 且 $\boldsymbol{B}_{12} \in \mathbb{F}^{r\times(m-r)}, \boldsymbol{B}_{21} \in \mathbb{F}^{(n-r)\times r}, \boldsymbol{B}_{22} \in \mathbb{F}^{(n-r)\times(m-r)}$.

因此,

$$\left\{ \boldsymbol{B} = \begin{pmatrix} \boldsymbol{E}_r & \boldsymbol{B}_{12} \\ \boldsymbol{B}_{21} & \boldsymbol{B}_{22} \end{pmatrix} \middle| \ \boldsymbol{B}_{12} \in \mathbb{F}^{r\times(m-r)}, \boldsymbol{B}_{21} \in \mathbb{F}^{(n-r)\times r}, \boldsymbol{B}_{22} \in \mathbb{F}^{(n-r)\times(m-r)} \right\}$$

为 $\boldsymbol{E}_{m\times n}^{(r)}$ 的广义逆的集合, 即一般地, $\boldsymbol{E}_{m\times n}^{(r)}$ 的广义逆不唯一.

(2) 一般情形. 由 $\boldsymbol{A}\in\mathbb{F}^{m\times n}$ 知, 存在可逆矩阵 $\boldsymbol{P}\in\mathbb{F}^{m\times m}$, $\boldsymbol{Q}\in\mathbb{F}^{n\times n}$, 使得

$$\boldsymbol{A}=\boldsymbol{P}\boldsymbol{E}^{(r)}\boldsymbol{Q}.$$

若 $\boldsymbol{B}\in\mathbb{F}^{n\times m}$ 为 $\boldsymbol{A}$ 的广义逆, 则

$$\boldsymbol{P}\boldsymbol{E}^{(r)}\boldsymbol{Q}\boldsymbol{B}\boldsymbol{P}\boldsymbol{E}^{(r)}\boldsymbol{Q}=\boldsymbol{P}\boldsymbol{E}^{(r)}\boldsymbol{Q}.$$

从而

$$\boldsymbol{E}^{(r)}(\boldsymbol{Q}\boldsymbol{B}\boldsymbol{P})\boldsymbol{E}^{(r)}=\boldsymbol{E}^{(r)},$$

即 $\boldsymbol{QBP}$ 为 $\boldsymbol{E}^{(r)}$ 的广义逆, 由以上情形知

$$\boldsymbol{QBP}=\begin{pmatrix}\boldsymbol{E}_r & \boldsymbol{X}\\ \boldsymbol{Y} & \boldsymbol{Z}\end{pmatrix},\quad \boldsymbol{X}\in\mathbb{F}^{r\times(m-r)},\quad \boldsymbol{Y}\in\mathbb{F}^{(n-r)\times r},\quad \boldsymbol{Z}\in\mathbb{F}^{(n-r)\times(m-r)}.$$

因此

$$\boldsymbol{B}=\boldsymbol{Q}^{-1}\begin{pmatrix}\boldsymbol{E}_r & \boldsymbol{X}\\ \boldsymbol{Y} & \boldsymbol{Z}\end{pmatrix}\boldsymbol{P}^{-1},$$

即 $\boldsymbol{A}$ 的广义逆存在, 且一般地, 不唯一. □

由广义逆的定义, 可得如下结论.

定理 5.6.2 令 $\boldsymbol{A}\in\mathbb{F}^{m\times n}$, $\boldsymbol{B}\in\mathbb{F}^{m}$, 且 $\boldsymbol{B}\neq\boldsymbol{\theta}$, $\boldsymbol{G}(\boldsymbol{A})$ 为 $\boldsymbol{A}$ 的广义逆的全体. 则下列三条等价

(1) $\boldsymbol{AX}=\boldsymbol{B}$ 有解;

(2) $(\forall\boldsymbol{A}^-\in\boldsymbol{G}(\boldsymbol{A}))$, $\boldsymbol{B}=\boldsymbol{AA}^-\boldsymbol{B}$;

(3) $(\exists\boldsymbol{A}^-\in\boldsymbol{G}(\boldsymbol{A}))$, $\boldsymbol{B}=\boldsymbol{AA}^-\boldsymbol{B}$.

定理 5.6.3 令 $\boldsymbol{A}\in\mathbb{F}^{m\times n}$, $\boldsymbol{B}\in\mathbb{F}^{m}$, $\boldsymbol{B}\neq\boldsymbol{\theta}$. 若

$$\boldsymbol{AX}=\boldsymbol{B}\tag{5.14}$$

的解集为 S, 则

$$S=\{\boldsymbol{A}^-\boldsymbol{B}\mid\boldsymbol{A}^-\in\boldsymbol{G}(\boldsymbol{A})\}.$$

证明 显然

$$S\supseteq\{\boldsymbol{A}^-\boldsymbol{B}\mid\boldsymbol{A}^-\in\boldsymbol{G}(\boldsymbol{A})\},$$

下证

$$S\subseteq\{\boldsymbol{A}^-\boldsymbol{B}\mid\boldsymbol{A}^-\in\boldsymbol{G}(\boldsymbol{A})\}.$$

(1) $\boldsymbol{A}=\boldsymbol{E}_{m\times n}^{(r)}$ 的情形. 令 $\boldsymbol{\beta}$ 为 (5.14) 的解, 即

$$\begin{pmatrix}\boldsymbol{E}_r & \boldsymbol{O}\\ \boldsymbol{O} & \boldsymbol{O}\end{pmatrix}\boldsymbol{\beta}=\boldsymbol{B}.$$

记

$$\boldsymbol{\beta}=\begin{pmatrix}\boldsymbol{\beta}_1\\ \boldsymbol{\beta}_2\end{pmatrix},\quad \boldsymbol{B}=\begin{pmatrix}\boldsymbol{B}_1\\ \boldsymbol{B}_2\end{pmatrix},$$

其中 $\boldsymbol{\beta}_1,\boldsymbol{B}_1\in\mathbb{F}^r$, $\boldsymbol{\beta}_2\in\mathbb{F}^{n-r}$, $\boldsymbol{B}_2\in\mathbb{F}^{m-r}$, 则由上式可得 $\boldsymbol{\beta}_1=\boldsymbol{B}_1$, $\boldsymbol{B}_2=\boldsymbol{\theta}$.

令 $\boldsymbol{B}_1=(b_1,b_2,\cdots,b_r)^{\mathrm{T}}$. 由 $\boldsymbol{B}_1\neq\boldsymbol{\theta}$ 知, 存在某个 $b_i\neq 0$. 又令

$$\boldsymbol{C}=(\boldsymbol{\theta},\cdots,\boldsymbol{\theta},b_i^{-1}\boldsymbol{\beta}_2,\boldsymbol{\theta},\cdots,\boldsymbol{\theta})\in\mathbb{F}^{(n-r)\times r}.$$

则

$$\boldsymbol{C}\boldsymbol{B}_1=\boldsymbol{\beta}_2.$$

从而

$$\boldsymbol{\beta}=\begin{pmatrix}\boldsymbol{\beta}_1\\ \boldsymbol{\beta}_2\end{pmatrix}=\begin{pmatrix}\boldsymbol{B}_1\\ \boldsymbol{C}\boldsymbol{B}_1\end{pmatrix}=\begin{pmatrix}\boldsymbol{E}_r & \boldsymbol{O}\\ \boldsymbol{C} & \boldsymbol{O}\end{pmatrix}\begin{pmatrix}\boldsymbol{B}_1\\ \boldsymbol{O}\end{pmatrix}.$$

由定理 5.6.1 知,

$$\begin{pmatrix}\boldsymbol{E}_r & \boldsymbol{O}\\ \boldsymbol{C} & \boldsymbol{O}\end{pmatrix}\in\boldsymbol{G}(\boldsymbol{A}).$$

从而结论成立.

(2) 一般情形. 令 $\boldsymbol{\beta}$ 为方程 (5.14) 的解. 由 $\boldsymbol{A}\in\mathbb{F}^{m\times n}$ 知, 存在可逆矩阵 $\boldsymbol{P}\in\mathbb{F}^{m\times m}$, $\boldsymbol{Q}\in\mathbb{F}^{n\times n}$, 使得

$$\boldsymbol{A}=\boldsymbol{P}\boldsymbol{E}^{(r)}\boldsymbol{Q}.$$

从而

$$\boldsymbol{E}^{(r)}\boldsymbol{Q}\boldsymbol{\beta}=\boldsymbol{P}^{-1}\boldsymbol{B},$$

因此由上面的讨论可得, 存在 $\begin{pmatrix}\boldsymbol{E}_r & \boldsymbol{O}\\ \boldsymbol{D} & \boldsymbol{O}\end{pmatrix}\in\boldsymbol{G}(\boldsymbol{E}^{(r)})$, 使得

$$\boldsymbol{Q}\boldsymbol{\beta}=\begin{pmatrix}\boldsymbol{E}_r & \boldsymbol{O}\\ \boldsymbol{D} & \boldsymbol{O}\end{pmatrix}\boldsymbol{P}^{-1}\boldsymbol{B}.$$

又由 $\boldsymbol{Q}$ 可逆, 知

$$\boldsymbol{\beta}=\boldsymbol{Q}^{-1}\begin{pmatrix}\boldsymbol{E}_r & \boldsymbol{O}\\ \boldsymbol{D} & \boldsymbol{O}\end{pmatrix}\boldsymbol{P}^{-1}\boldsymbol{B}.$$

根据定理 5.6.1 的证明可得

$$\boldsymbol{Q}^{-1}\begin{pmatrix}\boldsymbol{E}_r & \boldsymbol{O}\\ \boldsymbol{D} & \boldsymbol{O}\end{pmatrix}\boldsymbol{P}^{-1}\in\boldsymbol{G}(\boldsymbol{A}).$$

从而结论得证. □

注 5.5　定理 5.6.2 和定理 5.6.3 中利用矩阵的广义逆给出了非齐次线性方程组的可解性和通解的表达, 作为特例, 读者可以获得关于齐次线性方程组的有关结果.

习 题 5

1. 令 $\boldsymbol{A}, \boldsymbol{B}$ 为数域 $\mathbb{F}$ 上的 n 阶上 (下) 三角可逆方阵. 证明, $\boldsymbol{AB}$ 也为上 (下) 三角可逆方阵.

2. 令 $\boldsymbol{A}$ 为数域 $\mathbb{F}$ 上的 n 阶方阵. 证明: $\boldsymbol{A}$ 为奇异阵当且仅当存在不为零的方阵 $\boldsymbol{B}$ 使得 $\boldsymbol{AB} = \boldsymbol{O}$.

3. 令 $\boldsymbol{A}$ 为数域 $\mathbb{F}$ 上的 n 阶幂等方阵. 证明, $\mathrm{tr}(\boldsymbol{A}) = r_{\boldsymbol{A}}$.

4. 令 $\boldsymbol{A} \in \mathbb{F}^{m \times n}$, 给出下方程的通解

$$\boldsymbol{A}^{\mathrm{T}}\boldsymbol{X} = \boldsymbol{X}^{\mathrm{T}}\boldsymbol{A}.$$

5. 令 $\boldsymbol{A}$ 为数域 $\mathbb{F}$ 上的 n 阶方阵, 且顺序主子式全不为零. 证明: 存在上三角矩阵 $\boldsymbol{B}$ 和下三角矩阵 $\boldsymbol{C}$, 且 $\boldsymbol{B}, \boldsymbol{C}$ 可逆, 使得 $\boldsymbol{A} = \boldsymbol{BC}$.

第 6 讲　矩阵分块运算的应用开发

6.1　矩阵的分块运算 (含分块矩阵乘法法则的一种处理)

6.1.1　分块矩阵的概念

数学运算总是力求将复杂的转化为简单的, 如行列式的定义所提供的计算行列式的降阶法则集中体现了这个思想方法. 矩阵代数也是一样, 在处理较高阶矩阵时, 我们将一个大矩阵看成是由一些小矩阵组成的, 犹如矩阵是由数组成的一样, 在运算时, 我们把这些小矩阵当成数来处理, 这就是所谓矩阵分块运算. 这种运算, 除了获得了计算的方便, 同时也显示出矩阵的某些特性 (参看后面的例题).

首先建立分块矩阵的概念, 先看一个例子. 考察矩阵的乘法

$$\begin{pmatrix} 1 & 0 & 0 & 0 \\ 0 & 1 & 0 & 0 \\ -1 & 2 & 1 & 0 \\ 1 & 1 & 0 & 1 \end{pmatrix}\begin{pmatrix} 1 & 0 & 3 & 2 \\ -1 & 2 & 0 & 1 \\ 1 & 0 & 4 & 1 \\ -1 & -1 & 2 & 0 \end{pmatrix} = \begin{pmatrix} 1 & 0 & 3 & 2 \\ -1 & 2 & 0 & 1 \\ -2 & 4 & 1 & 1 \\ -1 & 1 & 5 & 3 \end{pmatrix},$$

分别记这三个矩阵为 $\boldsymbol{A}$, $\boldsymbol{B}$ 和 $\boldsymbol{C}$, 则 $\boldsymbol{AB}=\boldsymbol{C}$. 又记

$$\boldsymbol{A}_{11}=\boldsymbol{A}_{22}=\boldsymbol{E}_2=\begin{pmatrix} 1 & 0 \\ 0 & 1 \end{pmatrix},\quad \boldsymbol{A}_{12}=\boldsymbol{O}_2=\begin{pmatrix} 0 & 0 \\ 0 & 0 \end{pmatrix},$$

$$\boldsymbol{A}_{21}=\begin{pmatrix} -1 & 2 \\ 1 & 1 \end{pmatrix},\quad \boldsymbol{B}_{11}=\begin{pmatrix} 1 & 0 \\ -1 & 2 \end{pmatrix},\quad \boldsymbol{B}_{12}=\begin{pmatrix} 3 & 2 \\ 0 & 1 \end{pmatrix},$$

$$\boldsymbol{B}_{21}=\begin{pmatrix} 1 & 0 \\ -1 & -1 \end{pmatrix},\quad \boldsymbol{B}_{22}=\begin{pmatrix} 4 & 1 \\ 2 & 0 \end{pmatrix},\quad \boldsymbol{C}_{11}=\begin{pmatrix} 1 & 0 \\ -1 & 2 \end{pmatrix},$$

$$\boldsymbol{C}_{12}=\begin{pmatrix} 3 & 2 \\ 0 & 1 \end{pmatrix},\quad \boldsymbol{C}_{21}=\begin{pmatrix} -2 & 4 \\ -1 & 1 \end{pmatrix},\quad \boldsymbol{C}_{22}=\begin{pmatrix} 1 & 1 \\ 5 & 3 \end{pmatrix}.$$

我们发现

$$\boldsymbol{C}_{ij}=\boldsymbol{A}_{i1}\boldsymbol{B}_{1j}+\boldsymbol{A}_{i2}\boldsymbol{B}_{2j},\quad i,j=1,2.$$

若再记

$$\boldsymbol{A}=\begin{pmatrix} \boldsymbol{A}_{11} & \boldsymbol{A}_{12} \\ \boldsymbol{A}_{21} & \boldsymbol{A}_{22} \end{pmatrix},\quad \boldsymbol{B}=\begin{pmatrix} \boldsymbol{B}_{11} & \boldsymbol{B}_{12} \\ \boldsymbol{B}_{21} & \boldsymbol{B}_{22} \end{pmatrix},\quad \boldsymbol{C}=\begin{pmatrix} \boldsymbol{C}_{11} & \boldsymbol{C}_{12} \\ \boldsymbol{C}_{21} & \boldsymbol{C}_{22} \end{pmatrix},$$

则

$$C = \begin{pmatrix} C_{11} & C_{12} \\ C_{21} & C_{22} \end{pmatrix} = \begin{pmatrix} A_{11}B_{11} + A_{12}B_{21} & A_{11}B_{12} + A_{12}B_{22} \\ A_{21}B_{11} + A_{22}B_{21} & A_{21}B_{12} + A_{22}B_{22} \end{pmatrix} = AB.$$

这说明, 将 A, B 看成是由许多小矩阵组成的, 再把小矩阵块当成数来处理, 按二阶方阵进行运算, 与上面的直接计算结果是一样的, 同时, 矩阵结构的特点也明显地表现出来, 矩阵间的相互关系也看得更清楚了.

定义 6.1.1 关于任意矩阵 $\boldsymbol{A}$, 以纵线和横线按某种需要和可能, 将它分成若干低阶矩阵, 每一块低阶矩阵称为 $\boldsymbol{A}$ 的一个子块, 以所分成的子块为元素的矩阵称为分块矩阵.

例如, 用一条纵线和一条横线就把 $\boldsymbol{A}$ 分成四块

$$\boldsymbol{A} = \left(\begin{array}{ccc:cc} a_{11} & a_{12} & a_{13} & a_{14} & a_{15} \\ a_{21} & a_{22} & a_{23} & a_{24} & a_{25} \\ \hdashline a_{31} & a_{32} & a_{33} & a_{34} & a_{35} \end{array}\right),$$

记

$$\boldsymbol{A}_{11} = \begin{pmatrix} a_{11} & a_{12} & a_{13} \\ a_{21} & a_{22} & a_{23} \end{pmatrix}, \quad \boldsymbol{A}_{12} = \begin{pmatrix} a_{14} & a_{15} \\ a_{24} & a_{25} \end{pmatrix},$$
$$\boldsymbol{A}_{21} = \begin{pmatrix} a_{31} & a_{32} & a_{33} \end{pmatrix}, \quad \boldsymbol{A}_{22} = \begin{pmatrix} a_{34} & a_{35} \end{pmatrix}.$$

将 $\boldsymbol{A}$ 写为以这些子块为元素的分块矩阵, 就得一 2×2 分块矩阵

$$\boldsymbol{A} = \begin{pmatrix} \boldsymbol{A}_{11} & \boldsymbol{A}_{22} \\ \boldsymbol{A}_{21} & \boldsymbol{A}_{22} \end{pmatrix}.$$

在分块矩阵中, 每行 (列) 中各元素 (指原矩阵的子块) 具有相同的行 (列) 数 (指在原矩阵中的行 (列) 数).

另外, 单就一个矩阵分块而言, 可以是任意的, 不同的分法就得到不同的分块矩阵. 例如, 也可将上面的矩阵 $\boldsymbol{A}$ 如下分块

$$\boldsymbol{A} = \left(\begin{array}{c:cc:cc} a_{11} & a_{12} & a_{13} & a_{14} & a_{15} \\ a_{21} & a_{22} & a_{23} & a_{24} & a_{25} \\ \hdashline a_{31} & a_{32} & a_{33} & a_{34} & a_{35} \end{array}\right),$$

于是, 就得一 2×3 分块矩阵

$$\boldsymbol{A} = \begin{pmatrix} \boldsymbol{A}_{11}^0 & \boldsymbol{A}_{12}^0 & \boldsymbol{A}_{13}^0 \\ \boldsymbol{A}_{21}^0 & \boldsymbol{A}_{22}^0 & \boldsymbol{A}_{23}^0 \end{pmatrix},$$

其中 $\boldsymbol{A}_{ij}^0$ 就是现在这样分块出来的子块, $i = 1, 2,\ j = 1, 2, 3$.

一般地说, 关于任意正整数 m, n, 可以把 $m \times n$ 矩阵 $\boldsymbol{A}$ 分成 $r \times s$ 个子块, $1 \leqslant r \leqslant m$, $1 \leqslant s \leqslant n$, 构成一 $r \times s$ 分块矩阵

$$\boldsymbol{A} = \begin{pmatrix} \overset{n_1}{\boldsymbol{A}_{11}} & \overset{n_2}{\boldsymbol{A}_{12}} & \cdots & \overset{n_s}{\boldsymbol{A}_{1s}} \\ \boldsymbol{A}_{21} & \boldsymbol{A}_{22} & \cdots & \boldsymbol{A}_{2s} \\ \vdots & \vdots & & \vdots \\ \boldsymbol{A}_{r1} & \boldsymbol{A}_{r2} & \cdots & \boldsymbol{A}_{rs} \end{pmatrix} \begin{matrix} \}m_1 \\ \}m_2 \\ \\ \}m_r \end{matrix},$$

其中 m_i 表示分块矩阵中第 i 行上各元素所包含的原来矩阵的行数, $1 \leqslant m_i \leqslant m$, $i = 1, 2, \cdots, r$, n_j 表示分块矩阵中第 j 列上各元素所包含的原来矩阵的列数, $1 \leqslant n_j \leqslant n$, $j = 1, 2, \cdots, s$. 显然

$$m = \sum_{i=1}^{r} m_i, \quad n = \sum_{j=1}^{s} n_j.$$

6.1.2　矩阵的分块运算

令 $\boldsymbol{B}$ 也是一 $m \times n$ 矩阵. 像上面的 $m \times n$ 矩阵 $\boldsymbol{A}$ 一样对其分块, 得

$$\boldsymbol{B} = \begin{pmatrix} \overset{n_1}{\boldsymbol{B}_{11}} & \overset{n_2}{\boldsymbol{B}_{12}} & \cdots & \overset{n_s}{\boldsymbol{B}_{1s}} \\ \boldsymbol{B}_{21} & \boldsymbol{B}_{22} & \cdots & \boldsymbol{B}_{2s} \\ \vdots & \vdots & & \vdots \\ \boldsymbol{B}_{r1} & \boldsymbol{B}_{r2} & \cdots & \boldsymbol{B}_{rs} \end{pmatrix} \begin{matrix} \}m_1 \\ \}m_2 \\ \\ \}m_r \end{matrix},$$

直接计算可知

$$\boldsymbol{A} + \boldsymbol{B} = (\boldsymbol{A}_{ij} + \boldsymbol{B}_{ij})_{r \times s},$$

$$k\boldsymbol{A} = (k\boldsymbol{A}_{ij})_{r \times s},$$

$$\boldsymbol{A}^{\mathrm{T}} = \begin{pmatrix} \boldsymbol{A}_{11}^{\mathrm{T}} & \boldsymbol{A}_{21}^{\mathrm{T}} & \cdots & \boldsymbol{A}_{r1}^{\mathrm{T}} \\ \boldsymbol{A}_{12}^{\mathrm{T}} & \boldsymbol{A}_{22}^{\mathrm{T}} & \cdots & \boldsymbol{A}_{r2}^{\mathrm{T}} \\ \vdots & \vdots & & \vdots \\ \boldsymbol{A}_{1s}^{\mathrm{T}} & \boldsymbol{A}_{2s}^{\mathrm{T}} & \cdots & \boldsymbol{A}_{rs}^{\mathrm{T}} \end{pmatrix}_{s \times r}.$$

分块后的加法和数乘法则与矩阵原来的加法和数乘法则一样. 关于分块矩阵的乘法也有同样的事实.

定理 6.1.1　令 $\boldsymbol{A}, \boldsymbol{B}, \boldsymbol{C}$ 分别为数域 $\mathbb{F}$ 上的 $m \times n, n \times p$ 和 $m \times p$ 矩阵, 且有如下分块:

$$\boldsymbol{A} = \begin{pmatrix} \overset{n_1}{\boldsymbol{A}_{11}} & \overset{n_2}{\boldsymbol{A}_{12}} & \cdots & \overset{n_s}{\boldsymbol{A}_{1s}} \\ \boldsymbol{A}_{21} & \boldsymbol{A}_{22} & \cdots & \boldsymbol{A}_{2s} \\ \vdots & \vdots & & \vdots \\ \boldsymbol{A}_{r1} & \boldsymbol{A}_{r2} & \cdots & \boldsymbol{A}_{rs} \end{pmatrix} \begin{matrix} \}m_1 \\ \}m_2 \\ \\ \}m_r \end{matrix},$$

$$B = \begin{pmatrix} \overset{p_1}{B_{11}} & \overset{p_2}{B_{12}} & \cdots & \overset{p_t}{B_{1t}} \\ B_{21} & B_{22} & \cdots & B_{2t} \\ \vdots & \vdots & & \vdots \\ B_{s1} & B_{s2} & \cdots & B_{st} \end{pmatrix} \begin{matrix} \}n_1 \\ \}n_2 \\ \\ \}n_s \end{matrix},$$

$$C = \begin{pmatrix} \overset{p_1}{C_{11}} & \overset{p_2}{C_{12}} & \cdots & \overset{p_t}{C_{1t}} \\ C_{21} & C_{22} & \cdots & C_{2t} \\ \vdots & \vdots & & \vdots \\ C_{r1} & C_{r2} & \cdots & C_{rt} \end{pmatrix} \begin{matrix} \}m_1 \\ \}m_2 \\ \\ \}m_r \end{matrix},$$

则

$$C = AB \text{ (原始乘积)}$$

当且仅当

$$C_{lk} = \sum_{h=1}^{s} A_{lh}B_{hk}, \quad l = 1, 2, \cdots, r, \quad k = 1, 2, \cdots, t.$$

证明 考察 A 与 B 的原始乘积 $AB = C = (c_{ij})_{m\times p}$ 的 (i,j) 元素 c_{ij}. 由于 $1 \leqslant i \leqslant m$, $1 \leqslant j \leqslant p$, 关于某一 l 和 k, $1 \leqslant l \leqslant r$, $1 \leqslant k \leqslant t$, 可令

$$i = m_1 + m_2 + \cdots + m_{l-1} + i', \quad 1 \leqslant i' \leqslant m_l,$$
$$j = p_1 + p_2 + \cdots + p_{k-1} + j', \quad 1 \leqslant j' \leqslant p_k.$$

于是, 只需证明, c_{ij} 是 C_{lk} 的 (i',j') 元素. 事实上, $A_{l1}, A_{l2}, \cdots, A_{ls}$ 的第 i' 行的元素连在一起正是 A 的第 i 行的元素, $B_{1k}, B_{2k}, \cdots, B_{sk}$ 的第 j' 列的元素连在一起正是 B 的第 j 列的元素, 因此,

$$\begin{aligned} c_{ij} &= \sum_{u=1}^{n} a_{iu}b_{uj} \\ &= (a_{i1}b_{1j} + a_{i2}b_{2j} + \cdots + a_{in_1}b_{n_1j}) \\ &\quad + (a_{i(n_1+1)}b_{(n_1+1)j} + a_{i(n_1+2)}b_{(n_1+2)j} + \cdots + a_{i(n_1+n_2)}b_{(n_1+n_2)j}) + \cdots \\ &\quad + (a_{i(n_1+n_2+\cdots+n_{s-1}+1)}b_{(n_1+n_2+\cdots+n_{s-1}+1)j} \\ &\quad + a_{i(n_1+n_2+\cdots+n_{s-1}+2)}b_{(n_1+n_2+\cdots+n_{s-1}+2)j} + \cdots \\ &\quad + a_{i(n_1+n_2+\cdots+n_{s-1}+n_s)}b_{(n_1+n_2+\cdots+n_{s-1}+n_s)j}) \\ &= C_{lk} \text{ 的 } (i',j') \text{ 元素}. \end{aligned}$$

□

命题 6.1.1 令 $\boldsymbol{A} \in \mathbb{F}^{m\times n}$, $\boldsymbol{C} = (c_i) \in \mathbb{F}^{n\times 1}$ (即 $\boldsymbol{C}$ 为 $\mathbb{F}$ 上的 n 元列向量). 当记 $\boldsymbol{A}$ 的 n 个列向量为 $\boldsymbol{\alpha}_1, \boldsymbol{\alpha}_2, \cdots, \boldsymbol{\alpha}_n$ 时, $\boldsymbol{AC}$ 有下面的分块乘法:

$$\boldsymbol{AC} = (\boldsymbol{\alpha}_1, \boldsymbol{\alpha}_2, \cdots, \boldsymbol{\alpha}_n)\begin{pmatrix} c_1 \\ c_2 \\ \vdots \\ c_n \end{pmatrix} = \sum_{i=1}^{n} c_i\boldsymbol{\alpha}_i.$$

命题 6.1.2 令 $\boldsymbol{A} \in \mathbb{F}^{m\times n}$, $\boldsymbol{B} \in \mathbb{F}^{n\times p}$. 当记 $\boldsymbol{B}$ 的 p 个列向量为 $\boldsymbol{\beta}_1, \boldsymbol{\beta}_2, \cdots, \boldsymbol{\beta}_p$ 时, $\boldsymbol{AB}$ 有下面的分块乘法:

$$\boldsymbol{AB} = \boldsymbol{A}(\boldsymbol{\beta}_1, \boldsymbol{\beta}_2, \cdots, \boldsymbol{\beta}_p) = (\boldsymbol{A\beta}_1, \boldsymbol{A\beta}_2, \cdots, \boldsymbol{A\beta}_p).$$

命题 6.1.3 令 $\boldsymbol{A} \in \mathbb{F}^{m\times n}$, $\boldsymbol{B}_i \in \mathbb{F}^{n\times p}$, $k_i \in \mathbb{F}$, $i = 1, 2, \cdots, l$. 则

$$\boldsymbol{A}\sum_{i=1}^{l} k_i\boldsymbol{B}_i = \sum_{i=1}^{l} k_i(\boldsymbol{AB}_i).$$

6.2 应用 1, 矩阵乘法的结合律和 Cramer 法则的证明

6.2.1 矩阵乘法的结合律的证明

我们利用矩阵的分块乘法 (命题 6.1.1 和命题 6.1.2) 重新证明矩阵乘法的结合律. 这里的证明只基于矩阵加法、数乘和乘法的定义, 以及乘法的“线性” (命题 6.1.3).

定理 6.2.1 关于任意 $\boldsymbol{A} \in \mathbb{F}^{m\times n}$, $\boldsymbol{B} \in \mathbb{F}^{n\times p}$, $\boldsymbol{C} \in \mathbb{F}^{p\times q}$, 有

$$(\boldsymbol{AB})\boldsymbol{C} = \boldsymbol{A}(\boldsymbol{BC}).$$

证明 先证 $p \times q$ 矩阵 $\boldsymbol{C}$ 中的 $q = 1$ 的特殊情形. 在此情形, 可记

$$\boldsymbol{C} = \begin{pmatrix} c_1 \\ c_2 \\ \vdots \\ c_p \end{pmatrix}.$$

于是, 令 $\boldsymbol{B}$ 的 p 个列为 $\boldsymbol{\beta}_1, \boldsymbol{\beta}_2, \cdots, \boldsymbol{\beta}_p$. 根据命题 6.1.1— 命题 6.1.3, 有

$$(\boldsymbol{AB})\boldsymbol{C} = (\boldsymbol{A}(\boldsymbol{\beta}_1, \boldsymbol{\beta}_2, \cdots, \boldsymbol{\beta}_p))\boldsymbol{C} = (\boldsymbol{A\beta}_1, \boldsymbol{A\beta}_2, \cdots, \boldsymbol{A\beta}_p)\begin{pmatrix} c_1 \\ c_2 \\ \vdots \\ c_p \end{pmatrix}$$

$$= \sum_{i=1}^{p} c_i(\boldsymbol{A}\boldsymbol{\beta}_i) = \boldsymbol{A}\sum_{i=1}^{p} c_i\boldsymbol{\beta}_i = \boldsymbol{A}\left((\boldsymbol{\beta}_1, \boldsymbol{\beta}_2, \cdots, \boldsymbol{\beta}_p)\begin{pmatrix} c_1 \\ c_2 \\ \vdots \\ c_p \end{pmatrix}\right)$$

$$= \boldsymbol{A}(\boldsymbol{B}\boldsymbol{C}).$$

再证一般情形. 令 $\boldsymbol{C} = (\boldsymbol{\gamma}_1, \boldsymbol{\gamma}_2, \cdots, \boldsymbol{\gamma}_q)$, 其中 $\boldsymbol{\gamma}_i$ 为 $\boldsymbol{C}$ 的第 i 列, $i = 1, 2, \cdots, q$. 由上面的讨论知,

$$(\boldsymbol{A}\boldsymbol{B})\boldsymbol{\gamma}_i = \boldsymbol{A}(\boldsymbol{B}\boldsymbol{\gamma}_i), \quad i = 1, 2, \cdots, q,$$

于是

$$\begin{aligned}(\boldsymbol{A}\boldsymbol{B})\boldsymbol{C} &= (\boldsymbol{A}\boldsymbol{B})(\boldsymbol{\gamma}_1, \boldsymbol{\gamma}_2, \cdots, \boldsymbol{\gamma}_q) \\ &= ((\boldsymbol{A}\boldsymbol{B})\boldsymbol{\gamma}_1, (\boldsymbol{A}\boldsymbol{B})\boldsymbol{\gamma}_2, \cdots, (\boldsymbol{A}\boldsymbol{B})\boldsymbol{\gamma}_q) \\ &= (\boldsymbol{A}(\boldsymbol{B}\boldsymbol{\gamma}_1), \boldsymbol{A}(\boldsymbol{B}\boldsymbol{\gamma}_2), \cdots, \boldsymbol{A}(\boldsymbol{B}\boldsymbol{\gamma}_q)) \\ &= \boldsymbol{A}(\boldsymbol{B}\boldsymbol{\gamma}_1, \boldsymbol{B}\boldsymbol{\gamma}_2, \cdots, \boldsymbol{B}\boldsymbol{\gamma}_q) \\ &= \boldsymbol{A}(\boldsymbol{B}(\boldsymbol{\gamma}_1, \boldsymbol{\gamma}_2, \cdots, \boldsymbol{\gamma}_q)) \\ &= \boldsymbol{A}(\boldsymbol{B}\boldsymbol{C}).\end{aligned}$$

□

6.2.2 Cramer 法则的证明

定理 6.2.2(Cramer 法则) 令

$$\boldsymbol{A} \in \mathbb{F}^{n\times n}, \quad \boldsymbol{X} = \begin{pmatrix} x_1 \\ x_2 \\ \vdots \\ x_n \end{pmatrix}, \quad \boldsymbol{B} \in \mathbb{F}^{n\times 1}.$$

若 $|\boldsymbol{A}| \neq 0$, 则

$$\boldsymbol{A}\boldsymbol{X} = \boldsymbol{B} \tag{6.1}$$

有解, 解唯一, 且解为

$$\boldsymbol{X}_0 = \begin{pmatrix} \dfrac{|\boldsymbol{A}_1|}{|\boldsymbol{A}|} \\ \dfrac{|\boldsymbol{A}_2|}{|\boldsymbol{A}|} \\ \vdots \\ \dfrac{|\boldsymbol{A}_n|}{|\boldsymbol{A}|} \end{pmatrix}, \tag{6.2}$$

其中 $\boldsymbol{A}_i$ 为用 $\boldsymbol{B}$ 取代 $\boldsymbol{A}$ 的第 i 列所得的矩阵, $i = 1, 2, \cdots, n$.

证明　记 $\boldsymbol{A}$ 的 n 个列为 $\boldsymbol{\alpha}_1,\boldsymbol{\alpha}_2,\cdots,\boldsymbol{\alpha}_n$, 又记 $\boldsymbol{E}$ (n 阶单位矩阵) 的列为 $\boldsymbol{\varepsilon}_1,\boldsymbol{\varepsilon}_2,\cdots,\boldsymbol{\varepsilon}_n$. 因此,

$$\begin{aligned}\boldsymbol{A}&=(\boldsymbol{\alpha}_1,\boldsymbol{\alpha}_2,\cdots,\boldsymbol{\alpha}_n),\\ \boldsymbol{A}&=\boldsymbol{A}\boldsymbol{E}=\boldsymbol{A}(\boldsymbol{\varepsilon}_1,\boldsymbol{\varepsilon}_2,\cdots,\boldsymbol{\varepsilon}_n)\\ &=(\boldsymbol{A}\boldsymbol{\varepsilon}_1,\boldsymbol{A}\boldsymbol{\varepsilon}_2,\cdots,\boldsymbol{A}\boldsymbol{\varepsilon}_n).\end{aligned}$$

从而 $\boldsymbol{\alpha}_i=\boldsymbol{A}\boldsymbol{\varepsilon}_i, i=1,2,\cdots,n$. 若方程 (6.1) 有解 $\boldsymbol{C}=(c_1,c_2,\cdots,c_n)\in\mathbb{F}^{1\times n}$, 则

$$\boldsymbol{A}\boldsymbol{C}^{\mathrm{T}}=\boldsymbol{B}.$$

于是, 关于任意 i, $i=1,2,\cdots,n$,

$$\begin{aligned}&\boldsymbol{A}(\boldsymbol{\varepsilon}_1,\cdots,\boldsymbol{\varepsilon}_{i-1},\boldsymbol{C}^{\mathrm{T}},\boldsymbol{\varepsilon}_{i+1},\cdots,\boldsymbol{\varepsilon}_n)\\ =&(\boldsymbol{A}\boldsymbol{\varepsilon}_1,\cdots,\boldsymbol{A}\boldsymbol{\varepsilon}_{i-1},\boldsymbol{A}\boldsymbol{C}^{\mathrm{T}},\boldsymbol{A}\boldsymbol{\varepsilon}_{i+1},\cdots,\boldsymbol{A}\boldsymbol{\varepsilon}_n)\\ =&(\boldsymbol{\alpha}_1,\cdots,\boldsymbol{\alpha}_{i-1},\boldsymbol{B},\boldsymbol{\alpha}_{i+1},\cdots,\boldsymbol{\alpha}_n)=\boldsymbol{A}_i.\end{aligned}$$

根据命题 5.5.1, 有

$$|\boldsymbol{A}|\,|\,(\boldsymbol{\varepsilon}_1,\cdots,\boldsymbol{\varepsilon}_{i-1},\boldsymbol{C}^{\mathrm{T}},\boldsymbol{\varepsilon}_{i+1},\cdots,\boldsymbol{\varepsilon}_n)\,|=|\boldsymbol{A}_i|,$$

而上式左边的第二个行列式值为 c_i, 因此

$$c_i=\frac{|\boldsymbol{A}_i|}{|\boldsymbol{A}|},\quad i=1,2,\cdots,n.$$

这说明, 若方程 (6.1) 有解, 则解必唯一, 且为 (6.2).

容易验证 $\boldsymbol{A}^{-1}\boldsymbol{B}$ 为方程 (6.1) 的解, 即方程 (6.1) 确实有解, 但这一点也可以如下验证.

$$\boldsymbol{A}\begin{pmatrix}\dfrac{|\boldsymbol{A}_1|}{|\boldsymbol{A}|}\\ \dfrac{|\boldsymbol{A}_2|}{|\boldsymbol{A}|}\\ \vdots\\ \dfrac{|\boldsymbol{A}_n|}{|\boldsymbol{A}|}\end{pmatrix}=\boldsymbol{A}\cdot\frac{1}{|\boldsymbol{A}|}\begin{pmatrix}|\boldsymbol{A}_1|\\ |\boldsymbol{A}_2|\\ \vdots\\ |\boldsymbol{A}_n|\end{pmatrix},$$

根据命题 5.5.3, 将 $|\boldsymbol{A}_i|$ 按第 i 列展开, 有

$$|\boldsymbol{A}_i|=(\boldsymbol{A}_{1i},\boldsymbol{A}_{2i},\cdots,\boldsymbol{A}_{ni})\begin{pmatrix}b_1\\ b_2\\ \vdots\\ b_n\end{pmatrix},\quad i=1,2,\cdots,n,$$

因此,

$$\boldsymbol{A}\begin{pmatrix} \dfrac{|\boldsymbol{A}_1|}{|\boldsymbol{A}|} \\ \dfrac{|\boldsymbol{A}_2|}{|\boldsymbol{A}|} \\ \vdots \\ \dfrac{|\boldsymbol{A}_n|}{|\boldsymbol{A}|} \end{pmatrix} = \boldsymbol{A}\cdot\frac{1}{|\boldsymbol{A}|}\begin{pmatrix} (\boldsymbol{A}_{11},\boldsymbol{A}_{21},\cdots,\boldsymbol{A}_{n1})\begin{pmatrix} b_1 \\ b_2 \\ \vdots \\ b_n \end{pmatrix} \\ (\boldsymbol{A}_{12},\boldsymbol{A}_{22},\cdots,\boldsymbol{A}_{n2})\begin{pmatrix} b_1 \\ b_2 \\ \vdots \\ b_n \end{pmatrix} \\ \vdots \\ (\boldsymbol{A}_{1n},\boldsymbol{A}_{2n},\cdots,\boldsymbol{A}_{nn})\begin{pmatrix} b_1 \\ b_2 \\ \vdots \\ b_n \end{pmatrix} \end{pmatrix}$$

$$\begin{aligned} &= \boldsymbol{A}\cdot\frac{1}{|\boldsymbol{A}|}\cdot\boldsymbol{A}^*\boldsymbol{B} \\ &= \boldsymbol{A}\cdot\boldsymbol{A}^{-1}\cdot\boldsymbol{B} \\ &= \boldsymbol{E}\boldsymbol{B} \\ &= \boldsymbol{B}. \end{aligned}$$

□

6.3 应用 2, Cayley-Hamilton 定理的一个简化证明

引理 6.3.1 令 $\boldsymbol{A}\in\mathbb{F}^{n\times n}$. 则 $\boldsymbol{A}$ 总复相似于形为

$$\begin{pmatrix} b_{11} & \boldsymbol{B}_{12} \\ 0 & \boldsymbol{B}_{22} \end{pmatrix}\in\mathbb{C}^{n\times n}$$

的矩阵.

证明 由于数域 $\mathbb{F}$ 上的任何多项式在复数域上总有根, 特别地, $\boldsymbol{A}\in\mathbb{F}^{n\times n}$ 的特征多项式 $\Delta_{\boldsymbol{A}}(\lambda)$ 在复数域上有根. 令 V 为复数域 $\mathbb{C}$ 上一 n 维线性空间, $\mathcal{A}\in\mathcal{L}(V)$, 且 $\mathcal{A}$ 在基底 $(\boldsymbol{\alpha}_1,\boldsymbol{\alpha}_2,\cdots,\boldsymbol{\alpha}_n)$ 下的表示矩阵为 $\boldsymbol{A}$. 则 $\mathcal{A}$ 在复数域上有特征根, 记其一为 $b_{11}\in\mathbb{C}$, 又令 $\boldsymbol{\beta}_1$ 为相应于特征值 b_{11} 的一个特征向量. 于是, $\mathcal{A}\boldsymbol{\beta}_1=b_{11}\boldsymbol{\beta}_1$. 将 $\boldsymbol{\beta}_1$ 扩充为 V 的一个基底 $(\boldsymbol{\beta}_1,\boldsymbol{\beta}_2,\cdots,\boldsymbol{\beta}_n)$, 从而,

$$(\mathcal{A}\boldsymbol{\beta}_1,\mathcal{A}\boldsymbol{\beta}_2,\cdots,\mathcal{A}\boldsymbol{\beta}_n)=(\boldsymbol{\beta}_1,\boldsymbol{\beta}_2,\cdots,\boldsymbol{\beta}_n)\begin{pmatrix} b_{11} & \boldsymbol{B}_{12} \\ 0 & \boldsymbol{B}_{22} \end{pmatrix}.$$

因此, $\boldsymbol{A}$ 复相似于

$$\begin{pmatrix} b_{11} & \boldsymbol{B}_{12} \\ 0 & \boldsymbol{B}_{22} \end{pmatrix} \in \mathbb{C}^{n\times n}. \qquad \square$$

利用分块矩阵的运算, 直接计算可得如下结论.

引理 6.3.2 令

$$\boldsymbol{A} = \begin{pmatrix} \boldsymbol{A}_{11} & \boldsymbol{A}_{12} \\ \boldsymbol{O} & \boldsymbol{A}_{22} \end{pmatrix} \in \mathbb{F}^{n\times n}$$

为分块矩阵, 其中 $\boldsymbol{A}_{11}$ 和 $\boldsymbol{A}_{22}$ 分别是 n_1 阶和 n_2 阶矩阵, 且 $n_1+n_2=n$. 若 $f(x)$ 为数域 $\mathbb{F}$ 上一多项式, 则矩阵 $f(\boldsymbol{A})$ 有如下的分块形式

$$\begin{pmatrix} f(\boldsymbol{A}_{11}) & \boldsymbol{B}_{12} \\ \boldsymbol{O} & f(\boldsymbol{A}_{22}) \end{pmatrix},$$

其中 $\boldsymbol{B}_{12} \in \mathbb{F}^{n_1\times n_2}$.

定理 6.3.1 (Cayley-Hamilton) 令 $\boldsymbol{A}=(a_{ij}) \in \mathbb{F}^{n\times n}$. 则 $\Delta_{\boldsymbol{A}}(\boldsymbol{A})=\boldsymbol{O}$.

证明 我们关于矩阵的阶数使用数学归纳法. 当 $n=1$ 时, 结论显然. 假设定理关于任意阶数为 $n-1$ $(n\geqslant 2)$ 的矩阵都成立. 由引理 6.3.1 可知, 存在可逆矩阵 $\boldsymbol{T}\in\mathbb{C}^{n\times n}$, 使得

$$\boldsymbol{T}^{-1}\boldsymbol{A}\boldsymbol{T} = \boldsymbol{B} = \begin{pmatrix} b_{11} & \boldsymbol{B}_{12} \\ 0 & \boldsymbol{B}_{22} \end{pmatrix},$$

其中 $b_{11}\in\mathbb{C}$. 再根据引理 6.3.2 以及 $\Delta_{\boldsymbol{B}}(\lambda)=(\lambda-b_{11})\Delta_{\boldsymbol{B}_{22}}(\lambda)$, 存在某个 $\boldsymbol{D}_{12}$ 使得

$$\Delta_{\boldsymbol{B}}(\boldsymbol{B}) = (\boldsymbol{B}-b_{11}\boldsymbol{E}_n)\Delta_{\boldsymbol{B}_{22}}(\boldsymbol{B}) = \begin{pmatrix} 0 & \boldsymbol{B}_{12} \\ 0 & \boldsymbol{B}_{22}-b_{11}\boldsymbol{E}_{n-1} \end{pmatrix} \begin{pmatrix} \Delta_{\boldsymbol{B}_{22}}(b_{11}) & \boldsymbol{D}_{12} \\ 0 & \Delta_{\boldsymbol{B}_{22}}(\boldsymbol{B}_{22}) \end{pmatrix}.$$

由归纳法假设知 $\Delta_{\boldsymbol{B}_{22}}(\boldsymbol{B}_{22})=\boldsymbol{O}$, 因此, $\Delta_{\boldsymbol{B}}(\boldsymbol{B})=\boldsymbol{O}$, 从而,

$$\Delta_{\boldsymbol{A}}(\boldsymbol{A}) = \boldsymbol{T}\Delta_{\boldsymbol{B}}(\boldsymbol{B})\boldsymbol{T}^{-1} = \boldsymbol{O}. \qquad \square$$

(下面附上原证明) 我们先交待一个下面要使用的显然的事实.

(*) 令 $\mathbb{F}$ 为一数域. 则 $(\mathbb{F}[x])^{n\times n}=\mathbb{F}^{n\times n}[x]$, 其中 $(\mathbb{F}[x])^{n\times n}$ 是以 $\mathbb{F}[x]$ 中元素 (即 $\mathbb{F}$ 上关于 x 的多项式) 为元素的 n 阶方阵的集合, $\mathbb{F}^{n\times n}[x]$ 是以 $\mathbb{F}^{n\times n}$ 中的元素为系数的关于 x 的多项式集合. 例如

$$\begin{aligned} &\begin{pmatrix} x^3+x+1 & x^2-x+3 \\ x-1 & x^3+x^2+2 \end{pmatrix} \\ =&\begin{pmatrix} x^3+0x^2+x+1 & 0x^3+x^2-x+3 \\ 0x^3+0x^2+x-1 & x^3+x^2+0x+2 \end{pmatrix} \\ =&\,x^3\begin{pmatrix} 1 & 0 \\ 0 & 1 \end{pmatrix} + x^2\begin{pmatrix} 0 & 1 \\ 0 & 1 \end{pmatrix} + x\begin{pmatrix} 1 & -1 \\ 1 & 0 \end{pmatrix} + \begin{pmatrix} 1 & 3 \\ -1 & 2 \end{pmatrix}. \end{aligned}$$

Cayley-Hamilton 定理的传统证明 令 $\boldsymbol{C}(\lambda)$ 为 $(\lambda\boldsymbol{E}-\boldsymbol{A})$ 的伴随矩阵. 我们容易知道, 关于 $\mathbb{F}[\lambda]$ 上矩阵, 也有

$$\boldsymbol{C}(\lambda)(\lambda\boldsymbol{E}-\boldsymbol{A}) = |\ \lambda\boldsymbol{E}-\boldsymbol{A}\ |\boldsymbol{E} = \Delta_{\boldsymbol{A}}(\lambda)\boldsymbol{E}.$$

由于 $\boldsymbol{C}(\lambda)$ 的元素是 $(\lambda\boldsymbol{E}-\boldsymbol{A})$ 的各元素的代数余子式, $\boldsymbol{C}(\lambda)$ 的元素都是次数不超过 $n-1$ 的 $\mathbb{F}$ 上多项式, 根据事实 $(*)$, 可表示

$$\boldsymbol{C}(\lambda) = \lambda^{n-1}\boldsymbol{C}_{n-1} + \lambda^{n-2}\boldsymbol{C}_{n-2} + \cdots + \lambda\boldsymbol{C}_1 + \boldsymbol{C}_0,$$

其中 $\boldsymbol{C}_i \in \mathbb{F}^{n\times n}$, $i = 0, 1, 2, \cdots, n-1$. 令

$$\Delta_{\boldsymbol{A}}(\lambda) = \lambda^n + a_{n-1}\lambda^{n-1} + \cdots + a_1\lambda + a_0.$$

则

$$\Delta_{\boldsymbol{A}}(\lambda)\boldsymbol{E} = \lambda^n\boldsymbol{E} + \lambda^{n-1}(a_{n-1}\boldsymbol{E}) + \cdots + \lambda(a_1\boldsymbol{E}) + a_0\boldsymbol{E}, \tag{6.3}$$

又

$$\begin{aligned}
&\boldsymbol{C}(\lambda)(\lambda\boldsymbol{E}-\boldsymbol{A})\\
=&(\lambda^{n-1}\boldsymbol{C}_{n-1} + \lambda^{n-2}\boldsymbol{C}_{n-2} + \cdots + \lambda\boldsymbol{C}_1 + \boldsymbol{C}_0)(\lambda\boldsymbol{E}-\boldsymbol{A})\\
=&\lambda^n\boldsymbol{C}_{n-1} + \lambda^{n-1}(\boldsymbol{C}_{n-2}-\boldsymbol{C}_{n-1}\boldsymbol{A}) + \lambda^{n-2}(\boldsymbol{C}_{n-3}-\boldsymbol{C}_{n-2}\boldsymbol{A}) + \cdots\\
&+\lambda(\boldsymbol{C}_0-\boldsymbol{C}_1\boldsymbol{A}) - \boldsymbol{C}_0\boldsymbol{A},
\end{aligned} \tag{6.4}$$

比较式 (6.3) 与式 (6.4), 有

$$\begin{aligned}
\boldsymbol{C}_{n-1} &= \boldsymbol{E},\\
\boldsymbol{C}_{n-2}-\boldsymbol{C}_{n-1}\boldsymbol{A} &= a_{n-1}\boldsymbol{E},\\
\boldsymbol{C}_{n-3}-\boldsymbol{C}_{n-2}\boldsymbol{A} &= a_{n-2}\boldsymbol{E},\\
&\cdots\cdots\\
\boldsymbol{C}_0-\boldsymbol{C}_1\boldsymbol{A} &= a_1\boldsymbol{E},\\
-\boldsymbol{C}_0\boldsymbol{A} &= a_0\boldsymbol{E}.
\end{aligned} \tag{6.5}$$

用 $\boldsymbol{A}^n, \boldsymbol{A}^{n-1}, \cdots, \boldsymbol{A}, \boldsymbol{E}$ 依次从右边乘式 (6.5) 的从上到下各式, 有

$$\begin{aligned}
\boldsymbol{C}_{n-1}\boldsymbol{A}^n &= \boldsymbol{A}^n,\\
\boldsymbol{C}_{n-2}\boldsymbol{A}^{n-1}-\boldsymbol{C}_{n-1}\boldsymbol{A}^n &= a_{n-1}\boldsymbol{A}^{n-1},\\
\boldsymbol{C}_{n-3}\boldsymbol{A}^{n-2}-\boldsymbol{C}_{n-2}\boldsymbol{A}^{n-1} &= a_{n-2}\boldsymbol{A}^{n-2},\\
&\cdots\cdots\\
\boldsymbol{C}_0\boldsymbol{A}-\boldsymbol{C}_1\boldsymbol{A}^2 &= a_1\boldsymbol{A},\\
-\boldsymbol{C}_0\boldsymbol{A} &= a_0\boldsymbol{E}.
\end{aligned} \tag{6.6}$$

将式 (6.6) 的 $n+1$ 个等式加起来, 左边为 $\boldsymbol{O}$, 右边即为 $\Delta_{\boldsymbol{A}}(\boldsymbol{A})$, 因此,

$$\Delta_{\boldsymbol{A}}(\boldsymbol{A})=\boldsymbol{O}. \qquad \square$$

6.4 应用 3, 关于矩阵秩概念的开发 (IV)

例 6.4.1 定理 2.5.2 的证明 (VI).

证明 令

$$\boldsymbol{A}=\begin{pmatrix} a_{11} & a_{12} & \cdots & a_{1n} \\ a_{21} & a_{22} & \cdots & a_{2n} \\ \vdots & \vdots & & \vdots \\ a_{m1} & a_{m2} & \cdots & a_{mn} \end{pmatrix}=(\boldsymbol{\beta}_1,\boldsymbol{\beta}_2,\cdots,\boldsymbol{\beta}_n)=\begin{pmatrix} \boldsymbol{\alpha}_1 \\ \boldsymbol{\alpha}_2 \\ \vdots \\ \boldsymbol{\alpha}_m \end{pmatrix}\in\mathbb{F}^{m\times n},$$

其中 $\boldsymbol{\beta}_i$ 表示 $\boldsymbol{A}$ 的列向量, $i=1,2,\cdots,n$, $\boldsymbol{\alpha}_j$ 表示 $\boldsymbol{A}$ 的行向量, $j=1,2,\cdots,m$, $r_c(\boldsymbol{A})=c, r_r(\boldsymbol{A})=r$. 不妨令 $\boldsymbol{A}$ 的前 r 行线性无关. 则 $\boldsymbol{\alpha}_j$ 均可被前 r 行线性表出, $j=1,2,\cdots,m$, 即存在

$$\boldsymbol{X}=\begin{pmatrix} x_{11} & x_{12} & \cdots & x_{1r} \\ x_{21} & x_{22} & \cdots & x_{2r} \\ \vdots & \vdots & & \vdots \\ x_{m1} & x_{m2} & \cdots & x_{mr} \end{pmatrix}\in\mathbb{F}^{m\times r},$$

使得

$$\boldsymbol{A}=\boldsymbol{X}\begin{pmatrix} \boldsymbol{\alpha}_1 \\ \boldsymbol{\alpha}_2 \\ \vdots \\ \boldsymbol{\alpha}_r \end{pmatrix}.$$

记 $\boldsymbol{X}=(\boldsymbol{X}_1,\boldsymbol{X}_2,\cdots,\boldsymbol{X}_r)$, 其中 $\boldsymbol{X}_i$ 为 $\boldsymbol{X}$ 的列向量, $i=1,2,\cdots,r$, 则

$$\begin{aligned}\boldsymbol{A}&=(\boldsymbol{\beta}_1,\boldsymbol{\beta}_2,\cdots,\boldsymbol{\beta}_n)\\ &=(\boldsymbol{X}_1,\boldsymbol{X}_2,\cdots,\boldsymbol{X}_r)\begin{pmatrix} \boldsymbol{\alpha}_1 \\ \boldsymbol{\alpha}_2 \\ \vdots \\ \boldsymbol{\alpha}_r \end{pmatrix}\\ &=(\boldsymbol{X}_1,\boldsymbol{X}_2,\cdots,\boldsymbol{X}_r)\begin{pmatrix} a_{11} & a_{12} & \cdots & a_{1n} \\ a_{21} & a_{22} & \cdots & a_{2n} \\ \vdots & \vdots & & \vdots \\ a_{r1} & a_{r2} & \cdots & a_{rn} \end{pmatrix},\end{aligned}$$

即 $\boldsymbol{\beta}_i$ 均可由 $\boldsymbol{X}_1, \boldsymbol{X}_2, \cdots, \boldsymbol{X}_r$ 线性表出, $i=1,2,\cdots,n$, 从而 $r_c(\boldsymbol{A}) \leqslant r$, 即 $r_c(\boldsymbol{A}) \leqslant r_r(\boldsymbol{A})$. 类似地, 有 $r_r(\boldsymbol{A}) \leqslant r_c(\boldsymbol{A})$. 因此 $r_c(\boldsymbol{A}) = r_r(\boldsymbol{A})$. □

6.5 应用 4, 其他例题

例 6.5.1 令 $\boldsymbol{\alpha}_i = (a_{i1}, a_{i2}, \cdots, a_{ir}, a_{i,r+1}, \cdots, a_{in}) \in \mathbb{F}^n, i = 1,2,\cdots,s,\cdots,t$; 又记 $\boldsymbol{\alpha}_i' = (a_{i1}, a_{i2}, \cdots, a_{ir}) \in \mathbb{F}^r, i=1,2,\cdots,s,\cdots,t$. 则

(1) 若 $\boldsymbol{\alpha}_1,\cdots,\boldsymbol{\alpha}_s,\cdots,\boldsymbol{\alpha}_t$ 线性相关, 则 $\boldsymbol{\alpha}_1',\cdots,\boldsymbol{\alpha}_s',\cdots,\boldsymbol{\alpha}_t'$ 线性相关.

(2) 若 $\boldsymbol{\alpha}_1,\cdots,\boldsymbol{\alpha}_s$ 线性相关, 则 $\boldsymbol{\alpha}_1,\cdots,\boldsymbol{\alpha}_s,\cdots,\boldsymbol{\alpha}_t$ 线性相关.

证明 直接使用定义证明不难, 此处用矩阵的分块来展示.

(1) 令

$$\boldsymbol{A} = \begin{pmatrix} \boldsymbol{\alpha}_1 \\ \vdots \\ \boldsymbol{\alpha}_s \\ \vdots \\ \boldsymbol{\alpha}_t \end{pmatrix} = \left(\begin{array}{c:c} \boldsymbol{\alpha}_1' & \boldsymbol{\beta}_1 \\ \vdots & \vdots \\ \boldsymbol{\alpha}_s' & \boldsymbol{\beta}_s \\ \vdots & \vdots \\ \boldsymbol{\alpha}_t' & \boldsymbol{\beta}_t \end{array}\right).$$

则 $\boldsymbol{\alpha}_1,\cdots,\boldsymbol{\alpha}_s,\cdots,\boldsymbol{\alpha}_t$ 线性相关当且仅当存在非零向量 $\boldsymbol{K} = (k_1,\cdots,k_s,\cdots,k_t)$, 使得

$$\begin{aligned}\boldsymbol{K}\boldsymbol{A} &= (k_1,\cdots,k_s,\cdots,k_t)\left(\begin{array}{c:c} \boldsymbol{\alpha}_1' & \boldsymbol{\beta}_1 \\ \vdots & \vdots \\ \boldsymbol{\alpha}_s' & \boldsymbol{\beta}_s \\ \vdots & \vdots \\ \boldsymbol{\alpha}_t' & \boldsymbol{\beta}_t \end{array}\right) \\ &= \left(\begin{array}{c:c} \boldsymbol{O}_{1\times r} & \boldsymbol{O}_{1\times(n-r)} \end{array}\right) \\ &= \boldsymbol{O}_{1\times n},\end{aligned}$$

即

$$(k_1,\cdots,k_s,\cdots,k_t)\begin{pmatrix} \boldsymbol{\alpha}_1' \\ \vdots \\ \boldsymbol{\alpha}_s' \\ \vdots \\ \boldsymbol{\alpha}_t' \end{pmatrix} = \boldsymbol{O}_{1\times r},$$

于是, $\boldsymbol{\alpha}_1',\cdots,\boldsymbol{\alpha}_s',\cdots,\boldsymbol{\alpha}_t'$ 线性相关.

(2) $\boldsymbol{\alpha}_1,\cdots,\boldsymbol{\alpha}_s$ 线性相关当且仅当存在非零向量 $(k_1,\cdots,k_s)$, 使得

$$(k_1,\cdots,k_s)\begin{pmatrix}\boldsymbol{\alpha}_1\\ \vdots\\ \boldsymbol{\alpha}_s\end{pmatrix}=\boldsymbol{O}.$$

从而, 向量 $(k_1,\cdots,k_s,0,\cdots,0)$ 为非零向量, 且满足

$$(k_1,\cdots,k_s,0,\cdots,0)\begin{pmatrix}\boldsymbol{\alpha}_1\\ \vdots\\ \boldsymbol{\alpha}_s\\ \hdashline \boldsymbol{\alpha}_{s+1}\\ \vdots\\ \boldsymbol{\alpha}_t\end{pmatrix}=\boldsymbol{O}.$$

于是, $\boldsymbol{\alpha}_1,\cdots,\boldsymbol{\alpha}_s,\cdots,\boldsymbol{\alpha}_t$ 线性相关. □

例 6.5.2(Frobenius 不等式)　令 $\boldsymbol{A}\in\mathbb{F}^{m\times n},\boldsymbol{B}\in\mathbb{F}^{n\times p},\boldsymbol{C}\in\mathbb{F}^{p\times q}$. 则

$$r_{\boldsymbol{AB}}+r_{\boldsymbol{BC}}\leqslant r_{\boldsymbol{B}}+r_{\boldsymbol{ABC}}.$$

证明　由

$$\begin{pmatrix}\boldsymbol{E}&-\boldsymbol{A}\\ \boldsymbol{O}&\boldsymbol{E}\end{pmatrix}\begin{pmatrix}\boldsymbol{AB}&\boldsymbol{O}\\ \boldsymbol{B}&\boldsymbol{BC}\end{pmatrix}\begin{pmatrix}\boldsymbol{E}&-\boldsymbol{C}\\ \boldsymbol{O}&\boldsymbol{E}\end{pmatrix}=\begin{pmatrix}\boldsymbol{O}&-\boldsymbol{ABC}\\ \boldsymbol{B}&\boldsymbol{O}\end{pmatrix}(\stackrel{d}{=}\boldsymbol{N})$$

及秩与非零子式的关系知,

$$r_{\boldsymbol{AB}}+r_{\boldsymbol{BC}}\leqslant r_{\boldsymbol{M}}=r_{\boldsymbol{N}}=r_{\boldsymbol{ABC}}+r_{\boldsymbol{B}},$$

其中,

$$\boldsymbol{M}=\begin{pmatrix}\boldsymbol{AB}&\boldsymbol{O}\\ \boldsymbol{B}&\boldsymbol{BC}\end{pmatrix}.$$

即 Frobenius 不等式成立.

□

在 Frobenius 不等式中, 令 $\boldsymbol{B}=\boldsymbol{E}_n$. 则可得 Sylvester 不等式 (例 5.3.6). 下面给出 Sylvester 不等式等号成立的充要条件.

例 6.5.3　令 $\boldsymbol{A},\boldsymbol{B}$ 分别为 $m\times n$ 和 $n\times m$ 矩阵. 则

$$r_{\boldsymbol{A}}+r_{\boldsymbol{B}}=r_{\boldsymbol{AB}}+n$$

的充要条件为存在矩阵 $\boldsymbol{X},\boldsymbol{Y}$ 使得

$$\boldsymbol{XA}-\boldsymbol{BY}=\boldsymbol{E}_n.$$

证明 由例 6.5.2 的证明过程知, 只需证明

$$\begin{pmatrix} \boldsymbol{A} & \boldsymbol{O} \\ \boldsymbol{O} & \boldsymbol{B} \end{pmatrix} \text{ 与 } \begin{pmatrix} \boldsymbol{A} & \boldsymbol{O} \\ \boldsymbol{E}_n & \boldsymbol{B} \end{pmatrix} \text{的秩相同} \iff \text{存在 } \boldsymbol{X}, \boldsymbol{Y} \text{ 使得 } \boldsymbol{XA} - \boldsymbol{BY} = \boldsymbol{E}_n.$$

充分性 由 $\boldsymbol{XA} - \boldsymbol{BY} = \boldsymbol{E}_n$ 知,

$$\begin{pmatrix} \boldsymbol{E}_m & \boldsymbol{O} \\ -\boldsymbol{X} & \boldsymbol{E}_n \end{pmatrix}\begin{pmatrix} \boldsymbol{A} & \boldsymbol{O} \\ \boldsymbol{E}_n & \boldsymbol{B} \end{pmatrix}\begin{pmatrix} \boldsymbol{E}_n & \boldsymbol{O} \\ \boldsymbol{Y} & \boldsymbol{E}_m \end{pmatrix} = \begin{pmatrix} \boldsymbol{A} & \boldsymbol{O} \\ \boldsymbol{O} & \boldsymbol{B} \end{pmatrix}.$$

从而, $\begin{pmatrix} \boldsymbol{A} & \boldsymbol{O} \\ \boldsymbol{O} & \boldsymbol{B} \end{pmatrix}$ 与 $\begin{pmatrix} \boldsymbol{A} & \boldsymbol{O} \\ \boldsymbol{E}_n & \boldsymbol{B} \end{pmatrix}$ 的秩相同.

必要性 令 $r_{\boldsymbol{A}} = r, r_{\boldsymbol{B}} = s$. 则存在可逆矩阵 $\boldsymbol{P}_1, \boldsymbol{P}_2, \boldsymbol{Q}_1, \boldsymbol{Q}_2$ 使得

$$\boldsymbol{P}_1\boldsymbol{A}\boldsymbol{Q}_1 = \begin{pmatrix} \boldsymbol{E}_r & \boldsymbol{O} \\ \boldsymbol{O} & \boldsymbol{O} \end{pmatrix}, \quad \boldsymbol{P}_2\boldsymbol{B}\boldsymbol{Q}_2 = \begin{pmatrix} \boldsymbol{E}_s & \boldsymbol{O} \\ \boldsymbol{O} & \boldsymbol{O} \end{pmatrix}.$$

从而

$$\begin{pmatrix} \boldsymbol{P}_1 & \boldsymbol{O} \\ \boldsymbol{O} & \boldsymbol{P}_2 \end{pmatrix}\begin{pmatrix} \boldsymbol{A} & \boldsymbol{O} \\ \boldsymbol{O} & \boldsymbol{B} \end{pmatrix}\begin{pmatrix} \boldsymbol{Q}_1 & \boldsymbol{O} \\ \boldsymbol{O} & \boldsymbol{Q}_2 \end{pmatrix} = \begin{pmatrix} \boldsymbol{P}_1\boldsymbol{A}\boldsymbol{Q}_1 & \boldsymbol{O} \\ \boldsymbol{O} & \boldsymbol{P}_2\boldsymbol{B}\boldsymbol{Q}_2 \end{pmatrix} = \begin{pmatrix} \boldsymbol{E}_r & \boldsymbol{O} & \boldsymbol{O} & \boldsymbol{O} \\ \boldsymbol{O} & \boldsymbol{O} & \boldsymbol{O} & \boldsymbol{O} \\ \boldsymbol{O} & \boldsymbol{O} & \boldsymbol{E}_s & \boldsymbol{O} \\ \boldsymbol{O} & \boldsymbol{O} & \boldsymbol{O} & \boldsymbol{O} \end{pmatrix}, \tag{6.7}$$

$$\begin{pmatrix} \boldsymbol{P}_1 & \boldsymbol{O} \\ \boldsymbol{O} & \boldsymbol{P}_2 \end{pmatrix}\begin{pmatrix} \boldsymbol{A} & \boldsymbol{O} \\ \boldsymbol{E}_n & \boldsymbol{B} \end{pmatrix}\begin{pmatrix} \boldsymbol{Q}_1 & \boldsymbol{O} \\ \boldsymbol{O} & \boldsymbol{Q}_2 \end{pmatrix} = \begin{pmatrix} \boldsymbol{P}_1\boldsymbol{A}\boldsymbol{Q}_1 & \boldsymbol{O} \\ \boldsymbol{P}_2\boldsymbol{Q}_1 & \boldsymbol{P}_2\boldsymbol{B}\boldsymbol{Q}_2 \end{pmatrix} = \begin{pmatrix} \boldsymbol{E}_r & \boldsymbol{O} & \boldsymbol{O} & \boldsymbol{O} \\ \boldsymbol{O} & \boldsymbol{O} & \boldsymbol{O} & \boldsymbol{O} \\ \boldsymbol{C}_1 & \boldsymbol{C}_2 & \boldsymbol{E}_s & \boldsymbol{O} \\ \boldsymbol{C}_3 & \boldsymbol{C}_4 & \boldsymbol{O} & \boldsymbol{O} \end{pmatrix}. \tag{6.8}$$

对式 (6.8) 右端的方阵作行、列初等变换, 可消去 $\boldsymbol{C}_1, \boldsymbol{C}_3$ 和 $\boldsymbol{C}_2$, 从而也就消去了 $\boldsymbol{C}_4$ (因为 (6.7), (6.8) 两式右端方阵秩相等). 把式 (6.8) 右端分块, 记为

$$\begin{pmatrix} \boldsymbol{E}_1 & \boldsymbol{O} \\ \boldsymbol{C} & \boldsymbol{E}_2 \end{pmatrix},$$

其中, $\boldsymbol{E}_1=\begin{pmatrix}\boldsymbol{E}_r & \boldsymbol{O}\\ \boldsymbol{O} & \boldsymbol{O}\end{pmatrix},\boldsymbol{E}_2=\begin{pmatrix}\boldsymbol{E}_s & \boldsymbol{O}\\ \boldsymbol{O} & \boldsymbol{O}\end{pmatrix},\boldsymbol{C}=\begin{pmatrix}\boldsymbol{C}_1 & \boldsymbol{C}_2\\ \boldsymbol{C}_3 & \boldsymbol{C}_4\end{pmatrix}$.

于是, 上述消去 $\boldsymbol{C}_1$ 的行变换相当于

$$\begin{pmatrix}-\boldsymbol{C}_1 & \boldsymbol{O}\\ \boldsymbol{O} & \boldsymbol{O}\end{pmatrix}\begin{pmatrix}\boldsymbol{E}_r & \boldsymbol{O}\\ \boldsymbol{O} & \boldsymbol{O}\end{pmatrix}+\begin{pmatrix}\boldsymbol{C}_1 & \boldsymbol{C}_2\\ \boldsymbol{C}_3 & \boldsymbol{C}_4\end{pmatrix}=\begin{pmatrix}\boldsymbol{O} & \boldsymbol{C}_2\\ \boldsymbol{C}_3 & \boldsymbol{C}_4\end{pmatrix}.$$

因此, 上述消去 $\boldsymbol{C}_1,\boldsymbol{C}_3,\boldsymbol{C}_2$ (和 $\boldsymbol{C}_4$) 的初等变换就相当于有矩阵 $\boldsymbol{U}$ 和 $\boldsymbol{V}$, 使得

$$\boldsymbol{U}\boldsymbol{E}_1+\boldsymbol{E}_2\boldsymbol{V}+\boldsymbol{C}=\boldsymbol{O},$$

即

$$\boldsymbol{U}\boldsymbol{P}_1\boldsymbol{A}\boldsymbol{Q}_1+\boldsymbol{P}_2\boldsymbol{B}\boldsymbol{Q}_2\boldsymbol{V}=-\boldsymbol{P}_2\boldsymbol{Q}_1,$$
$$(-\boldsymbol{P}_2^{-1}\boldsymbol{U}\boldsymbol{P}_1)\boldsymbol{A}-\boldsymbol{B}(\boldsymbol{Q}_2\boldsymbol{V}\boldsymbol{Q}_1^{-1})=\boldsymbol{E}_n.$$
□

习　题　6

1. 令 $\boldsymbol{A},\boldsymbol{B}$ 分别为数域 $\mathbb{F}$ 上的 n 阶和 r 阶方阵, 且 $\boldsymbol{B}$ 可逆,

$$\boldsymbol{A}=\begin{pmatrix}\boldsymbol{B} & \boldsymbol{C}\\ \boldsymbol{D} & \boldsymbol{E}\end{pmatrix}.$$

证明

$$|\boldsymbol{A}|=|\boldsymbol{B}||\boldsymbol{E}-\boldsymbol{D}\boldsymbol{B}^{-1}\boldsymbol{C}|.$$

2. 令 $\boldsymbol{A}$ 为数域 $\mathbb{F}$ 上的 n 阶方阵, $k\neq 0$. 证明: $\boldsymbol{A}^2=k\boldsymbol{A}$ 当且仅当

$$r_{\boldsymbol{A}}+r_{\boldsymbol{A}-k\boldsymbol{E}}=n.$$

3. 令 $\boldsymbol{A},\boldsymbol{B}$ 为数域 $\mathbb{F}$ 上的 n 阶方阵. 若 $\boldsymbol{A}+\boldsymbol{B},\boldsymbol{A}-\boldsymbol{B}$ 可逆, 证明: $\begin{pmatrix}\boldsymbol{A} & \boldsymbol{B}\\ \boldsymbol{B} & \boldsymbol{A}\end{pmatrix}$ 可逆, 并求其逆矩阵.

4. 令 $\boldsymbol{A},\boldsymbol{B}$ 分别为数域 $\mathbb{F}$ 上的 m 阶方阵和 n 阶方阵, $\boldsymbol{C}$ 为数域 $\mathbb{F}$ 上秩为 r 的 $m\times n$ 矩阵, 其中 $m<n$ 且 $\boldsymbol{A}\boldsymbol{C}=\boldsymbol{C}\boldsymbol{B}$. 证明, $\boldsymbol{A}$ 与 $\boldsymbol{B}$ 至少有 r 个公共特征值, 且

(1) 若 $\boldsymbol{A}$ 与 $\boldsymbol{B}$ 的特征多项式互素, 则 $\boldsymbol{C}=\boldsymbol{O}$;

(2) 若 $\boldsymbol{C}$ 为列满秩矩阵, 则 $\boldsymbol{B}$ 的特征值全部为 $\boldsymbol{A}$ 的特征值.

5. 令 $\boldsymbol{A},\boldsymbol{B}$ 分别为数域 $\mathbb{F}$ 上的 $m\times s$ 和 $s\times n$ 矩阵, 且 $\boldsymbol{A}\boldsymbol{B}=\boldsymbol{C}$. 证明, 若 $r_{\boldsymbol{A}}=r$, 则数域 $\mathbb{F}$ 上存在一个秩为 $\min\{s-r,n\}$ 的 $s\times n$ 的矩阵 $\boldsymbol{D}$, 使得关于数域 $\mathbb{F}$ 上的任意 n 阶方阵 $\boldsymbol{Q}$, 有

$$\boldsymbol{A}(\boldsymbol{D}\boldsymbol{Q}+\boldsymbol{B})=\boldsymbol{C}.$$

6. 令 $\boldsymbol{A},\boldsymbol{B},\boldsymbol{C}$ 为数域 $\mathbb{F}$ 上的 n 阶方阵, $\boldsymbol{A}$ 可逆, 并且

$$\boldsymbol{CB}=\boldsymbol{CA}^i\boldsymbol{B}=\boldsymbol{O},\quad i=1,2,\cdots,n.$$

证明: $\begin{pmatrix}\boldsymbol{A} & \boldsymbol{B}\\ \boldsymbol{C} & \boldsymbol{A}\end{pmatrix}$ 可逆, 并求其逆矩阵.

7. 令 $\boldsymbol{A},\boldsymbol{D}$ 分别为数域 $\mathbb{F}$ 上的 m 阶和 n 阶可逆方阵. 证明: $\begin{pmatrix}\boldsymbol{A} & \boldsymbol{B}\\ \boldsymbol{C} & \boldsymbol{D}\end{pmatrix}$ 可逆当且仅当 $\boldsymbol{A}-\boldsymbol{BD}^{-1}\boldsymbol{C}$ 与 $\boldsymbol{D}-\boldsymbol{CA}^{-1}\boldsymbol{B}$ 均可逆.

第 7 讲　自然数集与数学归纳法

7.1　自然数集的 Peano 公理

Peano 公理　(i) 存在一个自然数 1;

(ii) 每个自然数 a 都确定一个新的自然数, 所谓 a 的后继元素 a^+, a 称为 a^+ 的生成元素;

(iii) 自然数 1 没有生成元素;

(iv) 若 $a^+ = b^+$, 则 $a = b$;

(v) 自然数的每个集合, 若它含有 1 且含有集合内每个元素的后继元素, 则这个集合含有一切自然数.

Peano 公理是借助公理化自然数来公理化自然数集的, 下面是直接公理化自然数集的一个公理化系统.

Tukey 公理　令 P 为一集合. 称 P 为一自然数集, 如果

(1) P 为一非空集合;

(2) 存在 P 上的一个单射 $a \mapsto a^+$, 此时称 a^+ 为 a 的后继元素, a 为 a^+ 的生成元素, 又称此单射为 P 上的后继元映射;

(3) 后继元映射不是满射, 即象集是 P 的真子集;

(4) 若 P 的任一子集含有无生成元的元素, 并且含有该子集里任意元素的后继元素, 则它必与 P 重合 (称这一假设为归纳法公理).

注 7.1　(1) 由 (3) 和 (4) 知, P 的无生成元的元素唯一, 通常记它为 1, 且令 $1^+ = 2$, $2^+ = 3, \cdots$.

(2) 性质 (4) 是数学归纳法原理的理论根据. 该原理是: 令 $E(n)$ 为关于自然数 n 的命题. 若 $E(1)$ 为真, 且 $E(r)$ 为真时蕴涵 $E(r^+)$ 为真, 则 $E(n)$ 关于所有 n 都为真. 这是因为, 令 S 为 $E(s)$ 为真的自然数 s 的集合. 则 $1 \in S$, 且关于任意的 $r \in S$, 其后继元素 r^+ 也必属于 S. 由性质 (4) 知, $S = P$, 即 $E(n)$ 关于 P 中任意的 n 都为真.

定理 7.1.1　Peano 公理系统与 Tukey 公理系统等价.

证明　先由 Peano 公理推出 Tukey 公理.

由 (i) 知, P 为非空集合. 再由 (ii) 和 (iv) 知, P 上的映射 $a \to a^+$ 是单射. 又由 (iii) 知, 此映射的象集不含 1, 从而为 P 的真子集合. 最后由 (iii) 及 (v) 可得归纳法原理.

再由 Tukey 公理推出 Peano 公理.

令 $P' = \{b \in P \mid b = a^+, a \in P\}$. 若关于任意取定的 $c \in P$, 存在 $a \in P$, 使得 $a^+ = c$,

则 $P \subseteq P'$. 由 (3), 一个矛盾. 从而 P 里含有无生成元的元素, 记为 e, 即 $e \in P \setminus P'$. 记 $P_1 = \{e, P'\}$. 因为 $e \in P_1$, $e^+ \in P'$, 且 P' 里每个元素的后继元素均属于 P', 由 (4) 知, $P_1 = P$. 令 e 为 1, 即得 (i) 及 (iii). 由 (2) 即得 (ii) 及 (iv). 由 (4) 即得 (v). □

定义 7.1.1 (自然数集 P 上的加法) 称自然数集 P 上的一二元运算 (或二元函数) "+" 为 P 上的加法, 如果

$$(\forall\ (x,y) \in P \times P) \quad +(x,y) \stackrel{d}{=} x+y,$$

满足

(1) $1 + y = y^+$;

(2) $x^+ + y = (x+y)^+$.

定理 7.1.2 (P 上加法的存在性和唯一性) P 上的加法存在且唯一.

证明 **存在性** 令

$$P_1 = \{y \in P \mid \forall\ x \in P,\ +(x,y) \text{ 满足定义 7.1.1 中 (1), (2)}\}.$$

则 "+" 的存在性的证明就归结到 $P_1 = P$ 的证明. 今用数学归纳法证明后者.

(1) 先证 $1 \in P_1$. 当 $y = 1$ 时, 关于任意 $x \in P$, 令 $x + y = x^+$. 则由

$$1 + y = 1^+ = y^+, \quad x^+ + y = (x^+)^+ = (x+y)^+$$

知, 此函数满足性质 (1) 和 (2). 于是, $1 \in P_1$.

(2) 再证 "$y \in P_1 \Rightarrow y^+ \in P_1$". 若 $y \in P_1$, 则关于任意 $x \in P$, $x + y$ 被确定, 且具有性质 (1) 和 (2). 令

$$x + y^+ = (x+y)^+.$$

则由

$$1 + y^+ = (1+y)^+ = (y^+)^+,$$
$$x^+ + y^+ = (x^+ + y)^+ = [(x+y)^+]^+ = (x+y^+)^+$$

知, 此函数关于 y^+ 也具有性质 (1) 和 (2). 于是, $y^+ \in P_1$.

因此, 由归纳法公理知, $P_1 = P$, 存在性得证.

唯一性 令 $+, \oplus$ 都是 P 上的加法 (注意 "加法" 的定义),

$$P_2 = \{x \in P \mid \forall\ y \in P,\ +(x,y) = \oplus(x,y)\}.$$

则加法的唯一性的证明就归结到 $P_2 = P$ 的证明. 今用数学归纳法证明后者.

(1) 先证 $1 \in P_2$. 关于任意 $y \in P$, 由 $1 + y = y^+ = 1 \oplus y$, 有 $1 \in P_2$.

(2) 再证 "$x \in P_2 \Rightarrow x^+ \in P_2$". 若 $x \in P_2$, 即关于任意 $y \in P$, $x + y = x \oplus y$, 则由 Peano 公理 (ii) 知

$$(x+y)^+ = (x \oplus y)^+.$$

从而

$$x^{+}+y=(x+y)^{+}=(x\oplus y)^{+}=x^{+}\oplus y.$$

于是, $x^{+}\in P_2$.

因此, 由归纳法公理知, $P_2=P$, 唯一性得证. □

定理 7.1.3 (自然数集上加法的基本性质) 关于任意 $x,y,z\in P$, 有

A_1: $x+(y+z)=(x+y)+z$ (加法的结合律);

A_2: $x+y=y+x$ (加法的交换律);

A_3: $x+z=y+z\Rightarrow x=y$ (加法的消去律).

证明 A_1: 令

$$P_1=\{x\in P\mid \forall\, y,z\in P,\ x+(y+z)=(x+y)+z\}.$$

则性质 A_1 的证明就归结到 $P_1=P$ 的证明. 今用数学归纳法证明后者.

(1) 先证 $1\in P_1$. 关于任意 $y,z\in P$, 由

$$1+(y+z)=(y+z)^{+}=y^{+}+z=(1+y)+z$$

知, $1\in P_1$.

(2) 再证"$x\in P_1\Rightarrow x^{+}\in P_1$". 若 $x\in P_1$, 即关于任意 $y,z\in P$, 有

$$x+(y+z)=(x+y)+z,$$

则

$$\begin{aligned}x^{+}+(y+z)&=(x+(y+z))^{+}=((x+y)+z)^{+}\\&=(x+y)^{+}+z=(x^{+}+y)+z,\end{aligned}$$

于是, $x^{+}\in P_1$.

因此, 由归纳法公理知, $P_1=P$, 从而性质 A_1 成立.

A_2: 令

$$P_2=\{x\in P\mid \forall\, y\in P,\ x+y=y+x\}.$$

则性质 A_2 的证明就归结到 $P_2=P$ 的证明. 今用数学归纳法证明后者.

(1) 先证 $1\in P_2$. 令

$$P_2'=\{y\in P\mid 1+y=y+1\}.$$

则 $1\in P_2$ 的证明就归结到 $P_2'=P$ 的证明. 今用数学归纳法证明后者.

显然 $1\in P_2'$. 若 $y\in P_2'$, 则

$$1+y=y+1,$$

由性质 A_1 知

$$1+y^+=1+(1+y)=1+(y+1)=(1+y)+1=y^++1.$$

从而, $y^+\in P_2'$. 于是, 由归纳法公理知, $P_2'=P$, 即 $1\in P_2$.

(2) 若 $x\in P_2$, 即关于任意 $y\in P$, 有

$$x+y=y+x,$$

则由性质 A_1 知

$$\begin{aligned}x^++y&=(x+y)^+=(y+x)^+=y^++x=(1+y)+x\\&=(y+1)+x=y+(1+x)=y+x^+,\end{aligned}$$

于是, $x^+\in P_2$.

因此, 由归纳法公理知, $P_2=P$, 从而性质 A_2 成立.

A_3: 令

$$P_3=\{z\in P\mid \forall\ x,y\in P,\ x+z=y+z\Rightarrow x=y\}.$$

则性质 A_3 的证明就归结到 $P_3=P$ 的证明. 今用数学归纳法证明后者.

(1) 先证 $1\in P_3$. 若关于任意 $x,y\in P$, 有 $x+1=y+1$, 则

$$x^+=1+x=x+1=y+1=1+y=y^+,$$

由 Peano 公理 (iv) 知, $x=y$. 于是, $1\in P_3$.

(2) 再证"$z\in P_3\Rightarrow z^+\in P_3$". 令 $z\in P_3$. 则关于任意 $x,y\in P$, 有

$$x+z=y+z\Rightarrow x=y.$$

若 $x+z^+=y+z^+$, 则

$$\begin{aligned}x^++z&=(x+z)^+=(z+x)^+=z^++x\\&=x+z^+=y+z^+=z^++y\\&=(z+y)^+=(y+z)^+=y^++z,\end{aligned}$$

从而, $x^+=y^+$. 由 Peano 公理 (iv) 知, $x=y$, 于是, $z^+\in P_3$.

因此, 由归纳法公理知, $P_3=P$, 从而性质 A_3 成立. □

定义 7.1.2 (自然数集 P 上的乘法) 称自然数集 P 上的一二元运算 (或二元函数) "·" 为 P 上的乘法, 如果

$$(\forall\ (x,y)\in P\times P)\quad \cdot(x,y)\overset{d}{=}x\cdot y$$

满足

(1) $1\cdot y=y$;

(2) $x^+\cdot y=x\cdot y+y$.

定理 7.1.4　(P 上乘法的存在性和唯一性)　P 上的乘法存在且唯一.

证明　**存在性**　令

$$P_1=\{y\in P \mid \forall\, x\in P,\ \cdot(x,y)\ \text{满足定义 7.1.2 中 (1),(2)}\}.$$

则"·"的存在性的证明就归结到 $P_1=P$ 的证明. 今用数学归纳法证明后者.

(1) 先证 $1\in P_1$. 当 $y=1$ 时, 关于任意 $x\in P$, 令 $x\cdot y=x$. 则由

$$1\cdot y=1=y,\quad x^+\cdot y=x^+=x+y=x\cdot y+y$$

知, 此函数具有性质 (1) 和 (2). 于是, $1\in P_1$.

(2) 再证"$y\in P_1\Rightarrow y^+\in P_1$". 若 $y\in P_1$, 则关于任意 $x\in P$, $x\cdot y$ 被确定, 且具有性质 (1) 和 (2). 令 $x\cdot y^+=x\cdot y+x$. 则由定理 7.1.3, 有

$$\begin{aligned}1\cdot y^+&=1\cdot y+1=y+1=y^+,\\x^+\cdot y^+&=x^+\cdot y+x^+=(x\cdot y+y)+x^+=x\cdot y+(y+x^+)\\&=x\cdot y+(y+x)^+=x\cdot y+(x+y)^+=x\cdot y+(x+y^+)\\&=(x\cdot y+x)+y^+=x\cdot y^++y^+,\end{aligned}$$

此函数关于 y^+ 具有性质 (1) 和 (2). 于是, $y^+\in P_1$.

因此, 由归纳法公理知, $P_1=P$, 存在性得证.

唯一性　令 $\cdot$, $\odot$ 都是 P 上的乘法 (注意"乘法"的定义),

$$P_2=\{x\in P \mid \forall\, y\in P,\ \cdot(x,y)=\odot(x,y)\}.$$

则乘法的唯一性的证明就归结到 $P_2=P$ 的证明. 今用数学归纳法证明后者.

(1) 先证 $1\in P_2$. 关于任意 $y\in P$, 由 $1\cdot y=y=1\odot y$ 知, $1\in P_2$.

(2) 再证"$x\in P_2\Rightarrow x^+\in P_2$". 若 $x\in P_2$, 即关于任意 $y\in P$, $x\cdot y=x\odot y$, 则

$$x^+\cdot y=x\cdot y+y=x\odot y+y=x^+\odot y.$$

于是, $x^+\in P_2$.

因此, 由归纳法公理知, $P_2=P$, 唯一性得证. □

下面的分配律是连接加法和乘法的基本法则.

定理 7.1.5　(乘法对加法的分配律)　关于任意 $x,y,z\in P$, 有

$$\text{D}\quad x\cdot(y+z)=x\cdot y+x\cdot z.$$

证明　令

$$P_1=\{x\in P \mid \forall\, y,z\in P,\ x\cdot(y+z)=x\cdot y+x\cdot z\}.$$

则性质 D 的证明就归结到 $P_1 = P$ 的证明. 今用数学归纳法证明后者.

(1) 先证 $1 \in P_1$. 关于任意 $y, z \in P$, 由

$$1 \cdot (y+z) = y+z = 1 \cdot y + 1 \cdot z$$

知, $1 \in P_1$.

(2) 再证"$x \in P_1 \Rightarrow x^+ \in P_1$". 若 $x \in P_1$, 即关于任意 $y, z \in P$, 有

$$x \cdot (y+z) = x \cdot y + x \cdot z,$$

则

$$\begin{aligned} x^+ \cdot (y+z) &= x \cdot (y+z) + (y+z) = x \cdot y + x \cdot z + y + z \\ &= (x \cdot y + y) + (x \cdot z + z) = x^+ \cdot y + x^+ \cdot z. \end{aligned}$$

于是, $x^+ \in P_1$.

因此, 由归纳法公理知, $P_1 = P$, 从而 D 成立. □

定理 7.1.6 (自然数集上乘法的基本性质) 关于任意 $x, y, z \in P$, 有

M_1: $x \cdot y = y \cdot x$ (乘法的交换律);

M_2: $x \cdot (y \cdot z) = (x \cdot y) \cdot z$ (乘法的结合律);

M_3: $x \cdot z = y \cdot z \Rightarrow x = y$ (乘法的消去律).

证明 (1) 令

$$P_1 = \{x \in P \mid \forall\, y \in P,\ x \cdot y = y \cdot x\}.$$

则 M_1 的证明就归结到 $P_1 = P$ 的证明. 今用数学归纳法证明后者.

(i) 先证 $1 \in P_1$. 令

$$P_1' = \{y \in P \mid 1 \cdot y = y \cdot 1\}.$$

则 $1 \in P_1$ 的证明就归结到 $P_1' = P$ 的证明. 今用数学归纳法证明后者.

显然 $1 \in P_1'$. 若 $y \in P_1'$, 即 $1 \cdot y = y \cdot 1$, 则

$$1 \cdot y^+ = y^+ = 1 + y = y + 1 = 1 \cdot y + 1 = y \cdot 1 + 1 = y^+ \cdot 1.$$

从而, $y^+ \in P_1'$. 于是, 由归纳法公理知, $P_1' = P$, 即 $1 \in P_1$.

(ii) 再证"$x \in P_1 \Rightarrow x^+ \in P_1$". 若 $x \in P_1$, 即关于任意 $y \in P$, $x \cdot y = y \cdot x$, 则

$$x^+ \cdot y = x \cdot y + y = y + x \cdot y = y \cdot 1 + y \cdot x = y \cdot (1+x) = y \cdot x^+,$$

于是, $x^+ \in P_1$.

因此, 由归纳法公理知, $P_1 = P$, 从而 M_1 成立.

(2) 令

$$P_2 = \{x \in P \mid \forall\, y, z \in P,\ x \cdot (y \cdot z) = (x \cdot y) \cdot z\}.$$

则 M_2 的证明就归结到 $P_2 = P$ 的证明. 今用数学归纳法证明后者.

(i) 先证 $1 \in P_2$. 关于任意 $y, z \in P$, 由

$$1 \cdot (y \cdot z) = (y \cdot z) = (1 \cdot y) \cdot z$$

知, $1 \in P_2$.

(ii) 再证“$x \in P_2 \Rightarrow x^+ \in P_2$”. 若 $x \in P_2$, 即关于任意 $y, z \in P$, 有

$$x \cdot (y \cdot z) = (x \cdot y) \cdot z.$$

则由 M_1 和 D 知

$$\begin{aligned} x^+ \cdot (y \cdot z) &= x \cdot (y \cdot z) + y \cdot z = (x \cdot y) \cdot z + y \cdot z = z \cdot (x \cdot y) + z \cdot y \\ &= z \cdot (x \cdot y + y) = z \cdot (x^+ \cdot y) = (x^+ \cdot y) \cdot z, \end{aligned}$$

于是, $x^+ \in P_2$.

因此, 由归纳法公理知, $P_2 = P$, 从而 M_2 成立.

(3) 见习题 6. □

P 上的第三个基本概念为次序, 它的定义可借助于加法表述.

定义 7.1.3 (自然数集 P 上的次序) 令 $a, b \in P$. 若存在 $x \in P$, 使得 $a = b + x$, 则称 a 大于 b, 记为 $a > b$, 或 $b < a$.

定理 7.1.7 (次序的基本性质) 令 $x, y, z \in P$, $S \subseteq P$. 则

O_1: 若 $x > y$, 则 $x \not\leqslant y$ (反对称性);

O_2: 若 $x > y$, 且 $y > z$, 则 $x > z$ (传递性);

O_3: 若 (x, y) 为有序二维组, 则 $x > y, x = y, x < y$ 三者必居其一 (鼎立性);

O_4: S 存在最小元, 即存在 $l \in S$, 使得关于任意 $s \in S$, $l \leqslant s$.

证明 显然 O_3 蕴涵 O_1, 从而只需证明 $\mathrm{O}_2, \mathrm{O}_3, \mathrm{O}_4$.

(1) (O_2 的证明) 若 $x > y$, $y > z$, 则存在 $u, v \in P$, 使得

$$x = y + u, \quad y = z + v.$$

由

$$x = (z + v) + u = z + (v + u),$$

有 $x > z$.

(2) (O_3 的证明) 首先证明, 关于任意 $a, u \in P$, $a \neq a + u$. 若存在 a, 使得 $a = a + u$, 则

$$\begin{aligned} a + 1 &= 1 + a = a^+ = (a + u)^+ = a^+ + u \\ &= (1 + a) + u = (a + 1) + u = a + (1 + u). \end{aligned}$$

由 A_2, A_3 得 $1 = 1 + u = u^+$. 再由 Peano 公理 (iii) 知, 一个矛盾.

现在证明 O_3. 如果 $x>y$, 那么存在 $u\in P$, 使得 $x=y+u$. 若 $x=y$, 则 $y=y+u$, 由前面的讨论, 一个矛盾, 即当 $x>y$ 时, $x=y$ 不成立. 若 $x<y$, 则存在 $v\in P$, 使得 $y=x+v$. 从而

$$y=x+v=(y+u)+v=y+(u+v),$$

由前面的讨论, 一个矛盾, 即当 $x>y$ 时, $x<y$ 不成立.

类似地, 当 $x=y$ 时, $x>y$, $x<y$ 均不成立; 当 $x<y$ 时, $x>y$, $x=y$ 也均不成立.

(3) (O_4 的证明) 令

$$M=\{m\in P \mid (\forall\ s\in S)\ m\leqslant s\}.$$

则 $1\in M$. 若 $s\in S$, 则由 $s^+>s$, 有 $s^+\notin M$. 从而 $M\neq P$. 根据归纳法原理, 存在 $l\in P$, 使得 $l\in M$, 且 $l^+\notin M$. 若关于任意的 $s\in S$, $l<s$, 则 $l^+\leqslant s$. 从而 $l^+\in M$, 一个矛盾. 显然 $l\in S$, 即存在 $l\in S$ 使得关于任意 $s\in S$, 有 $l\leqslant s$. □

注 7.2 (1) O_3 显然蕴涵 O_1, 此处一起罗列是因为存在一些重要代数系统满足 O_1, O_2 但不满足 O_3.

(2) 性质 O_4 称为 P 的良序性, 是数学归纳法的理论根据. 该原理是: 令 $E(n)$ 为关于自然数 n 的命题. 若关于所有 $s<r$, $E(s)$ 为真蕴涵 $E(r)$ 为真 (其中含有已知 $E(1)$ 为真), 则关于所有 n 有 $E(n)$ 都是真. 这是因为, 令 F 为 $E(r)$ 不真的自然数 r 的集合. 若 F 非空, 则可令 t 为该集合的最小元素. 从而关于所有 $s<t$, $E(s)$ 为真的, 一个矛盾. 因此 F 为空集, 即 $E(n)$ 关于所有 n 都是真的.

(3) 类似于自然数集上加法和乘法的存在性和唯一性, 读者可考虑自然数集上次序的存在性和唯一性.

次序与加法和乘法之间的主要关系如下.

定理 7.1.8 关于任意 a, $b\in P$, 下两条成立:

OA: $a>b$ 当且仅当关于任意 $c\in P$, $a+c>b+c$.

OM: $a>b$ 当且仅当关于任意 $c\in P$, $ac>bc$.

证明 (1) 若 $a>b$, 则存在 $u\in P$, 使得 $a=b+u$. 从而

$$a+c=(b+u)+c=b+(u+c)=b+(c+u)=(b+c)+u,$$

即 $a+c>b+c$.

反过来, 若 $a+c>b+c$, 则存在 $u\in P$ 使得

$$a+c=(b+c)+u=b+(c+u)=b+(u+c)=(b+u)+c.$$

由 A_2 知, $a=b+u$. 从而 $a>b$.

(2) 若 $a>b$, 则存在 $u\in P$, 使得 $a=b+u$. 从而

$$ac=(b+u)c=bc+uc.$$

即 $ac > bc$.

反过来, 若 $ac > bc$, 且 $a = b$, 或 $a < b$, 则

$$ac = bc \quad \text{或者} \quad ac < bc.$$

由鼎立性, 一个矛盾, 从而 $a > b$. □

注 7.3 称自然数集连同其上的加法、乘法和次序形成的系统为自然数集系统. 请读者类似考虑自然数集系统的存在性和唯一性.

7.2 关于"自然数集"的一个可供使用的"朴素理论"

相对于"公理集合论", 有"朴素集合论"; 相对于"自然数集的 Peano 公理", "自然数集"的一个"朴素理论"似可陈述如下.

这里, 关于"整数""整数集"和整数集上的"加法"和"乘法"运算, 以及整数集上的通常的偏序"$\leqslant$"等概念, 统统使用我们的经验, 不给出数学定义. 在此基础上, 我们给出

定义 7.2.1 称整数集的一个无限子集为一自然数集, 如果它关于"$\leqslant$"有最小元.

定理 7.2.1 (自然数集的存在性和唯一性) 自然数集存在, 且在保序"$\leqslant$"双射的意义上唯一.

证明 自然数集显然存在, 例如, 非负整数集、正整数集、正偶 (奇) 数集, 以及

$$\{n^i \mid i = 1, 2, \cdots, m, \cdots\}, \quad n \text{ 为某一正整数}$$

等都是自然数集.

令

$$\{n_0, n_1, \cdots, n_k, \cdots\}$$

为一自然数集, 其中

$$n_i < n_j \longleftrightarrow i < j.$$

显然

$$f : \{n_i \mid i \in \mathbb{N}_0\} \longrightarrow \mathbb{N}_0,$$
$$n_i \longmapsto i$$

为一保序 "$\leqslant$" 双射. 因此, 在这种意义上, 自然数集是唯一的. □

下面的定理是显然的.

定理 7.2.2 (考虑到我们使用了很多经验, 该定理通常称为自然数的良序性公理) 自然数集的任意非空子集有最小元 (关于整数集上的通常的偏序"$\leqslant$").

注 7.4 鉴于本讲的 7.6 节, 显然地, 可以更一般地定义自然数集为"良序的可列无限集".

下面举例阐述数学归纳法 (见高等代数课程的相关教材) 的各种应用.

7.3 数学归纳法用于“证明”

关于定理 1.2.1 的特殊情形 (推论 1.2.1) 的一个特殊处理.

例 7.3.1 令 $f_1(x),\cdots,f_s(x)\in\mathbb{R}[x], s\in\mathbb{Z}^+$. 则

$$(\exists g(x),h(x)\in\mathbb{R}[x])\quad \sum_{i=1}^{s}f_i^2(x)=g^2(x)+h^2(x).$$

证明 当 $s=1,2$ 时结论显然成立, 下面关于 s 在自然数集 $N_3=\{3,4,\cdots\}$ 上使用第一数学归纳法.

令

$$F(x)=f_1^2(x)+f_2^2(x)+f_3^2(x).$$

不妨假设有且仅有 $a_1,a_2,\cdots,a_l$ 为 l 个两两不同的实数, 使得

$$0=F(a_i)=f_1^2(a_i)+f_2^2(a_i)+f_3^2(a_i),$$

则

$$f_1(a_i)=0,\quad f_2(a_i)=0,\quad f_3(a_i)=0,\quad i=1,2,\cdots,l.$$

若 $f_j(x)$ 中根 a_i 的重数为 r_{ji}, $j=1,2,3$, $i=1,2,\cdots,l$, 则

$$(2r_{1i},2r_{2i},2r_{3i})\overset{d}{=}2m_i,\quad i=1,2,\cdots,l.$$

从而

$$F(x)=(h_1^2(x)+h_2^2(x)+h_3^2(x))\prod_{i=1}^{l}(x-a_i)^{2m_i},$$

其中 $h_j(x)\prod\limits_{i=1}^{l}(x-a_i)^{m_i}=f_j(x)$, $j=1,2,3$.

由 $h_1^2(x)+h_2^2(x)+h_3^2(x)$ 为只有复根的实系数多项式, 不妨令

$$\partial(h_1^2(x)+h_2^2(x)+h_3^2(x))=n=2r,\quad r\in\mathbb{Z}^+,$$

且首项系数为 a_n (>0). 则

$$\begin{aligned}0<h_1^2(x)+h_2^2(x)+h_3^2(x)=&a_n(x-\alpha_1)(x-\alpha_2)\cdots(x-\alpha_r)\\&\cdot(x-\overline{\alpha_1})(x-\overline{\alpha_2})\cdots(x-\overline{\alpha_r}),\end{aligned}$$

其中 $\alpha_i, i=1,2,\cdots,r$ 是具有正的虚部的复根. 记

$$\begin{aligned}H(x)&=(x-\alpha_1)(x-\alpha_2)\cdots(x-\alpha_r)=g_1(x)+ig_2(x),\\\overline{H(x)}&=(x-\overline{\alpha_1})(x-\overline{\alpha_2})\cdots(x-\overline{\alpha_r})=g_1(x)-ig_2(x),\end{aligned}$$

其中 $g_1(x), g_2(x)$ 为实系数多项式. 从而

$$\begin{aligned}h_1^2(x)+h_2^2(x)+h_3^2(x)&=a_nH(x)\overline{H(x)}\\&=a_n(g_1(x)+ig_2(x))(g_1(x)-ig_2(x))\\&=a_n(g_1^2(x)+g_2^2(x))\\&=(\sqrt{a_n}g_1(x))^2+(\sqrt{a_n}g_2(x))^2.\end{aligned}$$

因此记

$$\begin{aligned}F_1(x)&=\sqrt{a_n}g_1(x),\\F_2(x)&=\sqrt{a_n}g_2(x),\\G(x)&=\prod_{i=1}^{l}(x-a_i)^{m_i}.\end{aligned}$$

则

$$\begin{aligned}F(x)&=G^2(x)(F_1^2(x)+F_2^2(x))\\&=(G(x)F_1(x))^2+(G(x)F_2(x))^2,\end{aligned}$$

即 $s=3$ 时结论成立.

假设 $s=n-1\geqslant 3$ 时结论成立, 今考察 $s=n$ 时的情形. 由归纳假设, 存在 $g_1(x)$, $h_1(x)$, $g(x)$, $h(x)\in\mathbb{R}[x]$, 使得

$$\begin{aligned}(f_1^2(x)+\cdots+f_{n-1}^2(x))+f_n^2(x)&=g_1^2(x)+h_1^2(x)+f_n^2(x)\\&=g^2(x)+h^2(x).\end{aligned}$$

从而结论成立. □

例 7.3.2　定理 1.4.3 的证明 (补证).

证明　这里我们约定 $\partial 0=-1$, 则定理 1.4.3 可以改写为：令 $f(x)$, $g(x)\in\mathbb{F}[x]$, 且 $g(x)\neq 0$. 则存在唯一的 $q(x), r(x)\in\mathbb{F}[x]$, 使得

$$\begin{cases}f(x)=q(x)g(x)+r(x),\\\partial(r(x))<\partial(g(x)).\end{cases}\tag{7.1}$$

今关于 $\partial f(x)$ 在自然数集 $\mathbb{N}_{-1}=\{-1,0,1,\cdots\}$ 上使用第二数学归纳法, 只给出存在性的证明.

当 $\partial f(x)=-1$ (即 $f(x)=0$) 时, 结论显然.

假设 $-1\leqslant\partial f(x)<n$ 时结论成立, 今考察 $\partial f(x)=n$ 时的情形. 令 $\partial g(x)=m$, 且 $f(x)$ 的首项系数为 a_n, $g(x)$ 的首项系数为 b_m.

(1) 若 $\partial f(x) < m$, 则取 $q(x) = 0, r(x) = f(x)$ 时, 即得所需结论

$$\begin{cases} f(x) = q(x)g(x) + r(x), \\ \partial r(x) < \partial g(x). \end{cases}$$

(2) 若 $\partial f(x) \geqslant m$, 则定义

$$f_1(x) \stackrel{d}{=} f(x) - a_n b_m^{-1} g(x) x^{n-m},$$

且 $\partial f_1(x) \leqslant n-1$, 由归纳假设有

$$\begin{cases} f_1(x) = q_1(x)g(x) + r_1(x), \\ \partial r_1(x) < \partial g(x). \end{cases}$$

从而

$$f(x) - a_n b_m^{-1} g(x) x^{n-m} = q_1(x)g(x) + r_1(x).$$

取

$$q(x) = q_1(x) + a_n b_m^{-1} x^{n-m}, \quad r(x) = r_1(x)$$

时,

$$\begin{cases} f(x) = q(x)g(x) + r(x), \\ \partial r(x) < \partial g(x). \end{cases}$$

□

以下两个例子在定理 2.4.1 和定理 2.4.2 中已给出过证明, 这里我们绕过线性相关部分的对应结论, 直接就向量间的夹角与空间维数和向量个数的关系给出关于数学归纳法的证明.

例 7.3.3 令 V 为一 n 维 Euclid 空间, $\boldsymbol{\alpha}_1, \boldsymbol{\alpha}_2, \cdots, \boldsymbol{\alpha}_m \in V$, $n, m \in \mathbb{Z}^+, m \geqslant 2$. 若 $\boldsymbol{\alpha}_i \neq \boldsymbol{\theta}$, $(\boldsymbol{\alpha}_i, \boldsymbol{\alpha}_j) = 0$, $i, j = 1, 2, \cdots, m$, $i \neq j$, 则 $m \leqslant n$.

证明 **证法 1** 由已知条件可得 $\boldsymbol{\alpha}_1, \boldsymbol{\alpha}_2, \cdots, \boldsymbol{\alpha}_m$ 是两两正交的, 所以它们必定线性无关. 再由空间的维数为 n 知, $m \leqslant n$.

证法 2 关于维数 n 在自然数集 $N_1 = \{1, 2, \cdots\}$ 上作第一数学归纳法.

当 $\dim V = 1$ 时, 不存在非零向量 $\boldsymbol{\alpha}_i, \boldsymbol{\alpha}_j$, 满足 $(\boldsymbol{\alpha}_i, \boldsymbol{\alpha}_j) = 0$.

当 $\dim V = 2$ 时, 结论显然成立.

假设 $n = k-1 > 2$ 时结论成立, 今考察 $n = k$ 时情形. 由 $\boldsymbol{\alpha}_1 \neq \boldsymbol{\theta}$, 可令 $\boldsymbol{\varepsilon}_1 = \dfrac{\boldsymbol{\alpha}_1}{|\boldsymbol{\alpha}_1|}$. 将 $\boldsymbol{\varepsilon}_1$ 扩充为 V 的一个标准正交基底

$$(\boldsymbol{\varepsilon}_1, \boldsymbol{\varepsilon}_2, \cdots, \boldsymbol{\varepsilon}_n),$$

则

$$\begin{cases} \boldsymbol{\alpha}_1 = |\boldsymbol{\alpha}_1|\boldsymbol{\varepsilon}_1 + 0\boldsymbol{\varepsilon}_2 + \cdots + 0\boldsymbol{\varepsilon}_n, \\ \boldsymbol{\alpha}_2 = x_{21}\boldsymbol{\varepsilon}_1 + x_{22}\boldsymbol{\varepsilon}_2 + \cdots + x_{2n}\boldsymbol{\varepsilon}_n, \\ \qquad\qquad \cdots\cdots \\ \boldsymbol{\alpha}_m = x_{m1}\boldsymbol{\varepsilon}_1 + x_{m2}\boldsymbol{\varepsilon}_2 + \cdots + x_{mn}\boldsymbol{\varepsilon}_n. \end{cases}$$

由 $(\boldsymbol{\alpha}_1,\boldsymbol{\alpha}_i)=0$ 知, $|\boldsymbol{\alpha}_1|x_{i1}=0$, 即

$$x_{i1}=0,\quad i=2,3,\cdots,m.$$

从而 $\boldsymbol{\alpha}_2,\boldsymbol{\alpha}_3,\cdots,\boldsymbol{\alpha}_m\in G[\boldsymbol{\varepsilon}_2,\boldsymbol{\varepsilon}_3,\cdots,\boldsymbol{\varepsilon}_n]$, 即有 $m-1$ 个向量在 $n-1$ 维 Euclid 空间中, 且满足

$$\begin{cases}\boldsymbol{\alpha}_i\neq\boldsymbol{\theta}, & i=2,3,\cdots,m,\\ (\boldsymbol{\alpha}_i,\boldsymbol{\alpha}_j)=0, & i\neq j,i,j=2,3,\cdots,m.\end{cases}$$

于是, 由归纳法假设, $m-1\leqslant n-1$, 即 $m\leqslant n$. □

例 7.3.4　令 V 为一 n 维 Euclid 空间, $\boldsymbol{\alpha}_1,\boldsymbol{\alpha}_2,\cdots,\boldsymbol{\alpha}_m\in V,n,m\in\mathbb{Z}^+,m\geqslant 2$. 若 $(\boldsymbol{\alpha}_i,\boldsymbol{\alpha}_j)<0,\ i,j=1,2,\cdots,m,\ i\neq j$, 则 $m\leqslant n+1$.

证明　关于维数 n 在自然数集 $N_1=\{1,2,\cdots\}$ 上做第一数学归纳法.

由 $(\boldsymbol{\alpha}_i,\boldsymbol{\alpha}_j)<0,i,j=1,2,\cdots,m,i\neq j$ 知, 每个向量都是非零的, 且两两之间的夹角为钝角.

当 $\dim V=1$, 或 2 时, 结论自然成立.

假设 $n=k-1>2$ 时结论成立, 今考察 $n=k$ 时的情形. 由 $\boldsymbol{\alpha}_1\neq\boldsymbol{\theta}$, 可令 $\boldsymbol{\varepsilon}_1=\dfrac{\boldsymbol{\alpha}_1}{|\boldsymbol{\alpha}_1|}$. 将 $\boldsymbol{\varepsilon}_1$ 扩充为 V 的一个标准正交基底

$$(\boldsymbol{\varepsilon}_1,\boldsymbol{\varepsilon}_2,\cdots,\boldsymbol{\varepsilon}_n),$$

则

$$\begin{cases}\boldsymbol{\alpha}_1=|\boldsymbol{\alpha}_1|\boldsymbol{\varepsilon}_1+0\boldsymbol{\varepsilon}_2+\cdots+0\boldsymbol{\varepsilon}_n,\\ \boldsymbol{\alpha}_2=x_{21}\boldsymbol{\varepsilon}_1+x_{22}\boldsymbol{\varepsilon}_2+\cdots+x_{2n}\boldsymbol{\varepsilon}_n,\\ \qquad\cdots\cdots\\ \boldsymbol{\alpha}_m=x_{m1}\boldsymbol{\varepsilon}_1+x_{m2}\boldsymbol{\varepsilon}_2+\cdots+x_{mn}\boldsymbol{\varepsilon}_n.\end{cases}$$

由 $(\boldsymbol{\alpha}_1,\boldsymbol{\alpha}_i)<0$ 知, $|\boldsymbol{\alpha}_1|x_{i1}<0$, 即

$$x_{i1}<0,\quad i=2,3,\cdots,m.$$

记

$$\begin{cases}x_{22}\boldsymbol{\varepsilon}_2+\cdots+x_{2n}\boldsymbol{\varepsilon}_n=\boldsymbol{\alpha}'_2,\\ \qquad\cdots\cdots\\ x_{m2}\boldsymbol{\varepsilon}_2+\cdots+x_{mn}\boldsymbol{\varepsilon}_n=\boldsymbol{\alpha}'_m.\end{cases}$$

则 $\boldsymbol{\alpha}'_2,\boldsymbol{\alpha}'_3,\cdots,\boldsymbol{\alpha}'_m\in G[\boldsymbol{\varepsilon}_2,\boldsymbol{\varepsilon}_3,\cdots,\boldsymbol{\varepsilon}_n]$, 即有 $m-1$ 个向量在 $n-1$ 维 Euclid 空间中. 又

$$\begin{aligned}(\boldsymbol{\alpha}_i,\boldsymbol{\alpha}_j)&=(x_{i1}\boldsymbol{\varepsilon}_1+\boldsymbol{\alpha}'_i,x_{j1}\boldsymbol{\varepsilon}_1+\boldsymbol{\alpha}'_j)\\ &=x_{i1}x_{j1}+(\boldsymbol{\alpha}'_i,\boldsymbol{\alpha}'_j).\end{aligned}$$

由 $(\boldsymbol{\alpha}_i,\boldsymbol{\alpha}_j)<0$, $x_{i1}x_{j1}>0$, 可得

$$(\boldsymbol{\alpha}'_i,\boldsymbol{\alpha}'_j)<0,\quad i,j=2,\cdots,m,i\neq j.$$

于是, 由归纳假设, $m-1\leqslant n-1+1$, 即 $m\leqslant n+1$. □

例 7.3.5 $V_{\mathbb{F},n}$ 中任一非零向量组 $\{\boldsymbol{\alpha}_i\}_1^s$ 都有极大线性无关组.

证明 关于 s 在自然数集 $\mathbb{N}_1=\{1,2,\cdots\}$ 上做第一数学归纳法.

当 $s=1$ 时, 有 $\boldsymbol{\alpha}_1\neq\boldsymbol{\theta}$, 即 $\{\boldsymbol{\alpha}_1\}$ 是线性无关组, 当然为极大线性无关组, 结论成立.

假设 $s-1\geqslant 1$ 时结论成立, 今考察 s 的情形. 由假设, 令向量组 $\{\boldsymbol{\alpha}_1,\boldsymbol{\alpha}_2,\cdots,\boldsymbol{\alpha}_{s-1}\}$ 的一个极大线性无关组为

$$\{\boldsymbol{\alpha}_{i_1},\cdots,\boldsymbol{\alpha}_{i_{r_1}}\}. \tag{7.2}$$

将 $\boldsymbol{\alpha}_s$ 添加到式 (7.2) 中, 得向量组

$$\{\boldsymbol{\alpha}_{i_1},\cdots,\boldsymbol{\alpha}_{i_{r_1}},\boldsymbol{\alpha}_s\}. \tag{7.3}$$

若向量组 (7.3) 线性无关, 则 (7.3) 即为 $\{\boldsymbol{\alpha}_i\}_1^s$ 的一个极大线性无关组.

若向量组 (7.3) 线性相关, 则 (7.2) 即为 $\{\boldsymbol{\alpha}_i\}_1^s$ 的一个极大线性无关组. □

例 7.3.6 关于 $V_{\mathbb{F},n}$ 中任一向量组 $\{\boldsymbol{\alpha}_i\}_1^s$. 若 $\{\boldsymbol{\alpha}_i\}_1^s$ 的秩为 r, 则 $\{\boldsymbol{\alpha}_i\}_1^s$ 的任一线性无关 (子) 组都可扩充为 $\{\boldsymbol{\alpha}_i\}_1^s$ 的一个极大线性无关组.

证明 令

$$\{\boldsymbol{\alpha}_{i_1},\boldsymbol{\alpha}_{i_2},\cdots,\boldsymbol{\alpha}_{i_h}\}$$

为 $\{\boldsymbol{\alpha}_i\}_1^s$ 的一个线性无关组, 其中 $1\leqslant h\leqslant r$.

关于 $r-h\ (\geqslant 0)$ 在自然数集 $\mathbb{N}_0=\{0,1,\cdots\}$ 上做第一数学归纳法.

当 $r-h=0$, 即 $h=r$ 时, 结论显然成立. 假设 $r-h=t\geqslant 0$ 时结论成立, 今考察 $r-h=t+1\geqslant 1$ 时的情形. 由 $r-h=t+1\geqslant 1$ 知, $\{\boldsymbol{\alpha}_{i_1},\boldsymbol{\alpha}_{i_2},\cdots,\boldsymbol{\alpha}_{i_h}\}$ 在 $\{\boldsymbol{\alpha}_i\}_1^s$ 中不极大线性无关, 必存在 $\boldsymbol{\alpha}_{i_{h+1}}\in\{\boldsymbol{\alpha}_i\}_1^s$, 使得

$$\{\boldsymbol{\alpha}_{i_1},\boldsymbol{\alpha}_{i_2},\cdots,\boldsymbol{\alpha}_{i_h},\boldsymbol{\alpha}_{i_{h+1}}\} \tag{7.4}$$

仍线性无关. 此时 $r-(h+1)=t\geqslant 0$, 由归纳假设 (7.4) 可扩充为 $\{\boldsymbol{\alpha}_i\}_1^s$ 的一个极大线性无关组. □

例 7.3.7 证明: n 边形 n 个内角和等于 $(n-2)\pi$, 其中 $n\geqslant 3$.

证明 关于 n 在自然数集 $\mathbb{N}_3=\{3,4,5,\cdots\}$ 上做第一数学归纳法.

当 $n=3$ 时, 三角形三个内角和是 π, 所以 $n=3$ 时结论成立.

假设 $n=k\geqslant 3$ 时结论成立, 今考察当 $n=k+1$ 时的情形. 令 $A_1,A_2,\cdots,A_{k+1}$ 是 $k+1$ 边形的顶点. 作线段 A_1A_k 把这个 $k+1$ 边形分成两个图形, 一个是 k 边形 $A_1A_2\cdots A_k$, 另一个是三角形 $A_kA_{k+1}A_1$, 则 $k+1$ 边形内角和等于后两图形的内角和之和, 即

$$(k-2)\pi+\pi=(k-1)\pi=[(k+1)-2]\pi.$$

从而结论成立. □

例 7.3.8 证明: 当 $n\geqslant -4$ 时, $(n+3)(n+4)\geqslant 0$.

证明　关于 n 在自然数集 $\mathbb{N}_{-4}=\{-4,-3,\cdots\}$ 上作第一数学归纳法.

当 $n=-4$ 时, 显然结论成立.

假设当 $n=k\geqslant -4$ 时结论成立, 今考察当 $n=k+1$ 时的情形. 由归纳假设

$$(k+3)(k+4)\geqslant 0,$$

从而

$$\begin{aligned}[(k+1)+3][(k+1)+4]&=(k+4)(k+5)=k^2+9k+20\\&=(k+3)(k+4)+2k+8\geqslant 0.\end{aligned}$$

因此结论得证. □

例 7.3.9　关于任意非负整数 m, n,

$$x_1+x_2+\cdots+x_m=n, \tag{7.5}$$

有

$$\frac{(n+m-1)!}{n!(m-1)!}$$

组非负整数解.

证明　当 $n=1$ 时, 显然式 (7.5) 有 m 组非负整数解. 此时

$$\frac{(n+m-1)!}{n!(m-1)!}=\frac{(1+m-1)!}{1!(m-1)!}=m.$$

从而结论成立.

当 $m=1$ 时, 显然式 (7.5), 有且只有一组解 $x_1=n$. 此时

$$\frac{(n+m-1)!}{n!(m-1)!}=\frac{(n+1-1)!}{n!(1-1)!}=1.$$

从而结论成立.

假设 $n=k+1>1$, 且 $m=s>1$ 和 $n=k>1$, 且 $m=s+1>1$ 时, 结论成立, 今考察当 $n=k+1$, 且 $m=s+1$ 时的情形.

当 $x_{s+1}=0$ 时, 由归纳假设, 式 (7.5) 有

$$\frac{(k+s)!}{(k+1)!(s-1)!}$$

组非负整数解.

当 $x_{s+1}>0$ 时, 令

$$x'_{s+1}=x_{s+1}-1.$$

则由归纳假设

$$x_1+x_2+\cdots+x'_{s+1}=k,$$

有

$$\frac{(k+s)!}{k!s!}$$

组非负整数解. 从而当 $n=k+1$, 且 $m=s+1$ 时, 式 (7.5) 有

$$\frac{(k+s)!}{(k+1)!(s)!}+\frac{(k+s)!}{k!s!}=\frac{((k+1)+(s+1)-1)!}{(k+1)!((s+1)-1)!}$$

组非负整数解, 于是结论成立.

因此, 关于任意非负整数 m,n, 式 (7.5) 有

$$\frac{(n+m-1)!}{n!(m-1)!}$$

组非负整数解. □

例 7.3.10 令 $f(x)\in\mathbb{F}[x]$,

$$\boldsymbol{A}=\begin{pmatrix}\boldsymbol{A}_1 & & & \\ & \boldsymbol{A}_2 & & \\ & & \ddots & \\ & & & \boldsymbol{A}_l\end{pmatrix}\in\mathbb{F}^{n\times n},$$

其中 $\boldsymbol{A}_i$ 都是阶数小于 n 的小方阵, $i=1,2,\cdots,l, 2\leqslant l<n$. 则

$$f(\boldsymbol{A})=\begin{pmatrix}f(\boldsymbol{A}_1) & & & \\ & f(\boldsymbol{A}_2) & & \\ & & \ddots & \\ & & & f(\boldsymbol{A}_l)\end{pmatrix}.$$

证明 我们需要证明的结论成立当且仅当下面三个条件成立.

(1) 关于任意 $k\in\mathbb{F}$,

$$k\boldsymbol{A}=\begin{pmatrix}k\boldsymbol{A}_1 & & & \\ & k\boldsymbol{A}_2 & & \\ & & \ddots & \\ & & & k\boldsymbol{A}_l\end{pmatrix};$$

(2) 关于任意与 $\boldsymbol{A}$ 同型矩阵

$$\boldsymbol{B}=\begin{pmatrix}\boldsymbol{B}_1 & & & \\ & \boldsymbol{B}_2 & & \\ & & \ddots & \\ & & & \boldsymbol{B}_l\end{pmatrix},$$

$$A+B=\begin{pmatrix} A_1+B_1 & & & \\ & A_2+B_2 & & \\ & & \ddots & \\ & & & A_l+B_l \end{pmatrix}.$$

(3) 关于任意 $k\in\mathbb{Z}^+$,

$$A^k=\begin{pmatrix} A_1^k & & & \\ & A_2^k & & \\ & & \ddots & \\ & & & A_l^k \end{pmatrix}.$$

显然只需要证明 (3) 成立即可. 关于 k 在自然数集 $\mathbb{N}_2=\{2,3,\cdots\}$ 上做第一数学归纳法.

首先证明 $l=2$ 时结论成立. 当 $k=2$ 时, 显然有

$$\begin{pmatrix} A_1 & \\ & A_2 \end{pmatrix}\begin{pmatrix} A_1 & \\ & A_2 \end{pmatrix}=\begin{pmatrix} A_1^2 & \\ & A_2^2 \end{pmatrix}.$$

假设 $k-1$ 时结论成立, 今考察 k 时的情形.

$$\begin{aligned} A^k &= \begin{pmatrix} A_1 & \\ & A_2 \end{pmatrix}^k \\ &= \begin{pmatrix} A_1 & \\ & A_2 \end{pmatrix}^{k-1}\begin{pmatrix} A_1 & \\ & A_2 \end{pmatrix} \\ &= \begin{pmatrix} A_1^{k-1} & \\ & A_2^{k-1} \end{pmatrix}\begin{pmatrix} A_1 & \\ & A_2 \end{pmatrix} \\ &= \begin{pmatrix} A_1^k & \\ & A_2^k \end{pmatrix}. \end{aligned}$$

这样当 $l=2$ 时, 使用第一数学归纳法证明了 k 在自然数集 $\mathbb{N}_2=\{2,3,\cdots\}$ 上成立.

假定当 $l-1$ 时结论成立, 今考察 l 时的情形. 记

$$B=\begin{pmatrix} A_2 & & \\ & \ddots & \\ & & A_l \end{pmatrix}.$$

由上面的讨论可知,

$$A^k = \begin{pmatrix} A_1 & & & \\ & A_2 & & \\ & & \ddots & \\ & & & A_l \end{pmatrix}^k = \begin{pmatrix} A_1 & \\ & B \end{pmatrix}^k = \begin{pmatrix} A^k & \\ & B^k \end{pmatrix}.$$

由归纳假设

$$B^k = \begin{pmatrix} A_2^k & & \\ & \ddots & \\ & & A_l^k \end{pmatrix}.$$

从而

$$A^k = \begin{pmatrix} A_1^k & & & \\ & A_2^k & & \\ & & \ddots & \\ & & & A_l^k \end{pmatrix}.$$

□

例 7.3.11 令 $\boldsymbol{B} = (b_{ij}) \in \mathbb{R}^{n\times n}$, 且 $|b_{ij}| = 2$, $i, j = 1, \cdots, n$. 则当 $n \geqslant 3$ 时,

$$|\boldsymbol{B}| \leqslant \frac{1}{3} 2^{n+1} n!.$$

证明 由 $|b_{ij}| = 2$ 知, $|\boldsymbol{B}| = 2^n |\boldsymbol{A}|$, 其中 $\boldsymbol{A} = \frac{1}{2}\boldsymbol{B}$, 且 $|a_{ij}| = 1$, $i, j = 1, \cdots, n$. 当 $n = 3$ 时, 令

$$|\boldsymbol{A}| = \begin{vmatrix} a_{11} & a_{12} & a_{13} \\ a_{21} & a_{22} & a_{23} \\ a_{31} & a_{32} & a_{33} \end{vmatrix}.$$

则

$$\begin{aligned} |\boldsymbol{A}| &= a_{11}a_{22}a_{33} + a_{12}a_{23}a_{31} + a_{13}a_{21}a_{32} - a_{31}a_{22}a_{13} - a_{32}a_{23}a_{11} - a_{33}a_{21}a_{12} \\ &\overset{d}{=} c_1 + c_2 + c_3 + c_4 + c_5 + c_6. \end{aligned}$$

显然

$$c_i \in \{1, -1\}, \quad i = 1, 2, \cdots, 6, \quad 且 \prod_{i=1}^{6} c_i = -1,$$

则

$$\{c_i \mid i = 1, 2, \cdots, 6\} = \{1, -1\},$$

这六项中至少有两项相消, 于是, $|\boldsymbol{A}| \leqslant 4 = \frac{1}{3} \cdot 2 \cdot 3!$. 因此,

$$|\boldsymbol{B}| = 2^3 |\boldsymbol{A}| \leqslant \frac{1}{3} \cdot 2^{1+3} \cdot 3!,$$

即命题当 $n=3$ 时成立.

假设命题关于满足条件的 $n-1$ 阶的方阵成立. 关于满足条件的 n 阶方阵, 将 $|\boldsymbol{B}|$ 按照第一行展开, 且令 1 行 k 列的元素的代数余子式为 M_{1k}. 则

$$\begin{aligned}|\boldsymbol{B}|&=\pm 2M_{11}\pm 2M_{12}\pm\cdots\pm 2M_{1n}\\&\leqslant 2(|M_{11}|+|M_{12}|+\cdots+|M_{1n}|)\\&\leqslant 2n\cdot\frac{1}{3}\cdot 2^{n}(n-1)!=\frac{1}{3}\cdot 2^{n+1}n!.\end{aligned}$$

□

7.4 数学归纳法用于“构作”

例 7.4.1 定理 3.3.1 中的“(2)⟹(3)”的证明 (补证).

证明 作 $S_0=\{\boldsymbol{\alpha}_1,\boldsymbol{\alpha}_2,\cdots,\boldsymbol{\alpha}_n\}$, 其中 $\boldsymbol{\alpha}_1,\boldsymbol{\alpha}_2,\cdots,\boldsymbol{\alpha}_n$ 是线性无关的. 在这 n 个向量中任取 $n-1$ 个向量形成如下向量组:

$$\begin{gathered}\{\boldsymbol{\alpha}_2,\boldsymbol{\alpha}_3,\cdots,\boldsymbol{\alpha}_n\},\\\{\boldsymbol{\alpha}_1,\boldsymbol{\alpha}_3,\cdots,\boldsymbol{\alpha}_n\},\\\cdots\cdots\\\{\boldsymbol{\alpha}_1,\boldsymbol{\alpha}_2,\cdots,\boldsymbol{\alpha}_{n-1}\}.\end{gathered}$$

显然这每个向量组都是线性无关的. 根据 (2) 可添加 $\boldsymbol{\alpha}_{n+1}$ 到 S_0 中, 得向量组

$$S_1=\{\boldsymbol{\alpha}_1,\boldsymbol{\alpha}_2,\cdots,\boldsymbol{\alpha}_n,\boldsymbol{\alpha}_{n+1}\}$$

且满足 S_1 中任意 n 个向量都是线性无关的.

完全类似的做法可令 $S_k=\{\boldsymbol{\alpha}_1,\cdots,\boldsymbol{\alpha}_n,\boldsymbol{\alpha}_{n+1},\cdots,\boldsymbol{\alpha}_{n+k}\}$, 满足其中任意 n 个向量是线性无关的. 再由 S_k 中任取 $n-1$ 个向量也是线性无关的, 根据 (2) 又可添加 $\boldsymbol{\alpha}_{n+k+1}$ 到 S_k 中, 得向量组

$$S_{k+1}=\{\boldsymbol{\alpha}_1,\boldsymbol{\alpha}_2,\cdots,\boldsymbol{\alpha}_n,\cdots,\boldsymbol{\alpha}_{n+k},\boldsymbol{\alpha}_{n+k+1}\},$$

满足 S_{k+1} 中任意 n 个向量都是线性无关的.

这样的做法进行下去可得到如下升链:

$$S_0\subseteq S_1\subseteq\cdots\subseteq S_m\subseteq S_{m+1}\subseteq\cdots.$$

作 $S=\bigcup\limits_{i=1}^{\infty}S_i$, 则这样的 S 是满足要求的. 若

$$|S|=\left|\bigcup_{i=1}^{\infty}S_i\right|=k<\infty,$$

由完全升链的定义, 则必存在某个 n, 使得

$$k<|S_n|<|S_{n+1}|<\cdots,$$

与 S 的定义相矛盾. 另外, 在 S 中任取 n 个向量 $\boldsymbol{\beta}_1,\boldsymbol{\beta}_2,\cdots,\boldsymbol{\beta}_n$, 由升链定义必存在某个 m, 使得 $\boldsymbol{\beta}_i\in S_m, i=1,2,\cdots,n$, 从而这 n 个向量必定是线性无关的. 再由升链条件

$$S_m\subseteq S_{m+1}\subseteq S_{m+2}\subseteq\cdots$$

知, 这 n 个向量在 S 中必是线性无关的. □

例 7.4.2 定理 3.8.3 的证明 (补证).

证明 令 $\boldsymbol{\beta}_1=\boldsymbol{\alpha}_1$. 显然, $G[\boldsymbol{\alpha}_1]=G[\boldsymbol{\beta}_1]$. 作

$$\boldsymbol{\beta}_2=\boldsymbol{\alpha}_2+k\boldsymbol{\beta}_1,$$

使得 $(\boldsymbol{\beta}_2,\boldsymbol{\beta}_1)=0$, 即

$$(\boldsymbol{\alpha}_2+k\boldsymbol{\beta}_1,\boldsymbol{\beta}_1)=0,$$

而上式成立当且仅当

$$k=-\frac{(\boldsymbol{\alpha}_2,\boldsymbol{\beta}_1)}{(\boldsymbol{\beta}_1,\boldsymbol{\beta}_1)}.$$

由 $\boldsymbol{\beta}_2=\boldsymbol{\alpha}_2+k\boldsymbol{\beta}_1=\boldsymbol{\alpha}_2+k\boldsymbol{\alpha}_1$ 及 $\boldsymbol{\alpha}_1,\boldsymbol{\alpha}_2$ 线性无关知, $\boldsymbol{\beta}_2\neq\boldsymbol{\theta}$. 又由 $\boldsymbol{\beta}_1,\boldsymbol{\beta}_2$ 的构作知, $G[\boldsymbol{\alpha}_1,\boldsymbol{\alpha}_2]=G[\boldsymbol{\beta}_1,\boldsymbol{\beta}_2]$.

今假设已找到了两两正交的非零向量 $\boldsymbol{\beta}_1,\boldsymbol{\beta}_2,\cdots,\boldsymbol{\beta}_m$, 使得

$$G[\boldsymbol{\alpha}_1,\cdots,\boldsymbol{\alpha}_i]=G[\boldsymbol{\beta}_1,\cdots,\boldsymbol{\beta}_i],\quad i=1,2,\cdots,m,\quad m\leqslant n-1.$$

作向量

$$\boldsymbol{\beta}_{m+1}=\boldsymbol{\alpha}_{m+1}+\sum_{i=1}^{m}k_i\boldsymbol{\beta}_i,\tag{7.6}$$

使得

$$(\boldsymbol{\beta}_{m+1},\boldsymbol{\beta}_i)=0,\quad i=1,2,\cdots,m,$$

即

$$(\boldsymbol{\alpha}_{m+1},\boldsymbol{\beta}_i)+k_i(\boldsymbol{\beta}_i,\boldsymbol{\beta}_i)=0,\quad i=1,2,\cdots,m.$$

上式成立当且仅当

$$k_i=-\frac{(\boldsymbol{\alpha}_{m+1},\boldsymbol{\beta}_i)}{(\boldsymbol{\beta}_i,\boldsymbol{\beta}_i)},\quad i=1,2,\cdots,m.$$

由 $\boldsymbol{\beta}_i$ 是 $\boldsymbol{\alpha}_1,\cdots,\boldsymbol{\alpha}_i$ 的线性组合, $i=1,2,\cdots,m$, 以及 (7.6) 知, $\boldsymbol{\beta}_{m+1}$ 为 $\boldsymbol{\alpha}_1,\boldsymbol{\alpha}_2,\cdots,\boldsymbol{\alpha}_{m+1}$ 的一个线性组合, 再由 $\boldsymbol{\alpha}_1,\cdots,\boldsymbol{\alpha}_{m+1}$ 的线性无关性知, $\boldsymbol{\beta}_{m+1}\neq\boldsymbol{\theta}$. 又由归纳假设及式 (7.6) 知,

$$G[\boldsymbol{\alpha}_1,\cdots,\boldsymbol{\alpha}_{m+1}]=G[\boldsymbol{\beta}_1,\cdots,\boldsymbol{\beta}_{m+1}].$$

于是, 我们就得到一个 n 元正交向量组 $\{\boldsymbol{\beta}_1,\boldsymbol{\beta}_2,\cdots,\boldsymbol{\beta}_n\}$, $(\boldsymbol{\beta}_1,\boldsymbol{\beta}_2,\cdots,\boldsymbol{\beta}_n)$ 就是 V 的一个正交基底. □

例 7.4.3 定理 3.7.4 的证明 (补证).

证明 我们来找出 V 的一个基底 $(\varepsilon_1, \varepsilon_2, \cdots, \varepsilon_n)$, 使得

$$f(\varepsilon_i, \varepsilon_j) = 0, \quad i, j = 1, 2, \cdots, n, \quad i \neq j.$$

若 f 为零函数, 即

$$(\forall\, \boldsymbol{\alpha}, \boldsymbol{\beta} \in V) \quad f(\boldsymbol{\alpha}, \boldsymbol{\beta}) = 0,$$

则 V 的任何基底都为正交基底.

若 f 为非零函数, 即

$$(\exists\, \boldsymbol{\alpha}, \boldsymbol{\beta} \in V) \quad f(\boldsymbol{\alpha}, \boldsymbol{\beta}) \neq 0, \tag{7.7}$$

则由

$$(\forall\, \boldsymbol{\alpha}, \boldsymbol{\beta} \in V) \quad f(\boldsymbol{\alpha}, \boldsymbol{\beta}) = \frac{1}{2}[f(\boldsymbol{\alpha}+\boldsymbol{\beta}, \boldsymbol{\alpha}+\boldsymbol{\beta}) - f(\boldsymbol{\alpha}, \boldsymbol{\alpha}) - f(\boldsymbol{\beta}, \boldsymbol{\beta})]$$

知,

$$(\exists\, \varepsilon_1 \in V) \quad f(\varepsilon_1, \varepsilon_1) \neq 0. \tag{7.8}$$

我们关于 $\dim V$ 做数学归纳法证明定理的结论. 当 $\dim V = 1$ 时, 任何基底都为所求. 假设 $1 \leqslant \dim V \leqslant n-1$ 时结论成立, 今考察 $\dim V = n$ 的情形. 在式 (7.7) 的情况, 已知由式 (7.8), 将 ε_1 扩充为 V 的一个基底

$$(\varepsilon_1, \boldsymbol{\eta}_2, \cdots, \boldsymbol{\eta}_n).$$

令

$$\varepsilon_i' = \boldsymbol{\eta}_i - \frac{f(\varepsilon_1, \boldsymbol{\eta}_i)}{f(\varepsilon_1, \varepsilon_1)}\varepsilon_1, \quad i = 2, 3, \cdots, n.$$

易知

$$(\varepsilon_1, \varepsilon_2', \cdots, \varepsilon_n')$$

仍为 V 的基底, 且

$$f(\varepsilon_1, \varepsilon_i') = 0, \quad i = 2, 3, \cdots, n.$$

因此,

$$(\forall\, \boldsymbol{\alpha} \in G[\varepsilon_2', \cdots, \varepsilon_n']) \quad f(\varepsilon_1, \boldsymbol{\alpha}) = 0. \tag{7.9}$$

又显然

$$V = G[\varepsilon_1] \oplus G[\varepsilon_2', \cdots, \varepsilon_n'].$$

视 f 为 $G[\varepsilon_2', \cdots, \varepsilon_n']$ 上的双线性函数, 当然仍然是对称的, 由

$$\dim G[\varepsilon_2', \cdots, \varepsilon_n'] = n - 1,$$

根据归纳法假设,

$$G[\varepsilon_2', \cdots, \varepsilon_n']$$

中有正交基底 $(\varepsilon_2,\cdots,\varepsilon_n)$. 再由式 (7.9), $(\varepsilon_1,\varepsilon_2,\cdots,\varepsilon_n)$ 为 V 的一个正交基底.

若 f 在 V 的正交基底 $(\varepsilon_1,\varepsilon_2,\cdots,\varepsilon_n)$ 下的度量矩阵为 $\boldsymbol{D}_{d_i,n}$, 则关于

$$\boldsymbol{\alpha}=\sum_{i=1}^{n}x_i\varepsilon_i,\quad \boldsymbol{\beta}=\sum_{i=1}^{n}y_i\varepsilon_i,$$

有

$$f(\boldsymbol{\alpha},\boldsymbol{\beta})=\sum_{i=1}^{n}d_ix_iy_i.$$

□

7.5 数学归纳法用于“定义”和“思考”

定义 7.5.1(行列式的归纳法定义) 见定义 5.5.1.

定义 7.5.2 (多项式乘法的归纳法定义 (在加法已定义的基础上)) 我们在 $\mathbb{F}[x]$ 上定义乘法如下

$$ax^i\left(\sum_{j=0}^{n}a_jx^j\right)=\sum_{j=0}^{n}a_jax^{i+j}.$$

假设

$$\left(\sum_{k=0}^{l-1}b_kx^k\right)\left(\sum_{j=0}^{n}a_jx^j\right)$$

已定义, 则令

$$\begin{aligned}\left(\sum_{k=0}^{l}b_kx^k\right)\left(\sum_{j=0}^{n}a_jx^j\right)&=\left(\sum_{k=0}^{l-1}b_kx^k+b_lx^l\right)\left(\sum_{j=0}^{n}a_jx^j\right)\\&=\left(\sum_{k=0}^{l-1}b_kx^k\right)\left(\sum_{j=0}^{n}a_jx^j\right)+b_lx^l\left(\sum_{j=0}^{n}a_jx^j\right).\end{aligned}$$

数学归纳法常用在帮助我们“进”的一面. 相对地, 数学归纳法也可帮助我们“退”的一面, 即把一个比较复杂的问题“退”成最简单、最原始的问题. 若把这个最简单、最原始的问题想通透后再使用数学归纳法, 则原问题即可迎刃而解了. 此处举例说明, 是否应用数学归纳法, 在思考问题上就会有很大的差异.

问题是这样的: 一位老师想知道三位得意门生中谁更为优秀, 采用了以下的方法: 事先准备好 5 顶帽子, 其中 3 顶白色、2 顶黑色. 让学生们看清这些帽子后让他们闭眼, 接着替每位学生戴上白帽, 并收起了那 2 顶黑帽, 最后让他们睁眼并说出自己头上所戴帽子的颜色. 三个学生互望一下再思考了片刻, 最后他们异口同声判断自己头戴白帽.

现推敲一下学生们是如何从别人的帽子来正确地推断出自己头上帽子的颜色的.

甲的想法是:{若我头戴黑帽, 则乙的想法是: [若我头戴黑帽, 则丙的想法是: (甲、乙两个人都戴黑帽, 而黑帽只有两顶, 则自己必戴白帽). 故丙会脱口而出自己所戴为白帽. 但是

他不能立刻判断, 由此可见自己〈指乙〉所戴必为白帽.] 若如此则乙也能脱口而出他自己头戴白帽. 但是他也不能立刻判断, 据此可见自己〈指甲〉头戴必不是黑帽. }

经过这样的思考, 三个人皆可推出自己头戴白帽.

学过数学归纳法的人会退一步考虑, 不考虑三人而仅考虑两人的黑帽问题, 即黑帽唯一, 若我〈指甲〉戴了, 则乙能立刻判自己所戴为白帽. 但是乙还在犹豫, 可见我〈指甲〉所戴肯定不是黑帽 (必定为白帽).

这即是说, 解决 "一黑帽, 若干 (当然不少于 2) 白帽与两人" 的问题是轻而易举的.

现让我们来解决上面这个比较复杂的 "两黑帽, 若干 (当然不少于 3) 白帽与三人" 的问题. 若我头戴黑帽, 则对他们两人来说就变成了 "一黑帽和两人" 的问题, 是不必考虑太久的. 但是现他们迟疑不决, 就说明我头戴必不是黑帽即为白帽.

由此可见学会了数学归纳法, 就能运用 "归纳技巧" 从原来的问题里减去一人与一黑帽, 把它转化成一简单的问题.

倘若我们把原来的问题复杂化: "三黑帽, 若干 (不少于 4) 白帽与四人," 或者更一般地, "$n-1$ 黑帽, 若干 (不少于 n) 白帽与 n 人" 这样复杂的问题, 我们也可以用上面的思想来解决了.

可见归纳法的原则不但指导我们 "进", 而且还教会我们 "退". 把问题 "退" 到最朴素易解的情况, 然后再用归纳法飞跃前进. 当然, 我们也不能完全排斥步步前进的做法. 当我们看不出归纳线索时, 先一步一步地前进, 也还是必要的.

7.6 集合上的偏序关系与 Zorn 引理

选择公理是一条集合论公理, 它是由 Zermelo 于 1904 年提出来的.

选择公理 令 $T=\{A_\alpha \mid \alpha\in I\}$ 为一族非空集合. 则存在 T 到 $\bigcup A_i$ 的一个映射 (选择函数) φ, 使得关于任意 $\alpha\in I$, 有 $\varphi(A_\alpha)\in A_\alpha$.

选择函数的存在作为公理就保证了存在某种规律, 使得可以从每个 $A_\alpha,\alpha\in I$, 同时各选取一个元素. 当 $A_\alpha,\alpha\in I$ 都是同一个可数无限集合 S 的子集时, 先将 S 的元素用自然数编号, 然后定义函数 f 在 A_α 上的值为 A_α 中有最小编号的元素. 于是 f 就是 $\{A_\alpha \mid \alpha\in I\}$ 上的一个选择函数. 若指标集 I 为有限或可数无限时, 则根据自然数的递归定理可以证明选择函数的存在. 一般情况, 选择公理是不能证明的.

定义 7.6.1 令 $S\overset{d}{=}(S,\leqslant)$ 为一偏序集, 即 $S\neq\varnothing$, "$\leqslant$" 为 S 上一偏序关系 (具有自反性、反对称性、传递性的二元关系). 称 "$\leqslant$" 为 S 上一全序关系, $S\overset{d}{=}(S,\leqslant)$ 为一全序集, 如果关于任意 $a,b\in S$, 或者 $a\leqslant b$, 或者 $b\leqslant a$. 称 $S\overset{d}{=}(S,\leqslant)$ 为一良序集, 如果 S 的任意非空子集都有最小元, 即

$$(\forall\ S_0(\neq\varnothing)\subseteq S)\ (\exists s\in S_0)\quad (\forall\ a\in S_0)\ s\leqslant a.$$

注 7.5 (1) 定义偏序的三条性质是相互独立的 (可举例指出, 其中任意两条推不出另一条).

(2) A 上的偏序, 最小的, 显然为“A 的对角线”, 即

$$\iota_A \stackrel{d}{=} \{(a,a) \mid a \in A\};$$

一般地, 没有最大的 (除非 $|A|=1$), 但会有极大的. 例如, 在 $A=\{a,b\}$ 上

$$\leqslant_1 \stackrel{d}{=} \iota_{\{a,b\}} \cup \{(a,b)\}$$

和

$$\leqslant_2 \stackrel{d}{=} \iota_{\{a,b\}} \cup \{(b,a)\}.$$

读者可以联系下面的良序公理和 Zorn 引理分别考虑任意非空集合上极大偏序的存在性.

例 7.6.1 令 A 为一非空集. 则 $\mathbb{P}(A) \stackrel{d}{=} (\mathbb{P}(A), \subseteq)$ 为一偏序集, 其中 $\subseteq$ 为包含关系; 但当 $|A| \geqslant 2$ 时, $\mathbb{P}(A)$ 不为全序集.

例 7.6.2 关于实数的通常的大小关系, $\mathbb{R}$, $\mathbb{Z}$ 都构成全序集, 但非良序集.

例 7.6.3 关于实数的通常的大小关系, $\mathbb{Z}$ 的含最小元的非空子集都构成良序集; 将 $\mathbb{Z}$ 换为 $\mathbb{R}$ 就未必了.

注 7.6 良序 (全序) 显然为全序 (偏序); 但反之未必.

Zorn 引理 令 S 为一偏序集. 若 S 的每个链 (即全序子集) A 在 S 中均有上界,

$$(\exists s_0 \in S)(\forall\ a \in A)\ a \leqslant s_0,$$

则 S 必含极大元素, 即

$$(\exists s_0 \in S)(\forall\ s \in S)\ s \not> s_0.$$

定义 7.6.2 令 A 为一全序集, P 为其一子全序集. 称 P 为 A 的一个前段, 如果关于任意 $a \in P$,

$$(\forall\ x \in A) \quad \text{“}x \leqslant a \Rightarrow x \in P\text{”}.$$

称 P 为 A 的一个真前段, 如果前段 P 为 A 的真子集.

令 W 为任一良序集. 则 W 作为自身的一个非空子集, 有其最小元素, 称此最小元为良序集 W 的起始元.

令 W 为一无限良序集, a_0 为 W 的起始元. 则 $W \setminus \{a_0\}$ 为 W 的非空子集, 记其最小元为 a_1. 同样地, $W \setminus \{a_0, a_1\}$ 是 W 的非空子集, 记其最小元为 a_2. 如此继续下去就得到 W 的一个前段 P:

$$a_0, a_1, a_2, \cdots.$$

若 $P=W$, 则 W 就与自然数集 $\mathbb{N}_0$ 构成的良序集序同构; 若 $P<W$, 则 $W\setminus P$ 为 W 的非空子集, 其最小元记为 a_ω. 当 $W\setminus P$ 为有限时, 如令其元素个数为 n, 则可令其元素按大小次序排为 $a_\omega, a_{\omega+1}, \cdots, a_{\omega+n-1}$. 从而 W 的元素就排为

$$a_0, a_1, a_2, \cdots; a_\omega, a_{\omega+1}, \cdots, a_{\omega+n-1}.$$

当 $W\setminus P$ 仍为无限时, 仿上可得 W 的一个前段 Q:

$$a_0, a_1, a_2, \cdots; a_\omega, a_{\omega+1}, \cdots.$$

若还有 $Q<W$, 则可令 $W\setminus Q$ 的最小元为 $a_{\omega 2}$. 若此元后面还有元素, 可令其最小者为 $a_{\omega 2+1}$, 如此类推, W 便排成

$$a_0, a_1, a_2, \cdots; a_\omega, a_{\omega+1}, \cdots; a_{\omega 2}, a_{\omega 2+1}, \cdots,$$

这就是无限良序集的形象, 它是自然数序列的推广, 其中 $a_\omega, a_{\omega 2}$ 等称为极限元.

良序公理　任何集合上都可以定义一个良序.

选择公理、Zorn 引理、良序公理是相互等价的 (其等价性证明从略), 只是陈述形式不同, 在具体应用上各有其方便之处.

下面是选择公理的一个应用.

定理 7.6.1　令 $T=\{A_\alpha \mid \alpha\in I\}$ 为一族非空集合. 则 $\prod\limits_{\alpha\in I} A_\alpha$ 非空, 其中,

$$\prod_{\alpha\in I} A_\alpha=\{f: I\to A \mid (\forall\ \alpha\in I)\ f(\alpha)\in A_\alpha\},\quad A=\bigcup_{\alpha\in I} A_\alpha.$$

证明　I 有限时, 显然 $\prod\limits_{\alpha\in I} A_\alpha$ 非空; I 可数无限时, 利用数学归纳法也可证得 $\prod\limits_{\alpha\in I} A_\alpha$ 非空; 今讨论 I 为不可数无限的情形.

定义

$$g: I\to T,$$
$$\alpha\mapsto A_\alpha.$$

根据选择公理, 存在选择函数 $\varphi: T\to A$. 今令 $f=\varphi g: I\to A$, 即下面的交换图成立

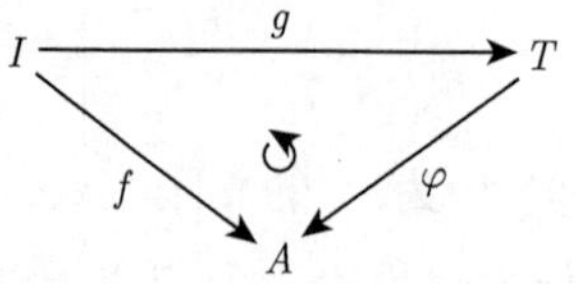

则关于任一 $\alpha\in I$, 有

$$f(\alpha)=\varphi(g(\alpha))=\varphi(A_\alpha)\in A_\alpha(\subseteq A),$$

从而 $f\in\prod\limits_{\alpha\in I} A_\alpha$, 即 $\prod\limits_{\alpha\in I} A_\alpha$ 非空. □

下面是我们较为熟悉的 Zorn 引理在环论上的一个应用.

命题 7.6.1 令 R 为一交换环. 若 $a \in R$ 为一非幂零元, 则 R 中存在不含 a 的任何方幂 a^m 的素理想, $m \geqslant 0$.

证明 令 S 为 R 的一切与 $\{a^n \mid n \in \mathbb{N}_0\}$ 无交的理想的集合.

首先, 由 $\{0\} \in S$ 知 S 非空. S 按子集的包含关系成一偏序集. 令 $T = \{A_\alpha \mid \alpha \in I\}$ 为 S 的任一链, $A = \bigcup\limits_{\alpha \in I} A_\alpha$. 则关于任意 $b, c \in A$, 存在 $A_\beta, A_\gamma, \beta, \gamma \in I$, 使得 $b \in A_\beta, c \in A_\gamma$. 因为 T 是一个链, A_α, A_β 有包含关系, 不妨令 $A_\beta \subseteq A_\gamma$. 于是, $b - c \in A_\gamma, b - c \in A$, 且关于任意 $x \in R$, 有 $xb \in A_\beta, xb \in A$, 所以 A 为一理想.

其次, 证明 A 与 $\{a^n \mid n \in \mathbb{N}_0\}$ 无交. 若 A 包含 a 的某个方幂 $a^m, m \geqslant 0$, 则存在某个 $\alpha \in I$, 使得 $a^m \in A_\alpha$, 一个矛盾. 所以 $A \in S$.

根据 Zorn 引理, S 有一极大元, 记为 P. 下面证明 P 为素理想. 若 P 不是素理想, 则存在元素 $b, c \in R$, 使得 $bc \in P$, 但 $b \notin P, c \notin P$. 令 $H = Rb + P$, $N = Rc + P$. 则 H, N 为 R 的理想, 且 $P \subseteq H, b \notin P$, 因此 $P \neq H$. 由于 P 为 S 的极大元, $H \notin S$, 从而, H 与 $\{a^n \mid n \in \mathbb{N}_0\}$ 有交, 即有某个方幂 $a^r \in H$, $r \in \mathbb{N}_0$. 同理有某个方幂 $a^s \in N$, $s \in \mathbb{N}_0$. 于是 $a^{r+s} \in HN$. 但

$$HN = (Rb + P)(Rc + p) = Rbc + RbP + RcP + P^2 \subseteq P,$$

因此

$$HN \cap \{a^m \mid m \in \mathbb{N}_0\} = \varnothing,$$

一个矛盾. 所以 P 是一个 (与 $\{a^m \mid m \in \mathbb{N}_0\}$ 无交的) 素理想. □

我们还可以应用 Zorn 引理证明数域 $\mathbb{F}$ 上线性空间 V 的基底的存在性.

定义 7.6.3 令 V 为数域 $\mathbb{F}$ 上一线性空间 (有限生成或非有限生成), A 为 V 的一个非空向量集. 若 A 的每个非空有限子集都是线性无关的, 则称 A 线性无关.

命题 7.6.2 令 V 为数域 $\mathbb{F}$ 上任一非平凡线性空间 (有限生成或非有限生成). 则 V 存在一个基底.

证明 我们只需证明 V 含一极大线性无关子集 (它的任一良序化都构成 V 的基底). 令 S 为由 V 的一切线性无关向量集作元素构成的集合. 则 S 按集合的包含关系构成一偏序集.

记 $T = \{A_\alpha \mid \alpha \in I\}$ 为 S 的任一链, $A = \bigcup\limits_{\alpha \in I} A_\alpha$, $\overline{A} = \{a_1, a_2, \cdots, a_r\}$ 为 A 的一有限子集. 则关于任意 $i \in \{1, \cdots, r\}$, 存在 $\alpha_i \in I$, 使得 $a_i \in A_{\alpha_i}$. 由于 T 为一链, 存在 $A_\alpha \in T$, 使得 $A_{\alpha_i} \subseteq A_\alpha$, $i = 1, 2, \cdots, r$. 从而 $\overline{A} \subseteq A_\alpha$, 即 $\overline{A}$ 为线性无关向量集. 由 $\overline{A}$ 的任意性, A 为线性无关向量集, 因此 $A \in S$. 但 A 为 T 的一个上界. 根据 T 的任意性及 Zorn 引理, S 中存在一个极大元, 记为 M.

若存在 $b \in V$, 使得 b 不能表达成 M 中某有限个向量的线性组合, 则显然 $B = M \cup \{b\}$ 为线性无关向量集, 从而 $B \in S$. 但 $M \subseteq B$, 且 $M \neq B$, 一个矛盾. 因此 M 为 V 的一个极大线性无关向量集. □

相对于自然数集上的数学归纳法, 借助于良序公理, 被良序化的任意集合上可建立起作为其推广的超限数学归纳法.

超限归纳法原理 若 B 为一良序集 $(A,\leqslant)$ 的子集, 且关于任意 $a\in A$, 有蕴涵关系

$$“\{c\in A \mid c<a\}\subseteq B” \Rightarrow “a\in B”$$

(显然, $a_0\in B$, 其中 a_0 为 A 的最小元), 则 $B=A$.

证明 若 $B\subsetneq A$, 即 $A-B\neq\varnothing$, 则存在最小元 $a\in A-B$. 由最小元和 $A-B$ 的定义知,

$$\{c\in A \mid c<a\}\subseteq B.$$

再根据假设, 有 $a\in B$, 从而

$$a\in B\cap(A-B)\neq\varnothing,$$

一个矛盾. 因此, $B=A$. □

如果有一命题 $E(a)$ 与一良序集 $A=(A,\leqslant)$ 的每一个元素 a 相联系, 那么, 若我们能证明

(1) $E(a_0)$ 成立;

(2) 关于每个元素 $a\in A$, $E(x)$ 关于所有 $x\in S(a)$ 都成立蕴涵着 $E(a)$ 成立, 其中,

$$S(a)=\{x\in A \mid x<a\},$$

则根据超限数学归纳法原理, $E(a)$ 关于所有 $a\in A$ 都成立.

注 7.7 上面的一段话怎样与超限归纳法原理相联系?

下面的事实是超限归纳法原理的一个应用.

Zermelo 定理 令 $A=(A,\leqslant)$ 为一良序集. 若 f 为 A 上一严格保序变换, 即

$$“a>b” \Rightarrow “f(a)>f(b)”,$$

则关于任意 $x\in A$, $f(x)\geqslant x$.

证明 显然 $f(a_0)\geqslant a_0$, 其中 a_0 为 A 的最小元. 假设 $x<a$ 时有 $f(x)\geqslant x$, 下证 $f(a)\geqslant a$. 若 $b\overset{d}{=}f(a)<a$, 则由假设, $f(b)\geqslant b$. 再由 f 的严格保序性知, $f(a)>f(b)$, 从而

$$b=f(a)>f(b)\geqslant b,$$

一个矛盾. 因此 $f(a)\geqslant a$. 根据超限归纳法, 结论成立. □

注 7.8 (1) Zermelo 定理的逆定理不成立.

(2) 在全序集上, 一般地, Zermelo 定理不成立.

习 题 7

1. 把 $f(x)-f(x-1)$ 称为函数 $f(x)$ 的差分. 记为

$$\Delta f(x)=f(x)-f(x-1).$$

例如, $f(n)=\mathrm{C}_n^r$, 它的差分就是

$$\Delta f(n)=f(n)-f(n-1)=\mathrm{C}_n^r-\mathrm{C}_{n-1}^r=\mathrm{C}_{n-1}^{r-1}.$$

又如求和问题 $a_1+a_2+\cdots+a_n=S_n\ [=f(x)]$, 可以看成给出差分 $a_n=g(n)$, 求原函数 $f(n)$, 使得

$$f(n)-f(n-1)=g(n) \tag{7.10}$$

的问题. 方程 (7.10) 称为差分方程. 函数 $f(x)$ 的差分 $\Delta f(x)=f(x)-f(x-1)$, 还是 x 的函数. 我们可以再求它的差分, 即二阶差分的概念,

$$\Delta(\Delta f(x))=\Delta(f(x)-f(x-1)).$$

用 $\Delta^2 f(x)$ 来表示.

一般地, 如果关于函数 $f(x)$ 的 $r-1$ 阶差分再求差分, 就得到了 $f(x)$ 的 r 阶差分, 即

$$\Delta^r f(x)=\Delta(\Delta^{r-1}f(x)).$$

请用数学归纳法证明

$$\Delta^n f(x)=\sum_{j=0}^{n}(-1)^j\mathrm{C}_n^j f(x-j).$$

2. 清末数学家李善兰 (1810—1882) 曾提出了恒等式

$$\sum_{j=0}^{k}(\mathrm{C}_k^j)^2\mathrm{C}_{n+2k-1}^{2k}=(\mathrm{C}_{n+k}^k)^2.$$

请用数学归纳法来证明.

3. 平面上有 n 条直线, 其中没有两条平行, 也无三条经过同一点. 证明: 它们

(1) 共有 $V_n=\dfrac{1}{2}n(n-1)$ 个交点;

(2) 互相分割成 $E_n=n^2$ 条线段;

(3) 把平面分割成 $S_n=1+\dfrac{1}{2}n(n+1)$ 块.

4. 空间有 n 个平面, 其中没有两个平面平行, 也无三个平面相交于同一条直线, 且无四个平面过同一点. 证明: 它们

(1) 有 $V_n=\dfrac{1}{6}n(n-1)(n-2)$ 个交点;

(2) 有 $E_n=\dfrac{1}{2}n(n-1)^2$ 段交线;

(3) 有 $S_n=n+\dfrac{1}{2}n^2(n-1)$ 片面;

(4) 把空间分成 $F_n=\dfrac{1}{6}(n^3+5n+6)$ 份.

5. 令 M 是良序集 W 的一个非空子集, 若 W 中有元素大于 M 中所有元素, 则所有这样的元素做成 W 的一个非空子集 T, 其极小元素称为 M 的后续. 当 M 只含有一个元素 a 时, M 的后续又称为 a 的后续. 证明: 任何良序集的任意一个真前段必有后续.

6. 证明定理 7.1.6 中的性质 M_3 (自然数集 P 上的乘法满足消去律).

(提示: 使用自然数集上的次序).

第 8 讲　非 Klein 意义上的“高观点下的初等数学”

关于“初等数学”与“高等数学”的关系, 有人认为, “初等数学”是关于常量的数学, “高等数学”是关于变量的数学; 也有人说, “高等数学”是“初等数学”的升华. 这都不无道理.

关于这一关系, 我们在长期的教学实践中形成了一个似乎更具“可触摸性”的观点, “初等数学”里的每件事情都不过是“高等数学”里的某一数学系统理论中的某一事实在某一具体的该系统中的具体表现, “初等数学”对这些作为具体表现的初等事实的处理当然只能是就事论事; 另外, 高等数学中的某些事实的证明往往归结为初等数学的某一已知事实.

下面, 我们从基础代数学里列举若干案例阐述这一观点, “高等数学”其他分支中也有类似的“初等数学”案例, 例如: 循环小数 $0.\dot{9}$ 等于 1 这一事实可由微积分 —— 无穷级数公式得到. 以窥视“高观点下的初等数学”之一斑, 也为“高观点下的初等数学”的探究抛砖引玉.

8.1　对数的换底公式与分数的约分公式

令 V 为数域 $\mathbb{F}$ 上一 n 维线性空间, $(\boldsymbol{\alpha}_1,\boldsymbol{\alpha}_2,\cdots,\boldsymbol{\alpha}_n)$, $(\boldsymbol{\beta}_1,\boldsymbol{\beta}_2,\cdots,\boldsymbol{\beta}_n)$ 为 V 的两个基底, 且有基底过渡

$$(\boldsymbol{\beta}_1,\boldsymbol{\beta}_2,\cdots,\boldsymbol{\beta}_n)=(\boldsymbol{\alpha}_1,\boldsymbol{\alpha}_2,\cdots,\boldsymbol{\alpha}_n)\boldsymbol{A}. \tag{8.1}$$

若 $\boldsymbol{\alpha}\in V$ 在基底 $(\boldsymbol{\alpha}_1,\boldsymbol{\alpha}_2,\cdots,\boldsymbol{\alpha}_n),(\boldsymbol{\beta}_1,\boldsymbol{\beta}_2,\cdots,\boldsymbol{\beta}_n)$ 下的坐标分别为 $\boldsymbol{X},\boldsymbol{Y}$, 即

$$\boldsymbol{\alpha}=(\boldsymbol{\alpha}_1,\boldsymbol{\alpha}_2,\cdots,\boldsymbol{\alpha}_n)\boldsymbol{X},\quad \boldsymbol{\alpha}=(\boldsymbol{\beta}_1,\boldsymbol{\beta}_2,\cdots,\boldsymbol{\beta}_n)\boldsymbol{Y},$$

其中, $\boldsymbol{X},\boldsymbol{Y}\in\mathbb{F}^n$, 则相应于基底的过渡 (8.1), 有如下的坐标变换公式

$$\boldsymbol{Y}=\boldsymbol{A}^{-1}\boldsymbol{X}.$$

例 8.1.1　$\mathbb{R}^+$ (所有正实数构成的集合) 关于如下定义的加法和数乘

$$(\forall\ a,b\in\mathbb{R}^+)\ a\oplus b=ab,$$

$$(\forall\ a\in\mathbb{R}^+,k\in\mathbb{R})\ k\odot a=a^k$$

构成实数域 $\mathbb{R}$ 上一线性空间 $\mathbb{R}^+=(\mathbb{R}^+;\oplus,\odot,\mathbb{R})$, 其中 ab 是 a 和 b 的通常的乘积. 易知 $\mathbb{R}^+$ 是一维的, 1 为其零向量. 因此, 任一不等于 1 的正实数都构成 $\mathbb{R}^+$ 的一个基底. 令 $a,b,c\in\mathbb{R}^+,a\neq 1,b\neq 1$. 若 (k) 是从基底 (a) 到基底 (b) 的过渡矩阵, 即

$$(b)=(a)(k), \tag{8.2}$$

也即

$$b = k \odot a = a^k,$$

则

$$k = \log_a b.$$

又由

$$c = k_1 \odot a = a^{k_1},$$

$$c = k_2 \odot b = b^{k_2}$$

得

$$k_1 = \log_a c, \quad k_2 = \log_b c.$$

因此, 相应于基底的过渡 (8.2) 的坐标变换

$$\log_b c = \frac{1}{\log_a b} \cdot \log_a c = \frac{\log_a c}{\log_a b}$$

就是中学数学中对数的换底公式.

例 8.1.2 实数域 $\mathbb{R}$ 关于通常的加法和乘法构成其自身上一一维线性空间, 数 0 为其零向量. 因此, 任一不等于 0 的实数都构成该线性空间的一个基底. 令 $a, b, c \in \mathbb{R}, a \neq 0, b \neq 0$. 若 (k) 是从基底 (a) 到基底 (b) 的过渡矩阵, 即

$$(b) = (a)(k), \tag{8.3}$$

也即

$$b = ka,$$

则

$$k = \frac{b}{a}.$$

又由

$$c = k_1 a, \quad c = k_2 b$$

得

$$k_1 = \frac{c}{a}, \quad k_2 = \frac{c}{b}.$$

因此, 相应于基底的过渡 (8.3) 的坐标变换

$$\frac{c}{b} = \frac{a}{b} \cdot \frac{c}{a} = \frac{ac}{ab}$$

就是初等数学中的约分公式.

8.2 根在复平面“单位圆 (虚轴)”上的实不可约多项式在一般域上的推广

例 8.2.1 讨论 $\mathbb{R}$ 上其根全部落在复平面的单位圆 (虚轴) 上的不可约多项式 $p(x)$.

在实相伴的情形下, 只讨论首 1 的多项式. 我们知道在 $\mathbb{R}$ 上首 1 的不可约多项式分两类,

(a) 所有首 1 的一次多项式,

(b) 下型的二次多项式:

$$p(x) = x^2 + px + q, \quad \text{其中 } p^2 - 4q < 0, \quad p, q \in \mathbb{R}.$$

(1) 根在单位圆上, 即根的模是 1.

情形 1 $\partial p(x) = 1$ 时, 显然有 $p(x) = x \pm 1$.

情形 2 $\partial p(x) = 2$ 时, 不妨假设 $p(x)$ 的根为 $x_{1,2} = a \pm \mathrm{i}b$, 则

$$|a \pm \mathrm{i}b| = 1 \Longleftrightarrow a^2 + b^2 = 1.$$

从而 $q = a^2 + b^2 = 1, \quad p^2 < 4q = 4$, 即

$$q = 1, \quad -2 < p < 2.$$

所以

$$p(x) = x^2 + px + 1, \quad -2 < p < 2.$$

我们注意到以下事实

$$a + \mathrm{i}b = \frac{a + \mathrm{i}b}{1} = \frac{a + \mathrm{i}b}{(a + \mathrm{i}b)(a - \mathrm{i}b)} = \frac{1}{a - \mathrm{i}b},$$

即 $p(x)$ 的两个根互为倒数. 容易发现此情形恰为推论 1.1.3 的特殊情形, 所以 $p(x)$ 必为首 1 偶次且系数是中心对称的.

(2) 根在虚轴上, 即根为纯虚数.

情形 1 $\partial p(x) = 1$ 时, 显然 $p(x) = x$.

情形 2 $\partial p(x) = 2$ 时, 若它的根为 $x_{1,2} = a \pm \mathrm{i}b$, 则显然

$$a = 0, \quad x_{1,2} = \pm \mathrm{i}b, \quad b \in \mathbb{R} \setminus \{0\}.$$

从而

$$p = 0, \quad q = b^2 > 0.$$

所以

$$p(x) = x^2 + q, \quad q > 0.$$

我们注意到, 此时 $p(x)$ 的两个根分别是

$$x_1, x_2 = \overline{x_1} = -x_1,$$

即 $p(x)$ 的两个根互为相反数. 容易发现此情形恰为推论 1.1.4 的特殊情形, 所以 $p(x)$ 只含偶次项.

8.3 Fibonacci 数列的通项公式

例 8.3.1 所谓 Fibonacci 数列指的是下面实无限数列

$$F = (f_1, f_2, \cdots, f_n, \cdots),$$

其中

$$f_1 = f_2 = 1, \quad f_n = f_{n-1} + f_{n-2}, \quad n = 3, 4, \cdots.$$

求 Fibonacci 数列通项公式.

解 **解法 1**(线性空间方法) 称下列实无限数列为广义 Fibonacci 数列:

$$G = (g_1, g_2, \cdots, g_n, \cdots),$$

其中 $g_1, g_2 \in \mathbb{R}, \quad g_n = g_{n-1} + g_{n-2}, \quad n = 3, 4, \cdots$. 令

$$\mathbb{R}_2^\infty = \{(g_1, g_2, \cdots, g_n, \cdots) \in \mathbb{R}^\infty \mid g_1, g_2 \in \mathbb{R}, \quad g_n = g_{n-1} + g_{n-1}, \quad n = 3, 4, \cdots\}.$$

将 $\mathbb{R}^n$ 中两种通常的合成加法和数乘自然地推广到 $\mathbb{R}^\infty$ 和 $\mathbb{R}_2^\infty$ 上. 显然 $\mathbb{R}^\infty$ ($\mathbb{R}_2^\infty$) 关于这两种合成形成一无限 (二) 维实线性空间.

我们希望能够找到 $\mathbb{R}_2^\infty$ 的一个基底 $(\boldsymbol{\alpha}_1, \boldsymbol{\alpha}_2)$, 使得 $\boldsymbol{\alpha}_1, \boldsymbol{\alpha}_2$ 的通项公式是容易找到的. 于是, 通过

$$F = k_1\boldsymbol{\alpha}_1 + k_2\boldsymbol{\alpha}_2, \quad k_1, k_2 \in \mathbb{R}$$

就找到 F 的通项公式了.

若广义 Fibonacci 数列 $G = (g_1, g_2, \cdots, g_n, \cdots)$ 是等比数列 $Q = (a, aq, aq^2, \cdots)$, $a, q \in \mathbb{R} \setminus \{0\}$, 则

$$\begin{aligned} & g_n = g_{n-1} + g_{n-2} \\ \Longleftrightarrow\ & aq^{n-1} = aq^{n-2} + aq^{n-3} \\ \Longleftrightarrow\ & q^2 = q + 1 \\ \Longleftrightarrow\ & q_{1,2} = \frac{1 \pm \sqrt{5}}{2}. \end{aligned}$$

从而

$$Q \in \mathbb{R}_2^\infty \Longleftrightarrow q_{1,2} = \frac{1 \pm \sqrt{5}}{2}.$$

由 $q_1 \neq q_2$ 知,

$$G_1 = (1, q_1, q_1^2, \cdots),$$
$$G_2 = (1, q_2, q_2^2, \cdots)$$

是线性无关的, 因此, (G_1, G_2) 形成 $\mathbb{R}_2^\infty$ 的一个基底, 从而存在 $k, l \in \mathbb{R}$, 使得

$$F = (1, 1, 2, \cdots) = kG_1 + lG_2 = k(1, q_1, q_1^2, \cdots) + l(1, q_2, q_2^2, \cdots).$$

因此

$$\begin{cases} k + l = 1, \\ kq_1 + lq_2 = 1, \end{cases}$$

即

$$\begin{pmatrix} 1 & 1 \\ q_1 & q_2 \end{pmatrix} \begin{pmatrix} k \\ l \end{pmatrix} = \begin{pmatrix} 1 \\ 1 \end{pmatrix}.$$

根据 Cramer 法则, 以上方程组有唯一解

$$k = \frac{5 + \sqrt{5}}{10}, \quad l = \frac{5 - \sqrt{5}}{10}.$$

于是

$$F = \frac{5 + \sqrt{5}}{10} G_1 + \frac{5 - \sqrt{5}}{10} G_2.$$

所以, F 的通项公式为

$$f_n = \frac{1}{\sqrt{5}} \left(\left(\frac{1 + \sqrt{5}}{2} \right)^n - \left(\frac{1 - \sqrt{5}}{2} \right)^n \right).$$

解法 2 (矩阵方法)　Fibonacci 数列的递推性可用二阶矩阵表示如下

$$\begin{pmatrix} F_n \\ F_{n-1} \end{pmatrix} = \begin{pmatrix} 1 & 1 \\ 1 & 0 \end{pmatrix} \begin{pmatrix} F_{n-1} \\ F_{n-2} \end{pmatrix}, \quad n \geqslant 3.$$

从而

$$\begin{pmatrix} F_n \\ F_{n-1} \end{pmatrix} = \begin{pmatrix} 1 & 1 \\ 1 & 0 \end{pmatrix}^{n-2} \begin{pmatrix} F_2 \\ F_1 \end{pmatrix} = \begin{pmatrix} 1 & 1 \\ 1 & 0 \end{pmatrix}^{n-2} \begin{pmatrix} 1 \\ 1 \end{pmatrix}.$$

由矩阵 $\begin{pmatrix} 1 & 1 \\ 1 & 0 \end{pmatrix}$ 的特征值为

$$\lambda_1 = \frac{1 + \sqrt{5}}{2}, \quad \lambda_2 = \frac{1 - \sqrt{5}}{2}$$

知, 存在可逆矩阵 $\boldsymbol{T}$, 使得

$$\boldsymbol{T}^{-1}\begin{pmatrix}1&1\\1&0\end{pmatrix}\boldsymbol{T}=\begin{pmatrix}\lambda_1&0\\0&\lambda_2\end{pmatrix}.$$

显然

$$\begin{pmatrix}1&1\\-\lambda_2&-\lambda_1\end{pmatrix}$$

就是这样的一个 $\boldsymbol{T}$. 此时

$$\boldsymbol{T}^{-1}=\frac{-1}{\sqrt{5}}\begin{pmatrix}-\lambda_1&-1\\\lambda_2&1\end{pmatrix}.$$

于是

$$\begin{pmatrix}1&1\\1&0\end{pmatrix}^{n-2}=\begin{pmatrix}1&1\\-\lambda_2&-\lambda_1\end{pmatrix}\begin{pmatrix}\lambda_1^{n-2}&0\\0&\lambda_2^{n-2}\end{pmatrix}\frac{-1}{\sqrt{5}}\begin{pmatrix}-\lambda_1&-1\\\lambda_2&1\end{pmatrix}.$$

因此

$$\begin{pmatrix}F_n\\F_{n-1}\end{pmatrix}=\frac{-1}{\sqrt{5}}\begin{pmatrix}-\lambda_1^{n-1}+\lambda_2^{n-1}&-\lambda_1^{n-2}+\lambda_2^{n-2}\\-\lambda_1^{n-2}+\lambda_2^{n-2}&-\lambda_1^{n-3}+\lambda_2^{n-3}\end{pmatrix}\begin{pmatrix}1\\1\end{pmatrix},$$

即

$$F_n=\frac{1}{\sqrt{5}}\left(\left(\frac{1+\sqrt{5}}{2}\right)^n-\left(\frac{1-\sqrt{5}}{2}\right)^n\right).$$

下面考察一般情形.

定义 8.3.1 令 $a_1,a_2,a,b\in\mathbb{C}$. 若

$$a_{n+1}=aa_n+ba_{n-1},\quad n=2,3,\cdots,$$

则称 $\{a_n\}$ 为二阶线性递推数列

例 8.3.2 假设如例 8.3.1, 令 $\{a_n\}$ 为一二阶线性递推数列, 且 $ab\neq0$. 求 $\{a_n\}$ 的通项公式.

解 由 $a_{n+1}=aa_n+ba_{n-1}$ 知,

$$\begin{pmatrix}a_n\\a_{n-1}\end{pmatrix}=\begin{pmatrix}a&b\\1&0\end{pmatrix}\begin{pmatrix}a_{n-1}\\a_{n-2}\end{pmatrix}=\cdots=\begin{pmatrix}a&b\\1&0\end{pmatrix}^{n-2}\begin{pmatrix}a_2\\a_1\end{pmatrix}.$$

(1) 当 $a^2+4b=0$ 时, 矩阵 $\begin{pmatrix}a&b\\1&0\end{pmatrix}$ 有二重特征根

$$\lambda=\lambda_{1,2}=\frac{a}{2},$$

从而存在可逆矩阵 $\boldsymbol{T}$, 使得

$$\boldsymbol{T}^{-1}\begin{pmatrix} a & b \\ 1 & 0 \end{pmatrix}\boldsymbol{T}=\begin{pmatrix} \lambda & 1 \\ 0 & \lambda \end{pmatrix}.$$

显然,

$$\begin{pmatrix} \lambda & 1+\lambda \\ 1 & 1 \end{pmatrix}$$

就是这样的一个 $\boldsymbol{T}$, 此时

$$\boldsymbol{T}^{-1}=\begin{pmatrix} -1 & 1+\lambda \\ 1 & -\lambda \end{pmatrix}.$$

于是,

$$\begin{pmatrix} a & b \\ 1 & 0 \end{pmatrix}^{n-2}=\begin{pmatrix} (n-1)\lambda^{n-2} & -(n-2)\lambda^{n-1} \\ (n-2)\lambda^{n-3} & -(n-3)\lambda^{n-2} \end{pmatrix}.$$

因此

$$\begin{pmatrix} a_n \\ a_{n-1} \end{pmatrix}=\begin{pmatrix} (n-1)\lambda^{n-2} & -(n-2)\lambda^{n-1} \\ (n-2)\lambda^{n-3} & -(n-3)\lambda^{n-2} \end{pmatrix}\begin{pmatrix} a_2 \\ a_1 \end{pmatrix},$$

即

$$a_n=(n-1)\lambda^{n-2}a_2-(n-2)\lambda^{n-1}a_1.$$

(2) 当 $a^2+4b\neq 0$ 时, 矩阵 $\begin{pmatrix} a & b \\ 1 & 0 \end{pmatrix}$ 有相异的特征根

$$\lambda_1=\frac{a+\sqrt{a^2+4b}}{2},\quad \lambda_2=\frac{a-\sqrt{a^2+4b}}{2},$$

从而存在可逆矩阵 $\boldsymbol{T}$, 使得

$$\boldsymbol{T}^{-1}\begin{pmatrix} a & b \\ 1 & 0 \end{pmatrix}\boldsymbol{T}=\begin{pmatrix} \lambda_1 & 0 \\ 0 & \lambda_2 \end{pmatrix}.$$

显然,

$$\begin{pmatrix} \lambda_1 & \lambda_2 \\ 1 & 1 \end{pmatrix}$$

就是这样的一个 $\boldsymbol{T}$, 此时

$$\boldsymbol{T}^{-1}=\frac{1}{\lambda_1-\lambda_2}\begin{pmatrix} 1 & -\lambda_2 \\ -1 & \lambda_1 \end{pmatrix}.$$

于是,

$$\begin{pmatrix} a & b \\ 1 & 0 \end{pmatrix}^{n-2} = \frac{1}{\lambda_1-\lambda_2}\begin{pmatrix} \lambda_1^{n-1}-\lambda_2^{n-1} & -\lambda_1^{n-1}\lambda_2+\lambda_1\lambda_2^{n-1} \\ \lambda_1^{n-2}-\lambda_2^{n-2} & -\lambda_1^{n-2}\lambda_2+\lambda_1\lambda_2^{n-2} \end{pmatrix}.$$

因此

$$\begin{pmatrix} a_n \\ a_{n-1} \end{pmatrix} = \frac{1}{\lambda_1-\lambda_2}\begin{pmatrix} \lambda_1^{n-1}-\lambda_2^{n-1} & -\lambda_1^{n-1}\lambda_2+\lambda_1\lambda_2^{n-1} \\ \lambda_1^{n-2}-\lambda_2^{n-2} & -\lambda_1^{n-2}\lambda_2+\lambda_1\lambda_2^{n-2} \end{pmatrix}\begin{pmatrix} a_2 \\ a_1 \end{pmatrix},$$

即

$$a_n = \frac{(\lambda_1^{n-1}-\lambda_2^{n-1})a_2+(-\lambda_1^{n-1}\lambda_2+\lambda_1\lambda_2^{n-1})a_1}{\lambda_1-\lambda_2}.$$ □

此方法可推广至如下一般情形.

定义 8.3.2 令 $c_1, c_2, \cdots, c_k, a_1, a_2, \cdots, a_k \in \mathbb{C}$. 若

$$a_{n+k} = c_1 a_{n+k-1} + c_2 a_{n+k-2} + \cdots + c_k a_n, \quad n = k+1, k+2, \cdots, \tag{8.4}$$

则称 $\{a_n\}$ 为 k 阶线性递推数列.

令

$$\boldsymbol{C} = \begin{pmatrix} c_1 & c_2 & \cdots & c_{k-1} & c_k \\ 1 & 0 & \cdots & 0 & 0 \\ 0 & 1 & \cdots & 0 & 0 \\ \vdots & \vdots & & \vdots & \vdots \\ 0 & 0 & \cdots & 1 & 0 \end{pmatrix}.$$

例 8.3.3 关于如定义 8.3.2 的数列 $\{a_n\}$, 若

$$a_{n+k} = c_1 a_{n+k-1} + c_2 a_{n+k-2} + \cdots + c_k a_n, \quad n = k+1, k+2, \cdots,$$

其中 $a_1, a_2, \cdots, a_k$, $c_1, c_2, \cdots, c_k$ 为事先给定的常数, 且矩阵 $\boldsymbol{C}$ 的特征多项式在复数域上可分解为

$$(x-\lambda_1)^{e_1}(x-\lambda_2)^{e_2}\cdots(x-\lambda_s)^{e_s}, \quad \sum_{i=1}^{s} e_i = k,$$

则 k 阶线性递推数列通项 a_n $(n \geqslant 0)$ 可表示为

$$a_n = \sum_{i=1}^{s} f_i a_i,$$

其中 f_i 是由 $c_1, c_2, \cdots, c_k$ 所确定的关于 $\lambda_1, \lambda_2, \cdots, \lambda_s$ 的多元多项式.

证明　由式 (8.4) 可知,

$$\begin{pmatrix} a_n \\ a_{n-1} \\ a_{n-2} \\ \vdots \\ a_{n-(k-1)} \end{pmatrix} = \begin{pmatrix} c_1 & c_2 & \cdots & c_{k-1} & c_k \\ 1 & 0 & \cdots & 0 & 0 \\ 0 & 1 & \cdots & 0 & 0 \\ \vdots & \vdots & & \vdots & \vdots \\ 0 & 0 & \cdots & 1 & 0 \end{pmatrix} \begin{pmatrix} a_{n-1} \\ a_{n-2} \\ a_{n-3} \\ \vdots \\ a_{n-k} \end{pmatrix} = \cdots$$

$$= \begin{pmatrix} c_1 & c_2 & \cdots & c_{k-1} & c_k \\ 1 & 0 & \cdots & 0 & 0 \\ 0 & 1 & \cdots & 0 & 0 \\ \vdots & \vdots & & \vdots & \vdots \\ 0 & 0 & \cdots & 1 & 0 \end{pmatrix}^{n-k} \begin{pmatrix} a_k \\ a_{k-1} \\ a_{k-2} \\ \vdots \\ a_1 \end{pmatrix}, \quad n \geqslant k+1.$$

由题设条件, 存在可逆矩阵 $\boldsymbol{T}$, 使得

$$\boldsymbol{T}^{-1}\boldsymbol{C}\boldsymbol{T} = \boldsymbol{T}^{-1} \begin{pmatrix} c_1 & c_2 & \cdots & c_{k-1} & c_k \\ 1 & 0 & \cdots & 0 & 0 \\ 0 & 1 & \cdots & 0 & 0 \\ \vdots & \vdots & & \vdots & \vdots \\ 0 & 0 & \cdots & 1 & 0 \end{pmatrix} \boldsymbol{T} = \begin{pmatrix} \boldsymbol{J}_1 & & & \\ & \boldsymbol{J}_2 & & \\ & & \ddots & \\ & & & \boldsymbol{J}_s \end{pmatrix},$$

其中矩阵 $\boldsymbol{T}$ 由 $c_1, c_2, \cdots, c_k$ 确定,

$$\boldsymbol{J}_i = \begin{pmatrix} \lambda_i & 1 & & \\ & \ddots & \ddots & \\ & & \ddots & 1 \\ & & & \lambda_i \end{pmatrix}_{e_i \times e_i}, \quad i = 1, \cdots, s.$$

于是

$$\boldsymbol{C}^{n-k} = \begin{pmatrix} c_1 & c_2 & \cdots & c_{k-1} & c_k \\ 1 & 0 & \cdots & 0 & 0 \\ 0 & 1 & \cdots & 0 & 0 \\ \vdots & \vdots & & \vdots & \vdots \\ 0 & 0 & \cdots & 1 & 0 \end{pmatrix}^{n-k} = \boldsymbol{T} \begin{pmatrix} \boldsymbol{J}_1^{n-k} & & & \\ & \boldsymbol{J}_2^{n-k} & & \\ & & \ddots & \\ & & & \boldsymbol{J}_s^{n-k} \end{pmatrix} \boldsymbol{T}^{-1}.$$

注意到

$$\boldsymbol{J}_i^m = (\lambda_i \boldsymbol{E}_{e_i} + \boldsymbol{Z}_{e_i})^m = \sum_{j=0}^{m} \boldsymbol{C}_m^j \lambda_i^{m-j} \boldsymbol{Z}_{e_i}^j,$$

其中

$$\boldsymbol{Z}_{e_i}=\begin{pmatrix} 0 & 1 & & \\ & \ddots & \ddots & \\ & & \ddots & 1 \\ & & & 0 \end{pmatrix}_{e_i\times e_i}.$$

令 $\boldsymbol{C}^{n-k}=(f_{ij}(\lambda_1,\cdots,\lambda_s))_{k\times k}$，其中，$f_{ij}(\lambda_1,\cdots,\lambda_s)$ 是由 $c_1,c_2,\cdots,c_k$ 所确定的关于 $\lambda_1,\lambda_2,\cdots,\lambda_s$ 的多元多项式, $i,j=1,2,\cdots,k$. 又记

$$f_i=f_{1,k+1-i},\quad i=1,2,\cdots,k.$$

于是, $a_n=\sum\limits_{i=1}^{s}f_ia_i$. □

解法 3 (初等方法)　直接验证可得如下引理.

引理 8.3.1　令数列 $\{a_{n+1}-pa_n\}$ 是公比为 q 的等比数列, 其中 $p\neq 0$. 则数列 $\{a_{n+1}-qa_n\}$ 是公比为 p 的等比数列.

那么关于定义 8.3.1 二阶线性递推数列

$$a_{n+1}=aa_n+ba_{n-1},$$

若存在 p,q, 使得 $\{a_{n+1}-pa_n\}$ 是公比为 q 的等比数列, 即

$$a_{n+1}-pa_n=q(a_n-pa_{n-1}),$$

则

$$a_{n+1}=(p+q)a_n-pqa_{n-1}.$$

从而

$$p+q=a,\quad pq=-b$$

是方程

$$x^2-ax-b=0$$

的两根. 由方程有解 p,q 及引理 8.3.1, 即可得 $\{a_n\}$ 的通项公式. 下以求 Fibonacci 数列的通项公式为例说明此方法.

关于 Fibonacci 数列 F, 令

$$f_{n+1}-pf_n=q(f_n-pf_{n-1}),$$

即

$$f_{n+1}=(p+q)f_n-pqf_{n-1}.$$

则

$$p+q=1,\quad pq=-1,$$

从而 p, q 是方程

$$x^2 - x - 1 = 0$$

的两根. 不妨假设

$$p = \frac{1+\sqrt{5}}{2}, \quad q = \frac{1-\sqrt{5}}{2},$$

由引理 8.3.1 知

$$f_{n+1} - \frac{1+\sqrt{5}}{2} f_n = \left(f_2 - \frac{1+\sqrt{5}}{2} f_1\right)\left(\frac{1-\sqrt{5}}{2}\right)^{n-1}, \tag{8.5}$$

$$f_{n+1} - \frac{1-\sqrt{5}}{2} f_n = \left(f_2 - \frac{1-\sqrt{5}}{2} f_1\right)\left(\frac{1+\sqrt{5}}{2}\right)^{n-1}. \tag{8.6}$$

又由式 (8.5), 式 (8.6) 解得

$$f_n = \frac{1}{\sqrt{5}}\left(\left(\frac{1+\sqrt{5}}{2}\right)^n - \left(\frac{1-\sqrt{5}}{2}\right)^n\right).$$

8.4　$m \cdot n = (m, n)[m, n]$

例 8.4.1　整数环 $\mathbb{Z}$ 是主理想环, 它的每一理想是主理想, 由某个非负整数 n 生成, 即由 n 的所有整数倍构成, 记其为 $\langle n\rangle$. 下面仅考察 $m, n \in \mathbb{Z}^+$ 的情形. 若它们的最大公因数和最小公倍数分别为 d 和 M, 则由整数的带余除法知,

$$\langle m\rangle + \langle n\rangle = \langle d\rangle, \quad \langle m\rangle \cap \langle n\rangle = \langle M\rangle.$$

根据环的第二同构定理, 有

$$(\langle m\rangle + \langle n\rangle)/\langle m\rangle \cong \langle n\rangle \Big/ (\langle m\rangle \cap \langle n\rangle),$$

即

$$\langle d\rangle/\langle m\rangle \cong \langle n\rangle/\langle M\rangle,$$

于是, 两个商环所含元素个数相同, 即 $\dfrac{m}{d} = \dfrac{M}{n}$, 因此 $dM = mn$. 这就是初等数学中的一个已知事实: 任意两个正整数的乘积等于它们的最大公因数和最小公倍数的乘积.

8.5　Newton 二项公式

例 8.5.1　令 $\mathbb{F}$ 为一特征为零的域. 关于 $\mathbb{F}$ 上一元多项式

$$f(x) = \prod_{i=1}^{n}(x - a_i)$$

的根与系数的关系, 有 Vieta 定理

$$
\begin{aligned}
f(x)= & x^n+\left((-1)\sum_{i=1}^{n}a_i\right)x^{n-1}+\left((-1)^2\sum_{1\leqslant i<j<n}a_ia_j\right)x^{n-2}+\cdots \\
& +\left((-1)^k\sum_{1\leqslant i_1<i_2<\cdots<i_k\leqslant n}a_{i_1}a_{i_2}\cdots a_{i_k}\right)x^{n-k}+\cdots \\
& +\left((-1)^{n-1}\sum_{i=1}^{n}a_1\cdots a_{i-1}a_{i+1}\cdots a_n\right)x+(-1)^n a_1a_2\cdots a_n.
\end{aligned}
$$

取 $x=a\in\mathbb{F},\ \ a_i=-b\in\mathbb{F},\ \ i=1,2,\cdots,n$, 可得 Newton 二项式公式

$$
(a+b)^n=\sum_{i=n}^{0}\mathrm{C}_n^i a^i b^{n-i}.
$$

由 $\mathbb{F}$ 的特征为零知, $(a+b)^n=a^n+b^n$ 一般不成立. 取 $\mathbb{F}$ 为复数域, 即得初等数学中的特殊情形, 也即复数的 Newton 二项式恒等式.

8.6 关于组合数的矩阵方法

例 8.6.1 关于任意正整数 n, 求下列组合数的值:

(1) $\mathrm{C}_n^0-\mathrm{C}_n^2+\mathrm{C}_n^4-\mathrm{C}_n^6+\cdots$;

(2) $\mathrm{C}_n^1-\mathrm{C}_n^3+\mathrm{C}_n^5-\mathrm{C}_n^7+\cdots$;

(3) $\mathrm{C}_n^0+\mathrm{C}_n^1+\cdots+\mathrm{C}_n^k+\cdots+\mathrm{C}_n^{n-1}+\mathrm{C}_n^n$;

(4) $\mathrm{C}_n^0-\mathrm{C}_n^1+\mathrm{C}_n^2-\mathrm{C}_n^3+\cdots$.

令 V 为数域 $\mathbb{F}$ 上所有二阶矩阵构成的线性空间,

$$
\boldsymbol{A}=\begin{pmatrix}0&-1\\1&0\end{pmatrix},\quad \boldsymbol{B}=\begin{pmatrix}1&-1\\1&1\end{pmatrix},\quad \boldsymbol{E}=\begin{pmatrix}1&0\\0&1\end{pmatrix}.
$$

则显然 $\boldsymbol{A}$, $\boldsymbol{E}$ 线性无关, $\boldsymbol{B}=\boldsymbol{A}+\boldsymbol{E}$.

由于

$$
\boldsymbol{A}^1=\begin{pmatrix}0&-1\\1&0\end{pmatrix},\quad \boldsymbol{A}^2=\begin{pmatrix}-1&0\\0&-1\end{pmatrix},
$$

$$
\boldsymbol{A}^3=\begin{pmatrix}0&1\\-1&0\end{pmatrix},\quad \boldsymbol{A}^4=\begin{pmatrix}1&0\\0&1\end{pmatrix}=\boldsymbol{E},
$$

且 $\boldsymbol{AE}=\boldsymbol{EA}=\boldsymbol{A}$, $\boldsymbol{E}^2=\boldsymbol{E}$, $\boldsymbol{A}$ 关于矩阵的乘法生成四阶循环群. 从而关于任意 $k\in\mathbb{N}$,

$$
\boldsymbol{A}^{4k+1}=\boldsymbol{A}=\begin{pmatrix}0&-1\\1&0\end{pmatrix},\quad \boldsymbol{A}^{4k+2}=\boldsymbol{A}^2=\begin{pmatrix}-1&0\\0&-1\end{pmatrix}=-\boldsymbol{E}.
$$

注 例 8.6.1 引自 —— 冯建. 组合数间的一个性质. 大学数学, 已投.

$$\boldsymbol{A}^{4k+3}=\boldsymbol{A}^3=\begin{pmatrix}0&1\\-1&0\end{pmatrix}=-\boldsymbol{A},\quad \boldsymbol{A}^{4k+4}=\boldsymbol{A}^4=\begin{pmatrix}1&0\\0&1\end{pmatrix}=\boldsymbol{E}.$$

又

$$\boldsymbol{B}^1=\begin{pmatrix}1&-1\\1&1\end{pmatrix}=\boldsymbol{A}+\boldsymbol{E},$$

$$\boldsymbol{B}^2=\boldsymbol{B}\boldsymbol{B}=\begin{pmatrix}0&-2\\2&0\end{pmatrix}=2\boldsymbol{A},$$

$$\boldsymbol{B}^3=\boldsymbol{B}^2\boldsymbol{B}=\begin{pmatrix}-2&-2\\2&-2\end{pmatrix}=2(\boldsymbol{A}-\boldsymbol{E}),$$

$$\boldsymbol{B}^4=\boldsymbol{B}^3\boldsymbol{B}=\begin{pmatrix}-4&0\\0&-4\end{pmatrix}=-4\boldsymbol{E},$$

$$\boldsymbol{B}^5=\boldsymbol{B}^4\boldsymbol{B}=\begin{pmatrix}-4&4\\-4&-4\end{pmatrix}=-4(\boldsymbol{A}+\boldsymbol{E}),$$

$$\boldsymbol{B}^6=\boldsymbol{B}^4\boldsymbol{B}=\begin{pmatrix}0&8\\-8&0\end{pmatrix}=-8\boldsymbol{A},$$

$$\boldsymbol{B}^7=\boldsymbol{B}^4\boldsymbol{B}^3=\begin{pmatrix}8&8\\-8&8\end{pmatrix}=-8(\boldsymbol{A}-\boldsymbol{E}),$$

$$\boldsymbol{B}^8=\boldsymbol{B}^4\boldsymbol{B}^4=\begin{pmatrix}16&0\\0&16\end{pmatrix}=16\boldsymbol{E}=2^4\boldsymbol{E}.$$

进而, 关于任意 $k\in\mathbb{N}$,

$$\begin{cases}\boldsymbol{B}^{8k}=(\boldsymbol{B}^8)^k=(2^4\boldsymbol{E})^k=2^{4k}\boldsymbol{E},\\ \boldsymbol{B}^{8k+1}=\boldsymbol{B}^{8k}\boldsymbol{B}=(2^{4k}\boldsymbol{E})\boldsymbol{B}=2^{4k}(\boldsymbol{A}+\boldsymbol{E})=2^{4k}\boldsymbol{A}+2^{4k}\boldsymbol{E},\\ \boldsymbol{B}^{8k+2}=\boldsymbol{B}^{8k}\boldsymbol{B}^2=(2^{4k}\boldsymbol{E})(2\boldsymbol{A})=2^{4k+1}\boldsymbol{A},\\ \boldsymbol{B}^{8k+3}=\boldsymbol{B}^{8k}\boldsymbol{B}^3=(2^{4k}\boldsymbol{E})[2(\boldsymbol{A}-\boldsymbol{E})]=2^{4k+1}\boldsymbol{A}-2^{4k+1}\boldsymbol{E},\\ \boldsymbol{B}^{8k+4}=\boldsymbol{B}^{8k}\boldsymbol{B}^4=(2^{4k}\boldsymbol{E})(-4\boldsymbol{E})=-2^{4k+2}\boldsymbol{E},\\ \boldsymbol{B}^{8k+5}=\boldsymbol{B}^{8k}\boldsymbol{B}^5=(2^{4k}\boldsymbol{E})[-4(\boldsymbol{A}+\boldsymbol{E})]=-2^{4k+2}\boldsymbol{A}-2^{4k+2}\boldsymbol{E},\\ \boldsymbol{B}^{8k+6}=\boldsymbol{B}^{8k}\boldsymbol{B}^6=(2^{4k}\boldsymbol{E})(-8\boldsymbol{A})=-2^{4k+3}\boldsymbol{A},\\ \boldsymbol{B}^{8k+7}=\boldsymbol{B}^{8k}\boldsymbol{B}^7=(2^{4k}\boldsymbol{E})[-8(\boldsymbol{A}-\boldsymbol{E})]=-2^{4k+3}\boldsymbol{A}+2^{4k+3}\boldsymbol{E}.\end{cases}\tag{8.7}$$

由 Newton 二项式定理

$$\begin{aligned}\boldsymbol{B}^n&=(\boldsymbol{A}+\boldsymbol{E})^n\\&=\mathrm{C}_n^0\boldsymbol{A}^0\boldsymbol{E}^n+\mathrm{C}_n^1\boldsymbol{A}^1\boldsymbol{E}^{n-1}+\mathrm{C}_n^2\boldsymbol{A}^2\boldsymbol{E}^{n-2}+\mathrm{C}_n^3\boldsymbol{A}^3\boldsymbol{E}^{n-3}+\cdots\\&=\mathrm{C}_n^0\boldsymbol{A}^0+\mathrm{C}_n^1\boldsymbol{A}^1+\mathrm{C}_n^2\boldsymbol{A}^2+\mathrm{C}_n^3\boldsymbol{A}^3+\cdots\end{aligned}$$

$$=\mathrm{C}_n^0\boldsymbol{E}+\mathrm{C}_n^1\boldsymbol{A}-\mathrm{C}_n^2\boldsymbol{E}-\mathrm{C}_n^3\boldsymbol{A}+\cdots$$
$$=(\mathrm{C}_n^0-\mathrm{C}_n^2+\mathrm{C}_n^4-\mathrm{C}_n^6+\cdots)\boldsymbol{E}+(\mathrm{C}_n^1-\mathrm{C}_n^3+\mathrm{C}_n^5-\mathrm{C}_n^7+\cdots)\boldsymbol{A}. \tag{8.8}$$

由 $\boldsymbol{E}$ 与 $\boldsymbol{A}$ 的线性无关性及式 (8.7)、式 (8.8), 有如下结论.

关于任意正整数 n,

(1) 当 $n=8k$ 时,

$$\mathrm{C}_n^0-\mathrm{C}_n^2+\mathrm{C}_n^4-\mathrm{C}_n^6+\cdots=2^{\frac{n}{2}},$$
$$\mathrm{C}_n^1-\mathrm{C}_n^3+\mathrm{C}_n^5-\mathrm{C}_n^7+\cdots=0;$$

(2) 当 $n=8k+1$ 时,

$$\mathrm{C}_n^0-\mathrm{C}_n^2+\mathrm{C}_n^4-\mathrm{C}_n^6+\cdots=2^{\frac{n-1}{2}},$$
$$\mathrm{C}_n^1-\mathrm{C}_n^3+\mathrm{C}_n^5-\mathrm{C}_n^7+\cdots=2^{\frac{n-1}{2}};$$

(3) 当 $n=8k+2$ 时,

$$\mathrm{C}_n^0-\mathrm{C}_n^2+\mathrm{C}_n^4-\mathrm{C}_n^6+\cdots=0,$$
$$\mathrm{C}_n^1-\mathrm{C}_n^3+\mathrm{C}_n^5-\mathrm{C}_n^7+\cdots=2^{\frac{n}{2}};$$

(4) 当 $n=8k+3$ 时,

$$\mathrm{C}_n^0-\mathrm{C}_n^2+\mathrm{C}_n^4-\mathrm{C}_n^6+\cdots=-2^{\frac{n-1}{2}},$$
$$\mathrm{C}_n^1-\mathrm{C}_n^3+\mathrm{C}_n^5-\mathrm{C}_n^7+\cdots=2^{\frac{n-1}{2}};$$

(5) 当 $n=8k+4$ 时,

$$\mathrm{C}_n^0-\mathrm{C}_n^2+\mathrm{C}_n^4-\mathrm{C}_n^6+\cdots=-2^{\frac{n}{2}},$$
$$\mathrm{C}_n^1-\mathrm{C}_n^3+\mathrm{C}_n^5-\mathrm{C}_n^7+\cdots=0;$$

(6) 当 $n=8k+5$ 时,

$$\mathrm{C}_n^0-\mathrm{C}_n^2+\mathrm{C}_n^4-\mathrm{C}_n^6+\cdots=-2^{\frac{n-1}{2}},$$
$$\mathrm{C}_n^1-\mathrm{C}_n^3+\mathrm{C}_n^5-\mathrm{C}_n^7+\cdots=-2^{\frac{n-1}{2}};$$

(7) 当 $n=8k+6$ 时,

$$\mathrm{C}_n^0-\mathrm{C}_n^2+\mathrm{C}_n^4-\mathrm{C}_n^6+\cdots=0,$$
$$\mathrm{C}_n^1-\mathrm{C}_n^3+\mathrm{C}_n^5-\mathrm{C}_n^7+\cdots=-2^{\frac{n}{2}};$$

(8) 当 $n=8k+7$ 时,

$$\mathrm{C}_n^0-\mathrm{C}_n^2+\mathrm{C}_n^4-\mathrm{C}_n^6+\cdots=2^{\frac{n-1}{2}},$$
$$\mathrm{C}_n^1-\mathrm{C}_n^3+\mathrm{C}_n^5-\mathrm{C}_n^7+\cdots=-2^{\frac{n-1}{2}}.$$

同样地, 关于

$$\boldsymbol{A}=\begin{pmatrix}0 & -1\\ -1 & 0\end{pmatrix},\quad \boldsymbol{B}=\begin{pmatrix}1 & -1\\ -1 & 1\end{pmatrix},$$

易验证

$$\boldsymbol{A}^2=\boldsymbol{E},\quad \boldsymbol{A}^{2k}=\boldsymbol{E};\quad \boldsymbol{B}^2=2(\boldsymbol{A}+\boldsymbol{E}),\quad \boldsymbol{B}^n=2^{n-1}(\boldsymbol{A}+\boldsymbol{E}).$$

二项式定理展开 $\boldsymbol{B}^n=(\boldsymbol{A}+\boldsymbol{E})^n$

$$\begin{aligned}\boldsymbol{B}^n&=(\boldsymbol{A}+\boldsymbol{E})^n\\&=\mathrm{C}_n^0\boldsymbol{A}^0\boldsymbol{E}^n+\mathrm{C}_n^1\boldsymbol{A}^1\boldsymbol{E}^{n-1}+\mathrm{C}_n^2\boldsymbol{A}^2\boldsymbol{E}^{n-2}+\mathrm{C}_n^3\boldsymbol{A}^3\boldsymbol{E}^{n-3}+\cdots\\&=\mathrm{C}_n^0\boldsymbol{A}^0+\mathrm{C}_n^1\boldsymbol{A}^1+\mathrm{C}_n^2\boldsymbol{A}^2+\mathrm{C}_n^3\boldsymbol{A}^3+\cdots\\&=\mathrm{C}_n^0\boldsymbol{E}+\mathrm{C}_n^1\boldsymbol{A}+\mathrm{C}_n^2\boldsymbol{E}+\mathrm{C}_n^3\boldsymbol{A}+\cdots\\&=(\mathrm{C}_n^0+\mathrm{C}_n^2+\mathrm{C}_n^4+\mathrm{C}_n^6+\cdots)\boldsymbol{E}+(\mathrm{C}_n^1+\mathrm{C}_n^3+\mathrm{C}_n^5+\mathrm{C}_n^7+\cdots)\boldsymbol{A}.\end{aligned}$$

再由 $\boldsymbol{A}$ 与 $\boldsymbol{E}$ 的线性无关性可得

$$\mathrm{C}_n^0+\mathrm{C}_n^2+\mathrm{C}_n^4+\mathrm{C}_n^6+\cdots=\mathrm{C}_n^1+\mathrm{C}_n^3+\mathrm{C}_n^5+\mathrm{C}_n^7+\cdots=2^{n-1}.$$

因此

$$\begin{aligned}&\mathrm{C}_n^0+\mathrm{C}_n^1+\cdots+\mathrm{C}_n^k+\cdots+\mathrm{C}_n^{n-1}+\mathrm{C}_n^n=2^n,\\&\mathrm{C}_n^0-\mathrm{C}_n^1+\mathrm{C}_n^2-\mathrm{C}_n^3+\cdots=0.\end{aligned}$$

8.7 初等几何的若干等式和不等式

例 8.7.1 在 Euclid 空间 V 中, 据内积的相关概念容易得出以下事实:

(1) $(\forall\ \boldsymbol{\alpha},\boldsymbol{\beta}\in V)\ (\boldsymbol{\alpha},\boldsymbol{\beta})=0\Rightarrow|\boldsymbol{\alpha}+\boldsymbol{\beta}|^2=|\boldsymbol{\alpha}|^2+|\boldsymbol{\beta}|^2$;

(2) $(\forall\ \boldsymbol{\alpha},\boldsymbol{\beta}\in V)\ |\boldsymbol{\alpha}+\boldsymbol{\beta}|^2+|\boldsymbol{\alpha}-\boldsymbol{\beta}|^2=2|\boldsymbol{\alpha}|^2+2|\boldsymbol{\beta}|^2$;

在平面几何中, 以上二事实分别表现为勾股定理和平行四边形等式 (平行四边形的对角线的平方和等于四边的平方和).

以下事实则是 Euclid 空间的 Cauchy-Bunjakovski 不等式的推论:

(3) $(\forall\ \boldsymbol{\alpha},\boldsymbol{\beta}\in V)\ |\boldsymbol{\alpha}-\boldsymbol{\beta}|^2=|\boldsymbol{\alpha}|^2+|\boldsymbol{\beta}|^2-2|\boldsymbol{\alpha}||\boldsymbol{\beta}|\cos\langle\boldsymbol{\alpha},\boldsymbol{\beta}\rangle$;

(4) $(\forall\ \boldsymbol{\alpha},\boldsymbol{\beta}\in V)\ |\boldsymbol{\alpha}+\boldsymbol{\beta}|\leqslant|\boldsymbol{\alpha}|+|\boldsymbol{\beta}|$.

在平面几何中, 以上两个结论分别表现为余弦定理和三角形不等式 (非退化三角形的两边之和大于第三边).

8.8 若干高等数学事实的证明到初等数学已知事实的归结

上面的讨论展示了“初等数学”的某些事实可以建立在相关高等数学理论的基础上, 获得“高观点”下的处理. 反过来,“高等数学”的某些事实也可以归结到“初等数学”的一些基本事实. 例如, Euclid 空间的 Cauchy-Bunjakovski 不等式可归结到实二次三项式的判别式理论 (大多数教程都如此处理的); 又如, 关于数域上多项式的余数定理 1.4.4 ($f(x)=q(x)(x-a)+f(a)$) 可归结到复数的 Newton 二项式恒等式这一初等事实 (见 1.4 节).

习 题 8

读者可以根据已有知识自行探讨, 将更多关于"初等数学"的某些事实建立在相关高等理论的基础上, 获得"高观点"处理的案例. 或者反过来, 探讨更多"高等数学"的某些事实的证明到"初等数学"的一些基本事实的归结的案例.

参 考 文 献

阿丁 E. 1958. 伽罗瓦理论. 李英, 译. 上海: 上海科技出版社.

北京大学数学系几何与代数教研室代数小组. 1988. 高等代数. 2 版. 北京: 高等教育出版社.

北京大学数学系几何与代数教研室代数小组. 2011. 高等代数. 3 版. 北京: 高等教育出版社.

陈琳, 祝丽萍, 岳华. 2007. 高等数学在斐波那契数列通项公式求法中的应用. 新疆师范大学学报 (自然科学版), 26 (1): 21–23.

杜奕秋. 2006. 替换定理的若干证明方法. 吉林师范大学学报 (自然科学版), 4: 68–69.

范德瓦尔登 B L. 1963. 代数学 (I). 丁石孙, 曾肯成, 郝鈵新, 译. 北京: 科学出版社.

范德瓦尔登 B L. 1976. 代数学 (II). 曹锡华, 曾肯成, 郝鈵新, 译. 北京: 科学出版社.

郭聿琦, 岑嘉评, 王正攀. 2014. 高等代数教程. 北京: 科学出版社.

郭聿琦, 岑嘉评, 徐贵桐. 2004. 线性代数导引 (面向 21 世纪课程教材). 北京: 科学出版社.

郭聿琦, 杜忠辉, 张笛. 2010. 关于涉及 "$R(\boldsymbol{A})$" 的概念和事实的讲授处理. 教育探索与实践, 6 (12): 9–11.

郭聿琦, 胡洵, 陈玉柱. 2015. 关于矩阵秩概念建立上的一种几何处理. 大学数学, 31(2): 72–75.

郭聿琦, 王正攀, 梁星亮. 2014. 矩阵秩概念开发上的一个更简洁更干净的处理. 高等理科教育, 4: 89–91.

郭聿琦, 王正攀, 刘国新. 2011. 谈谈 "高观点下的初等数学"—— 以基础代数学为例. 大学数学, 27 (1): 4–7.

和斌涛. 2010. 矩阵初等变换的若干应用. 重庆文理学院学报 (自然科学版), 29 (5): 26–28.

华罗庚. 2013. 数学归纳法, 数学小丛书 (15). 北京：科学出版社.

贾柯勃逊 N. 1960. 抽象代数学 (I-III). 黄缘芳, 译. 北京: 科学出版社.

蒋尔雄, 高坤敏, 吴景琨. 1979. 线性代数. 北京: 人民教育出版社.

姜国乾, 王秋富. 1982. 一个几何命题在 n 维欧氏空间中的推广. 安阳师专学报, 01: 62–63.

李桂荣, 韩忠月, 梁超. 2007. 线性方程组的简便解法. 德州学院学报, 23 (4): 20–22.

李尚志. 2006. 线性代数精彩应用案例 (之一). 大学数学, 22(3): 1–8.

李旭东. 2013. 关于多项式和线性代数的数学上的若干研究. 全国高校 "数学 " 教材编著" 和 " 课堂讲授" 中的教材处理" 教学研讨会, 兰州.

刘国新, 王正攀. 2013. Cayley-Hamilton 定理的一个新证明. 西南师范大学学报 (自然科学版), 38 (8): 1–2.

孟道骥. 1998. 高等代数与解析几何 (上、下册). 北京: 科学出版社.

上海大学数学系. 2012. 线性代数. 北京: 高等教育出版社.

汤秀芳, 李玉萍. 2005. 用初等变换法求标准正交基. 信阳农业高等专科学校, 15 (3): 103–104.

屠伯埙, 徐诚浩, 王芬, 等. 1987. 高等代数. 上海: 上海科学技术出版社.

王凯宁. 1980. 关于线性空间的定义. 数学通报, 11: 20–21.

王卿文. 2012. 线性代数核心思想及应用. 北京: 科学出版社.

吴伟鸿. 1999. 利用矩阵求递推数列的通式. 泉州师专学报 (自然科学), 17 (4): 55–58.

夏金银. 2005. 二阶线型递推数列通项公式的求法. 数学通讯, Z1, (2,4): 12.

谢邦杰. 1978. 线性代数. 北京: 人民教育出版社.

徐明耀, 赵春来. 2007. 抽象代数 2 (北京大学数学教学系列丛书). 北京: 北京大学出版社.

许以超. 1983. 线性代数引论. 上海: 上海科学技术出版社.

杨传富. 2007. 一类数列通项公式的矩阵算法. 高等数学研究, 10 (3): 24–25.

叶明训, 陈恭亮. 1990. 线性空间引论. 武汉: 武汉大学出版社.

袁振邦. 1982. 关于向量空间的定义. 西南师范学院学报, 3: 37–42.

张禾瑞, 郝鈵新. 1983. 高等代数. 北京: 高等教育出版社.

张贤科, 许甫华. 2004. 高等代数学. 2 版. 北京: 清华大学出版社.

张裕波. 2002. 替换定理的三种证明. 黔西南民族师范高等专科学校学报, 1: 64–66.

张远达. 1980. 线性代数原理. 上海: 上海教育出版社.

赵春来, 徐明耀. 2008. 抽象代数 1 (北京大学数学教学系列丛书). 北京: 北京大学出版社.

周伯埙. 1978. 高等代数. 北京: 人民教育出版社.

朱一心, 海进科, 刘蕊, 等. 2004. 线性空间公理化定义研究及反例. 首都师范大学学报 (自然科学版), 25 (3): 1–9.

Gruenberg K W, Weir A J. 1977. Linear Geometry. New York: Springer-Verlag.

Guo Y Q, Shum K, Xu G T. 2007. Linear Algebra. Tam P K, trans. Beijing: Science Press.

Guo Y Q, Wang Z P, Shum K P. 2003. n-Independent subsets of n-dimensional vector spaces. Pure Mathematics and Applications, 14 (1-2): 51–55.

Jacobson N. 1989. 基础代数 (I). 上海师范大学数学系代数教研室, 译. 北京: 高等教育出版社.

Jacobson N. 1980. Basic Algebra (II). San Francisco: W. H. Freeman and Company.

Lee W, Johnson R, Dean R, et al. 1999. Introduction to Linear Algebra. 4nd ed. New York: Addison Wesley Longman.

Serge L. 1990. Undergraduate Algebra. New York: Springer-Verlag.

Werner G. 1981. Linear Algebra. New York: Springer-Verlag.

索　　引